先进储能科学技术与工业应用丛书

Advanced Energy Storage Science Technology
and Industrial Applications Series

先进储能电池
智能制造技术与装备

阳如坤　主编

U0388123

 化学工业出版社

·北 京·

内 容 简 介

储能是节能环保、清洁能源、能源互联、电动汽车等新能源产业的基础技术。电池作为储能的重要载体，其高安全性、高品质、高效率、低成本制造是新能源产业发展的必然要求。

基于先进储能电池大规模制造的需求，本书以先进储能电池智能制造为主线，阐述了先进储能电池电芯制造技术、制造工艺、制造装备的现状、趋势及构成，并就储能电池制造数字化及智能制造技术、储能电池制造环境控制、制造测量与缺陷检查、制造安全管理、能耗管理、制造工厂建设等方面的要求、设置原则以及保证方法与措施等进行了深入剖析和阐述。

本书可以为储能及动力电池产业的工程技术人员在电池制造规划、制造管理、电芯制造设备开发、制造安全与品质控制等方面提供参考；对储能科学与工程、电化学、能源与动力工程等相关专业的高校本科生、研究生以及对储能及动力电池产业感兴趣的人士也具有参考价值。

图书在版编目（CIP）数据

先进储能电池智能制造技术与装备/阳如坤主编. —北京：化学工业出版社，2022.4（2023.4 重印）
（先进储能科学技术与工业应用丛书）
ISBN 978-7-122-40822-8

Ⅰ.①先… Ⅱ.①阳… Ⅲ.①储能-电池-研究 Ⅳ.①TM911

中国版本图书馆 CIP 数据核字（2022）第 027310 号

责任编辑：卢萌萌　　　　　　　　　　文字编辑：王云霞
责任校对：刘曦阳　　　　　　　　　　装帧设计：史利平

出版发行：化学工业出版社（北京市东城区青年湖南街 13 号　邮政编码 100011）
印　　装：大厂聚鑫印刷有限责任公司
787mm×1092mm　1/16　印张 25¾　彩插 4　字数 594 千字　2023 年 4 月北京第 1 版第 3 次印刷

购书咨询：010-64518888　　　　　　　　售后服务：010-64518899
网　　址：http://www.cip.com.cn
凡购买本书，如有缺损质量问题，本社销售中心负责调换。

定　　价：158.00 元

序言一

1991 年，日本索尼（SONY）公司宣布实现了锂离子电池（以下简称锂电池）的产业化。其后的几年，世界锂电池产业由日本一家独大，中国、韩国和欧美等只能纷纷跟跑。

韩国政府对锂电池研究非常重视，连续投入巨资(约 3 亿美金)支持三星集团和 LG 集团发展锂电池产业。借鉴半导体产业"引进—消化—再创新"的战略，购买日本的先进设备，消化吸收后，生产品质更好的设备，制造性能表现更优秀的电池。以 LG 化学为例，其生产的电池品质好、成本低、供货快，生产线效率达日本 AESC 公司的 2 倍以上，不仅满足了本国需要，还能出口销往日本。

中国锂电池生产企业刚起步时以手工为主，逐渐向半自动化过渡，生产效率低下，电芯一致性较差，80%的产品集中在手机、平板电脑、笔记本电脑、数码相机等消费类电子产品市场。有实力的企业会引进国外电池生产线，尽管在短期内能够获得利润，但国外厂商相关技术更新快，用不了太长时间，引进的生产线就落后于技术发展，不得不淘汰旧的，再引进新的，长此以往，企业巨额的设备投资难以收回，由此带来了沉重负担，无力开发新技术，电池产品在性能和成本方面都难以与国外产品抗衡。2008 年，在德意志银行一份列举世界锂电池十大供应商的调查报告中，我国锂电池企业无一上榜。2010 年，在韩国首尔的一次锂电池国际讨论会上，一位德国学者给中国、日本、韩国锂离子动力电池打分情况为：韩国 3 颗星，日本 2 颗星，中国 1 颗星。虽然这只是一家之言，但却在我心中敲响了警钟，因为这是我国制造技术落后于其他国家的表现。

纵观当时的国际锂电池市场，虽然是由韩国、日本、中国三分天下，但韩国凭借三星集团、LG 集团以及 SK 集团在电动汽车产业中的精耕细作，车用锂电池的市场占有率大幅上升。2011 年，韩国在全球锂离子电池市场占有率达到 38.43%，首次超过了日本。

我在 2010 年北京锂电论坛上做了名为《中国锂电池如何突围？》的报告，指出中国锂电池产业要实现突围，很大程度上取决于对锂电池基础研究的重视程度、政府和企业投入资金的多少以及采取何种国家战略。随后，我又联合中国工程院能源与矿业工程学部三位院士致函国务院相关领导，提出"关于我国电动汽车的技术发展路线的建议"。两年后，财政部、工业和信息化部与科学技术部联合出台"创新"专项，支持宁德时代等 7 家锂电池企业发展，提升我国锂电池的生产技术水平和研发能力。与此同时，国务院出台了《关于加快培育和发展战略性新兴产业的决定》，将发展新能源汽车上升为国家战略，提出优先发展插电式混合动力汽车、纯电动汽车，并开始实行电动汽车补贴政策。新能源汽车产业的发展从此进入快车道，因而催生了对动力电池和装备制造的强劲需求。在国家大力发展电动汽车的政策推动下，我国锂电池产业界发扬"三千越甲可吞吴"的精神，奋起直追，中国的锂电池实力得以迅速提升，产品竞争性也大大增强。

到 2014 年，中国的锂离子动力电池世界市场占有率就已经超过了韩国，一跃成为世界第一。这主要归功于我们认真分析了锂电池的知识产权现状和市场情况，制定了正确的技术路线——从国产原材料特性出发深究原理、苦练技术，做中国自己的设备，从而使我国锂电池产品凭借性能和成本上的优势，在国际市场竞争中获胜。

然而这只是锂电池产业的"蹒跚起步"，要实现电动汽车产业长远发展的目标，中国锂电池产业必须实现全面突围。首先，要高度重视国产装备的自动化和智能化，加强装备设计的创新，不只要打破对国外装备和技术的迷信，更要加大对国内设备制造企业的支持力度，走"引进—消化吸收—再创新"的路线，组织人才进行技术和工程创新，争取尽快用先进的国产设备武装锂电企业，从而增强我国锂电产品的国际竞争力。锂电池制造行业要想取得长足发展，最重要的是提高整个锂电制造系统的能力，我们必须注重生产细节，满足工艺要求，从系统的角度考虑如何提高电池制造的安全性、合格率、一致性和制造效率等，这才能从根本上改变制造系统技术和整体集成技术受制于人的局面，完成从制造到创造的转变，真正成为世界锂电池制造强国。中国锂电池制造业的发展要顺应中国国情、结合国内电池制造的材料和工艺现状。锂电池生产设备的专业制造企业也应立足于中国制造业的现有基础，站在制造业发展的高度，抓住锂电池产业高速发展的机遇，不断增强自主创新能力，引领和助推中国锂电池制造业的高质量发展。

我认识吉阳智能董事长阳如坤是在 2000 年，他受中科院沈阳自动化研究所委派，到深圳开展机器人产业化探索。正值国家新能源汽车专项刚启动，动力电池产业急需智能制造设备，我与他相谈甚欢，一拍即合成为同道好友。我认为，未来动力和储能电池将有很大的市场空间，而装备是产业的基础，阳如坤深以为然，从此开始了锂电池制造技术和装备技术的研发和产业化研究，这一投入便是 20 余年。2003 年，研制出国内第一台半自动化电芯卷绕机；随后集合研发力量，于 2008 年研制出国内第一套全自动电芯制造设备，为我国锂电池产业突围做出了重要贡献。

国外锂电池制造设备行业起步较早，1990 年日本皆藤公司成功研发出第一台方形锂电池卷绕机，1999 年韩国 Koem 公司开发出锂一次电池卷绕机和锂一次电池装配机，在随后锂电池设备发展的进程中，日本、韩国的技术水平一直处于较为领先的地位。

2003—2004 年，是中国锂电池制造的萌芽阶段，国内开始批量生产一些简单的锂电设备，如双面间隙式涂布机、连续式极片分条机、半自动卷绕机等。

2006 年，国内已出现一批专做锂电设备的制造企业，但技术水平较低，自动化程度不高，大部分电池企业仍以半自动生产为主，电芯制造合格率仅在 85% 左右。

2008—2013 年，随着上海世博会的举办和国家新能源汽车计划的实施，一大批电池制造企业如雨后春笋般出现，带动锂电装备产业迅猛发展。锂电装备逐渐由半自动转向全自动，设备的运转率也超过 95%，主要企业的电芯合格率达到 90%。市场对进口设备的需求逐渐减少，对国产设备的依赖性增强。原因是进口设备对原材料的质量要求较高，部分国产原材料无法在进口设备上使用，同时进口设备价格昂贵，且按单一电池型号设计，使用率不高，出现了升级困难、维护费用高等"水土不服"的症状。

2018年，动力电池世界市场占有率前10名中，我国有6家锂电池企业榜上有名，日本和韩国各占两席。其中，中国宁德时代以37.23%稳居第一，日本松下只有21.54%，排名第二。

2020年，锂电池的装机量达到63.3GWh，同比增长2.35%。2021年7月，中共中央政治局会议提出"要挖掘国内市场潜力，支持新能源汽车加快发展"，这意味着锂电池产能将从吉瓦时（GWh）向太瓦时（TWh）迈进。为满足太瓦时电芯制造需求，吉阳智能从2016年开始就立项开发高速叠片机，历经四年多的艰苦攻关，在2021年实现制造连续化、极片对齐复合、过程数字化等创新技术的应用，使单机单工作台生产效率达到480PPM（piece per minute），具备年产1GWh的制造能力，效率提升60%～300%，兼容市场主流电芯制造，并且能够适应未来大规模生产和新型电池制造的工艺要求。

由于国内设备具有性价比高、换型升级容易、交付能力强以及售后服务及时等优点，国内电池制造企业逐渐使用国产设备替代进口设备，目前锂电设备的国产化率达到90%以上（方形电池设备国产化率超过90%，圆柱电池设备国产化率超过95%）。与此同时，国内蓬勃发展的锂电池产业对锂电设备在自动化、规模化、智能化等方面提出了更高的要求。电池企业亟须进行工艺革新与智能制造升级，这也倒逼装备企业加速转型升级。

在这种形势下，对动力和储能电池制造技术和装备的现状与发展趋势进行系统梳理，就显得尤为重要。《先进储能电池智能制造技术与装备》一书由深圳吉阳智能科技有限公司董事长阳如坤主编，并组织行业专家、企业代表共同完成，从国家政策，产业规律，电池制造技术、制造工艺、制造装备的现状、趋势及构成，以及先进储能电池智能制造工厂建设等方面进行全面阐述，呈现出我国动力电池制造和装备制造的发展脉络。该书内容深入浅出、引人入胜，可为储能及动力电池产业的工程技术人员提供参考，亦可作为高校本科生、研究生的学习教材。我已预想到本书的出版将引发社会各界对先进储能电池行业的广泛关注与支持。作为一名多年从事锂电池研究的科研工作者，我相信认真研读《先进储能电池智能制造技术与装备》这本书的读者都能从中受益，而此书也将为储能电池行业的可持续发展做出贡献。

中国工程院院士

2021年8月1日于深圳

战略的意义在于其前瞻性，洞悉未来的发展趋势，从中发现机会并进行全局规划，以期实现目标。

《先进储能电池智能制造技术与装备》就是这样一本具有战略视野的书，它以储能电池制造为主线，阐述先进储能电池电芯制造技术、制造工艺、制造装备的现状、趋势及构成，并就先进储能电池制造数字化及智能制造技术，电池制造环境控制、制造测量及缺陷检查、制造安全管理、能耗管理、制造工厂建设、制造及装备标准体系建设等方面的要求、设置原则以及保证的方法、措施等进行深入剖析和阐述。有志于从事储能及动力电池产业的人，可以在这本书中回顾过去，立足当下，规划未来。

2021 年 7 月 29 日，国家发展改革委发布《关于进一步完善分时电价机制的通知》（发改价格〔2021〕1093 号），进一步完善了现行分时电价机制，包括优化峰谷电价机制、建立尖峰电价机制、建立健全季节性电价机制和峰谷电价机制、明确分时电价机制执行范围、建立动态调整机制以及加强与电力市场的衔接等，这将对短期保障电力安全、稳定、经济的运行，以及对中长期实现碳达峰、碳中和目标具有积极意义。而破解电网供需时差的有效方法之一，就是先进储能技术和装备的大规模应用。

2021 年 7 月 23 日，国家发展改革委和国家能源局发布《关于加快推动新型储能发展的指导意见》，提出明确储能市场主体地位、健全价格机制、健全和完善商业模式，以推动传统抽水蓄能和新型电化学储能等加快发展及大规模应用。全球创新指数（GII）预测：2025 年储能电池出货量将达到 67.5GWh，增长 3.6 倍，未来 6 年复合增速将达到 30%；其中，中国将占全球储能市场份额的 45.4%。在政策的推动之下，未来先进储能电池智能制造的技术、装备、商业模式有望快速构建并走向成熟，"十四五"期间将迎来大规模发展。而《先进储能电池智能制造技术与装备》一书的出版发行，恰逢天时地利人和，成为点亮先进储能电池制造及装备产业的一点薪火。

本人从事企业标准化工作和国际标准化工作多年，对储能技术、智能制造和标准化三者之间的关系有些许感悟：在经济全球一体化的今天，国力之争是市场之争，市场之争是企业之争，企业之争是技术之争，而技术之争最终归结为标准之争，甚至可以说，技术标准比技术本身更重要，因为技术标准的背后是专利，更是市场。因此，党和政府高度重视标准化工作，习近平总书记指出："标准决定质量，有什么样的标准就有什么样的质量，只有高标准才有高质量。"

标准是促进科技成果转化为社会产品的桥梁和纽带，科技创新是提升标准水平的手段和动力，两者互为支撑，密不可分。先进储能电池智能制造技术与装备的标准化活动是储能产业发展的基础，是大规模储能智能制造提高质量、提升效率、降低成本的根本保证，同时也是实现储能技术产品互换、相互比对、共同进步的技术保证。储能电池作为一种通用目的产品，必须从产品设计、尺寸规格、制造工艺、制造装备和使用回收等产品的全生命周期入手，采取标准化手段来规范产业的发展。先进储能电池智能制造技术与装备的发展离不开科技创新，同样也离不开标准化活动的实践。

随着中国能源结构的转型升级，先进储能技术的发展日新月异，标准化是一个漫长的过程，我们无法在短时间内抵达理想新世界，但当我们打开《先进储能电池智能制造技术与装备》这本书，就能看到我国先进储能电池智能制造技术与装备的发展足迹，从这里，走向未来，走向新世界。

黄永衡

国际标准化专家

国际 ISO/TC 282 Water Re-Use 水资源再利用，原秘书长

国际 ISO/TC 142/WG2 Cleaning equipment for air and other gases
/UV-C technology　空气和其它气体净化设备/紫外消毒技术，召集人

中国东盟标准研究中心，国际标准化首席专家

SAC/TC 299 全国紫外线消毒标准化技术委员会，原秘书长

广东省标准化协会，副会长

深圳市标准化协会，副会长

广东开放大学，教授

桂林理工大学，客座教授

清华大学深圳国际研究生院，校外导师

2021 年 8 月

前言

2000 年我还在研究机器人及应用的时候，结识了陈立泉院士，陈院士关于未来能源存储的绿色梦想深深吸引了我，从此，我开始与锂电池制造技术及装备技术的研究及产业化结下不解之缘。虽没有轰轰烈烈的业绩，但我和我的团队一直坚守在这个领域，积极探索，不曾停步。二十余年里，我们见证了电池制造业的起步和兴起、成长与壮大，在我国移动产品的能源供给方式、污染排放的减少、清洁能源的高效利用、智慧能源的实现等方面，我们积极发挥着基础作用。

人类所依赖的能源，如石油、天然气、水电乃至风能，我们称之为自然能源。在不久的将来，人类所依赖的能源将主要来自太阳能、风能等，这些能源的特点是需要存储和可以制造，人类依靠储能技术实现能源制造的时代，我们称之为制造能源时代。2020 年电池制造时代来临，我们欣喜地看到储能电池已成为中国能源转型的重要支柱，成为我国"2030 年碳达峰、2060 年碳中和"目标的实现路径之一，成为继钢铁、机器人和中央处理器（CPU）等产品之后诞生的又一个对产业和社会发展起到关键作用的通用目的产品。

装备的采用是劳动和资本的边际生产效率提高的主要因素**❶**，边际生产效率的提高引致利润率提高，从而提高资本形成率，加快经济增长，这就是产业高质量发展的基础，也是装备在产业发展中的"母鸡"作用，因此古典经济学认为国富增加（经济增长）的可能性在于现代都市社会的形成和随之而来的工业化。现在电池产业正处于这样的时期，用装备解决电池制造业的质量、效率问题，走向大规模智能制造，成为产业发展的必然选择。

材料、标准和装备是制造业的三大核心基础，标准及标准化的思想是制造体系建立的出发点，只有以此为基础，才能形成真正意义上的大规模制造业，在储能电池逐步成为通用目的的产品的今天，发展和奠定储能电池制造的核心基础已是迫在眉睫。装备和智能制造系统是把标准、工艺、方法、经验和要求转化为制造可控、可复制、可优化的措施和手段，因而装备随着产业的发展显得越加重要。储能电池制造装备对产业和国家的作用主要体现在以下几个方面**❷**：一，装备是储能产业质量、效率和成本的保证；二，装备是产业的存在基础和价值实现的保证；三，储能装备将成为国家在全球强国竞争中分工的关键决定因素和竞争力的保证手段，是能源战略转型实现的基础以及国家财富和产业安全的保障。

---

❶ 赵晓雷. 中国工业化思想及发展战略研究 [M]. 上海：上海财经大学出版社，2010.
❷ 冯梅. 产业装备与装备产业：中国工业化道路新视角 [M]. 上海：学林出版社，2010.

现阶段,装备产业面临诸多问题,如产业地位较低,发展模式、标准滞后,业内争论不止,装备企业各行其是等。总体来说,过去中国制造业大多是借鉴西方发达国家的经验,结合中国资源优势、制度优势和人口红利,采取集约式资源整合创新和模仿创新的方式来获得价格优势,实现了中国大多数产业的工业化转型。然而我们在技术原理、制造工艺以及制造装备上的创新并不多,我们的制造业仍处于制造微笑曲线的底端,对装备技术的基础作用认识不足,重视不够,并且通常把装备制造业当成一般制造业,任其逐利竞争、野蛮生长;对装备作为制造业"母鸡"的地位和作用认识不足,导致我国规模制造产品出现合格率不高、效率低、能耗大、总体制造成本高的局面。现状是,我国在储能电池制造业走出了一条装备自主化、规模化发展的道路,装备的自主化率达到 90% 以上,然而储能电池的制造技术却处于低端水平,制造效率及制造合格率低,安全问题时有发生,关键零部件对外依存度较高,自主创新能力不强,关键重大装备的性能亟须快速提升。在储能电池制造向高效、大规模、智能化升级的过程中,现有的装备技术能力及生产模式无法满足未来质量要求和产能发展需求。中国在制造产能输出方面已经走在世界的前列,没有完全成熟的经验可以借鉴,这就需要我们深入研究电池机理,利用现代制造的理念和方法解决产业发展中的问题。储能电池制造产业结构升级最核心的问题是产业装备的升级。我们期待借助储能电池产业发展的大好时机,快速响应市场需求,借鉴不同行业产业化的经验和方式,结合储能电池发展的特点,推进制造工艺、制造装备和智能化创新发展,走出一条中国储能电池制造自主创新发展的道路。

储能电池技术的发展日新月异,尤其是储能产业正在走向大规模应用和制造技术创新的进取之路上,我们认为很有必要总结储能电池制造产业的进展,了解过去,并在制造基础建设、产业发展趋势上进行思考和规划,让我们在未来电池制造业的发展中少走弯路。

本书由阳如坤确定总体思路、框架和各章节结构,负责统稿和定稿,各章节内容由各负责人主导完成,并由关敬党、吴学科、左龙龙进行审稿。全书共分为 10 章,其中第 1 章由深圳吉阳智能科技有限公司(以下简称吉阳智能)刘阿密撰写;第 2 章由吉阳智能阳如坤撰写;第 3 章由吉阳智能项闯闯、左龙龙撰写;第 4 章第 1 节由深圳市尚水智能设备有限公司石桥、金旭东撰写,第 2 节由深圳市善营自动化股份有限公司关敬党、宁鹏撰写,第 3 节由邢台朝阳机械制造有限公司陶齐和、刘计春撰写,第 4 节由吉阳智能左龙龙、阳如坤撰写,第 5 节由深圳市中基自动化有限公司王林、何卫国撰写,第 6 节由深圳市时代高科技设备股份有限公司杨毅、田瀚溶撰写,第 7 节由深圳市精朗自动化联合科技有限公司黄轶撰写,第 8 节由吉阳智能徐福斌、刘作才撰写;第 5 章由吉阳智能段水波、吴学科撰写;第 6 章由吉阳智能王雷、左龙龙撰写;第 7 章由吉阳智能马荣梅、阳如坤撰写;第 8 章由吉阳智能胡太正、左龙龙撰写;第 9 章由吉阳智能黄持伟、阳如坤撰写;第 10 章由吉阳智能刘作才、左龙龙撰写。

本书的核心内容是本书编写团队多年从业经验和吉阳智能产品多年应用经验的结晶。在此感谢吉阳智能公司全体同仁,经过二十多年的坚持和不懈努力,我们在中国储能电池制造及装备发展中留下了自己的足迹;未来,我们将继续坚持"成为新能源行业的 ASML"的理念,顺应储能电池产业发展的步伐,不断创新,谋求进步。感谢本书各章节的作者毫无保留地分享个体的经验和智慧,不吝投入时间精力,反复修改、核对,使本书得以出版。还要感谢从事储能电池技术研究、储能制造技术研究的高校与研究所,以及储能电池制造企业、储能电池装备制造企业，是你们的不懈努力促成了今天储能产业的蓬勃发展。特别感谢中科院物理研究所的陈立泉院士、李泓研究员、黄学杰研究员以及他们的团队，他们对储能产业的执着追求和一往无前的勇气，深深感染了我们，高山仰止，景行行止，为心之所向，我们还将不断前行。

　　尽管储能电池产业技术已经发展了二十多年，但电池制造产业主要研究工作还是在验证电池原理，电池产品也往往被定义为电器或汽车的配套附件，真正大规模制造技术方面并没有取得突破性进展。电池真正进入大规模制造产业始于2020年，中国电动汽车市场从政策驱动逐步转为市场驱动，储能电池应用开始走向成熟，产业真正迎来规模化高速发展期，其制造技术的发展进入快车道，但一些学术难题、高质量制造和大规模制造难题尚未完全解决并形成统一结论。同时，由于我们的经验不足，时间仓促以及知识水平所限，本书一些观点和看法难免有偏颇和疏漏，敬请各位读者批评指正。我们也期待未来更多储能电池产业制造与装备界的仁人志士加入这个行业，把更多的技术分享、奉献给先进储能电池产业和读者。在中国制造业亟待高质量发展的今天，新一轮科技革命和产业变革方兴未艾，全球价值链的调整对我国制造业的转型升级形成重大挑战，同时又提供了重大历史机遇。本书是我们尽心竭力对过往电池制造技术与装备的总结，希望对感兴趣的读者有所帮助和指引，成为点亮先进储能电池制造及装备产业的一点薪火！

阳如坤
2022年1月22日于深圳

目录

第1章   1

先进储能电池产业介绍

第2章   14

先进储能电池制造技术

第 3 章

先进储能电池制造工艺

第4章

先进储能电池智能装备

第5章

先进储能电池制造数字化、智能化

第 6 章

先进储能电池制造环境控制

第 7 章

先进储能电池制造测量与缺陷检查

第 8 章

先进储能电池制造安全

第 9 章

先进储能电池制造能耗管控

第 10 章

先进储能电池智能制造工厂建设

第1章
先进储能电池产业介绍

1.1 概述

能源是人类文明进步的基础和动力,与国计民生和国家安全息息相关,关系人类生存和发展,对于促进经济社会发展、增进人民福祉至关重要。

中共十八大以来,中国发展进入新时代,中国的能源发展也进入新时代。习近平总书记提出"四个革命、一个合作"能源安全新战略,为新时代中国能源发展指明了方向,开辟了中国特色能源发展新道路。中国坚持"创新、协调、绿色、开放、共享"的新发展理念,以推动高质量发展为主题,以深化供给侧结构性改革为主线,全面推进能源消费方式变革,构建多元清洁的能源供应体系,实施创新驱动发展战略,不断深化能源体制改革,持续推进能源领域国际合作,中国能源进入高质量发展新阶段。

生态兴则文明兴。面对气候变化、环境风险挑战、能源资源约束等日益严峻的全球问题,中国树立人类命运共同体理念,促进经济社会发展全面绿色转型,在努力推动本国能源清洁低碳发展的同时,积极参与全球能源治理,与各国一道寻求加快推进全球能源可持续发展新道路。以储能技术为基础,中国正逐步实现从自然能源供给为主向制造能源供给为主的模式转变。习近平总书记在第七十五届联合国大会一般性辩论上宣布,中国将提高国家自主贡献力度,采取更加有力的政策和措施,二氧化碳排放力争于 2030 年前达到峰值,努力争取 2060 年前实现碳中和。新时代中国的能源发展,为中国经济社会持续健康发展提供有力支撑,也为维护世界能源安全、应对全球气候变化、促进世界经济增长做出积极贡献。

随着全球经济的快速发展,能源消耗越来越多,环境污染越来越严重,降低汽车燃油使用量,减少汽车有害气体和污染颗粒的排放,是全球应对能源过量消耗和环境严重污染的重要措施之一。

新能源汽车作为我国新兴产业之一,承载着缓解我国石油资源不足、解决环境污染问题、实现我国汽车产业结构调整和转型的任务。发展新能源汽车是我国应对气候变化、推动绿色发展的战略举措。推动汽车从单纯交通工具向移动智能终端、储能单元和数字空间转变,带动能源、交通、信息通信基础设施改造升级，促进能源消费结构优化、交通体系和城市运行智能化水平提升，对建设清洁美丽世界、构建人类命运共同体具有重要意义。近年来，世界主要汽车大国纷纷加强战略谋划、强化政策支持，跨国汽车企业加大研发投入、完善产业布局，新能源汽车已成为全球汽车产业转型发展的主要方向和促进世界经济持续增长的重要引擎。

储能是节能环保、清洁能源、能源互联、电动汽车等新能源产业的基础技术，电池作为储能的重要载体，其高安全、高品质、高效、低成本制造是新能源产业发展的必然要求。未来对先进储能电池市场的需求将达到万亿级的规模，如何高品质、高效、低成本、安全地规模生产先进储能电池更是决定了其能否大规模作为绿色新动力能源的关键和瓶颈。

基于先进储能电池大规模需求，本书总结过去的经验和想法，为先进储能电池未来高质量、大规模、低成本制造奠定基础。

1.2 国家能源战略与先进储能电池产业

1.2.1 国家能源战略

当前，世界正处在新科技革命和产业革命交汇点，新技术突破加速带动产业变革，促进能源新模式、新业态不断涌现。新时代的中国能源发展，积极适应国内国际形势的新发展与新要求，坚定不移走高质量发展新道路，更好服务经济社会发展，更好服务美丽中国、健康中国建设，更好推动建设清洁美丽世界。为了实现这一美好愿景，国家出台了一系列能源政策。

2014年6月7日，国务院办公厅印发《能源发展战略行动计划（2014—2020年)》（以下简称《行动计划》），明确了2020年我国能源发展的总体目标、战略方针和重点任务，部署推动能源创新发展、安全发展、科学发展。这是今后一段时期我国能源发展的行动纲领。

《行动计划》指出，能源是现代化的基础和动力。能源供应和安全事关我国现代化建设全局。当前，世界政治、经济格局深刻调整，能源供求关系深刻变化，我国能源资源约束日益加剧，能源发展面临一系列新问题、新挑战。要坚持"节约、清洁、安全"的战略方针，重点实施节约优先、立足国内、绿色低碳和创新驱动四大战略，加快构建清洁、高效、安全、可持续的现代能源体系。

《行动计划》明确了我国能源发展的五项战略任务。一是增强能源自主保障能力。推进煤炭清洁高效开发利用，稳步提高国内石油产量，大力发展天然气，积极发展能源替代，加强储备应急能力建设。二是推进能源消费革命。严格控制能源消费过快增长，着力实施能效提升计划，推动城乡用能方式变革。三是优化能源结构。降低煤炭消费比重，提高天然气消费比重，安全发展核电，大力发展可再生能源。四是拓展能源国际合作。深化国际能源双边、多边合作，建立区域性能源交易市场，积极参与全球能源治理。五是推进能源科技创新。明确能源科技创新战略方向和重点，抓好重大科技专项，依托重大工程带动自主创新，加快能源科技创新体系建设。

2017 年 4 月 25 日，国家发展改革委、国家能源局印发了《能源生产和消费革命战略（2016—2030）》。文件指出，到 2020 年，全面启动能源革命体系布局，推动化石能源清洁化，根本扭转能源消费粗放增长方式，实施政策导向与约束并重。2021—2030 年，可再生能源、天然气和核能利用持续增长，高碳化石能源利用大幅减少。能源消费总量控制在 60 亿吨标准煤以内，非化石能源占能源消费总量比重达到 20%左右，天然气占比达到 15%左右。

文件提到，推进能源生产和消费革命，有利于增强能源安全保障能力，提升经济发展质量和效益，增加基本公共服务供给，积极主动应对全球气候变化，全面推进生态文明建设，对于全面建成小康社会和加快建设现代化国家具有重要现实意义和深远战略意义。必须牢固树立和贯彻落实新发展理念，适应把握引领经济发展新常态，坚持以推进供给侧结构性改革为主线，把推进能源革命作为能源发展的国策，筑牢能源安全基石，推动能源文明消费、多元供给、科技创新、深化改革、加强合作，实现能源生产和消费方式根本性转变。

2020 年 12 月 21 日，国务院新闻办公室发布《新时代的中国能源发展》白皮书（以下简称"白皮书"），白皮书显示，中国能源供应保障能力不断增强，基本形成了煤、油、气、电、核、新能源和可再生能源多轮驱动的能源生产体系。

白皮书指出，中国将坚持创新、协调、绿色、开放、共享的新发展理念，以推动高质量发展为主题，以深化供给侧结构性改革为主线，全面推进能源消费方式变革，构建多元清洁的能源供应体系，实施创新驱动发展战略，不断深化能源体制改革，持续推进能源领域国际合作，中国能源进入高质量发展新阶段。

能源安全是国家安全体系的重要组成部分，受到世界各国高度关注。目前，我国已成为世界最大的一次能源消费国，但国内能源生产难以满足消费需求。国内化石能源增产空间有限，既是我国能源安全必须直面的核心问题，又是导致能源自给率逐年下降的主要因素。受全球地缘政治、新型冠状病毒肺炎疫情蔓延的影响，我国能源安全面临严峻挑战。综合高效利用国内能源资源、控制和减少油气进口规模、保障能源安全，仍是我国高质量、可持续发展亟待研究的课题。

2021 年 1 月 25 日晚，国家主席习近平在北京以视频方式出席世界经济论坛"达沃斯议程"对话会，发表题为《让多边主义的火炬照亮人类前行之路》的特别致辞，宣布中国力争于 2030 年前二氧化碳排放达到峰值，2060 年前实现碳中和。

进入"碳达峰"关键期，我国提出"2030 年前碳达峰、2060 年前碳中和"目标，并计划到 2030 年，单位国内生产总值（GDP）二氧化碳排放量比 2005 年下降 65%以上，非化石能源消费占比达 25%左右。碳达峰是指二氧化碳的排放量不再增长，达到峰值之后逐步降低。碳中和是指通过节能减排、技术创新等途径，抵消排放的二氧化碳，实现"零排放"。我国的资源禀赋是"富煤、贫油、少气"。过去，能源消费结构中化石能源消费量占比约 85%，化石能源二氧化碳排放量的 75%是由煤炭消耗导致的。以煤电为主的能源消费结构若继续保持下去，就不能实现"2030 年碳达峰、2060 年碳中和"双碳目标，新型电力系统要实现低碳化，就必须让非化石能源在其中占据主体地位。但几乎所有的再生能源，如太阳能、风能等都需要经过规模存储才能有效发挥作用，这是先进储能电池需求巨大以及未来高速增长的主要原因，可以预见未来先进储能电池将挑起"2030 年碳达峰、2060 年碳中和"的大梁。

1.2.2　先进储能电池产业发展

（1）先进储能电池产业概述

储能被达沃斯经济论坛评为未来可能改变世界的十大新技术之一，储能电池是储能技术研发和应用最活跃的领域。储能电池主要是指用于太阳能发电设备和风力发电设备以及其他可再生能源储蓄能源用的蓄电池。目前储能电池技术发展很快，一旦取得突破，将对新能源发展、电网运行控制、终端用能方式等产生重大影响。目前储能锂电池广泛应用于新能源汽车，未来储能电池技术将在新一代电力系统中实现广泛应用。

现有商用电池技术包括锂离子电池、钠离子电池、铅酸电池、钠硫/镍电池等，这些电池技术成熟，已广泛应用在电动汽车、手机、笔记本电脑、风电场储能系统、电网调频、分布式电源和微网等领域。本书谈到的先进储能电池主要指以锂、钠等元素为基础构成的能源存储电池体系。

锂离子电池是当前最受关注的储能技术，据美国能源部统计，至 2016 年底，美国、日本、欧盟和中国储能装机占全球总装机的 94%，其中电化储能示范数量近百项，项目数占比为 53%。在电化学储能示范项目数中，锂离子电池所占比重达到 48%，在电池储能中位列最高。未来，新一代锂离子电池技术将对电池的安全性、能量密度（又称比能量）、充电时间等指标带来根本性的改变，在电网调峰调频、电动汽车、商用/家用储能系统等领域具有广阔的应用前景。最近兴起的钠离子电池产业化技术将使储能电池的安全性、充电时间、单体电池的容量等方面得到更大改善，为先进储能电池产业的发展带来很好的补充。

液流电池具有容量大、成本低的优势，能够建成10万千瓦级以上、经济可靠的储能电站，为提高电网调度控制灵活性、大规模发展新能源提供重要支撑。在大型能源基地、中枢变电站、负荷中心、电网末端等地区建设投运储能电站，能够提供调峰、调频、调压等多种辅助服务，在保持发用电平衡、缓解电网局部阻塞、应对电网紧急事故等方面发挥重要作用。在新能源发电基地配置大容量液流储能系统，能够有效平抑新能源发电出力波动，灵活跟踪发电计划曲线，促进新能源发电成为主力电源。

综合国际可再生能源署、国际能源署等机构的判断，2030 年左右锂离子和液流电池将突破技术瓶颈，电池整体性能得到全面提升，成为最具大规模商用前景的主流电池技术，占全球储能电池容量的比例将超过 50%，极大推动储能电池技术的发展和应用。

（2）先进储能电池在新能源汽车产业的发展情况

发展新能源汽车是我国从汽车大国迈向汽车强国的必由之路，是应对气候变化、推动绿色发展的战略举措。日前，国务院发布了《新能源汽车产业发展规划（2021—2035 年）》，规划明确指出推动动力电池全价值链发展。鼓励企业提高锂、镍、钴、铂等关键资源保障能力。建立健全动力电池模块化标准体系，加快突破关键制造装备，提高工艺水平和生产效率。完善动力电池回收、梯级利用和再资源化的循环利用体系，鼓励共建共用回收渠道。建立健全动力电池运输仓储、维修保养、安全检验、退役退出、回收利用等环节管理制度，加强全生命周期监管。

锂离子电池自 1991 年诞生以来，一直处于不断进化的状态。2007 年前后锂离子动力电池的面世，使得锂离子电池得以进军新能源汽车领域。典型的动力电池应用是在 2008 年北京奥运会上，各种新能源汽车共有 601 辆，而 2008 年国内的动力电池企业仅仅有 10 家，这个阶段锂离子动力电池属于初创期和积累期，锂电生产企业数量少、技术不成熟、产品品种单一、质量较低且不稳定；市场规模狭小、需求增长缓慢、产业利润微薄。到 2009 年，新能源汽车仅销售 5200 辆，锂离子电池产能 15 亿只。动力电池产业处于产品导入期阶段，完全由政府出台相应的扶持政策带动产业的发展。

从 2009 年中国开启新能源汽车十城千辆工程，到 2020 年的 22 年间，中国政府制定了一系列新能源汽车产业发展驱动政策，动力电池主要依靠补贴拉动，市场逐步扩大，但动力电池的质量无法达到车规级要求，因此只能采取筛选的方式来满足汽车的使用要求。

随着市场需求的快速增长，新能源汽车产量规模从 2014 年 8.3 万辆增长到 2017 年 81.1 万辆。动力电池是新能源汽车产业的重要组成部分，在新能源汽车产业的带动下也保持快速增长。动力电池产业的发展逐步从导入期向成长期过渡，锂电生产企业数量增多，产业内部集中程度低；生产技术日渐成熟和稳定，产品呈现多样化、差别化，质量逐步提高且稳定；市场规模增大，需求增长迅速，需求的价格弹性也增大；产业利润迅速增长且利润率较高。2020 年国内新能源汽车销量突破 137.6 万辆，直接拉动动力电池配套量超过 63.3GWh，同时也诞生了名副其实的全球龙头企业宁德时代（CATL），连续四年全球装机量第一，市场份额达到 24.82%。2017 年初，国家四部委发布了动力电池产业顶层设计政策文件《促进汽车动力电池产业发展行动方案》，对加快提升我国汽车动力电池产业发展能力和水平，推动新能源汽车产业健康可持续发展明确了下一步的发展方向和路线。

1.2.3 储能电池是一种通用目的产品

产业界认为通用目的产品（general purpose product，GPP）是产业革命中的关键共性产品，具有多种应用场景和广阔发展空间，从初期的特定应用最终扩展到多个领域被广泛应用，具有溢出效应，促进生产、流通、组织方式的优化，对产业转型和经济增长发挥乘数倍增作用。储能电池产品具有很强的通用性，已成为很多产品的心脏和动力来源，分别是移动动力基础产品（电动汽车、电动飞机、电动轮船等电动运载工具），以及能源存储为基础的产品（储能电站、清洁能源存储、智慧能源等）。通用目的产品发展呈现的特点是其应用突破一定临界点后增长速度极为迅猛，快速覆盖主流市场。

能源攸关国计民生和国家安全，关系人类生存，推动世界发展。电池技术同样成为世界各国科技竞赛的制高点，代表了技术组合力量与人们新需求结合的演化方向，其蓬勃发展背后是密集型知识积累，重点是发挥高效利用资源的效应，以最小资源投入创造更大的价值和经济效益，提高整个社会的创新密度和运行效率。鉴于先进储能电池的重要作用，已成为许多产品或产业的基础部件，专家预测储能电池产业将超过半导体产业达到万亿级的市场规模，成为未来国民经济的重要支柱。能成为国民经济重要支柱的产品储能电池，是一种通用目的的产品，这种产品的发展规划、管理及生产制造应该如钢铁、机器人、CPU、存储器一样，走标准化、大规模、智能制造的道路，从而满足未来多行业高品质、大规模、低成本的需求。我国已提出"2030年碳达峰、2060年碳中和"目标，储能电池必将成为能源存储管理的基础产品，成为我国经济高质量发展的战略选择，也必将成为通用目的产品。

储能电池制造呈现如下特点：

① 规模大。一般以10GWh作为起点，中等规模达到100GWh，大规模达到1000GWh以上。

② 高质量。一般制造业的制程能力指标（CPK）达到1.67（5σ）就可以了，而对于储能电池而言，要求典型的CPK到达2.0（6σ），这一方面是由于电芯本身的安全和一致性要求，另一方面也由于电池包需要多个电芯串并联使用的需要。

③ 低成本。随着电池使用量的增加和行业的广泛应用，要满足更多的市场需求，不得不降低成本，这也符合制造业成本随产能变化的规律。

1.3 先进储能电池产业发展趋势

1.3.1 储能电池未来市场需求

全面颠覆传统能源需求，光伏+储能终将成为主流能源，不一定是因为它最清洁，但一定是因为它最廉价，能源需求预测如图1-1所示。2020年光伏的系统成本已经降到3元/W，遥想2007年系统成本达到60元/W，13年时间成本降到只有之前的5%，预计未来还会大幅度下降。中国未来能源的构成主要来自太阳能，据相关机构预测，到2060年中国能源需求25000TWh（1TWh = 1000GWh = 10^9kWh），其中太阳能7500TWh，风能6000TWh，按照20%的能源需要存储计算，仅太阳能和风能的存储累计需要2700TWh。

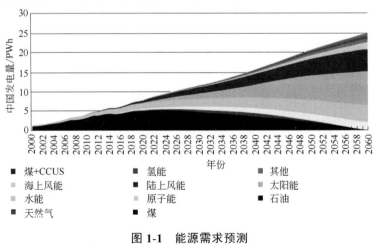

图1-1　能源需求预测

（1PWh=10^{15}Wh）

锂电池是新能源汽车的核心部件，全球新能源汽车销量不断增长，推动动力电池市场规模增长。从全球动力电池需求量预测（图1-2）来看，到2025年将实现1TWh的制造能力，

2030 年全球动力电池需求将达到 3TWh，市场前景广阔。

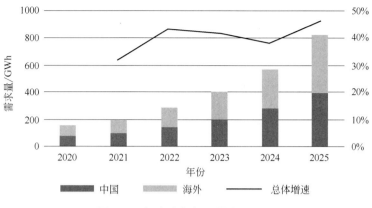

图 1-2　全球动力电池需求量预测

1.3.2　锂电产业发展规律

西奥多·莱特定律在 1936 年由西奥多·莱特（Theodore Wright）率先提出，其核心内容是某种产品的累计产量每增加一倍，成本就会下降一个恒定的百分比（10%~15%）。如西奥多·莱特在研究生产成本时发现飞机生产数量每累计增加一倍，制造商就会实现成本按百分比持续下降，比如生产第 2000 架飞机的成本比生产第 1000 架飞机的成本低 15%，生产第 4000 架飞机的成本比生产第 2000 架飞机的成本低 15%。一般制造业发展的规律都会遵循西奥多·莱特定律。在 IT 行业，微处理器芯片的电路密度每两年翻番价格减半，遵循摩尔定律；在光伏行业，全球太阳能光伏电池的制造能力每增加一倍成本下降 20%。那么在储能电池行业，其市场产能周期、价格、能量密度又是遵守怎样的发展规律呢？

1991 年，日本索尼（SONY）开发出了商业化的锂离子电池，短短三十年，锂离子电池已实现车用化。在锂电产业快速发展的几十年间，经历了探索积累阶段、野蛮井喷阶段、调整反思阶段和有序发展阶段。每个阶段的触发和起止都缘于政策之变、技术之争和市场之殇。

（1）探索积累阶段

第一阶段是 2001—2008 年，这个阶段锂电产业处于初创期和积累期，特别是 2006 年之前，没有经验可借鉴，属于技术的"原创"期，有些企业浅尝辄止，望而止步。这一阶段，锂电池产能较低，2008 年锂电池产能仅 10.3 亿只。这个阶段处于起步阶段，相对的成本处于高位，在 3.5 元/Wh 左右，产品品质及能量密度都较低。

（2）野蛮井喷阶段

第二阶段是 2009—2013 年，上海世博会、广州亚运会以及后来国家"十城千辆"计划实施，几个诱人的"蛋糕"催生了很多电池企业，锂电池产业走上了短平快的发展道路。这一阶段市场与技术均不成熟，存在"格兰亨姆现象"（价值不高的东西会把价值较高的东西挤出流通领域）。在这个阶段的后期，国家补贴政策的延缓，路线转型的适应，致使短期内市场需求不稳定，但同时也沉淀下了一些技术扎实的企业。这个时期锂电池的成本较第一时期有所下降，产能及能量密度有所提升。锂电池产能从 2010 年的 21560MWh 增长到 2013 年的 51500MWh，年复合增长率为 35%；成本从 2009 年的 3.4 元/Wh 降到 2013 年的 1.8 元/Wh。

（3）调整反思阶段

第三阶段是 2014—2015 年，国家从宏观层面对新能源汽车重新定位，上升为国家战略，这给新能源汽车产业的发展注入了强心剂，从此该产业的发展进入快车道，因此带来了对动力电池的强劲需求。这一时期，电池企业鱼龙混杂，产品质量参差不齐，但不同的是有部分企业技术经过多年的沉淀，具备了成为行业领头羊的资格。同时，锂电池产品成本逐年降低，到 2015 年约为 1.2 元/Wh，产能及能量密度因技术的进步也在逐步提升。2014 年锂电池产能为 66465MWh，2015 年达到 79217MWh，年增长率约为 20%。

（4）有序发展阶段

第四阶段是 2016—2020 年，工业和信息化部实施的《新能源汽车推广应用推荐车型目录》和《汽车动力蓄电池行业规范条件》对电池企业和整车进行了重新要求和约束，有利于行业的健康发展。综合因素下，调控、管理、规范等措施应运而生，在这个过程中，必然会大浪淘沙，从产品技术、售后服务等方面分出三六九等，逐渐产生几家"龙头"企业，引领整个行业朝健康方向发展，这个阶段处于有序发展阶段。

（5）产业周期

如图 1-3 所示，2010—2012 年锂电池产业产能快速增长，2012 年增长率达到 43.3%；2013—2015 年期间，受市场、政策等因素影响，产业发展到一定的瓶颈期，产能增长率逐年下滑，2015 年增长率仅 19%。2016—2020 年期间，产业步入有序发展阶段，产能以平均每年 21% 的增长率稳定增长。从这个发展规律可以看出，锂电产业由于"市场+技术驱动"的影响，产能增长周期为 5 年。

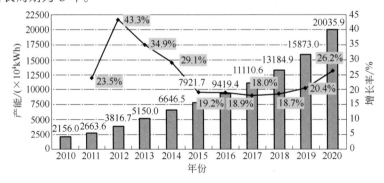

图 1-3　2021—2020 年锂电池产能及增长率

（6）能量密度趋势

2009 年"十城千辆"计划实施以来，中国快速发展的电动汽车取得了诸多成就，其中最亮眼的成就就是电池技术和产业发展取得了长足进步。电动汽车要在不依赖补贴的情况下取得相对传统汽车的优势，需要在电池方面具备两个基础条件：电池能量密度要尽可能高，同时电池成本要尽可能低。

正极材料是锂电池最核心和最贵的部分，也是影响锂电池能量密度和性能的核心材料。经过长期探索，人们找到了几种锂的金属氧化物，如钴酸锂、磷酸铁锂、锰酸锂、镍酸锂或者以上几种材料的混合，作为电池正极材料。随着新能源汽车的发展，对电池能量密度提升的要求及降低成本的需求越来越迫切，动力电池正极材料往高镍降钴的方向发展。镍-钴-锰三元材料的比容量较高，目前市场上的产品已经可以达到 170～180mAh/g，从而可以将电池单体的能量密度提高到接近200Wh/kg，满足汽车电池的长续航里程的要求。图 1-4 为不同材料的能量密度。

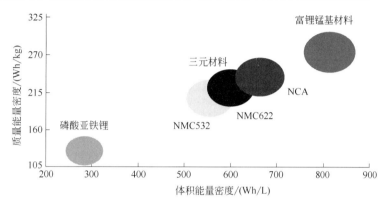

图 1-4　不同材料的能量密度

随着市场的需求，锂离子电池的能量密度在不断提升（见图 1-5），1991 年索尼公司第一批商业化锂电池能量密度相对较低（能量密度 80Wh/kg 或 200Wh/L），现在先进的高能量密度锂电池可以实现 300Wh/kg 或 720Wh/L。在 30 年时间里质量能量密度和体积能量密度提升近 3 倍，这在人类科技发展史上无疑是一个非凡的成就。

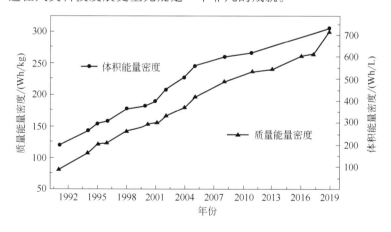

图 1-5　锂离子电池的能量密度

目前，高端石墨克容量已达到 360～365mAh/g，接近理论克容量 372mAh/g。因此从负极材料角度看，电芯能量密度的提升需要开发出具有更高比容量的负极材料。锂电池体系的高能化发展趋势如图 1-6 所示。总结过去的数据，我们发现电池的能量密度以每年 7%～8%

的速度增长，预计未来随着半固态电池、固态电池、锂-硫电池、锂-空气电池等技术的逐步成熟，这个规律还会长期有效。

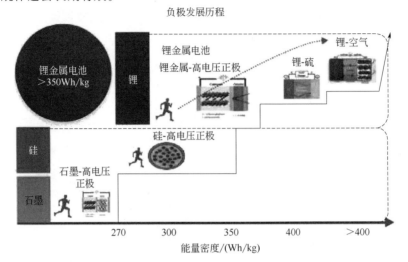

图1-6 锂电池体系的高能化发展趋势

（7）价格趋势

麻省理工学院的研究人员 Micah S. Ziegler 和 Jessika E. Trancik 针对过去三十多年锂电池的发展历程进行了研究。研究人员发现，自 1991 年首次商用以来，这些电池的成本下降了97%。这一改善速度比许多分析师宣称的要快得多，可与太阳能光伏板的成本下降速度相媲美。这项新发现发表在《能源与环境科学》杂志上。在过去三十年里，用于手机、笔记本电脑和汽车的可充电锂离子电池的成本大幅下降，成为这些技术快速发展的主要驱动力。

借助锂电池关键核心材料和制造工艺的不断优化，锂离子电池性价比也在新材料、新技术和先进规模制造技术的共同推动下不断提高。以锂电池电动车动力电池系统价格为例，2009 年锂电池单体的价格为 3.4 元/Wh，当时电动汽车的动力电池成本总价在 40 万元以上，这在当时无疑为汽车电动化应用构筑了很高的壁垒。然而令人惊喜的是在随后近 10 年间，锂离子动力电池的成本以平均 15%的幅度逐年下降，到 2020 年价格已经下降到了 0.58 元/Wh，降幅高达 83%（如图 1-7 所示）。价格的大幅下降也从另一方面反映出锂电池技术所取得的巨大进步。

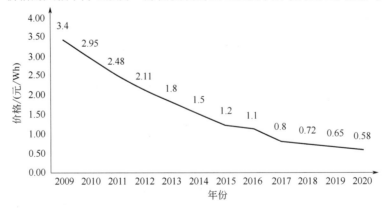

图1-7 锂电池价格趋势

纵观以上发展阶段，所有技术的应用及产业的发展在我国基本都遵循创新、无序竞争、野蛮生长、市场淘汰、规范管理、有序发展的规律，锂电产业的发展亦然，市场产能为 5 年一个周期，锂电池的价格、能量密度呈剪刀交叉规律发展（见图 1-8）。

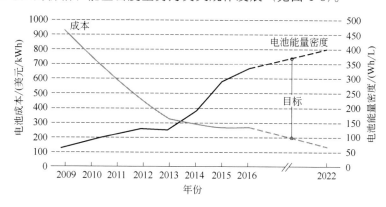

图 1-8　电池成本及能量密度发展规律

锂电产业由于市场和技术双轮驱动的影响，其发展规律总结如下：
① 市场产能周期为 5 年。
② 能量密度、价格呈剪刀交叉规律发展；能量密度不断提升，价格不断下降。
③ 能量密度每年增长 7%～8%，10 年能量密度翻倍。
④ 年复合增长率为 45%～50%，产能每增加一倍，价格下降 20%～25%。

1.3.3　锂电池技术未来发展趋势

锂电池性能的提升离不开电池材料技术的进步，同时材料技术水平的提升又极大地推动了锂电池技术的发展，两者相辅相成，相互促进。

从技术趋势来看，为了追求锂电池的高比能量、长循环寿命高安全性以及低制造成本，锂电池从钴酸锂、磷酸铁锂发展到目前的三元材料体系。日韩企业把固态电池作为下一阶段（2025 年左右）量产的主攻方向，锂-硫电池、锂-空气电池也在研究范围之内。电池的形态将从液态、半固态发展到全固态。锂电池的制造工艺及制造技术会随着电池材料（正负极、隔膜、电解液）特性和电池形态的变化而发生较大的变化。锂电池技术发展目标如表 1-1 所示。

表 1-1　锂电池技术发展目标

目标内容	2020—2025 年	2025—2030 年	2030—2035 年
电池体系	铁锂、三元、半固态	固态、锂-硫	锂-硫、锂-空气
电池容量/（Wh/kg）	单体：300 系统：200	单体：400 系统：280	单体：500 系统：300
制造成本/（元/Wh）	0.7	0.5	0.3
寿命/次	2000	2500	3000
制造	模型化、数字化制造	智能化制造	虚拟现实制造

我国锂电池发展以支撑新能源汽车普及应用为总体要求，根据新能源汽车经济性和使用便利性的要求，以安全性、成本、关键性能（能量密度）作为主要指标，实现现有锂离子电池的性能升级，突破新型锂离子电池和新体系电池，发展智能制造，保障共性技术的供给。

综合分析新能源汽车需求和锂电池技术发展趋势，锂电池未来制造发展大致分为三个阶段，目标如下：

（1）锂电池技术提升阶段

现在至 2025 年，锂电池技术提升阶段，新型锂离子电池实现产业化。能量型锂离子电池单体比能量达到 300Wh/kg，能量功率兼顾型锂电池单体比能量达到 200Wh/kg 以上。锂电池的模型化、数字化制造体系基本建立，产品性能、制造质量大幅度提升，成本显著降低，纯电动汽车的经济性与传统汽油车基本相当，插电式混合动力汽车步入普及应用阶段。

（2）锂电池产业发展阶段

2026—2030 年，锂电池产业发展阶段，新体系电池技术取得显著进展。锂电池产业发展与国际先进水平接轨，形成 5~8 家具有较强国际竞争力的规模化锂电池公司，国际市场占有率达到 30% 以上。半固态电池、固态电池、锂-硫电池等新体系电池技术不断取得突破，比能量达到 400Wh/kg 以上。实现基于数据的智能化制造，进一步提升制造合格率。

（3）锂电池产业成熟阶段

2031—2035 年，锂电池产业成熟阶段，新体系电池实现实用化。电池单体比能量达到 500Wh/kg 以上，成本进一步下降，锂电池技术及产业发展处于国际领先水平，锂电池的制造根据来料、环境及性能要求实现自学习优化和虚拟现实管控。

从产业格局来看，世界范围内锂电池的研发和产业化主要集中在三个区域，分别位于德国、美国和中日韩所在的东亚地区。长时间以来，中、日、韩三国在消费类电子用小型锂离子电池领域处于技术、市场的绝对主导地位，锂电池的生产目前也主要集中在这三个国家。从技术与产业的角度综合来看，日本在技术方面依旧领先，韩国在市场份额方面超越日本，占据一定份额，而中国的电池企业数量最多，产能和出货量最大，以德国为代表的欧盟正在积极支持布局锂电池产业，有后发趋势。

1.4 先进储能电池制造装备发展情况

动力电池是移动产品的"心脏"，是新能源产业持续健康发展的关键，动力电池在电动汽车、网联汽车、智能移动等产品中约占有 40% 的成本。在国家政策的驱动下，中国动力电池产业正处于全球产能最大、技术不落后的有利局面，我国锂电装备国产化率达到了 90% 以上，这非常有力地支撑了动力电池产业的发展，我们应该抓住世界电动汽车发展的战略机遇期，使移动产品"心脏"的质量、效率、制造成本达到最优。动力类锂电池制造必须实现大规模、智能化生产，其核心在于制造装备的健康发展。

目前，锂电池的应用领域在不断扩大，从热门的电动汽车、大规模储能、电子通信产品向航空航天、节能环保、国防等战略性领域发展。2019 年中国新能源汽车销量达 120.6 万辆，带动动力电池装机量达 62.2GWh，锂电生产设备需求达 220 亿元，2020 年国内新能源汽车销量达 136.7 万辆，动力电池配套量达 63.6GWh，直接拉动锂电池生产装备产值约 290 亿元。结合新能源汽车市场产量预测结果，未来 5 年动力电池复合增长率将达到 35%～45%左右，预计 2025 年市场规模将达到 750 万辆，市场占比 25%，动力电池配套量达到 350GWh。中金证券公司在 2021 年 7 月 22 日的证券研究报告中预计，2021—2025 年全球锂电装备市场规模将达到 5000 亿元，2023 年全球锂电设备市场规模约为 1198 亿元，2025 年全球市场规模将达到 1431 亿元。同时，未来移动产品的智能化也主要依靠锂电池作为主要的能源供给，专家预测未来锂电产业将达到万亿级的市场规模，成为国民经济的重要支柱。目前中国已经成为全球最大的锂电池制造国。

在产业高速发展过程中，虽然中国体量最大，但是在电池制造方面依然存在总体研发投入不足、制造安全性差、产品一致性有待提高等问题，同时还存在电池生产企业数量过多、投资分散、部分关键材料与器件依赖进口、核心装备制造能力不足、制造规范体系有待建立、制造智能化整体水平偏低等问题。装备是产业发展的先行条件，中国半导体芯片的用量居全球第一，但芯片制造业却很弱，半导体芯片的制造装备 90%以上依赖进口，芯片制造装备的全球占有率不足 10%，芯片核心缺失。中国燃油汽车产能虽然多年位居世界首位，但核心装备的 70%却依赖进口，缺乏装备的创新能力和自主制造能力是我国还达不到世界制造强国的根本原因。

在锂电池生产装备制造技术方面，国内外的技术及装备各有特点，国外工业基础雄厚，设备稳定性高，国内的设备也有相对的优势，国内设备响应快、性价比高、客户满意度及更新换代都要优于国外。近年来，我国在锂电池生产制造技术及装备方面有了长足的进步，基本掌握了锂电池制造及装备制造的核心技术，单机自动化方面取得了良好的进展，极片生产和化成设备方面缩小了与国际先进水平的差距，在卷绕变形控制、无偏差组装、激光模切及激光焊接、高速叠片工艺等一些单项技术方面具备了国际先进水平，少数电池企业开始了全自动化、无人化的生产线建设。

但是锂电装备因设计仿真分析技术、测试验证技术、智能检测技术、精密控制技术等方面的难点国内还没有突破，导致设备在稳定性和精度方面与国外有一定的差距，从而影响锂电池的制造效率和制造质量，很多高端设备目前国内无法满足，需从韩国或日本进口。国外设备存在价格昂贵、售后服务不及时、产品换型困难、不能根据客户需求改造升级等特点，且存在制造数据安全性问题。随着国际贸易形势越趋严峻，一旦国外厂商不配合电池企业做电池型号升级改造或不及时升级软件，售后服务跟不上企业的需求，将对新能源汽车动力电池产业造成严重影响，存在"卡脖子"受制于人的情况，先进锂电核心装备做到安全、自主、可控势在必行。

第2章
先进储能电池制造技术

新一轮科技革命和产业变革方兴未艾，智能技术与制造业加速融合，深刻改变了制造业国际竞争的资源基础和比较优势，重塑了全球价值链的制造环节，进而带动全球价值链的深度调整，国际产业竞争格局也迎来重大变革。本章总结了既有产业过去大规模发展的经验，尤其是通用目的产品的制造经验，结合储能电池产业发展的机遇，提出储能电池高质量发展应该遵循的基本规律，希望这些规律能够给读者理解储能电池制造带来更多裨益。

近年来，我国储能电池制造产能已占据全球半壁江山，发展成就很大，但大而不强、制造合格率不高、一致性差、存在安全隐患的局面并未得到根本改变。我国先进储能电池产业自 2020 年起逐步从政策驱动发展成为市场驱动发展，盼望的制造时代真正来临，先进储能电池制造进入新发展阶段，采用先进制造业新的方法和手段，加快推动先进储能电池产业的高质量发展。强化制造基础是先进储能电池制造业"由大变强"的根本之路，也正是我们贯彻新制造理念、制定切实可行的储能电池制造目标和制造路线图的最佳时机。

2.1 先进储能电池制造概述

2.1.1 储能电池制造必然是大规模定制制造

储能电池作为一种通用目的产品（general purpose product，GPP），其对国家战略和行业成败的重要影响决定了其必须满足大规模、高质量、高效制造，应该如过去的钢铁、CPU、电脑、机器人的制造一样等同对待，而不应该把储能电池作为配套 3C 的元部件来管理和制造。材料、标准、制造装备是大规模制造业的基础，储能电池制造业也必须首先发展各种电池材料研究和制造；研究定义产品、设计、制造、装备、使用相关标准，储能电池作为新兴产业应该采用先标准模式（proactive standardization），根据技术发展方向先制定标准，实施过程中不断修订优化标准，而不是采取过去的后标准模式（reactive standardization），先发展产业，行业无序竞争，大浪淘沙，最后逐步形成标准，这样的方式代价太大，根本不适合快速发展的先进制造业；在发展制造装备的基础方面，我国制造业对装备的基础地位和高质量发展的根本保证认识不够，吃过很多亏；我们缺少对装备应该率先发展和支持的政策和管控，缺少深挖工艺装备的基础研究，让装备产业直接处于产业恶性竞争的环境中，一些电池制造企业采取低价中标方式购买设备，导致生产电池成品合格率低，制造安全性难以保证，企业当初的设计目标迟迟难以达到，最终伤害招标企业自己，装备企业也缺少积累和再投入、再创新的机会，更谈不上自主研发和创新；再则行业缺少有效的知识产权保护和良性竞争规则，也导致研发企业不敢大举深度研发，抄袭者大胆抄袭。

大规模定制（mass customization，MC）的基本思想在于通过产品结构和制造流程的重构，运用现代化的信息技术、新材料技术、柔性制造技术、智能制造技术等一系列高新技术，把产品的定制生产问题全部或者部分转化为批量生产，以大规模生产的成本和速度，为单个客户或小批量多品种市场定制任意数量的产品。大规模定制企业的核心能力表现为其能够高质量、低成本、高效率地为顾客提供充分的商品空间，从而最终满足顾客的个性化需求的能力上。大规模定制企业的核心能力如下：

（1）准确获取顾客需求的能力

在科学技术尤其是信息技术高度发达的今天，企业的经营环境发生了根本性的变化。客户对企业产品和服务的满意与否将是企业生存与发展的关键因素，客户的满意将是企业获益的源泉。

（2）面向 MC 的敏捷产品开发设计能力

大规模定制企业要以多样化、个性化的产品来满足多样化和个性化的客户需求，因此企业必须具备敏捷的产品开发设计能力。MC 企业通过面向产品族的设计能力、模块化设计能力、并行工程能力、质量功能配置能力和产品配置设计能力的有效整合来构建和提升大规模定制企业的敏捷产品开发设计能力。大规模定制的产品设计不再是针对单一产品进行，而是面向产品族进行。它的基本思想是开发一个通用的产品平台，利用它能够高效创造和产生一系列派生产品。使得产品设计和制造过程的重用能力得以优化，有利于降低成本，缩短产品上市时间。还可以实现零部件和原材料的规模经济效应。而模块化设计是对产品进行市场预测、功能分析的基础上，划分并设计出一系列通用的功能模块，然后根据客户的要求，选择和组合不同模块，从而生成具有不同功能、性能或规格的产品。模块化设计把产品的多样化与零部件的标准化有效地结合了起来，充分利用了规模经济和范围经济效应，采用并行工程可大大缩短产品的开发时间，充分考虑到产品的可制造性、可装配性、可回收性，是大规模定制所需要的设计能力。

（3）柔性智能的生产制造能力

多样化和定制化的产品对企业的生产制造能力提出了更高的要求。传统的刚性生产线是专门为一种产品设计的，因此不能满足多样化和个性化的制造要求。MC 要求企业具备柔性智能的生产制造能力，它是利用现代数字化加工设备、物料运储装置、制造微服务技术和工业互联平台技术等组成的自动化制造系统。这是一种高效率、高精度和高柔性的加工系统，能根据加工任务或生产环境的变化迅速进行调整，以适宜于多品种、中小批量生产。

2.1.2 电池制造与半导体制造的对比

储能电池制造业与半导体芯片制造业相比，储能电池制造显得更为复杂，影响因素更多，半导体在内部机理上是电子的转移问题，其目的是控制信息转移过程；对电池而言，外电路是电子的转移，内部是离子的迁移，而离子迁移过程伴随着晶格的改变，离子在固体中的嵌入、脱出，离子在离子导体中的转移，颗粒的形态及物质体积的改变，是物质在电芯内部转移的过程，同时伴随着一些化学副反应，是能量转移的过程。半导体制造缺陷影响制造的合格率和成本，而电池制造的缺陷不仅会带来合格率降低和成本升高，更重要的是会造成产品的安全性降低，严重时会导致燃烧、爆炸及工厂的毁灭。半导体制造与电池制造的对比见表2-1。

表 2-1   半导体制造与电池制造的对比

项目	产品在产业中位置：相同点	产品在产业中位置：不同点	
		芯片制造	电芯制造
产品用途	通用目的产品，有无穷组合应用	处理信息 （如人的大脑）	处理能量 （如人的心脏）
产品工作原理	物理过程， 锂离子/电子直径比大约是8.3:1； 锂离子/电子质量比大约是3100:1	物理过程，电子移动、信号转移过程，是个体转移行为	物理+化学过程， 电子、离子移动， 能量转移、物质迁移过程，是群体迁移行为
环境要求	温度、湿度、洁净度管控等	洁净度：10级，100级	洁净度：1000级，1万级
制造速度与制造精度	高速，高效； 具备足够精度	纳米、微米、速度、精度不断提升	纳米、微米、毫米、速度、精度、材料、原理不断进化提升
制造规模	单一品种，大规模制造，不断升级	500万~1000万颗/a	8~10GWh/a，1亿只，规模不断扩大
制造网络连接及标准	系统互联、互通、互操作	国际半导体产业协会（SEMI）标准化	没有完善的标准
制造智能化程度	无人化、自动化、数字化、智能化	无人化、引领级	无人化、引领级

2.1.3 先进储能电池制造的 8 大特征

与其他通用目的产品比较，储能电池制造呈现如下 8 大特征：

（1）不同尺度材料均匀

锂电材料从纳米到微米再到毫米，尺度跨度很大，这样大跨度的材料混合在一起，如何能够保证均匀、不分层、不脱落，是保证电池一致性的关键。

（2）软质材料、硬性定位精度要求

隔膜、正极、负极做成后都是十几微米到几百微米的软质薄膜材料，然后在组装过程中需要这些材料对齐、稳固，使其能够抵抗一定冲击，使用时颗粒尺度膨胀/收缩变化不能影响原来结构的稳固，不开裂、不脱落。

（3）不被关注的因素，对质量影响很大

储能电池制造过程的温度均匀性、湿度大小、现场粉尘的多少及分布、加工毛刺大小和密集度以及极片在不同环境里停留时间的长短，都会影响材料吸水的程度，因而影响电池生产的质量，因此电池制造应制定标准对这些因素进行监测、管控。

（4）产业不断升级

随着电池应用的广泛，需求量不断增加，电池材料、结构、制造工艺、制造方法、制造装备也在不断升级及更新，这些升级更新必然对制造过程带来不确定性、不稳定性和技术的不断更新、升级，这要求在制造规划设计中充分考虑这些因素。

（5）制造过程从连续逐步走向离散

储能电池的制造是从粉料制浆、涂布、辊压、模切，到卷绕或叠片、组装、注液、化成、PACK（指电芯组合成电池包）的制造过程，这个过程中物料逐步从连续的浆料、箔材，涂布、辊压成膜，到分切、模切是连续的过程，到卷绕或叠片逐步演变到完全变成离散的单体电芯。在此过程中系统的线性、非线性、随机动态过程互相掺杂，这使制造过程的数据双向追溯、材料与电芯的关联、模型建立与优化都变得十分复杂。

（6）多源异构，海量数据

储能电池的制造过程中，正极、负极是纳米、微米级颗粒物料，连接剂、导电剂、溶剂是液体，铜箔、铝箔、胶纸、铝塑膜是薄膜材料，极柱、壳体等是机械结构件，制造过程中每个工序及阶段形成的半成品都有不同的产品特性和形态，再加上制造过程温度、湿度、粉尘等环境的影响状态，这些特性和形态用数据来描述时，表现为数据来源繁多，数据结构各不相同，结构化数据、非结构化数据、半结构化数据互相掺杂影响，制造过程每个特性的数据在数字化时要用不同的数据粒度，这些数据综合起来表现为多源、异构和海量特征；储能电池的制造过程必须准确获取这些数据，进行提取、数据治理，建立相应存储方式及管理方式，以利于构建相应的各种制造模型，实现用数据化解制造问题的基本要求。

（7）多物理场、多尺度

储能电池技术涉及化学、电化学、离子动力学、分子动力学、电子学、电磁学、机械、控制、流体等相关学科，从物理和化学的角度看，涉及热力场、电场、磁场、流体场、分子原子间的相互作用等；从尺度方面看，微粒离子、分子的运动规律，纳米材料相互作用与混合，纳米、微米级加工制造，毫米到米级尺度的应用产品都完全用到，这就导致储能电池制造过程复杂，电池中电子、离子运动规律揭示、运动规律管控困难，表现为枝晶产生、抑制，固体电解质界面膜（SEI 膜）难以准确表征、控制等困难；基于这些特征，要求制造过程不仅要管控温度、湿度、粉尘、压力、变形、真空度等参数，还要控制作业工序、等待时间、作业空间大小、作业环境、作业时间、制造工艺、加工方法、作业精度及作业稳定性等，以保证制造电池需要达到的制造质量、制造安全、制造效率等。

（8）因果关系的科学规律不清晰

储能电池技术是一门影响深远的科学，由于其涉及的理论、机理、数据的复杂性，目前还缺少定量、有效的系统科学分析方法和系统性能特征评价手段来满足电池制造的可重构、大规模、定制化的要求。

综上所述，储能电池的理论、机理和制造过程复杂，只有定义好来料、设备、过程的基础元数据和数据字典，按照规律准确获取数据，做好数据治理，搭建数据平台，建立反映真实规律的模型，按照制造目标需求进行优化，才能实现制造目标。反之，如果没有长时间的积累，对于储能电池的机理、影响规律缺少深刻的认识和管控，很难制造出高质量的储能电池。

2.2 制造体系建立

先进储能电池对能源存储、能源互联、智慧能源、电动汽车、智能汽车、电动轮船乃至电动飞机等产品产生了深远的影响，因而储能电池产品，尤其是电芯的制造显得尤其重要。储能电芯产品的制造要满足大规模、高品质、高效率要求，需从产品的规划、设计、标准、制造、使用、回收等全生命周期产业链的关键环节进行统筹规划。就电芯制造而言，要从电芯制造企业的设立和电芯生产基础条件考虑储能电池生产规模、品质要求和制造效率等。

2.2.1 制造相关标准

标准规范是制造业的技术基础。首先，作为先进储能电池制造企业，应该建立自己的企业标准，规范产品标准、产品安全标准、制造标准和产品质量标准。相关标准可以依赖本行业的行业标准、国家标准的要求；同时，企业标准应该达到或超过行业标准和国家标准。储能电池制造宜建立以下五个方面的技术规范。

① 建立材料替换承认书，规定材料测试、认可、替代标准规范。
② 建立基于不同产能级别的电芯制造的工艺、生产、品质标准规范。
③ 建立逐级以电芯量产为基础的电芯认可规范：100 只，1000 只，10000 只，100000 只。
④ 建立电芯性能认可评估的标准：包含容量、内阻、自放电、一致性、耐久性、可靠性等指标。

⑤ 建立电芯组合、应用评估体系：不同应用条件下电池的组合标准。

2.2.2 产品设计原则

产品设计是制造企业最重要的内容，设计决定了 80% 以上的制造质量、制造成本和生产周期；目前电池制造依然合格率低、安全差、制造效率低、一致性差、成本高、产品达产周期长，应该首先从设计入手，解决制造的问题。

储能电池设计的重点在于深刻理解电池的原理，梳理材料、机械、电气、热分布、化学特性、系统管控之间的相互关系、相互作用、相互影响规律，采用各种手段对材料、结构、参数进行定性和定量分析、计算和选择，最终满足产品设计指标的要求。首先要明确设计目标、设计原则、设计内容和关注电池设计的特殊要求。

（1）储能电池设计目标

① 应用背景调查：储能电源、动力电源、移动电源、应用规模等。
② 使用特性要求：安全、容量、倍率特性等。
③ 使用环境：温度、振动、腐蚀、灰尘等。
④ 性能匹配：安全、容量、倍率、寿命等。
⑤ 确认原则：标准化、模块化、少规格化。
⑥ 综合最优：保证全生命周期的材料使用、性能指标、制造目标、梯次利用、拆解回收综合的使用性能、经济性、环保条件最佳。

（2）储能电池设计准则顺序

① 第一是安全，使用、制造、设计选择首先考虑安全。
② 第二是容量，内阻、尺寸、自放电设计。
③ 第三是倍率，循环，高、低温性能等。
第二、第三顺序根据不同的使用要求、使用环境综合选择。

（3）储能电池设计的内容

① 性能设计：安全、容量、倍率、循环、内阻等。
② 热设计：内部热分析，环境热分析，散热分析与散热措施，希望电芯在使用过程中内部不同位置长期平均温差不要大于 3℃。
③ 集流设计：主要计算电芯、模组在使用过程中电子、离子流过的导体产生的热和热的均衡性，保证系统的热平衡，避免局部发热和热的传递受阻。
④ 结构设计：可制造设计，保证材料及结构为可制造性改变，保证最佳制造目标。
⑤ 基于 PACK 的设计：电芯的结构和连接应该易于 PACK 连接、制造，充分考虑瓦特流、比特流、热流的传递。
⑥ 可回收设计：电芯、电池包的设计应该考虑梯次利用的可能，电芯、模组的可拆解，活性物质和结构材料的分解、提取。

（4）储能电池设计的特别注意事项

① 电池设计是化学、电化学、机械、电气、机电的综合，是多物理场、多尺度相互影响，更是从量子力学到牛顿力学原理的综合应用，不能有偏颇。

② 材料在电化学作用下表现出完全不同的性能：钢、铝的硬脆化，塑料的老化，金属的可燃性，材料的电化学腐蚀等。

③ 在电化学体系下，所有电池结构的材料性能都需要重新考量，并互相影响和转化。

④ 电池性能是相互影响和转化的，如容量特性与循环寿命，使用温度与寿命、安全，放电深度（DOD）、充电状态（SOC）与循环寿命等。

（5）储能电池结构设计特殊要求

作为储能电池设计尤其是电芯的设计，应该结合电池特性考虑如下设计要求：

① 在充放电极片膨胀、收缩情况下，电芯极组、整体结构稳定，电芯结构一致性保持；隔膜保持随极片整体伸缩的一致性。

② 充放电中，离子移动路径保持均衡、一致性。

③ 电池极芯在壳体中定位、操作可靠，有相应确定的定位基准，极组有可靠的形状。

④ 隔膜与极片界面长期保持稳定，变化小、不分离、不脱落。

⑤ 电场分布均匀，电芯内部尽量减少形状奇异，不同荷电状态下电子、离子分布尽可能均匀，没有突变。

⑥ 集流均匀、温度分布均匀（发热、散热均衡）。

⑦ 连接、密封牢固，合格率高、耐候性好。

2.2.3 汽车动力蓄电池行业规范条件

为贯彻落实《国务院关于印发节能与新能源汽车产业发展规划（2012—2020年）的通知》（国发〔2012〕22号），根据《国务院办公厅关于加快新能源汽车推广应用的指导意见》（国办发〔2014〕35号）的要求，引导规范汽车动力蓄电池行业健康发展，工业和信息化部装备工业司组织研究制定了《汽车动力蓄电池行业规范条件》。这个规范条件可以作为储能电池生产的基本规范条件，规范企业的设立、运行和管理，推动锂电制造产业健康稳定发展。该规范条件已于2019年6月21日废止，新的规范条件颁布后可以按照新的规范条件或电池企业自己制定的更严格的规范条件执行。

2.2.4 锂电池企业安全生产规范

安全是电池产业的生命，电池企业必按照国家、行业要求的相关规范执行，目前主要依靠中国物理化学电源行业协会2018年发布的《锂离子电池企业安全生产规范》（TCIAPS0002—2017）规范执行，企业制定的管理规范应该严于这个规范，新的国家及行业标准规范发布后按照新的规范执行。

2.3 制造质量及合格率

2.3.1 衡量储能电池制造水平的 8 大指标

储能电池制造遵循大规模制造业的基本规律，其制造可以用如下 8 大指标来衡量。

（1）电池制造合格率

定义：满足使用特性的电池数与开始总投入电池数之比，使用特性指电池使用要求的基本特性，如容量、内阻、倍率、尺寸、自放电、安全性等。根据电池制造的不同阶段和电池成品后不同的应用场景，对要求特性的定义是不同的。一般而言，电池使用特性是指基本性能的组合，并得到同时满足的条件。细分的电池制造合格率包括：电芯制造合格率、模组制造合格率和 PACK 制造合格率。

（2）材料利用率

定义：实际产出成型电池的材料价值与投入同等数量电池所有消耗材料价值之比。这里的所有材料包括在成型电池中存在的成品构成材料和制程中消耗的随产量成比例消耗的辅助材料[N-甲基吡咯烷酮（NMP）、水、物料接头、胶带胶布、材料挥发消耗的液体、保护麦拉膜、制程保护气等]。

（3）人工成本率

定义：在一定连续生产周期内，直接与电池生产过程不可分割的生产人员的成本与同期生产电池容量的比例。包括操作人员、物料输送人员、产线固定检验人员、维修人员；不包括临时性工作人员，如检修人员、不定期产品换型人员、产线优化改善人员。单位：元/Wh。

（4）瓦时设备投入

定义：在一定连续生产周期内，所有设备投入的折旧与当期生产的成型电池的瓦时数（Wh）之比。单位为：元/Wh。折旧期限跟电池生产生命周期有关，按固定资产折旧的财务规律结合电池制造业的特点综合考虑，一般为 5~8 年。

（5）瓦时能耗指数

定义：在一定连续生产周期内，生产所消耗的所有能源成本与当期生产的成型电池的瓦时数（Wh）之比。单位：元/Wh。所有消耗的能源折算货币价值。

（6）瓦时制造成本

定义：在一定连续生产周期内（一般为电池的制造周期），所消耗的制造费用与在此期间生产的成型电池瓦时数（Wh）之比。所有消耗费用包括三项：期间人工成本、期间能源消耗费用和期间设备折旧（一般按照 5~8 年平均折旧）。单位：元/Wh。

（7）制造安全

定义：制造安全指生产制造电池产品的安全，一般用一定连续生产周期（一个月或半年）内出现热失控或安全指标超标的电池数与该期间生产电池总数之比乘以一百万的数量，称为ppm数（百万分之一，10^{-6}）。一般电芯生产安全指标应当小于几个ppm，称为ppm级管控。电池包生产安全指标应当小于几个ppb（十亿分之一，10^{-9}），称为ppb级管控。

（8）运转可靠性

定义：电池制造生产线（或单工序设备）的平均无故障时间（MTBF）；一般要求单机MTBF大于1000h；生产线总体MTBF大于150h。

2.3.2 储能电池电芯成品率

电芯成品率是指从电池材料到电池包成品生产过程中，实际装入电池包里配对合格的电芯数与投料时的电芯数之比的百分数。

$$电芯成品率(Y_C) = \frac{配对合格电芯数}{投入电芯} = Y_1 Y_2 Y_3$$

式中，Y_1 电芯直通率（line yield）=产出电芯数/投入电芯数，Y_1 衡量电芯生产线制造加工电芯的能力；Y_2 测试合格率（cell sort yield）=测试合格电芯数/产出电芯数，Y_2 衡量生产线制造产品的性能满足实际要求的能力；Y_3 配对合格率（pair yield）=配对合格电芯数/测试合格电芯数，Y_3 衡量生产线制造电芯一致性的能力。

2.4 制造目标及路线图

2.4.1 制造技术现状及趋势

（1）国内外制造技术及装备现状及对比

储能电池作为移动产品的"心脏"，已成为移动产品最核心的部件，这一特殊产品在现代移动产品制造也像半导体芯片制造、汽车发动机及整车制造技术一样，需要从基于材料、设计、制造工艺技术和装备技术方面全面突破入手，才能保证电池制造的安全性、一致性并控制目标成本。储能电池设计制造技术现状归纳于表2-2。

表2-2 储能电池设计制造技术现状

技术分类	内容	技术内容	国内外现状
基于制造设计	电芯尺寸规格，标准化，制造安全设计，虚拟仿真模拟	基于安全3S（形状、大小、比例）设计；结构虚拟实体数字验证优化；制造过程数字孪生、优化电池整体结构与性能指标；基于全生命周期的设计	德国有VDA、MEB、Unified Cell标准；完整的数字化设计、数字化仿真、数字化验证及制造过程数字孪生

技术分类	内容	技术内容	国内外现状
装备开发技术	大规模、集成化、数字化	高度集成化装备； 单机、分段或单线产能 1～4GWh； 全数字化、工艺参数、制造质量与装备边缘闭环； 3D 极片制备； 多特性复合膜制造设备； 复合电芯制造设备	中国制造装备正在走向集成化，国外圆柱电芯组装线达到 600PPM； 国外双面高速涂布速度达到 120m/min； 国内处于模型建立、数字化开发阶段
智能制造技术	模型化、网络化、智能化	控制点质量闭环、质量优化； 工业人工智能深度质量优化； 基于来料和有限改变的个性化制造	三星、LG、松下建立完整质量控制模型和质量优化体系，三星整线设置 3000 多个控制点

（2）我国储能电池制造技术短板

我国在储能电池制造及关键装备的短板主要在两个方面，即设计开发技术和制造基础元部件。储能电池产品和关键核心装备的研发在数字化设计、数字化模拟验证、数字孪生等方面的开展不够，一次设计不准确，需要反复修正，靠试错摸索实现优化，从而导致产品开发周期长、产品迭代慢，耽误了产品上市时间，失去很多市场机会。另外，在装备的基础元部件方面仍然需要依靠进口，如可靠的气动元件、高精度传感器、高精度伺服系统、直驱电机系统、大功率脉冲、连续激光器等。

（3）储能电池制造发展趋势

未来储能电池制造装备技术趋势主要表现在两个方面：现有工艺装备创新升级和新型工艺装备创新。现有工艺装备创新升级主要表现为高速化、集成化和数字化，如涂布速度突破 120m/min，卷绕线速度突破 3m/s，叠片效率突破 600PPM 以上；实现合浆、涂布、滚压、分条集成一体化；激光切模切卷绕、激光模切叠片、组装过程一体化。以上技术的突破可以大大减少人工成本和环境控制成本，缩短制造链，提高制造效率，提升材料利用率。设备数字化的目标是实现标准化设备接口、通过边缘计算实现设备制造质量的工艺闭环，提升设备的稳定性和制造质量。新型工艺装备创新：主要面对材料技术、电池技术升级开发新型装备，如预锂化设备、干法制片设备、多层同时涂布设备、多层极片复合设备、极片隔膜复合设备、一体化高速电芯组装线以及极片、电芯 3D 打印成型设备等。在储能电池智能制造方面，核心目标是高效准确获取制造数据，完善数据治理，搭建高效实时实用数据平台，利用工业互联网技术，基于大数据、云计算和工业人工智能技术，建立制造模型，进行模型优化，提升动力电池制造的质量、制造安全性和制造效率，满足大规模、高效储能对电池的要求。

储能电池智能制造的未来是针对储能电池产品的高安全性、高一致性、高制造效率和低成本等的要求，应用智能化关键技术，对储能电池制造的浆料制备、极片制备、极芯制备、极组装配、干燥注液、化成分容和电池系统集成的过程实现"高品质、高效率、高稳定性"和"模型化、数字化、智能化"应用，建立数字化锂离子电池制造车间，包括在制造过程中引入制造参数、制造质量的在线检测，实现制造工艺闭环，利用智能部件、机器人自动化组装、智能化物流与仓储、信息化生产管理及决策系统实现储能电池制造的智能化生产，确保储能电池产品的高安全性、高一致性、高合格率、高制造效率和低制造成本。

储能电池制造未来"三高三化"如图 2-1 所示。

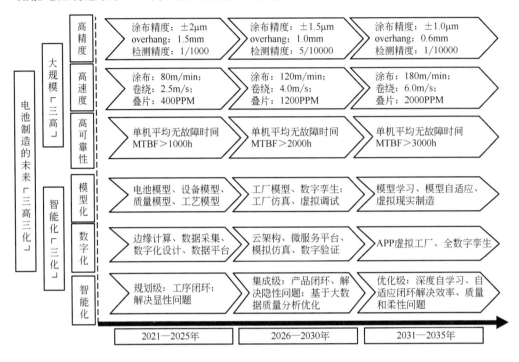

图 2-1　储能电池制造未来"三高三化"

（overhang：电芯正负极片边缘重合度的最小值）

2.4.2　面向 2035 储能电池制造发展目标

2.4.2.1　面向 2035 的制造愿景

（1）储能电池制造目标

优秀的产品是设计出来的，是装备和制造工厂建设的基础。储能电池制造目标归结为六项，即：电芯规格、电芯制程能力指标（CPK）、制造安全性、制造成本、材料利用率以及核心设备的单机产能。

① 电芯规格。在未来电芯规格尽可能少，对商用车、乘用车的需求，考虑圆柱、方形和软包的不同，到 2035 年电芯规格控制在 12 个以内，即圆柱 2 个规格，方形铝壳 6 个规格，软包 4 个规格。

② 电芯制程能力指标。储能电池制造质量特性按其重要度分为关键产品特性（key product characteristic，KPC），如尺寸、容量、内阻等；产品过程控制特性（key control characteristic，KCC），如设备工艺参数、产品过程参数等。经统计约有 20 个核心 KPC 控制点，储能电池制造的目标使 KPC 指标全部达到 CPK2.0 以上，保证电芯不需要经过筛选就能直接组合使用。

③ 制造安全性。电池制造过程中的缺陷和无完全监控引入的电池不安全或者不安全因素，制造安全的目标是制造缺陷和制造环境对电池的影响得到有效控制，制造安全控制达到 ppb（十亿分之一）级要求。

④ 制造成本。到 2035 年储能电池的制造成本随着能量密度的提升和制造效率的大幅度提高，制造成本将小于 0.06 元/Wh。

⑤ 材料利用率。材料利用率是未来动力电池成本降低的关键，主要影响因素是电池材料的匹配设计、电池的结构设计、材料的回收；目标是在 2035 年材料利用率（按照材料成本价值计算）大于 98%。

⑥ 核心设备的单机产能。主要指涂布、模切、卷绕、叠片等设备单台的最大年输出产能，到 2035 年核心设备的单机年产能达到 4 ~ 8GWh。

（2）动力电池制造关键核心装备

① 新型电池制造技术。现有工艺装备实现效率提升、制造工艺数据闭环、制造质量 CPK 大于 2.0、三个一体化（极片制造一体化、芯包制造一体化、组装一体化）。具体技术包括涂布、模切、卷绕、叠片高速、动态精度、稳定控制技术，基于大数据的设备制造工艺闭环控制技术，全激光模切卷绕、叠片一体化技术，适合大规模、零缺陷、高合格率极组连接和电芯封装技术；

② 新体系电池制造技术。新体系电池工艺装备跟随电池技术发展，实现硅碳负极、锂负极、高能量密度正极材料，半固态、固态电池、锂-硫电池、锂-空气电池制造装备研发；具体包括：预锂、纯锂负极制造技术，干式正极制造技术，物理气相沉积（physical vapor deposition，PVD）极片制造技术，固态电解质极片复合制造技术，3D 打印极组制造技术。

（3）智能工厂及智能制造服务

智能工厂及智能服务发展分为三个阶段，即数字化全面实施，网络化运营及智能化升级，最终实现动力电池未来工厂——产品智能化、生产去中心化、大规模定制生产、智能化制造运维及服务。

2.4.2.2　面向 2025 年、2030 年、2035 年的分阶段目标

面向 2025—2035 年储能电池制造分阶段目标如表 2-3 所示。

表 2-3　储能电池制造分阶段目标

分项内容	2025 年	2030 年	2035 年
电芯品种	50 个	25 个	12 个
核心工序 CPK	>1.33	>1.67	>2.0
制造安全性	影响制造安全因素全监控	制造安全闭环	制造安全因素提前预警、自学习提升制造安全性
制造成本	0.10 元/Wh	0.08 元/Wh	0.06 元/Wh
材料利用率	92%	96%	98%
核心单机产能	1GWh	2GWh	4GWh

2.4.2.3 储能电池制造技术路线图

动力电池制造及关键核心装备的技术路线如图 2-2 所示。

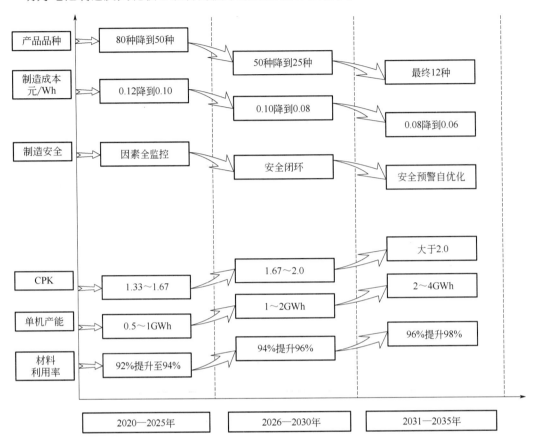

图 2-2 动力电池制造及关键核心装备的技术路线图

CPK（complex process capability index）指电芯制程能力指标，是电芯核心工序产品质量特征
KPC（key product characteristic）的 CPK 值乘积，一般电芯的工序 KPC 值有 20 个左右。

2.5 储能电池尺寸标准化与制造

2.5.1 锂电池尺寸规格国外现状

目前国际上锂电池的尺寸规格还没有统一，相关的讨论还在继续。虽然国际电工委员会（IEC）组织制定了国际标准 ISO/IEC PAS 16898：2012，其中规定了 62 种尺寸规格的各类电池单体（表 2-4），但标准在世界范围内并没有得到有效的执行，其原因在于 ISO/IEC PAS 16898：2012 标准是一个公共协商标准，是对之前各大型电池生产企业所生产电池尺寸规格的罗列，并没有经过归纳、提炼和合并，因而标准中所列的尺寸规格繁多且重复，不满足锂电池尺寸系列要求，因而对产业的指导性不强。

表 2-4 ISO/IEC PAS 16898:2012 中各类蓄电池单体规格尺寸数量表

类型	尺寸规格种数	总计
圆柱形电池	8 种	62 种
方形电池	26 种	
软包电池	28 种	

德国汽车工业联合会（VDA）根据汽车安装的要求，出台 VDA 尺寸规格规范，这是欧洲汽车企业最早对电芯尺寸规格的规范，早期国内许多企业按照这个规范要求生产电芯，或者以这个规范为基础调整某个方向的尺寸生产电芯。

2019 年 1 月大众推出电动汽车平台 MEB，按照平台的要求提出三个模组规格，电芯竖直放置，模组高度（也称电芯的宽度）均为 108mm，长度设置 355mm、390mm、590mm 三种规格，电芯的厚度根据制造能力和电池的性能选择，不作统一要求（图 2-3）。电动汽车平台 MEB 大范围缩减了锂电池尺寸规格的数量，符合现阶段动力汽车发展的要求，因此大众公司旗下的所有电动汽车的品牌和车型，在全球范围内都将采用同样的电池模块设计，进行统一采购，降低生产成本，提高电池质量和开发设计效率。

图 2-3 大众推出的电动汽车平台 MEB 三个模组规格图

2021 年 3 月 15 日，大众汽车集团举办了首届"Power Day（能量日）"，大众释放了诸多重磅消息，包括只有一个尺寸规格的 Unified Cell 电池，将在不远的将来将占据 80%的装机份额，依靠单一规格电池成本下降 50%。这一信息的发布足见大众汽车作为老牌汽车制造企业对新能源汽车、对制造业的深刻理解。

2.5.2 锂电池尺寸规格国内现状

2020 年我国已有 80 多家锂电池生产企业，每家企业都需要根据客户的实际需求研发生产各种规格尺寸的电池产品，由于没有明确统一的尺寸规格，即使是在同一家锂电池生产企业，同一客户的不同车型所用的锂电池的尺寸、外形等也各不相同，给电池企业也带了沉重的负担，因此，制定一个符合现状的锂电池尺寸规格标准对整个锂电池行业降低成本、提高电池质量具有举足轻重的作用。

为规范国内锂电池尺寸规格,2016 年工业和信息化部向全国发出锂电池尺寸规格国家标准制定的征求意见,并由中国主流电池企业等单位共同起草《电动汽车用动力蓄电池产品规格尺寸》(GB/T 34013—2017)标准,于 2017 年 7 月正式发布,对圆柱形电池、方形电池、软包电池共制定了 145 种规格尺寸(详见表 2-5)。

表 2-5　GB/T 34013—2017 中各类蓄电池单体规格尺寸数量

类型	尺寸规格种数	总计
圆柱形电池	6 种	
方形电池	125 种	145 种
软包电池	14 种	

中国化学与物理电源行业协会动力电池应用分会研究部统计显示,2014—2020 年新能源汽车用单体电池尺寸累计多达 740 种,年度最高达 308 种(图 2-4),但随着市场的残酷洗礼和技术的不断进步,单体电池尺寸种类在逐渐缩减,走向更标准的道路。

在 2020 年使用的 225 种单体电池尺寸规格中,符合新国标规格的有 24 种,占比 10.7%。国家标准制定对规范锂电池尺寸规格有一定的促进作用,但并未从根本上改变国内锂电池尺寸规格杂乱无章的局面。另外,新国标对电池尺寸的定义也不完整,缺少尺寸属性具体定义、连接接口定义、零件定义、标识定义等。

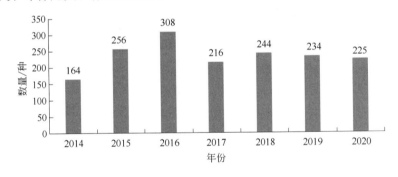

图 2-4　2014—2020 年中国单体电池尺寸种类统计

国家标准《电动汽车用动力蓄电池产品规格尺寸》(GB/T 34013—2017)未得到有效执行的主要原因有:

① 国标规定的尺寸规格主要代表的是部分电池企业现有的锂电池产品的尺寸规格,同时标准为推荐标准,不是强制标准,其他电池企业完全可以不按标准执行。

② 锂电池尺寸规格以新能源汽车公司(电池使用方)的意志为主,电池使用方根据自己开发的产品来确定锂电池的尺寸规格,这个过程就会导致过多的"非标"产品出现。

③ 改变企业现有电池的尺寸规格,会涉及电池的制造工艺、制造设备、生产流程等各方面的改变,多数锂电池企业还是需要调整生产线,小则简单调整,大则另上新生产线。

④ 电动电池及相关产业发展日新月异,国家标准制定周期较长,决定了标准的滞后性,标准中规定的锂电池尺寸规格不能满足当下锂电池技术发展的需要。

⑤ 对电池产业的发展迅速，尺寸规格对成本、质量、未来的影响估计不足，对电池作为通用目的产品的作用认识不足，对储能电池作为新兴技术产业产品尺寸规格应该采取"前标准化（proactive standardization）"管理意识准备不足，同时相关管理部门与主导产业对尺寸规格、对产业的发展影响认识不足，致使我国今天依然存在尺寸规格品种繁多，跟随国外，制造质量差、成本高，生产线建设浪费等问题。

2.5.3　电池尺寸规格不标准带来的问题

电动汽车对重量和体积都比较敏感，锂电池的尺寸对整车布置、电池形状、电池容量等都有很大影响。目前的锂电池产品尺寸、形状、容量、电压规格各异，通用性较差，一方面给整车企业匹配、采购和选型带来难度，同时也不利于规模化生产和降低成本，锂电池本身相对昂贵，尺寸规格过于繁多的现状，阻碍了锂电池大规模标准化生产，对锂电池以及上下游产业链造成巨大的影响。

（1）电池生产成本增加

锂电池尺寸规格不统一最直接的影响就是导致锂电池互换性差，锂电池使用企业每开发一款新产品，对锂电池就会有不同的要求，而锂电池生产企业又需要根据客户的实际需求研发生产各种规格尺寸的电池产品，同时还需要调整产线甚至整个生产工艺，与之相一致的物料加工、工单安排等也都需要重新规划，电池生产周期延长，这导致电池生产企业、电池使用企业都需要很大的成本投入。

（2）制造设备种类增加

锂电池尺寸规格的不统一使电池制造设备无法实现统一。锂电池本身是由电池生产设备制造出来的，生产不同尺寸规格的锂电池首先需要研发与之配套的生产设备，即便个别电池尺寸可以共用一套装备，但也必须对生产线进行调整和改进后才能生产，最后导致电池设备制造企业不得不投入大量的人力、物力和财力研发各类符合不同尺寸规格的电池生产装备，以满足电池企业的需要。因此，目前电池制造设备型号规格各异，种类繁多。同时，由于新能源汽车技术加速迭代，动力电池生产设备的技术要求变化较大，部分基于早期技术开发的动力电池生产设备难以适应新产品生产，其经济寿命低于原有折旧年限。计算不同公司的折旧率进行对比，宁德时代公司设备固定资产的平均折旧年限为 4 年，而其他同行的平均折旧年限为 5 年。但在企业实际生产中，可能两年前投入的设备需要技改来生产新的产品规格，企业都会面临一个很难抉择的问题，投入新生产线效率一致性更高，改老线质量效率难保证，而且费用不低。

（3）质量难保证

锂电池尺寸规格的不统一，使电池质量很难控制。锂电池制造工艺本身就较为复杂，既需要关注电池原材料的质量，又需要监控制造过程的每一个工序，从浆料制造到最后电池成型需要进行质量控制的项目多，每一个步骤都可能对电池最终的质量产生巨大的影响，单个电池的质量控制都如此复杂，如果再同时生产多个不同尺寸规格的电池，对于电池制造信息的提取、质量检测、工艺分析等将变得非常困难，尺寸规格不断变化，难以实现工程经验积累，制造工艺、制造装备的优化也难以进行下去，最终难以保证所生产电池的质量。

（4）阻碍规模化生产

锂电池尺寸规格的不统一，同时各电池使用企业需求各异，电池尺寸规格越来越多，使电池生产企业不同产品的产线不断增多，生产场地不断扩大，让锂电池数字化车间实现智能制造变得更加困难，锂电池尺寸规格不统一、电池制造设备的不统一等最终导致锂电池无法实现大规模化生产，阻碍整个行业优质、快速的发展。

（5）回收利用难度加大

锂电池回收利用是整个锂电池产业链当中十分重要的一个环节，国家对动力蓄电池的再生利用也是高度重视，锂电池尺寸规格的不统一，使电池的回收再利用工作难度加大，不管是电池的梯次利用，还是再生利用，电池种类的繁多，同样会让电池回收企业产线增多、工作难度加大、成本增加，因此锂电池回收再利用很难实现规模化作业，降低了电池回收的效率和再利用的质量，甚至个别电池回收企业只针对性地回收具体规格尺寸的锂电池，对整个电池回收利用产业极为不利。统一锂电池尺寸标准，可以在电池回收再利用过程中，提升不同企业产品的兼容性。

（6）加大产品服务和运维的难度

单体电池尺寸规格繁多，同样对车辆搭载锂电池的后期维修加大了难度。由于新能源汽车技术加速迭代，动力电池产线设备的技术要求变化较大，部分基于早期技术开发的动力电池生产设备难以适应新产品生产，电池企业对旧产线及设备进行调整和更新后，部分尺寸单体电池停产，如果前期销售车辆出现维修问题，需要对个体电池进行生产时，电池尺寸的不统一、产品的不兼容问题，会加大电池企业这个方面的成本投入和难度。

2.5.4　电池尺寸规格标准化的意义

锂电池规格尺寸的标准统一，对电池梯级利用和互换、成本的降低都有非常大的作用，不仅有利于锂电池生产企业的发展，而且对于整个锂电池产业链的发展都有十分重要的作用。

（1）有利于降低成本

锂电池尺寸规格标准统一，有利于提高锂电池的互换性，便于实现规模化生产，有利于降低整个产业链的成本。

① 有利于降低新能源汽车企业的成本。锂电池尺寸规格统一后，新能源汽车企业在研发新产品时，可从标准中选择固定的模块来设计产品的锂电池系统，有利于新产品的开发，缩短开发周期，同时不同的产品也可选择同一尺寸规格的电池，有利于锂电池的互换性，降低了企业的研发成本和生产成本。

锂电池标准化以后，新能源汽车企业对配套电池企业的选择余地大大增加，无论是一家车企使用多家电池厂的电池，还是多家车企采用一家电池厂的电池，都可以做到互换互通，从而大大降低使用环节的成本，同时也更容易实现技术的积累。

② 有利于降低电池生产企业的成本。锂电池的标准统一以后，对于锂电池企业而言，便于规模化生产，制造装备也可以标准化，从整体上降低研发设计、产线投入以及制造成本消耗，实现综合成本降低。

③ 有利于降低电池制造设备企业的成本。锂电池尺寸规格的统一，对电池制造设备的标准化有着决定性影响。电池生产线会依据电池规格进行标准化布局，电池生产设备可进行标准化、规模化生产，降低了电池设备企业的研发成本，缩短了装备的开发周期，提高了电池设备生产的效率。

④ 有利于降低电池回收企业的成本。锂电池尺寸规格的统一，减少了电池尺寸规格的种类，有利于电池回收的标准化作业，减少回收电池再加工利用的产线数量，提高电池回收再利用的效率和电池质量，降低电池回收企业的生产成本。

（2）有利于提高电池质量

锂电池尺寸规格的统一，有助于电池企业减少不同类型电池产线数量，集中财力和物力专注于一种或几种具体尺寸规格电池的研发，实现规模化生产，"精"而"专"的电池生产方式才能让电池企业在技术上沉淀和突破，提高锂电池的产品质量；另外，电池产线类型的减少，也有助于实现锂电池的智能制造，运用工业物联网技术、通信技术等搭建高度集成的锂电池数字化车间，对整个电池产线乃至整个车间实现实时监控，采集所有影响电池质量相关的数据，同时结合生产出来电池产品的数据，对电池质量进行分析，对工艺进行改善，锂电池的质量才会不断提升，从而促进整个锂电池行业质量的提升。

（3）有利于市场竞争

锂电池尺寸规格统一，可以打破电池生产企业的垄断地位，让整个电池生产行业充分竞争。现在，一些生产尺寸比较特殊的电池生产企业，因为对整车企业长期一对一供货，没有竞争对手，导致整车企业无法更换供货商，降低采购成本更无从谈起。而一些新的电池生产企业，因为制造装备投入大，也不会贸然进入特殊尺寸电池的生产中，就使得这些前期的供货商垄断地位逐渐增强。同时，新能源汽车锂电池尺寸规格的统一，首先有利于电池后期测试的对比。目前，经常是多种尺寸规格的电池拿到检验机构进行评测，得出的结果往往不具有可比性。电芯尺寸规格能够统一，同样规格尺寸的电芯就很容易区分高下，这样就驱使电池生产企业更加重视生产工艺和材料的研究，有利于整个电池产业的良性发展。

（4）有利于新能源汽车设计灵活选择

以汽车电动化平台为牵引，紧紧围绕汽车厂的需求，满足汽车电动化平台的最佳设计为目标，拆分电芯的规格是电池规格发展的主要目标。锂电池是新能源汽车的"心脏"，锂电池型号繁多、规格尺寸不一也明显制约着新能源汽车的进一步发展。锂电池尺寸规格的统一，给新能源汽车厂供应规定几种尺寸规格的电池，通过筛选获得最适合自己所开发产品的电池，能够降低系统集成企业和整车企业的研发成本，实现电池单体快速选型，积累技术经验，提升整车产品的竞争力。同时，电池规格尺寸统一，增强了新能源汽车电池的互换性，适应新能源汽车的发展需求。

（5）有利于换电模式推广

储能电池充放电是离子在电池内部转移的过程，这个特点决定了电池快充其本身需要解决的技术问题，而通过换电模式可以很好地解决这个问题，国家工业和信息化部认为，换电模式有七大优势，分别为：车电分离，降低购车成本；增加消费者出行便捷度；延长动力电池寿命，提升安全性；利用峰谷电价差降低充电成本；降低车重，减少耗电；解决老旧小区充电难问题；催生新的服务业态。同时，换电模式也有五大问题，包括：电路接口的可靠性问题；电池设计、结构尺寸、接口尺寸、重量问题；换电站的布局建设问题；资金压力与资源调配问题；安全性与责任界定问题。这就是要从换电规划设计、建设施工、充换电接口、通信协议、电池箱、网络、运营管理等建立标准体系。电池更换特有的行业和国家标准共 33 项，已发布 25 项，在制定标准 8 项。对于换电电池箱的标准，行业标准《电动汽车快速更换电池箱通用要求》（NB/T 33025—2016）并未规定尺寸。而修订中的《电动汽车快速更换电池箱通用要求（征求意见稿)》（NB/T 33025—20XX）则正在起草之中，这也要求电芯尺寸规格标准化及规范化。

2.6　先进储能电池智能制造的未来

2.6.1　智能制造的需求

储能电池的设计与制造，首先要考虑电池性能，包括安全性、合格率、一致性、制造效率等（图 2-5）。这其中，安全性包括设备安全、制造过程安全、应用安全等，目前新能源车安全事故频发，相当一部分是由电池本身的安全性问题导致，提高储能电池的安全性已经迫在眉睫。电池一次制造合格率（又称直通率）目前行业处于 90%左右的水平，目标是 2025 年提升到 95%以上，合格率的提升可以直接降低电池制造成本，能给电池制造企业带来相当可观的经济效益。一致性主要包括容量一致性、内阻一致性、自放电一致性等，一致性的提升可以减少电池生产过程中的产品检测环节，可以简化部分制造工序，将有效提高生产效率。目前国内储能电池企业单线产能普遍较低，无法满足高速增长的新能源汽车和储能电站市场对储能电池产能尤其是高端产能的迫切需求。

提高储能电池制造的安全性、合格率、一致性及制造效率等指标是储能电池制造不断努力的目标，要实现这个目标必须在涂布、卷绕、叠片、组装和化成等核心装备的制造能力上有大幅度提升，而且必须实现材料技术、电池技术、设备技术和智能控制技术等方面的全面突破，采用标准化、数字化、智能化等技术手段，是实现储能电池大规模、高质量制造的必然途径。

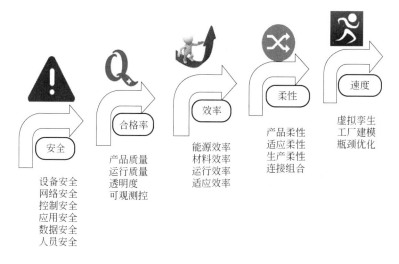

图 2-5　储能电池智能制造需求

2.6.2　智能制造的路径

实现储能电池智能制造是规模制造业的必然选择，从第一性原理的基础思路出发，应该采取标准化、数字化、模型化、智能化的路径。图 2-6 是储能电池智能制造实现路径。

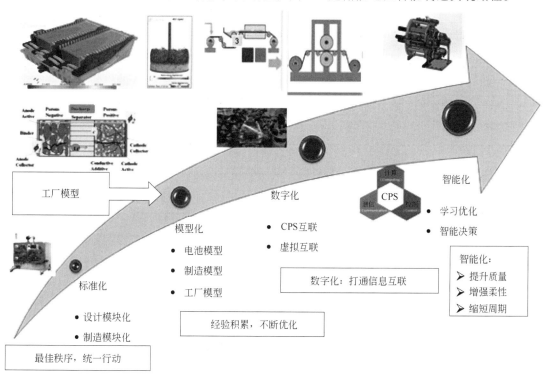

图 2-6　储能电池智能制造实现路径

（1）标准化

目前，《国家智能制造标准体系建设指南》（2018 版，简称《指南》）已经发布，正如《指南》所讲，"智能制造、标准先行"，储能电池大规模制造需要采用标准化的手段，需要一系列标准体系的支撑（图 2-7）。储能电池技术起步较晚，其设计、制造、检验、使用缺少完整标准，尤其针对锂电池行业装备的互联互通准则、集成接口、集成功能、集成能力标准，现场装备与系统集成、系统之间集成、系统互操作等集成标准严重缺少。面对储能电池智能制造发展的新形势、新机遇和新挑战，有必要系统梳理现有相关基础标准，明确储能电池制造集成的需求，从基础共性、关键技术以及储能电池行业应用等方面，建立一整套标准体系来支撑储能电池产业健康有序发展。

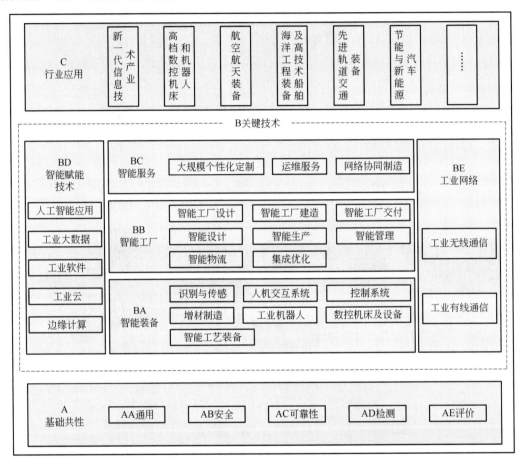

图 2-7　智能制造标准框架体系结构图（2018 版）

首先要实现电池规格的标准化。目前国内 80 多家储能电池企业有 150 多种电池规格型号，意味着需要有 150 多种不同的生产工艺和生产线，这严重限制了储能电池大规模制造能力的提升。借鉴目前应该总结过去的经验及给我们产业造成的损失，尽快制定出储能电池尺寸规格标准，需要将电池规格型号限制在 10 种左右。

其次要实现储能电池设计及基础标准化。需要建立储能电池领域元数据标准，元数据是关于数据的数据，是储能电池设计、制造、应用的基础。科技部国家科学数据共享工程的《元数据标准化原则与方法》中规定了领域元数据制定时的选取原则，可以参照此原则制定储能电池领域元数据标准。

最后要实现储能电池制造标准化。储能电池制造过程复杂，工艺流程长，产线生产设备众多，而且同一条产线的生产设备往往来自不同的设备厂家，采用不同的通信接口和通信协议，设备之间缺乏互联互通互操作的基础。需要建立电池制造过程数据字典标准，统一设备模型、制定设备通信接口规范，进行数据治理，实现产线设备和企业信息化系统集成，实现OT与IT深度融合，利用工业互联网平台，实现企业内、外部信息集成，优化电池制造资源配置及过程管控。

（2）模型化

模型是智能化的基础，是把制造工厂、物料、机器、过程转化为计算机可以识别、优化、提升的基本手段。储能电池制造需要建立包括电池模型、工厂模型、设备模型、工艺模型、质量模型等（图2-8）。

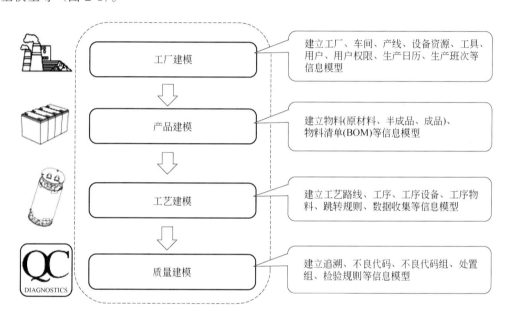

图 2-8　储能电池制造模型体系

模型化是实现数字制造的基础，模型需要能准确完整描述对象的真实属性，同时，模型的建立是一个不断调整优化的过程。模型化和数字化是一个互相促进的过程，有理论模型的过程和物理量可以将现有模型数字化；没有模型或难以用准确理论模型描述的物理量或过程可以先采集数据，通过数据分析，建立数字化模型，这可以很好地解决制造过程算数和质量优化问题，这也是数字化、智能化给制造业带来的红利。

（3）数字化

储能电池行业需要建立数字化研制体系，包括数字化设计、数字化制造及数字化应用等方面。图2-9为储能电池数字化研制体系。

① 数字化设计：电池设计包括材料设计、结构设计及工艺设计等。电池设计过程需要应用专业的产品设计工具、结构设计工具，需要建立电化学仿真模型、电池寿命模型等。

② 数字化制造：包括工艺规划、设备研制、系统集成等。需要运用工厂仿真、过程仿真、虚拟调试等技术手段，建立起实际生产过程与虚拟生产过程的数字化双胞胎映射系统。设计人员利用软件提供的仿真环境，对产品及生产过程进行设计及优化，以加快产品从构思到投产的周期，减少失误，降低成本。

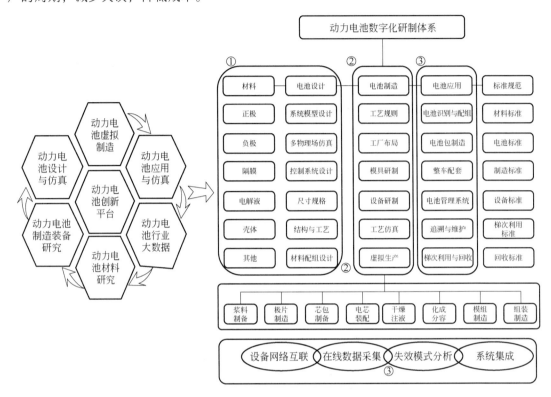

图 2-9　储能电池数字化研制体系

③ 数字化应用：包括电池质量控制，电池追溯系统的建立，产品大数据分析等。数字化应用需要建立储能电池设计、制造、质量追溯及梯次利用等全生命周期数据管理应用平台。

通过储能电池数字化设计、制造、应用全流程系统的建立，可以实现电池高效设计、高质量与低成本制造及可靠的安全管控。

2.6.3　智能制造的思路

储能电池的智能制造其核心的方法是基于模型的数字化和基于大数据的智能化，首先是建立储能电池制造系统信息模型，将设备、物料、信息系统模型化，建立基于模型定义的企业（model base enterprise，MBE），有了模型就可以数字化，实现了数字化就可以实现基于大数据的智能化。这就是储能电池产业智能化的路径（图 2-10）。

有了模型就可以数字化，把实体模型和虚拟模型两者通过数字连接就是数字孪生。利用数字孪生可以对系统进行优化，也可进行虚拟调试（图 2-11）。

没有模型的制造优化方式是以人为基础，调整影响要素，解决问题，最后实现的是人的经验积累。基于模型的优化不同，模型是可以不断积累和优化的，模型可以数字化，这就实现了数字化积累，就可以用计算机进行数字积累优化和深度学习，这就是模型优化的魅力。基于模型的数字化智能制造路径演绎如图 2-12 所示。

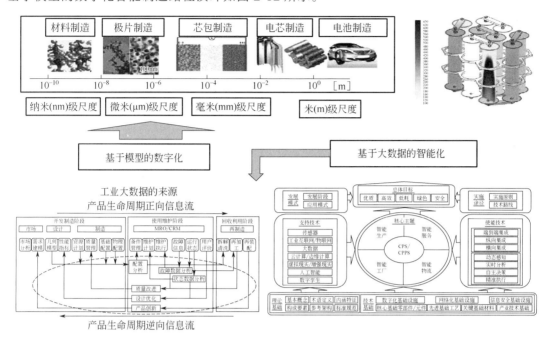

图 2-10 储能电池产业智能化实现路径

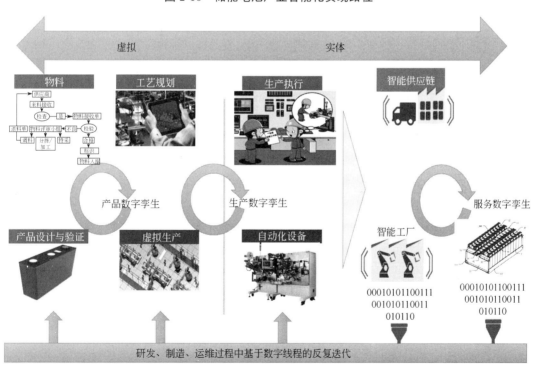

图 2-11 基于模型的数字化孪生

有了模型和数据，可以基于模型寻找影响质量的关键因素和关键质量控制点，控制关键因素获得最佳质量，这就是解决显性问题。有了数据，可以进行数字特征分析提取关键特征，实现预测性维护和健康管理，大大提升生产线运行的合格率。不仅如此，还可以优化设计模型实现反向升级，进一步优化制造，这就是智能制造的本质。基于数据的智能化智能制造路径演绎如图 2-13 所示。

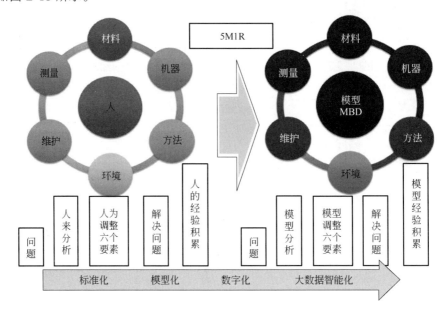

图 2-12　基于模型的数字化智能制造路径演绎

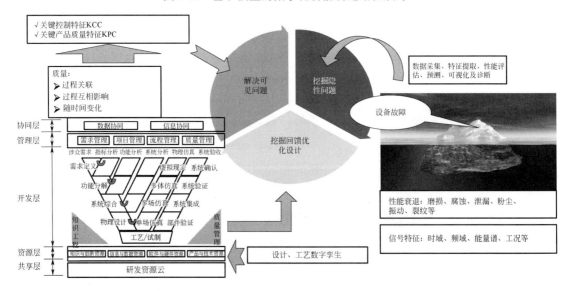

图 2-13　基于数据的智能化智能制造路径演绎

智能化指的是基于数据分析结果，挖掘隐形问题，生成描述、诊断、预测、决策、控制等不同应用，形成优化决策建议或产生直接控制指令，从而实现个性化定制、智能化生产、协同化组织和服务化制造等创新模式，并将结果以数据化形式存储下来，最终构成从数据采集到设备、生产现场及企业运营管理持续优化闭环，提高电池制造合格率、一致性和安全性。

概括而言，储能电池智能制造是要实现基于模型的数字化和基于数据的智能化，最后达到提升制造安全性、提升制造质量、降低制造成本的目标。

2.6.4 智能制造质量纵向数据闭环

智能装备可以分成 4 个层级，L1 为基本设备级，设备具备基本结构，满足控制检测与逻辑控制，这个级别设备的制造合格率只有 88% 左右；L2 为工艺模型级，这个级别的设备引入了工艺模型，通过导入工艺模型实现制造合格率的提升，这时的合格率在 97% 左右，相当于 4.5σ；L3 为工艺模型优化闭环级，这个级别的装备实现制造工艺闭环，实现设备加工参数修正，可以保证制造合格率达到 99.5% 以上，相当于 5σ；L4 为自学习循环提升级，这时设备通过工艺积累，判断来料和工艺过程的变化，自动修正参数，实现更高质量的加工，这时可以保证 99.99% 以上的制造合格率，相当于 6σ 以上。装备智能化的总体要求如图 2-14 所示。

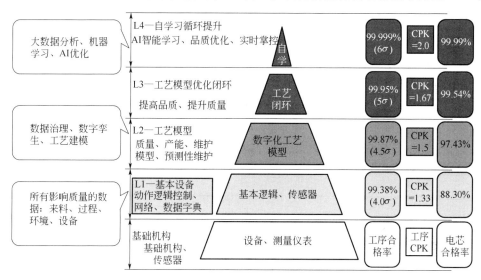

图 2-14　装备智能化的总体要求

装备是产业的"母鸡"，更是实现智能制造的基础，首先要解决的问题是制造装备本身的智能化问题。装备解决智能制造的基本思路是应用闭环控制原理，设置优化算法，使控制目标达到最优；再应用闭环方法解决装备制造产品过程的不同层级优化问题。装备闭环控制优化层级架构如图 2-15 所示。

具体来讲，首先是装备底层的控制，主要是基于传感器和逻辑控制解决装备本身定位精度、效率及稳定性问题。这是最基础层，如卷绕机主轴、涂布箔材驱动轴的控制等，每台设备都有很多这样的控制环，这些控制环一般要求是实时的，随着制造精度和效率的不断提升，对底层控制的闭环周期时间要求越来越高，一般在毫秒（ms）级，有的要达到微秒（μs）级，这一层对于设备的控制性能和制造产品质量而言是开环的。其次，是工艺闭环层，对设备材料来料参数、过程参数、环境参数和加工产品质量参数进行工艺闭环，通过工艺闭环可以保证本工序质量闭环，工艺闭环的闭环周期一般在毫秒（ms）到几十毫秒级别。同时，工艺闭环也通过整体模型优化选择实现整体制造过程的大数据闭环，也就是第三层闭环。

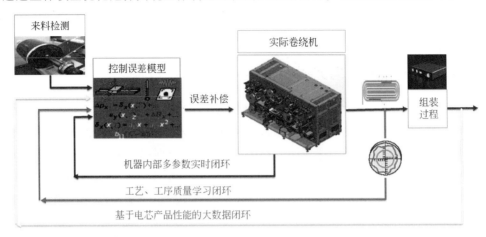

图 2-15　装备闭环控制优化层级架构

2.6.5　智能制造质量横向过程闭环

从来料到极片制造到电芯制造到化成分容到模组，通过互联互通来实现大约 3000 个点的数据监控进而实现电芯的失效模式分析和电池包的失效模式分析。储能电池横向闭环分析如图 2-16 所示。

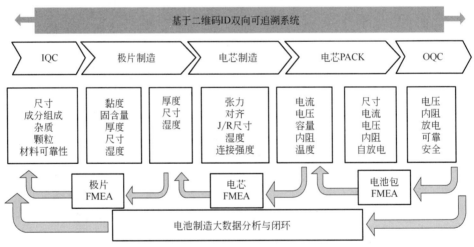

图 2-16　储能电池横向闭环分析

IQC—来料质量控制；OQC—出货品质管控；PACK—电池包；FMEA—失效模式与影响分析

储能电池制造过程复杂，工艺流程长，主要分为极片制造单元、电芯制造单元和电池包（PACK）制造单元，全流程影响电池质量的关键控制点超过 3000 个，包括来料尺寸、黏度、固含量、张力、对齐度、温度、湿度等。为了有效控制电池生产质量，需要建立电池从原材料、电芯到电池包全流程完整的追溯体系，构造大数据质量闭环优化系统。首先需要按生产工段分别建立极片制造、电芯制造及电池包制造的质量数据闭环系统,实现产线数据闭环,在此基础上完成全流程数据集成,实现完整的电池制造大数据分析与闭环系统,通过闭环反馈,持续优化,不断提高电池制造从材料投入到电池包整体质量横向优化。

2.6.6 智能制造系统成熟度实现的层级

储能电池制造系统分为制造维度和智能维度,制造维度体现了面向产品的全生命周期或全过程的智能化提升,包括了设计、生产、物流、销售和服务 5 类,涵盖了从接收客户需求到提供产品及服务的整个过程。与传统的制造过程相比,智能制造的过程更加侧重于各业务环节的智能化应用和智能水平的提升。智能维度是智能技术、智能化基础建设、智能化结果的综合体现,是对信息物理融合的诠释,完成了感知、通信、执行、决策的全过程,包括了全资源要素、互联互通、系统集成、信息融合和新兴业态 5 大类,引导企业利用数字化、网络化、智能化技术向模式创新发展。这十大系统根据储能电池企业客户的需求,针对技术发展的状态、技术能力和技术手段及企业自身的目标定位决定每个方面需要实现的能力分为五个级别。详细要求参照《智能制造能力成熟度模型》(GB/T 39116—2020)。储能电池智能制造成熟度分级如表 2-6 所示。

表 2-6 储能电池智能制造成熟度分级

智能级别	基础要素及状态	感知计算	智能功能布局	制造合格率
一级:规划级	初步规划 单机生产	无反馈	手工抄写数据	<80%
二级:规范级	基于模型设计制造(MBD),数字化设计、标准化	状态感知、边缘计算、工序闭环	产能、质量统计、设备诊断、产品追溯	<95.0%
三级:集成级	数字化验证、优化,网络互联、互通透明工厂	综合数据、模型分析、分段闭环	工序闭环,质量、产能反馈闭环,预测性维护,故障预测及健康管理(PHM)	<99.0%
四级:优化级	互联互通互操作,设计制造数字孪生、微服务	模型自学习,整体质量闭环	质量自完善闭环,物料、产能自平衡,人工智能应用	99.80%
五级:引领级	虚拟现实制造、服务、全透明工厂	深度自学习提升、优化	无人化,自动闭环生产,VR/AR生产同步,产业模式创新	99.99%

第**3**章

先进储能电池制造工艺

制造工艺是指生产企业利用制造工具和设备，对各种原料、材料、半成品进行加工或处理，最后使之成为成品的工作、方法和技术。它是人们在劳动中积累起来并经总结的操作技术经验，也是制造过程和有关工程技术人员应遵守的技术规程。产品的制造工艺是大规模制造业的基础和根本保证，储能电池逐步成为未来通用产品，探讨储能电池的制造工艺、制造方法和制造规范，是储能电池产业未来走向高质量、高效、低成本制造的基础。

储能电池制造工艺涉及从电池原材料到芯包再到成品电池的全流程。本章主要对方形电池、圆柱电池、软包电池制造工艺进行了详细解说，对固态电池前沿信息进行了说明。同时描述了制造工艺标准化、设备标准化对锂电行业品质保证的效果，对我们如何进行标准化做了相应的分析和描述，并指出储能电池制造工艺的未来发展趋势。

3.1 储能电池制造工艺

储能电池组成比较繁杂，主要包括正/负极极片、隔膜、电解液、集流体和黏结剂、导电剂等，涉及的反应包括正负极的电化学反应、离子传导和电子传导以及热量的扩散等。电池极片制造工艺一般流程为：活性物质、黏结剂和导电剂等混合制备成浆料，然后涂覆在铜或铝集流体两面，经干燥后去除溶剂形成干燥极片，极片颗粒涂层经过压实致密化，再裁切或分条。然后正/负极极片和隔膜组装成电池的电芯，封装后注入电解液，经过充放电激活，最后形成电池产品。按照芯包成型形态可以分为方形电池、圆柱电池和软包电池，常规地可以将电池制造过程分为前段工序制片段、中段工序装配段和后段工序测试段三段。

前段工序制片段的生产目标是完成正、负极极片生产。其工艺路线有制浆、涂布、辊压、分切、制片、模切，与之相关的设备如有搅拌机、涂布机、辊压机、分条机、制片机、模切机等。

中段工序装配段的生产目标是完成电芯的制造，不同类型锂电池的中段工序技术路线、产线设备存在差异。中段工序的本质是装配工序，具体来说是将前段工序制成的（正、负）极片，与隔膜、电解质进行有序装配。由于方形（卷状）、圆柱（卷状）与软包（层状）电池结构不同，导致不同类别锂电池在中段工序的技术路线、产线设备存在明显差异。具体来说，方形、圆柱电池的中段工序主要流程有卷绕、注液、封装，所涉及的设备主要包括卷绕机、注液机、封装设备（入壳机、滚槽机、封口机、焊接机）等；软包电池的中段工序主要流程有叠片、注液、封装，所涉及的设备主要包括叠片机、注液机、封装设备等。

后段工序的生产目标是完成化成封装。截至中段工序，电池的电芯功能结构已经形成，后段工序的意义在于将其激活，经过检测、分选、组装，形成使用安全、性能稳定的锂电池成品。后段工序主要流程有化成、分容、检测、分选等，所涉及的设备主要包括充放电机、检测设备等。

3.1.1 方形电池

（1）前段工序制片工艺

① 制浆：制浆是将活性物质粉体、黏结剂、导电剂等和溶剂按照一定顺序和条件混合均匀制成稳定悬浮液的过程。锂电池的浆料分为正极浆料和负极浆料。浆料的配方、分散的均匀度、浆料的黏度、附着力、稳定性、一致性对锂电池的性能有重大影响。将组成电极的活性物质、导电炭、增稠剂、黏结剂、添加剂、溶剂等按照一定的比例和顺序通过自动投料控制系统投入搅拌机中，借助搅拌机公转搅动和分散碾碎作用得到分散均匀的固液悬浮状浆料以利于涂布。图 3-1 为搅拌原理示意图。

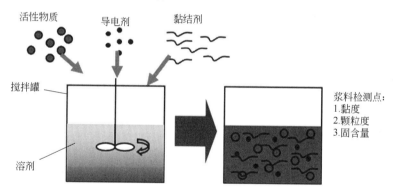

图 3-1 搅拌原理示意图

搅拌三要素：润湿、分散和稳定。搅拌桨对分散速度有影响，搅拌桨大致包括蛇形、蝶形、球形、桨形、齿轮形等。一般蛇形、蝶形、桨形搅拌桨用来处理分散难度大的材料或配料的初始阶段；球形、齿轮形用于分散难度较小的状态，效果佳。搅拌速度对分散程度的影响，一般说来搅拌速度越高，分散速度越快，但对材料自身结构和对设备的损伤就越大。黏度对分散程度的影响，通常情况下浆料黏度越小，分散速度越快，但太稀将导致材料的浪费和浆料沉淀的加重。黏度对黏结强度的影响，黏度越大，柔制强度越高，黏结强度越大；黏度越低，黏结强度越小。真空度对分散程度的影响，高真空度有利于材料缝隙和表面的气体排出，降低液体吸附难度；材料在完全失重或重力减小的情况下分散均匀的难度将大大降低。

温度对分散程度的影响，适宜的温度下，浆料流动性好、易分散。太热浆料容易结皮，太冷浆料的流动性将大打折扣。配料的搅拌是锂电池后续工艺的基础，高质量搅拌是后续涂布、辊压工艺高质量完成的基础，会直接或间接影响到电池的安全性能和电化学性能。

匀浆设备按操作方式分为间歇式匀浆和连续式匀浆，间歇式匀浆代表性设备分双行星搅拌匀浆、分散机循环匀浆；连续式匀浆主要是双螺旋连续研磨分散匀浆。

② 涂布：涂布是将正极（负极）悬浮液浆料均匀涂布于铝箔（铜箔）幅面上，然后进行干燥成膜的过程。据浆料参数调节泵速，同时通过挤压头垫片厚度及均匀性控制挤压头腔体压力调节控制涂层厚度，使浆料均匀涂布在集流体基材上，通过烘箱干燥加热除去平铺于基材上的浆料溶剂，使固体物质很好地粘接于基材上分别制成正、负极的极片卷。涂布工序的执行质量深刻影响着成品电池的一致性、安全性、寿命周期，所以涂布机是前段工序中价值最高的设备。图 3-2 为涂布机示意图。

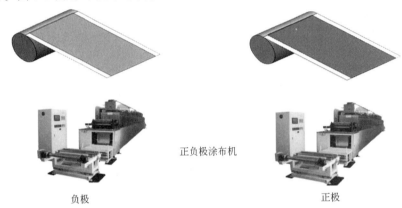

正负极涂布机

负极　　　　　　　　　　　　　　　　　正极

图 3-2　涂布机示意图

③ 辊压：通过辊压使活性物质与集流体接触紧密，减小电子的移动距离，降低极片的厚度，提高装填量，同时降低电池内阻提高电导率，提高电池体积利用率从而提高电池容量。图 3-3 为冷压工序示意图。

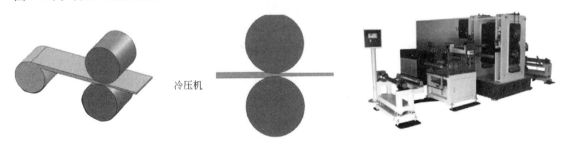

冷压机

图 3-3　冷压工序示意图

④ 分切：根据工艺和来料尺寸，使用分切机将膜卷切成多个尺寸相同的卷料。将极片分切成设计的宽度，从而达到电芯尺寸要求。（工艺中模切、分切前后顺序不一定，也有模切、分切同时进行的。）图 3-4 为分切工序示意图。

⑤ 模切：将阴阳极膜片通过成型刀模或激光的剪切形成特定形状和规格的极耳和极耳间距。图 3-5 为模切产品状态图。

图 3-4　分切工序示意图　　　　　　　图 3-5　模切产品状态图

（2）中段工序装配工艺

装配工艺流程：卷绕→热压→X射线检测（根据产品要求）→电芯配对→软连接焊接→超声波焊接→绝缘底入壳→电芯入壳→顶盖焊接→气密性检测→真空烘烤→注液→静置。

① 卷绕：卷绕工序流程如图 3-6 所示。

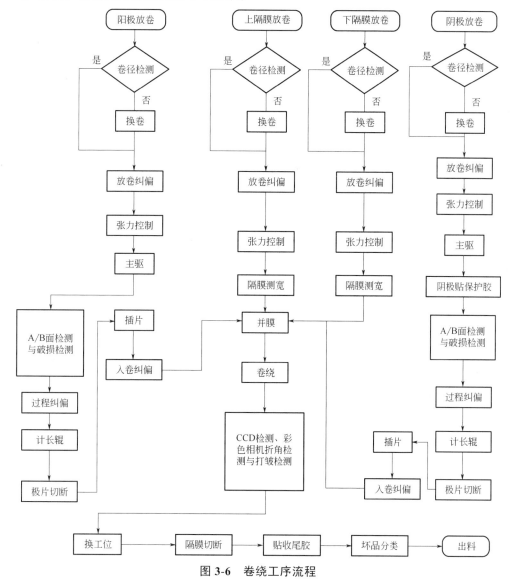

图 3-6　卷绕工序流程

卷绕是将正极极片、负极极片、隔膜按一定顺序通过绕制的方法，制作成芯包（jelly roll）的过程。主要用于方形、圆形锂电池生产。相比圆柱卷绕，方形卷绕工艺对张力控制的要求更高，故方形卷绕机技术难度更大，卷绕工序需要监控的项目有极片或隔膜破损、物料表面的金属异物、极片双面涂层错位值（overhang）、来料坏品、极耳打折与翻折等；过程具备纠偏机构、张力控制组件、极片计长组件等控制，以保证卷绕出的电芯各个参数符合规格要求。图 3-7 为卷绕状态示意图。

② 热压：芯包热压的目的主要是对电芯进行整形，降低芯包转运过程极片隔膜跑偏导致短路或 overhang（即阳极极片与阴极极片所控制的间距）发生变化，消除隔膜褶皱，赶出电芯内部空气，使隔膜和正负极极片紧密贴合在一起，缩短锂离子扩散距离，降低电池内阻，改善锂离子电池的平整度，使电芯厚度满足要求并具有高的一致性，同时控制芯包厚度在相对一致的规格范围内，为电芯入壳以及电池一致性打下基础。电芯热压整

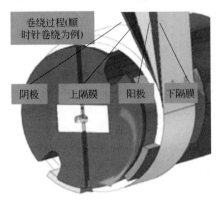

图 3-7　卷绕状态示意图

形的主要工艺参数有加压压力、加压时间和模板温度。在合适的工艺参数下，厚电芯内部几乎不存在空气，隔膜和极片紧贴合在一起，松散电芯能够变成硬块状态。但是，对于近年来使用的陶瓷隔膜，由于陶瓷层存在，隔膜很难与极片贴合在一起形成这种状态。在工艺确定试验中，检测项目包括隔膜的透气性、厚度变化，电芯厚度是否满足入壳要求，极片是否发生断裂等。电池隔膜作为电池的核心部件，发挥了隔离正、负极片，或集流体接触短路同时允许锂离子在两极之间往复通过的关键作用，隔膜上的微孔结构正是这些离子往返于正负极的重要通道，它的透气性能会直接影响电池的性能，隔膜透气性是指隔膜在一定的时间、压力下透过的气体量。如果隔膜的透气性不好，将影响锂离子在正负极之间的传递，继而影响锂电池的充放电。隔膜透气性测试工艺过程为：固定电池隔膜，在隔膜一侧施加气压，计量气压压降和所用时间，检测隔膜的透气性，所用时间越短，透气性越好。在热压过程中，隔膜可能被严重压缩，隔膜厚度变化大，导致微孔被堵塞，肉眼观察隔膜会变成透明色，这种情况说明热压整形对电芯作用超限，会影响锂离子传输。

热压温度超规格会导致隔膜闭孔，使得电芯内部直流电阻（DCR）增大，锂离子通道受阻，导致容量发挥不足。如果极片比较脆，电芯折弯处在热压整形中容易发生掉粉甚至断裂，这会导致电子传输受限，增加电池内阻。因此，电芯热压整形也必须避免这种情况发生。这几个方面要求热压整形压力越小越好，时间越短越好。常规地可在电池热压前进行预热处理以缩短热压电芯升温时间，从而缩短热压时间。试验线大多采用手动热压机，量产线都为自动热压机。图 3-8 为热压机示意图。

③ X 射线检测：对卷绕热压完成的电芯进行尺寸复查，此道工序由工艺部门根据实际情况决定全检或抽检，以防止不合格电芯流入后工序。图 3-9 为 X 射线测试仪。

④ 电芯配对：针对方形电池或叠片电池，为了容量可以满足客户需求，衍生了多 JR 电芯（即一个铝壳内装多个并联电芯，JR 即 jelly roll，代表芯包），2JR 以上电芯组成一个新的电池工艺。多 JR 的产生主要原因一方面降低单 JR 的报废成本；另一方面卷绕设备电芯极片

长度太长，设备控制能力难以满足会导致极耳错位、来料浪费等。其工艺动作为将输送线上的 A/B 面电芯分拣并实现堆叠配对。

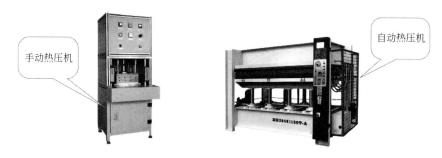

图 3-8　热压机示意图

⑤ 软连接焊接：软连接焊接又称集流体焊接，用于完成电池顶盖与软连接片的焊接工作。主要检测焊印尺寸和焊接拉力，若焊印尺寸偏小则可能残留面积偏小，过流能力差，焊接拉力异常也可能导致焊机虚焊，影响过流能力。

⑥ 超声波焊接：将芯包的正、负极极耳分别与软连接片焊接起来，使得顶盖上的极柱与电芯的极耳连通。

⑦ 绝缘底入壳：在卷绕电芯插入铝壳以前，放一个绝缘底入铝壳底部是为了防止电池内部短路，这对于一般电池都是相同的。

⑧ 电芯入壳：电芯入壳即将成品芯包装入铝壳，起到以便于加入电解液以及保护电芯结构的作用。入壳采用的设备多为将铝壳通过机械手转运到固定夹具，通过高精度轨道推动电芯平缓进入铝壳。电芯入壳后要对其进行短路检测，以防止不良电芯流入后工序。

图 3-9　X 射线测试仪

⑨ 顶盖焊接：将入壳后的电池进行顶盖焊接。

⑩ 气密性检测：多采用氦气检测，通过向顶盖焊接后的电池注入氦气并检测其是否泄漏氦气判定电芯铝壳及顶盖是否存在针孔或间隙。

⑪ 真空烘烤：真空环境下的高温烘烤以降低电芯中水含量，使其达到安全界定值。故而其后要对电池进行水含量检测。

⑫ 注液：将电解液按照一定容量注入电池内，电解液和极片发生化学反应同时作为离子运输的媒介。

⑬ 静置：在注液与一封完成后，首先需要将电芯进行静置，依据工艺的不同会分为高温静置与常温静置，静置的目的是让注入的电解液充分滋润极片，充分在极片间扩散。

（3）后段工序测试工艺

截至装配段工序，锂电池的电芯功能结构已经形成，测试段工序的意义在于将其激活，经过检测、分选、组装，形成使用安全、性能稳定的锂电池成品，其工艺路线大致分为：化成分容系统→激光清洗→密封钉焊接→清洗→尺寸测量。

① 化成分容系统：即电池第 1 次充电，阳极上形成保护膜，称为固体电解质中间相层

(SEI)，以实现锂电池的"初始化"并通过抽真空的方式排出电芯内的气体。它能防止阳极与电解质反应，这是电池安全操作、高容量、长寿命的关键要素。电池经过几次充放电循环以后陈化 2~3 周，剔去微短路电池，再进行容量分选包装后即成为商品。在化成后电解液损失严重的电芯可进行二次注液补充电解液。

② 激光清洗：对注液口进行激光清洗，保证密封钉焊接的质量。

③ 密封钉焊接：化成分容后会对电池负压充入一定量的惰性气体，然后插入密封钉进行密封封口焊接。

④ 清洗：对电池外壳进行表面清洁。

⑤ 尺寸测量：保证电芯尺寸一致性。

以上即为方形电池常规生产制造的工艺流程介绍。方形电池工艺路线概览如图 3-10 所示。

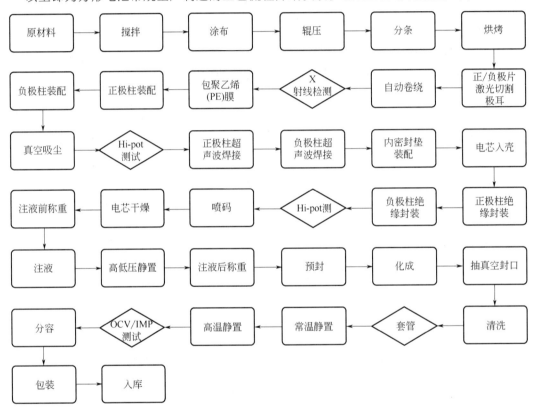

图 3-10　方形电池工艺路线概览

3.1.2　圆柱电池

储能电池中圆柱电池一般为全极耳电池（大圆柱），相对方形电池制造工艺，全极耳圆柱电池前段工序取消了模切制片工序，其余和方形电池制造流程基本一致。装配段典型工序为揉平、包胶。锂电池极耳揉平方式在电池制程过程中占据重要的地位；对于全极耳电池，正/负极片空白区位于电池两端，一般需要先对空白区揉平，使其端面致密，再对其进行极耳焊接；为了防止电池的极耳短路，在极耳焊接之前，会对极耳要外露的部分提前进行包胶。中段/后段与方形电池测试流程也基本一致。图 3-11 为全极耳圆柱电池制造流程。

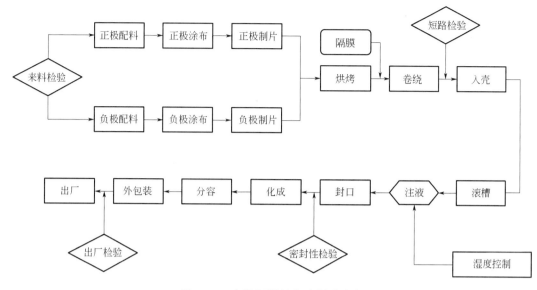

图 3-11　全极耳圆柱电池制造流程

3.1.3　软包电池

软包电芯是指使用了铝塑包装膜作为包装材料的电芯。软包电池与方形电池制造工艺不同点起始于卷绕，前段工艺基本一致。相对来说，锂离子电池的包装分为两大类，一类是软包电芯，一类是金属外壳电芯。金属外壳电芯又包括了钢壳与铝壳等，近年来由于特殊需要有的电芯采用塑料外壳的，也可以划为此类。

外壳材料不同，决定了其封装方式也不同。软包电芯采用的是热封装，而金属外壳电芯一般采用焊接（激光焊）。软包电芯可以采用热封装的原因是其使用了铝塑包装膜这种材料。

铝塑包装膜从截面上来看由三层构成：尼龙层、铝层与聚丙烯（PP）层。三层各有各的作用，首先尼龙层是保证了铝塑膜的外形，保证在制造成锂离子电池之前，膜不会发生变形。金属铝层，其作用是防止水的渗入。锂离子电池很怕水，一般要求极片含水量都在 10^6 数量级，所以包装膜一定能够挡住水汽的渗入。尼龙不防水，无法起到保护作用。而金属铝在室温下会与空气中的氧反应生成一层致密的氧化膜，导致水汽无法渗入，保护了电芯的内部。金属铝层在铝塑膜成型的时候还提供了冲坑的塑性。PP 的特性是在一百多摄氏度的温度下会发生熔化，并且具有黏性。所以电池的热封装主要靠的就是 PP 层在封头加热的作用下熔化黏合在一起，然后封头撤去，降温就固化黏结了。图 3-12 为铝塑包装膜结构示意图。

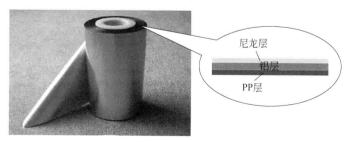

尼龙层
铝层
PP层

图 3-12　铝塑包装膜结构示意图

铝塑膜看上去很简单，实际做起来，把三层材料均匀、牢固地结合在一起也不是那么容易的事。很遗憾的是，现在质量好的铝塑膜基本上都是日本进口的，国产的不是没有，但质量还有待改进。

（1）冲坑

铝塑膜成型工序是软包电池生产的特殊工艺，软包电芯可以根据客户的需求设计成不同的尺寸，当外形尺寸设计好后，就需要开发相应的模具，使铝塑膜成型。成型工序也叫作冲坑，顾名思义，就是用成型模具在加热的情况下，在铝塑膜上冲出一个能够装卷芯的坑。图 3-13 为冲坑示意图。

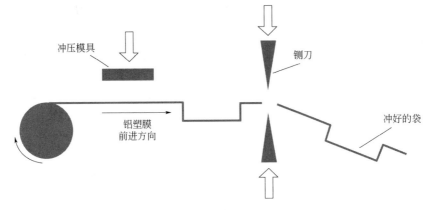

图 3-13　冲坑示意图

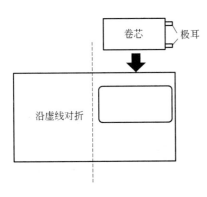

图 3-14　顶侧封示意图

铝塑膜冲好并裁剪成型后，一般称为袋（pocket）。一般在电芯较薄的时候选择冲单坑，在电芯较厚的时候选择冲双坑，因为一边的变形量太大会突破铝塑膜的变形极限而导致破裂。

（2）顶侧封工序

顶侧封工序是软包锂离子电芯的第一道封装工序。顶侧封实际包含了两个工序，顶封与侧封。首先要把卷绕好的卷芯放到冲好的坑里，然后沿虚线位置将包装膜对折，图 3-14 为顶侧封示意图。

铝塑膜装入卷芯后，需要封装的几个位置，包括顶封区、侧封区、一封区与二封区。图 3-15 为封装位置示意图。

把卷芯放到坑中之后，就把整个铝塑膜放到夹具中，在顶侧封机里进行顶封与侧封。图 3-16 为顶侧封机，这种型号的顶侧封机带四个夹具，左边那个工位是顶封，右边那个工位是侧封。两块金属上封头的下面还有一个下封头，封装的时候两个封头带有一定的温度（一般在 180℃左右），合拢时压在铝塑膜上，铝塑膜的 PP 层就熔化然后黏结在一起了，这样就封装完成了。顶封是要封住极耳的，极耳是金属（正极铝，负极镍），怎么跟 PP 封装到一起呢？这就要靠极耳上的一个小部件——极耳胶来完成了。封装时，极耳胶中的 PP 与铝塑膜的

PP 层熔化黏结，形成了有效的封装结构。图 3-17 为封装结构示意图。

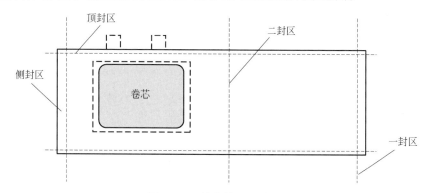

图 3-15　封装位置示意图

图 3-16　顶侧封机

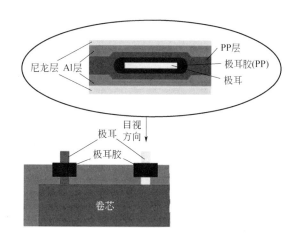

图 3-17　封装结构示意图

（3）注液、预封工序

软包电芯在顶侧封之后，需要做 X 射线检查其卷芯的平行度，然后就进干燥房除水汽。在干燥房静置若干时间后，就进入了注液与预封工序。

电芯在顶侧封完成之后，就只剩下气袋那边的一个开口，这个开口就是用来注液的。在注液完成之后，需要马上进行气袋边的预封，也叫作一封。一封封装完成后，电芯从理论上来说，内部就完全与外部环境隔绝了。一封的封装原理与顶侧封相同，这里就不赘述了。

（4）静置、化成、夹具整形工序

在注液与一封完成后，首先需要将电芯进行静置，根据工艺的不同会分为高温静置与常温静置，静置的目的是让注入的电解液充分浸润极片。然后电芯就可以拿去做化成了。化成就是对电芯的首次充电，但不会充到使用的最高电压，充电的电流也非常小。化成的目的是让电极表面形成稳定的 SEI 膜，也就是相当于把电芯"激活"的过程。在这个过程中，会产生一定量的气体，这也就是为什么铝塑膜要预留一个气袋。有些工厂的工艺会使用夹具化成，即把电芯夹在夹具里（有时候图简便就用玻璃板，然后上钢夹子）再上柜化成，这样产生的气体会被充分地挤到旁边的气袋中去，同时化成后的电极界面也更佳。在化成后有些电芯，尤其是厚电芯，由于内部应力较大，可能会产生一定的变形。所以某些工厂会在化成后设置一个夹具整形的工序，也叫作夹具烘烤（baking）。

（5）二封工序

化成过程中会产生气体，所以我们要将气体抽出然后再进行第二次封装。在这里有些公司分为两个工序：排气与二封，还有后面一个剪气袋的工序，这里就一起笼统地都称为二封了。二封时，首先由铡刀将气袋刺破，同时抽真空，这样气袋中的气体与一小部分电解液就会被抽出。然后马上二封封头在二封区进行封装，保证电芯的气密性。最后把封装完的电芯剪去气袋，一个软包电芯就基本成型了。二封是锂离子电池的最后一个封装工序。

（6）后续工序

二封剪完气袋之后需要进行裁边与折边，就是将一封边与二封边裁到合适的宽度，然后折叠起来，保证电芯的宽度不超标。折边后的电芯就可以上分容柜进行分容了，其实就是容量测试，看电芯的容量有没有达到规定的最小值。从原则上来说，所有的电芯出厂之前都需要做分容测试，保证容量不合格的电芯不会送到客户手中。但在电芯生产量大的时候，某些公司会做部分分容，以统计概率来判断该批次电芯容量的合格率。分容后，容量合格的电芯就会进入后工序，包括检查外观、贴黄胶、边电压检测、极耳转接焊等，可以根据客户的需求来增减若干工序。然后就是出货品质管控（OQC），最后包装出货了。

3.2 固态电池制造工艺

固态电池是指采用固态电解质的锂离子电池。与传统锂电池相比，全固态电池最突出的优点是安全性。固态电池具有不可燃、耐高温、无腐蚀、不挥发的特性，固态电解质是固态电池的核心，电解质材料很大程度上决定了固态锂电池的各项性能参数，如功率密度、循环稳定性、安全性能、高低温性能以及使用寿命。工作原理上，固态锂电池和传统锂电池并无区别。两者最主要的区别在于固态电池电解质为固态，相当于锂离子迁移的场所转到了固态的电解质中。而随着正极材料的持续升级，固态电解质能够做出较好的适配，有利于提升电池系统的能量密度。另外，固态电解质的绝缘性使得其良好地将电池正极与负极阻隔，避免正负极接触产生短路的同时能充当隔膜的功能。按照电解质材料的选择，固态电池可以分为聚合物、氧化物、硫化物三种体系电解质。其中，聚合物属于有机电解质，氧化物与硫化物属于无机陶瓷电解质；按照正负极材料的不同，固态电池还可以分为固态锂离子电池（沿用当前锂离子电池材料体系，如石墨+硅碳负极、三元正极等）和固态锂金属电池（以金属锂为负极）。固态电池产业链与液态电池大致相似，两者主要的区别在于中上游的负极材料和电解质不同，在正极方面几乎一致，若完全发展至全固态电池，隔膜也完全被替换。如表 3-1 所示为三大电解质体系对比。

全固态锂电池采用固态电解质替代传统有机液态电解液，有望从根本上解决电池安全性问题，是电动汽车和规模化储能理想的化学电源。固态电池的三大电解质体系各有优劣，目前全球固态电池企业都在不同的电解质体系上进行技术研发。其中，欧美企业偏好氧化物与聚合物体系，而日韩企业则更多致力于硫化物体系。

表3-1   三大电解质体系对比

类别	细分	主要成分	代表企业	优点	缺点
有机电解质	聚合物	PEO、PAN、PMMA、PVC、PVDF等	SEEO、SolidEnergy	技术最成熟、率先小规模量产	室温离子电导率低；理论能量密度上限低
无机电解质	氧化物	薄膜（锂磷氧氮，LiPON）	Sakti3	电池倍率及循环性能优异	容量小，主要应用于微型电子、消费电子领域；量产成本高
		非薄膜	QuantumScape	离子电导率高于聚合物电解质；电池容量大，可量产	能量密度低于硫化物电解质电池
	硫化物	硫硅酸锂	丰田、三星、松下	离子电导率最高，有望应用于电动汽车	开发难度大，对生产环境要求高

注：PEO—聚环氧乙烷；PAN—聚丙烯腈；PMMA—聚甲基丙烯酸甲酯；PVC—聚氯乙烯；PVDF—聚偏氟乙烯。

目前各电池厂家基本都处于对固态电池的研发实验阶段，短期内不会实现固态电池批量生产，且固态电池的发展必然会经历成熟的固液混合态。固态电池主要技术路线分为三类，聚合物材料生产工艺接近现有设备，氧化物导电率高于聚合物，但固/固接触不良，硫化物离子电导率最高，是全固态电池未来最可能的技术路线，但离子产品成本/价格非常高、空气稳定性较差。

硫化物全固态锂电池的制备工艺关键在于电解质的制备，正、负极材料的制备可以兼容液态锂电池的现有工艺流程。制备硫化物电解质浆料，搅拌涂覆在已经制备完成的正极极片上，经过干燥、压延等工序，制备固/固界面接触良好的正极/硫化物电解质薄层材料，切割、裁剪后再与金属锂单层叠片，最后串联堆垛，焊接极耳，完成单体电芯的制备。大部分的设备仍可以沿用现有锂电池生产设备，只是由于硫化物电解质对水分、氧气的敏感度比较高，在生产环境上有了更高的要求，需要在更高级别的干燥间内进行生产，最好能在全封闭的充满氩气氛围的环境中生产。同时，目前考虑到硫化物无机固体电解质膜的柔韧性不佳，在制备全固态锂二次电池时更多地采用叠片工艺，至于具体是分别制备电解质与正负极膜片后叠合，还是采用双层或多层一次完成，可以根据具体的尺寸规格及制造规模选择。

涂布制备电解质和正极的复合层，更适合规模化生产的技术路线还有待进一步研究。

随着技术成熟，固态电池会在各大主流市场取代锂离子电池。以宁德时代新能源《一种刚性膜片及固态锂金属电池专利固态电池生产工艺》进行介绍，其一方面使用金属锂作阳极，利用锂比容量3860mAh/g、电化学势-3.04V等优势，其能量密度达400Wh/kg以上；另一方面解决了安全性和循环寿命等难题，有力提升了固态锂金属电池的循环性和降低短路发生概率。

第一步先将活性物质、硫化物固体电解质、导电剂、黏结剂丁苯乳胶按质量比混合于四氢呋喃（THF）溶剂中。然后涂覆于铝箔表面，晾干后烘干、冷压、切片、得到$LiCoO_2$阴极活性物质，厚度为50μm的阴极极片。

第二步将硫化物固体电解质和黏结剂按质量比混合于 THF 溶剂中。随后涂覆于玻璃表面，并干燥得到电解质膜，切片后得到厚度为 50μm 固体电解质膜片。

第三步将铝箔切片制备成刚性膜片，随后将锂金属贴于铜箔表面，切片制成阳极极片。

第四步将阴极极片、固态电解质膜片、刚性膜片、阳极极片按顺序对齐叠片，在一定条件下冷压 2min 得到电芯单元，随后层叠封装，成型得到固态锂金属电池。

当前固态电池在安全性、能量密度、工作温度范围、倍率性能、循环寿命等各类指标全方位优于液态电池，定位也是全方位取代锂离子电池。一开始用于军工、航空航天等，后续发展至新能源汽车领域，不局限于极寒领域，未来前景可以期待。

3.3 工艺过程、装备的标准化

当前锂电池均为单体电池的组装电池，而非传统铅酸电池一样的大块头。这是因为能量密度的提升对电池的安全风险也有更大的提升，铅酸电池的能量密度在 40 Wh/kg 左右，而锂电池目前能量密度已接近 300 Wh/kg，且目前各电池厂家依然在开发高能量密度的正负极材料以及电解质，单体电池遇到意外能量无法释放十分危险。锂电池不能做成一大块，只能将单体电池串联或并联起来，这就需要保证单体电池的一致性。单体电池的不一致主要是容量、内阻、开路电压的不一致。不一致的电芯串并在一起使用，会出现容量损失、寿命损失、内阻增大等问题。针对这些问题，可以通过工艺过程、装备的标准化控制来提高单体电池的一致性，有效降低其影响。动力电池的目标即是达到车规级：一是产品合格率应达到 10^{-6} 级；二是产品一致性应达到可不分档使用；三是产品的耐候性，应能满足汽车产品室外、南方北方、冬天夏天的使用要求；四是产品的耐久性，应达到 10 ~ 15 年；五是产品的成本，应该在大批量应用的前提下，比原先在其他领域使用降低 1 个数量级。要达到以上要求，首先需要将工艺过程标准化，尺寸规格单一化，在制造技术和工艺装备方面不断积累和工程优化，才能达到要求。

工艺标准化：包含但不限于工艺术语的标准化，使得同一事物同一概念，避免混淆；工艺要素标准化，包括加工尺寸、加工公差、时间、压力、温度、水含量、工艺路线等；工艺规程标准化，从电池隔膜、正极与负极配方着手，归类生产尺寸范围尽可能小的电池；工艺文件的标准化，保证工艺文件完整和统一，为工艺管理提供可靠文件。

电池尺寸规格的标准化：电芯尺寸规格对材料供给、制造一致性、制造数据的建立、制造模型的优化、制造装备、制造质量、智能制造体系的建立都有重要影响；目前中国制造的电芯尺寸规格太多，十分不利于电芯制造体系的建立、电池制造质量提升和制造成本的降低。

装备标准化：包含但不限于布局标准化，部件之间相对位置标准化；部件标准化，卷径、气胀轴、卷针、贴胶组件标准化；零件标准化，过辊、支架等零部件加工精度标准化；参数标准化、系列化设计；调试标准化，机械零部件位置标准化，光电检测阈值位置标准化，程序标准化，调试方法标准化。

一家制造型企业的标准化可以从操作标准化、设备标准化、来料标准化、制造标准化、环境标准化、检验标准化去考虑执行，即所谓的人、机、料、法、环、测六大影响产品的因素去思考。针对锂电行业设备供应商厂家，其作为电池厂家设备输入端，同样要对设备生产进行标准化管理，设备的标准化是锂电池生产标准化相当重要的一环。

图 3-18 为锂电池制造工艺路线示意图。不同厂家由于产品安全项需求的管控力度不同，

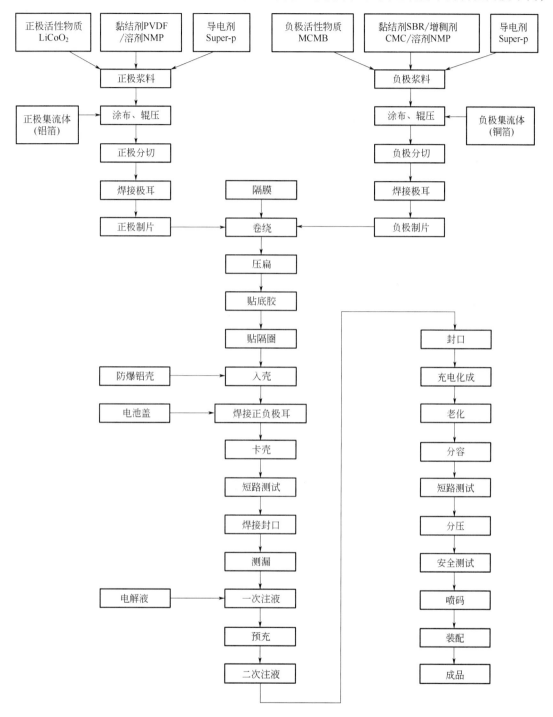

图 3-18　锂电池制造工艺路线示意图

PVDF—聚偏氟乙烯；NMP—*N*-甲基吡咯烷酮；MCMB—中间相炭微球；

SBR—丁苯橡胶；CMC—羟甲基纤维素；Super-p—导电炭黑

相应的制造工艺会有略微不同，标准化要做的就是尽可能简化工艺路线，降低物料转运损失，提高检测反馈控制能力，提高来料利用率。例如极耳模切和极片分切工序合并为一道模切工序，可以提高极片宽度方向一致性，分切与模切宽度形成闭环控制，分切检测到模切尺寸宽度异常反馈给模切进行纠偏控制，或者模切检测到分切宽度异常反馈给分切实时调整，减小模切与分切物料损失，提高模切和分切工艺的尺寸控制能力。

3.4 制造工艺及装备创新的思路

针对锂电行业目前发展状态，其工艺装备的发展尚且处于半自动到自动化单机状态，距离实现智能工厂、无人化作业有着相当一段距离。过去几年，我国的锂电池产业经历了政策驱动、投资升温、产能扩张，市场规模已经显现。未来即将迎来转型期，行业加速洗牌，实现由量到质的提升，这个"质"最重要最核心的还是制造质量。锂电池产业的装备也面临着实现突破的新机遇。

3.4.1 制造工艺及装备发展趋势

2021 年 1 月至 6 月我国电池销量激增 60%，美国先进电池联盟（FCAB）发布"国家锂电蓝图 2021—2030"，蓝图指出，未来 10 年锂电需求量将增长 5～10 倍，增长点主要是新能源汽车。2020 年以来世界各大电池巨头都在大规模规划和疯狂扩产，这些动作强烈反馈了电池及设备大规模的发展趋势。为了减少单个模组电池的数目，降低模组异常排查难度、简化工艺、提高生产效率等，储能电池发展趋势会由单个小电芯向更大容量的方向发展，这也促进了设备兼容性的提升。锂电设备要保证这种大电芯制造精度以及制造效率，必须在机构做大、兼容性提高的同时，对零部件的加工精度、组件的装配精度做出提升。一方面要提高设备利用率、可靠性，另一方面同样要从本质上去提升设备的生产效率。设备的生产效率主要从两个方面去解决：一个是提高设备的生产速度，采用更快、更稳定的结构及控制方法；另一个是降低设备动作所消耗的时间，即辅助时间。典型设备以深圳吉阳方形动力卷绕机为例，其从原有的极片卷绕减速完全停止后切断，改进现有机构为飞切，在减速过程提前切断，这降低了极片切断过程耗时，缩短辅助时间接近 20%。又如极耳模切机，从原来的激光模切速度 60m/min 目前已提升到 120m/min，相信现在各大锂电设备供应厂商也都在对高速设备的研发进行积极的筹备。制造过程细分为浆料制备、极片制造、芯包制造、电芯装配、干燥注液、化成分容六大核心模块。每个模块有不同的工艺和设备，每种设备的精度、稳定性、效率影响电池产品的质量和效率。因此，当下锂电制造设备的更新迭代向着大规模、高精度、高可靠、一体智能化的方向发展。

从锂电制造工艺优化方面来看，集成一体智能化设备相对于单机而言，其自动化程度更高，生产稳定性更高，对生产工艺的过程控制能力更全面、更强大。同时集成一体智能化设备也为制造企业减少用人用地成本，减短工序衔接的同时降低了物料的转用损耗等。这些一体化智能设备具备各种闭环逻辑，例如模切卷绕一体机的极耳错位闭环控制，对模切过程进行反馈提高了模切与卷绕的匹配性，同时也解决了不同模切机阴阳两极极片宽度规格不匹配的问题。典型的设备有模切分切一体机、模切卷绕一体机、模切叠片一体机；未来整个锂电制造系统会走向三段核心设备，即极片制造一体智能化、组装化成一体智能化以及 PACK 一体智能化；集成一体智能化设备还需要内部工序融合，效率配合，物流无间歇传输，甚至原理级改变以适应大规模、高质量制造的要求；未来会有更大规模的集成一体化设备，如 4～5 个当前工序集成为一道工序也是可能的。

3.4.2　材料技术与制造技术深度融合

纵观电池制造过程是从纳米级别尺度材料操作到米级别装置生产、加工的过程，过去锂电制造主要集中在基于牛顿力学的设备制造效率、制造质量和成本的管控，主要管控的是宏观物体的物理位置、速度、加速度、惯量、摩擦、阻力等参数，相对而言这些控制是宏观的，过程的可见性和可观测性都比较容易把控。然而，基于电池是内部在电场作用下离子迁移的过程，而外部体现的是电子转移的过程，这样的过程决定必须从微观的角度，用量子力学的方法来管控电池生产的过程，考虑电池生产及制成后结构和组成的演变，电子、离子的输运行为，界面问题和性能尺度效应对电池的影响，使用及充放电过程界面的变化，过程的性能及尺度变化，要考虑内部分子与离子间的耦合效应、温度效应和形位体积变化，进而控制电池的安全、自放电、循环寿命、能量密度和功率密度，需要更多地从微观角度考虑制造过程热力学、动力学（离子输运动力学、电荷转移动力学、反应动力学、相变动力学等）和稳定性。然而，这些复杂过程的管控表现在制造方面目前没有完整的模型，多物理场耦合，多元、异构数据，多尺度控形、控性问题，海量数据管理问题；能够采取的是基于定性趋势分析和大数据建模的机器学习和优化建模方法，用量子力学理论，摸清电池内在科学规律，进行过程优化、决策和控制，建立分析方法、评价手段，达到电池制造的可重构、大规模、定制化；最终解决离子迁移、热与传热、内部压力管控，实现过程形变、SEI 膜、锂枝晶控制等问题。图 3-19 为储能电池制造过程机理管控。

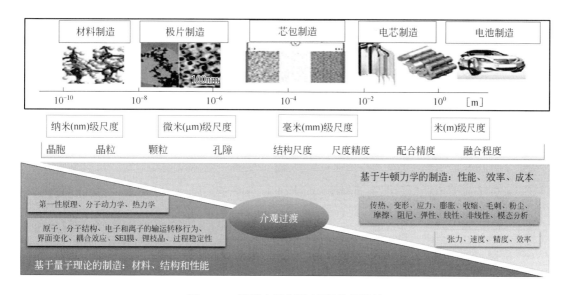

图 3-19　储能电池制造过程机理管控

3.4.3 制造一体化及制造原理改变

前面是从微观量子的角度探讨电池制造要考虑的问题，在宏观和微观之间针对锂离子电池内耦合电化学反应的多物理场管控过程，用广义态变量（诸如无量纲数、粒子密度、晶格缺陷密度、粒子速度等）对电池电化学过程进行量化表述。采用光滑粒子水力学数值技术，开发考虑电极介观微结构的数值模型，以电极中固体活性物颗粒尺寸为主要考虑参数，将该模型用于电极介观微结构设计。模型模拟得到放电过程中电池内部离子浓度场，固、液相电势场以及转换电流密度等微观细节分布，以及电池宏观性能如输出电压等，据此可以分析并揭示电池充放电过程的基础物理化学机制、电池宏观性能与构成电极的固体活性物颗粒尺寸之间的关联。干法极片制造就是在介观粒子范围的动力学理论指导下，将电极制造过程一体化，将混合、搅拌、涂布、干燥、辊压等过程一体化。

干电极的主要制备工艺（亦称"干法涂布"）为：选择非纤维化黏结剂；球磨非纤维化黏结剂造粒；混合非纤维化黏结剂、纤维化黏结剂和电极活性材料（正极/负极）等，压延成膜。为保证物料的塑性，成型过程中多需要加热混合物至100℃以上。特斯拉旗下的 Maxwell 公司使用的非纤维化黏结剂包括聚偏氟乙烯、羧甲基纤维素等，使用的纤维化黏结剂主要是聚四氟乙烯，工艺多采用并行流程。图 3-20 为特斯拉干法极片制造工艺。

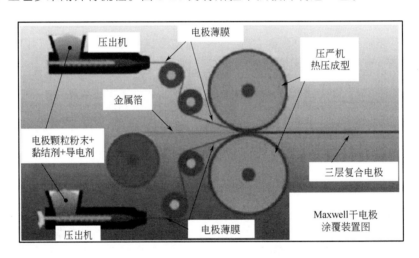

图 3-20 特斯拉干法极片制造工艺

相比于传统湿法电极工艺，干法以球磨替代搅拌，以压延替代涂布，并省去了湿法涂布后的烘干过程，可节约溶剂、缩短工时、避免溶剂残留、降低设备复杂度。干法工艺也存在弱点，即难于实现活性材料的均匀分散，对锂电池而非超级电容电极材料而言尤其如此。良好的分散效果与材料导电性要求使得黏结剂与导电剂的减量、活性物质占比的提升具有相当挑战性，需要针对需求不断完善。

特斯拉（Maxwell）干电极工艺更简单，不使用溶剂。该过程从电极粉末开始，将少量（约 5%～8%）细粉状聚四氟乙烯（PTFE）黏结剂与正极粉末混合，然后将混合的正极黏结剂粉末通过挤压形成薄的电极材料带，将挤出的电极材料带层压到金属箔集流体上形成成品电极。干法制片可以提升极片制造的效率，缩短工艺过程，为储能电池大规模制造开创一种新的可能。

3.4.4　制造工艺及电池结构精简化

锂电池制造过程中的各个工序段设备严重影响电池性能，电池工艺流程的长短影响着电芯制备的一致性以及可控性。制片和电芯成型工艺精简化就是成功的实例，辊压分条一体机、模切卷绕一体机、模切叠片一体机这些设备的诞生，一方面精简了工艺，增强了设备闭环控制的能力；另一方面减少了成本，降低了原材料运输路线复杂造成的损失，并且节省人力，原来两道工序需要两名操作人员，合为一道工序一名员工即可满足设备操作，提高了空间利用率。而围绕电池性能和制造的结构优化，在未来的电池产业发展过程中将带来天翻地覆的变化，如电池壳体形状、大小以及极柱连接随性能、制造、连接要求改变，内部集流体、极柱按照电池回收的要求改变等。

宁德时代（CATL）与比亚迪（BYD）同样也在工艺精简化上分别采用不同的 CTP 方式来缩短工艺路线。CTP 即 cell to pack，又称无模组设计，跳过模组提升电池包的体积利用率。宁德时代 CTP 电池包里面包含两个以上的电池模组，每个电池模组里面有多个电芯和容纳这些电芯的框架，将之前的小模组换成了更大的模组。比亚迪 CTP 又称 GCTP，即刀片电池，"无模组化"程度更高，可以简单理解为刀片电池包只用了一个大模组。如表 3-2 所示为 CATL-CTP 工艺与 BYD-CTP 工艺对比。

表 3-2　CATL-CTP 工艺与 BYD-CTP 工艺对比

项目	CATL-CTP 工艺	BYD-CTP 工艺
优势	电池采用传统方形电芯，在结构稳定性方面占据一定优势 电芯采用的是卷绕式工艺，工艺成熟，产品合格率高	电芯的长度加长，刀片电池没有模组体积利用率更高 叠片工艺在安全性、能量密度、工艺控制方面均比卷绕占据优势
缺点	电芯尺寸相对刀片较小，成组效率低，体积利用率低 卷绕电芯内部膨胀收缩，容易带来拐角间隙（GAP）问题	依靠电芯自身来实现支撑，在运输的过程中有发生弯曲的情况 刀片电池工艺成熟需要时间，产品制造合格率有待提升
电芯示意		

第 4 章

先进储能电池智能装备

4.1 制浆设备

4.1.1 制浆工艺介绍

4.1.1.1 制浆工艺的重要性

锂离子电池的性能上限是由所采用的化学体系（正极活性物质、负极活性物质、电解液）决定的，而实际的性能表现关键取决于极片的微观结构，而极片的微观结构主要是由浆料的微观结构和涂布过程决定的，这其中浆料的微观结构占主导。因此有个广泛认可的说法是在制造工艺对锂离子电池性能的影响中，前段工序的影响至少占 70%，而前段工序中制浆工序的影响至少占 70%，也就是说，制浆工序的影响约占一半。

4.1.1.2 浆料的组成及各组分的理想分散状态

锂离子电池的电极材料包括活性物质、导电剂和黏结剂三种主要成分，其中活性物质占总重的绝大部分，一般在 90% ~ 98% 之间，导电剂和黏结剂的占比较小，一般在 1% ~ 5% 之间。这几种主要成分的物理性质和尺寸相差很大，其中活性物质的颗粒一般在 1 ~ 20μm 之间，而导电剂绝大部分是纳米碳材料，如常用的炭黑的一次粒子直径只有几十纳米，碳纳米管的直径一般在 30nm 以下，黏结剂则是高分子材料，有溶于溶剂的，也有在溶剂中形成微乳液的。

锂离子电池的电极需要实现良好的电子传输和离子传输，从而要求电极中活性物质、导电剂和黏结剂的分布状态满足一定的要求。电极中各材料的理想分布状态如图 4-1 所示，即活性物质充分分散，导电剂充分分散并与活性物质充分接触，形成良好的电子导电网络，黏结剂均匀分布在电极中并将活性物质和导电剂粘接起来使电极成为整体。

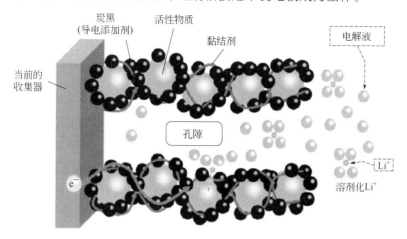

图 4-1　锂离子电池电极中各材料的理想分布状态

　　为了得到符合上述要求的极片微观结构，需要在制浆工序中得到具有相应微观结构的浆料。也就是说，浆料中活性物质、导电剂和黏结剂都必须充分分散，且导电剂与活性物质之间、黏结剂与导电剂/活性物质之间需要形成良好的结合，而且浆料中各组分的分散状态必须是稳定的。浆料实际上是固体颗粒悬浮在液体中形成的悬浮液，悬浮液中颗粒之间存在着多种作用力，其中由范德华力形成的颗粒之间的吸引力是颗粒团聚的主要原因，要防止这种团聚，需要使颗粒之间具有一定的斥力。常见的斥力包括静电斥力和高分子链形成的空间位阻。描述胶体分散液稳定性的一个经典理论是 DLVO 理论（Deryaguin-Landau-Verwey-overbeek theory），它考虑了双电层静电斥力和范德华引力的综合作用（见图 4-2），由图 4-2 可见在一定距离上由静电斥力和范德华力构成的总能量会达到一个极大值 G_{max}，这个极大值形成了一个能垒，能够防止颗粒之间进一步接近形成硬团聚（gprimary）。

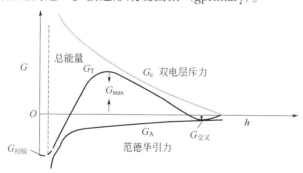

图 4-2　DLVO 理论中由双电层斥力和范德华引力构成的颗粒间
相互作用能随颗粒间距离的变化情况

　　在锂离子电池浆料中，黏结剂的分子链吸附在颗粒表面所形成的空间位阻对于浆料的稳定性有非常重要的作用。当黏结剂分子吸附在颗粒表面上形成吸附层后，两个颗粒表面的吸附层相互靠近时，由于空间位阻会产生相互作用能，空间位阻作用力与双电层斥力以及范德华引力一起构成了颗粒之间总的相互作用能，如图 4-3 所示。

因此，要防止浆料中的颗粒出现团聚，就需要让黏结剂的高分子链吸附到颗粒表面，形成一定的空间位阻，使得浆料的分散状态能够长时间保持稳定。

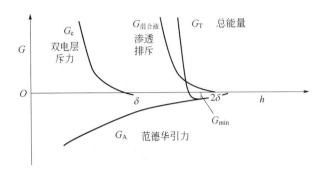

图 4-3　颗粒表面吸附有高分子链后的颗粒间相互作用能随颗粒间距离的变化情况

4.1.1.3　制浆的微观过程

锂离子电池的制浆过程就是将活性物质和导电剂均匀分散到溶剂中，并且在黏结剂分子链的作用下形成稳定的浆料，从微观上看，其过程通常包括润湿、分散和稳定化三个主要阶段（如图 4-4 所示）。

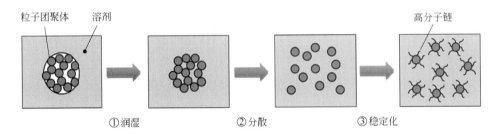

图 4-4　微观上看制浆的三个主要阶段

润湿阶段是使溶剂与粒子表面充分接触的过程，也是将粒子团聚体中的空气排出，并由溶剂来取代的过程，这个过程的快慢和效果一方面取决于粒子表面与溶剂的亲和性，另一方面与制浆设备及工艺密切相关。分散阶段则是将粒子团聚体打开的过程，这个过程的快慢和效果一方面与粒子的粒径、比表面积、粒子之间的相互作用力等材料特性有关，另一方面与分散强度及分散工艺密切相关。稳定化阶段是高分子链吸附到粒子表面上，防止粒子之间再次发生团聚的过程，这个过程的快慢和效果一方面取决于材料特性和配方，另一方面与制浆设备及工艺密切相关。需要特别指出的是，在整个制浆过程中，并非所有物料都是按上述三个阶段同步进行的，而是会有浆料的不同部分处于不同阶段的情况，比如一部分浆料已经进入稳定化阶段，另一部分浆料还处于润湿阶段，这种情况实际上是普遍存在的，这也是造成制浆过程复杂性高、不易控制的原因之一。

4.1.1.4　浆料的分散设备和工艺

用于浆料分散的设备主要包括两大类，一类是利用流体运动产生的剪切力对颗粒团聚体进行分散的设备，包括采用各种类型搅拌桨的搅拌机、捏合机，还包括三轴研磨机和盘式研磨机等，另一类是利用研磨珠对颗粒团聚体进行冲击从而达到分散效果的设备，主要包括搅拌磨等。当然还有一些比较特殊的分散设备，比如超声波分散机是利用超声波产生的空化和瞬间的微射流来对颗粒团聚体进行分散的。这些不同类型的分散设备如图 4-5 所示。

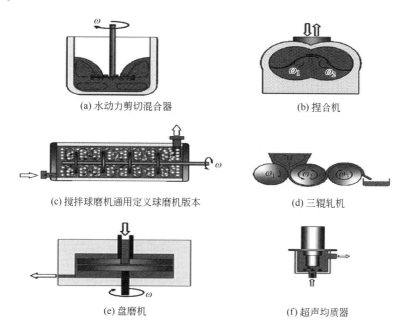

(a) 水动力剪切混合器　　　　　(b) 捏合机

(c) 搅拌球磨机通用定义球磨机版本　　　　(d) 三辊轧机

(e) 盘磨机　　　　　(f) 超声均质器

图 4-5　不同类型的分散设备

以上这些分散设备并非都适用于锂离子电池的制浆，比如采用研磨珠的搅拌磨由于研磨珠产生的冲击力很大，容易破坏一些正负极活性物质表面的包覆层，甚至有可能将活性物质打碎，因而很少被用于锂离子电池的制浆；超声波分散设备并不适用于高固含量、高黏度的浆料，而锂离子电池的浆料恰恰是高固含量（正极浆料可达 60%～80%，负极浆料可达 40%～60%）和高黏度（20～200Pa·s）的，并不适合用超声波分散机来进行分散。因此，实际上用于锂离子电池制浆的设备都属于用流体运动产生的剪切力来进行分散的类型，包括搅拌机、捏合机等，其中最典型的设备就是双行星搅拌机，其构造和原理将在第 4.1.2 小节详细介绍。

制浆工艺对于锂离子电池浆料的性能影响也很大，最典型的是采用不同的加料顺序所得到的浆料性能可以有很大不同。如有文献报道采用两种不同的加料顺序来制备镍-钴-锰三元正极材料的浆料，所得到的浆料特性和电极性能相差很大，如图 4-6 所示。第二种加料顺序所得到的浆料固含量更高，且电极的剥离强度和电导率都要高很多，其原因在于导电剂与主材先进行干混能够让导电剂包覆在主材表面，减少了游离的导电剂，结果是一方面降低了浆料的黏度，另一方面减少了干燥后导电剂的团聚，有利于形成良好的导电网络。

目前锂电行业常用的制浆工艺有两大类，分别称为湿法工艺和干法工艺，其区别主要在于制浆前期浆料固含量的高低，湿法工艺前期的浆料固含量较低，而干法工艺前期的浆料固含量较高。这两类制浆工艺的典型工艺流程如图 4-7 所示。

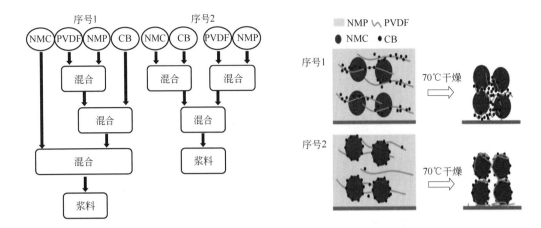

图 4-6　不同加料顺序制浆方法

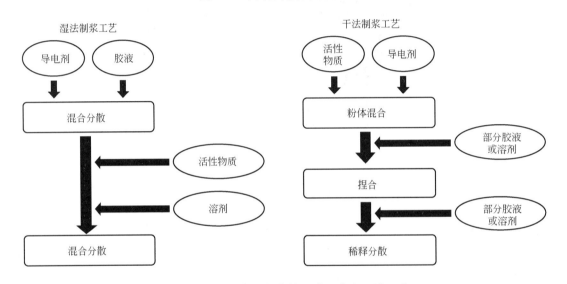

图 4-7　锂离子电池制浆的湿法工艺和干法工艺

　　湿法制浆的工艺流程是先将导电剂和黏结剂进行混合搅拌，充分分散后再加入活性物质进行充分的搅拌分散，最后加入适量溶剂进行黏度的调整以适合涂布。黏结剂的状态主要有粉末状和溶液状，先将黏结剂制成胶液有利于黏结剂的作用发挥，但也有公司直接采用粉末状的黏结剂。需要指出的是当黏结剂的分子量大且颗粒较大时，黏结剂的溶解需要较长的时间，先将黏结剂制成胶液是必要的。

　　干法制浆的工艺流程是先将活物质、导电剂等粉末物质进行预混合，之后加入部分黏结剂溶液或溶剂，进行高固含量高黏度状态下的搅拌（捏合），然后逐步加入剩余的黏结剂溶液或溶剂进行稀释和分散，最后加入适量溶剂进行黏度的调整以适合涂布。干法制浆工艺的特点是制浆前期要在高固含量、高黏度状态下进行混合分散（捏合），此时物料处于黏稠的泥浆状，搅拌桨施加的机械力很强，同时颗粒之间也会有很强的内摩擦力，能够显著促进颗粒的润湿和分散，达到较高的分散程度。因此，干法制浆工艺能够缩短制浆时间，且得到的浆料黏度较低，与湿法制浆工艺相比可以得到更高固含量的浆料。但干法制浆工艺中物料的最佳状态较难把控，当原材料的粒径、比表面积等物性发生变化时，需要调整中间过程的固含量等工艺参数才能达到最佳的分散状态，会影响到生产效率和批次间的一致性。

4.1.2 制浆设备现状

4.1.2.1 传统制浆设备——双行星搅拌机

目前国内外在锂离子电池的制浆上普遍采用的还是传统的搅拌工艺，通常采用双行星搅拌机。双行星搅拌机的工作原理是使用 2 ~ 3 个慢速搅拌桨做公转和自传相结合的运动，使得桨叶的运动轨迹能够覆盖整个搅拌桶内的空间，如图 4-8 所示。

随着技术的进步，在原有的慢速桨的基础上又增加了高速分散桨，利用齿盘的高速旋转形成强的剪切作用，可以对已经初步混合好的浆料进行进一步的分散，如图 4-9 所示。

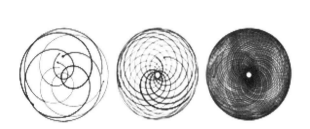

慢速桨

高速分散桨

图 4-8　双行星搅拌机的慢速桨做公转和　　图 4-9　带高速分散桨的双行星搅拌机
　　　　自转相结合的运动时的轨迹

双行星搅拌机的突出优势是能够方便地调整加料顺序、转速和时间等工艺参数来适应不同的材料特性，并且在浆料特性不满足要求时可以很容易地进行返工，适应性和灵活性很强。此外，在品种切换时，双行星搅拌机尤其是小型搅拌机的清洗较为简单。

在双行星搅拌机中，物料被搅拌桨作用的时间存在概率分布，要保证所有物料充分混合和分散需要很长的搅拌时间。早期一批浆料的制备需要 10 多个小时，后来通过工艺的不断改进，尤其是引入干法制浆工艺后，制浆时间可以缩短到 3 ~ 4h。但由于原理上的限制，双行星搅拌机的制浆时间难以进一步缩短，其制浆的效率比较低，单位能耗偏高。

由于搅拌桶的体积越大，越难达到均匀分散的效果，目前用于锂离子电池制浆的双行星搅拌机的最大容积不超过 2000L，一批最多能够生产 1200L 左右的浆料。

目前双行星搅拌机的主要厂商有：美国的罗斯，日本的浅田铁工、井上制作所，国内的红运机械等。双行星搅拌机的技术已经非常成熟。

4.1.2.2 新型浆料分散设备——薄膜式高速分散机

由于双行星搅拌机的分散能力有限，用于一些难分散的物料如小粒径的磷酸铁锂材料、比表面积很大的导电炭黑时，难以达到良好的分散效果，因此需要配合使用一些更高效的分散设备。日本的 PRIMIX 公司推出的薄膜式高速分散机就是一种性能优良的浆料分散设备。

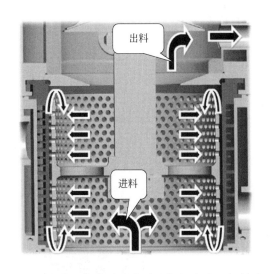

图 4-10　浆料在薄膜式高速分散机中的运行轨迹

它的工作原理是：浆料从下部进入分散桶后，随分散轮一起高速旋转，浆料在离心力作用下被甩到分散桶的内壁上形成浆料环，而且浆料在离心力作用下会高速脱离分散轮外壁撞击分散桶壁，同时在轮壁表面瞬间形成真空，促使浆料穿过分散轮上的分散孔，形成如图 4-10 所示的运行轨迹。

同时，由于分散轮与桶壁之间的间隙只有 2mm，当分散轮高速旋转（线速度可达 30～50m/s）时，浆料在这个小间隙里会受到均匀且强烈的剪切作用。浆料在分散桶内的滞留时间约 30s，在此期间，浆料在分散机中不断循环运动并被剪切分散，因此能够达到理想的分散效果。图 4-11 是通过仿真计算得到的双行星搅拌机和薄膜式高速分散机中浆料所受到剪切作用的强度和频率的对比，从图中可以明显地看到，双行星搅拌机中只有在搅拌桨的端部区域浆料才会受到强的剪切作用，导致浆料受到高剪切作用的频率很低，而薄膜式高速分散机中浆料在整个区域内都能受到强的剪切作用，使得浆料受到高剪切作用的频率很高，从而大幅度提高了浆料的分散效果和效率。

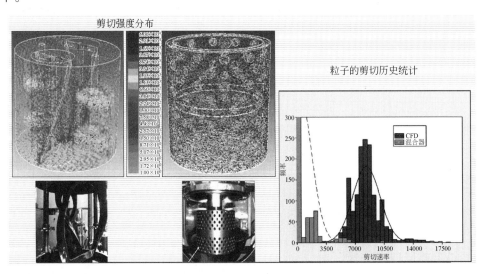

图 4-11　浆料在薄膜式高速分散机和双行星搅拌机中所受到剪切作用的强度和频率的对比

这种薄膜式高速分散机是日本 PRIMIX 公司首创，已被韩国及中国的一些锂离子电池厂采用。尚水智能首先将其引入国内，并且其产品性能达到了 PRIMIX 产品的同等水平。需要指出的是，这种薄膜式高速分散机不能单独用来制浆，需要先用双行星搅拌机等设备对粉体和液体原料进行预混得到浆料之后才能用它来进一步分散，因此这种设备的应用有一定的局限性，通常与双行星搅拌机配合应用于难分散材料的制浆。

4.1.2.3 新型制浆设备——双螺杆制浆机

针对双行星搅拌机效率不高的问题，一些厂家推出了新型的制浆工艺和设备，其中德国布勒推出的以双螺杆挤出机为核心设备的连续式制浆系统引起了广泛关注。双螺杆挤出机原本被广泛应用于塑料加工等行业，适用于高黏度物料的混合和分散。布勒将这种设备引入到了锂离子电池的制浆领域，通过在螺杆的不同部位投入粉体和液体来连续地制备出浆料。具体过程是：先将活性物质和导电剂的粉体投入螺杆的最前端，然后在螺杆的输送作用下向后端移动，然后在螺杆的后续部位分多次投入溶剂或者胶液，并在各种不同的螺杆元件的作用下实现捏合、稀释、分散、脱气等工艺过程，到了螺杆的最末端，输出的就是成品浆料，整个过程如图 4-12 所示。

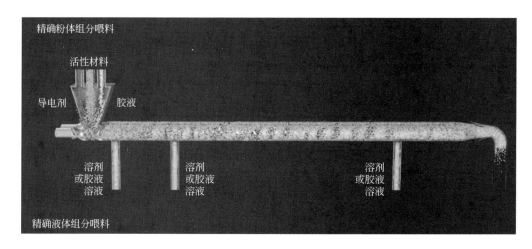

图 4-12　双螺杆制浆机的制浆过程示意图

在双螺杆制浆机中，浆料的分散主要是在捏合阶段完成的，这一阶段浆料的黏度高，在螺杆元件的作用下产生强烈的剪切作用，从而实现浆料的高效分散。浆料在捏合元件的作用下的运动情况及受到的剪切作用如图 4-13 所示。

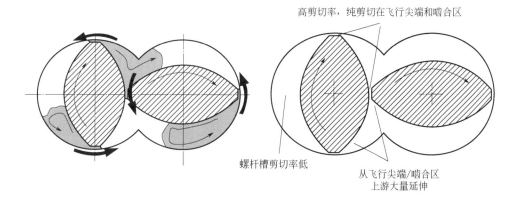

图 4-13　浆料在双螺杆中的运动及受到的剪切作用

常用的捏合元件包括有传输作用和无传输作用两种类型，见表 4-1。

表 4-1 捏合元件的示意图及其混合、剪切及传输效果

元件	混合效果	剪切效果（分散）	传输效果
标准			
中性			

由于双螺杆机的制浆过程是将粉体和液体原料在连续投料的过程中进行混合，大大提高了宏观混合的效率，加上捏合元件对高固含量、高黏度浆料进行高强度的剪切分散，大幅度提高了分散效率，因此双螺杆制浆机具有效率高、能耗低的显著优势。

但是双螺杆制浆机用于锂离子电池的制浆也有一些明显的短板。首先，由于双螺杆制浆机的螺杆很长，并且需要减小磨损和延长停留时间，转速就不能太快，通常螺杆元件端部的线速度在 2 ~ 3m/s 之间。在这种较低的线速度下要产生很强的剪切作用，同时也为了减少残留，就需要把螺杆元件之间以及螺杆元件与筒壁之间的最小间隙控制得很小，目前双螺杆制浆机中这个最小间隙在 0.2 ~ 0.3mm。这么小的间隙对于加工和安装的精度要求很高，也容易造成螺杆元件的磨损，而磨损下来的金属异物可能会对锂离子电池产品造成严重安全隐患。其次，双螺杆制浆机的连续制浆模式要求粉体和液体原料必须精准地进行动态计量，保证所有粉体和液体的给料流量准确且稳定，一旦某种原料的给料流量出现波动，就会导致浆料中的原料配比出现波动，这种波动一旦超出范围，就会造成一部分浆料的报废，甚至给后续工序造成不可预料的损失。因此，这种连续式制浆系统必须配备高精度的原材料动态计量和给料系统，这导致整套系统的成本显著升高。在实际生产中，为了防止瞬间的给料流量出现波动导致异常，通常会在双螺杆挤出机的后面配备一个大的带搅拌的缓存罐，用于将双螺杆挤出机制备出来的浆料进行一定程度的均匀化，消除给料流量的瞬间波动造成的影响，但这种做法某种程度上使得整套系统接近批次式制浆系统。此外，双螺杆制浆机对原材料的品质波动敏感，一旦由于原材料的品质波动导致浆料参数不合格时，无法进行返工处理。而且在品种切换时，可能需要改变一部分螺杆元件来适应新的材料和配方，导致适应性较差。

目前，双螺杆制浆机的供应商主要是德国布勒，国内一些厂家也能提供类似的设备。这种连续式制浆系统已有国内的动力电池厂采用。

4.1.2.4 新型制浆设备——循环式制浆机

鉴于连续式制浆机的长处和短板，一些厂家推出了半连续式制浆系统，其中尚水智能推出的循环式高效制浆机结合了连续式制浆系统和批次式制浆系统的优势，采用批次计量、连

续投料制浆、循环分散的方式来实现浆料的高效制备和整批浆料的均匀分散，已经被国内高端动力电池厂所采用。

尚水智能循环式制浆机的基本结构如图 4-14 所示。其基本工作原理是先将粉体混合好后通过粉体加料模块按设定的流量连续投入制浆机中，粉体在制浆机排料形成的负压条件下脱出部分气体，并且被高速旋转的粉体打散装置打散成烟雾状，然后被吸入快速流动的液体中，被浸润并分散到液体中。浆料在向下流动进入叶轮下部的分散模块时，受到高速旋转的叶轮与固定在腔体上的定子构成的定转子结构的强烈剪切作用，达到良好的分散状态，并被叶轮加速后通过设置在切向方向的出料口排出。

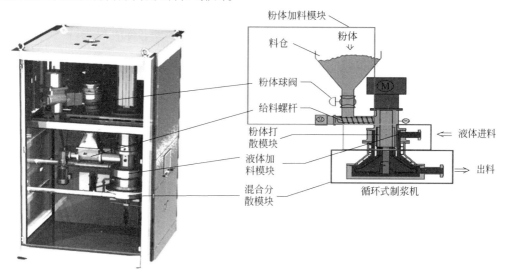

图 4-14　尚水智能循环式制浆机的基本结构

尚水智能循环式制浆机的制浆流程简述如下：

① 将活性物质、导电剂等粉体在粉体混合机中进行预混合，同时将液体投入循环罐 A 中搅拌均匀。

② 通过浆料输送泵将循环罐 A 中的液体输送到循环式制浆机，从循环式制浆机排出的液体再回到循环罐 A，如此，液体在循环罐与循环式制浆机之间不断循环。与此同时，粉体通过给料装置连续输送到循环式制浆机，与快速流动的液体混合并被分散到液体中，形成的浆料被排出到循环罐 A。随着粉体的不断投入，循环罐 A 中浆料的固含量不断提高，直至所有粉体都投入液体中，此时浆料的固含量达到最大值，此过程如图 4-15 所示。

③ 通过浆料输送泵将循环罐 A 中的浆料输送到循环式制浆机，分散后的浆料排出到循环罐 B，当循环罐 A 中的浆料排空后，再将循环罐 B 中的浆料输送到循环式制浆机，然后排出到循环罐 A，如此浆料在循环罐 A 和循环罐 B 之间来回循环，每次循环都让全部浆料依次通过循环式制浆机，直至浆料充分分散且黏度满足要求，此过程如图 4-16 所示。

尚水智能循环式制浆机通过将粉体打散后与快速流动的液体相混合的方式大幅度提高了粉液接触面积，从而显著提高了粉体的润湿速度，同时通过采用高剪切强度的定转子分散模块大幅度提高了分散效果和效率，使得循环式制浆机的效率显著高于传统的双行星搅拌机。而且，循环式制浆机的分散效果与薄膜式高速分散机相当，能够取代双行星搅拌机加薄膜式高速分散机的组合。与此同时，循环式制浆机采用批次计量的方式，浆料组成和品质容易控制，并且能够通过改变转速、流量和循环次数等工艺参数的方式来适应各种材料和配方，其适应性与双行星搅拌机相当，显著优于双螺杆制浆机。此外，循环式制浆机本身的结构简单，配套的计量和给料系统也很简单，整套系统的成本较双螺杆制浆机有明显优势。循环式制浆机与双行星搅拌机以及双螺杆制浆机的比较见表 4-2。

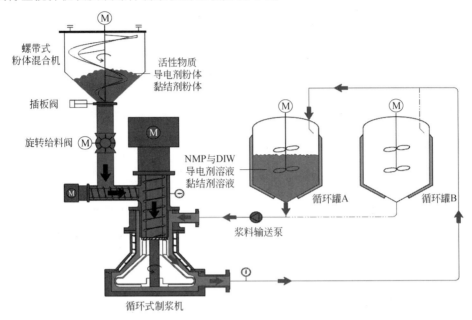

图 4-15　尚水智能循环制浆系统的粉液混合阶段示意图

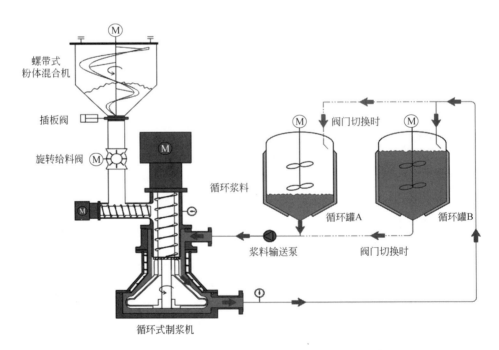

图 4-16　尚水智能循环制浆系统的循环分散阶段示意图

表 4-2 循环式制浆机与双行星搅拌机及双螺杆制浆机的比较

项目	双行星搅拌机		双螺杆制浆机		循环式制浆机	
制浆方式	批次		连续		半连续	
给料方式	批次给料		连续给料		连续给料	
计量方式	批次计量		连续计量		批次计量	
分散容积	大		小		小	
制浆效果	良	分散容积大，局部分散效果受概率影响，均匀性不够好	良	分散容积小，浆料的均匀性好，但制浆时间过短可能影响浆料的稳定性	优	分散容积小，浆料的均匀性好
适应性	优	品种切换容易；返工容易	差	品种切换困难；无法返工	良	品种切换较容易，但管道清洗需要一定工时；返工容易
维护保养	差	设备大，传动机构较复杂，维护保养成本较高	差	设备复杂，维护保养成本较高	良	设备小，结构简单，维护保养成本较低
能耗	差	功率大，制浆时间长，能耗高	优	制浆时间短，能耗低	良	制浆时间短，能耗低
设备投资	差	设备大，单机产能有限，投资大	差	设备复杂，计量和给料精度要求高，投资大	优	设备简单，单机产能大，投资小
占用空间	差	设备大且单机产能有限，占用空间大	良	单机产能大，占用空间较小	良	设备小且单机产能大，占用空间小

4.1.3 制浆设备未来发展趋势

传统的搅拌机到目前为止仍然是制浆设备的主流，它的优势在于很强的适应性，特别适用于品种切换频繁且批量不大的锂离子电池的生产。但是在品种切换不那么频繁且批量大的动力电池制造领域，搅拌机的单机产能低、能耗高的劣势使得它将被新的分散效率更高的制浆设备逐步取代，例如，国内尚水智能的循环式制浆机就逐渐被高端动力电池厂商接受并采用。另外，研究新型分散剂，减少对强力分散设备的依赖也是行业未来发展的方向之一。

4.2 极片涂布设备

4.2.1 涂布机设备原理及分类

极片涂布设备的原理：将正极或负极等配方所需的材料均匀混合好后涂覆或复合在铝箔或铜箔的正反面，如果需要可以通过能量传导的方式将浆料中的溶剂挥发后达到客户的技术要求的机电一体化设备。

逗号刮刀逆向转移涂布原理如图 4-17 所示。

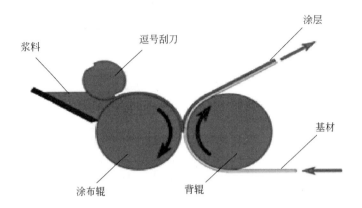

图 4-17　逗号刮刀逆向转移涂布原理

通过调整涂布辊与逗号刮刀之间的间隙大小将浆料计量在涂布辊上，再通过调节背辊和涂布辊的间隙大小实现计量在涂布辊上的浆料全部转移到箔材上。

狭缝模头涂布原理如图 4-18 所示。

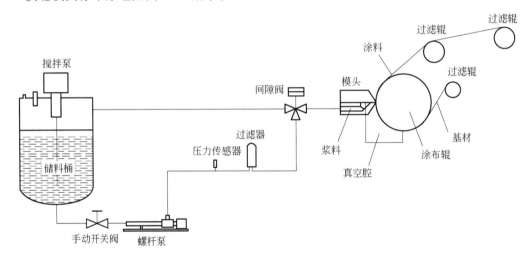

图 4-18　狭缝模头涂布原理

这是一种高精度的预计量涂布方式，将牛顿或非牛顿流体浆料用计量泵供给狭缝模头后均匀地涂覆在基材表面的一种装置，其中涂布厚度大小计算公式如下：

$$涂布的厚度=\frac{计量泵流量}{涂布宽度×涂布速度}$$

另外，模头是这个狭缝涂布方式的重要部件，是决定涂布精度的关键因素之一。由于涂布的速度越来越快，现在有客户开始使用真空腔机构来保证在高速涂布过程中涂布质量，通常涂布速度≥30m/min 的时候要考虑这个负压腔的结构。

狭缝模头原理如图 4-19 所示。

模头的设计要考虑以下几个方面的因素：

① 根据浆料的流变参数进行流道型腔计算和仿真;

② 上下模唇的平面度和直线度要求;

③ 模头的材料选择,尽可能选用不锈钢材料;

④ 使用过程中防止金属异物的产生,如果不可避免一定要做好防护,使异物不能进入浆料中;

⑤ 方便拆卸和清洗。

干法极片制备原理如图 4-20 所示。

涂布技术有可能成为颠覆性的创新,如果和固态电池技术结合后可以满足未来新型锂电池的需要,例如硫化物固态电解质和干法极片技术是一个很好的期待,这个技术的优势如下:

① 可以满足欧洲苛刻的环保要求,生产过程绿色环保;

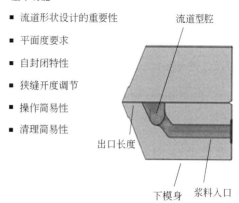

基本功能
- 流道形状设计的重要性
- 平面度要求
- 自封闭特性
- 狭缝开度调节
- 操作简易性
- 清理简易性

图 4-19　狭缝模头原理

② 生产过程中安全,传统锂电池正极涂布浆料使用的溶剂是 NMP 溶液,安全性不好;

③ 设备投入成本低,占地面积小,环境湿度要求降低;

④ 可以制备厚极片,这样相同的体积比容量可以节约箔材和隔膜,有很好的 BOM 成本优势。

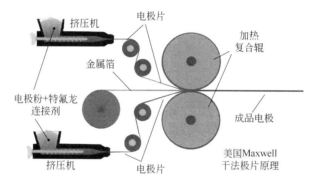

图 4-20　干法极片制备原理

4.2.2　设备组成及关键结构

设备共由五大部分组成:放卷单元、涂布单元(含供料系统)、干燥单元、出料单元、收卷单元。涂布机单元构成如图 4-21 所示。

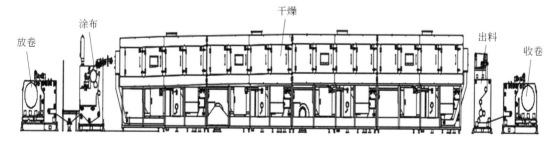

图 4-21　涂布机单元构成

4.2.2.1 放卷单元

放卷方式有自动接带方式和手动接带方式两种。手动接带放卷单元如图 4-22 所示。

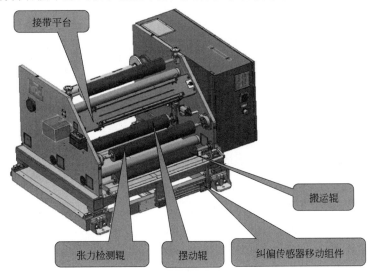

图 4-22　手动接带放卷单元

待生产的成卷材料安装于放卷轴上，经过纠偏及张力控制后，导入涂工部分。该装置的主要控制点为放卷纠偏及张力。

纠偏由专用的 EPC 控制单元实现，超声波位置检测传感器（可实现对透明箔材的检测）实时检测材料边缘的位置，通过电机驱动放卷装置左右移动，以适合材料的边缘与纠偏传感器的相对位置恒定。纠偏模式分为三种：全自动，控制系统通电后即进入自动纠偏状态（根据纠偏传感器决定驱动电机的运动）；半自动，系统在自动运行时（涂布、牵引）进入自动纠偏状态，而处于停止状态时则进入手动纠偏状态；手动，无论系统处于何种状态，纠偏机构仅可以手动点动操作。

张力控制分为浮辊位置控制及实际检测张力控制两部分。浮辊位置控制原理为：当系统自动运行时，PLC 控制器根据电位器反馈的实时浮辊位置信号（0%～100%），以 PID 算法调节放卷轴电机的转速，以达到浮辊位置恒定（默认设定位置为 50%）。实际检测张力控制可分为三种调节模式，即手动设置电空变换阀的输出比例、开环给定电空变换阀、闭环给定电空变换阀。其中，系统自动运行后，会清除手动状态，切换到自动调节模式。闭环给定模式下，控制系统会根据实测的张力值及设定的张力值进行 PID 调节，直到实测值与设定值一致。需要注意的是，仅当浮辊实际位置与设定位置的偏差在±20%以内，闭环给定模式才起作用。

4.2.2.2　涂布单元及供料和间歇阀系统

（1）涂布单元

涂布单元如图 4-23 所示。

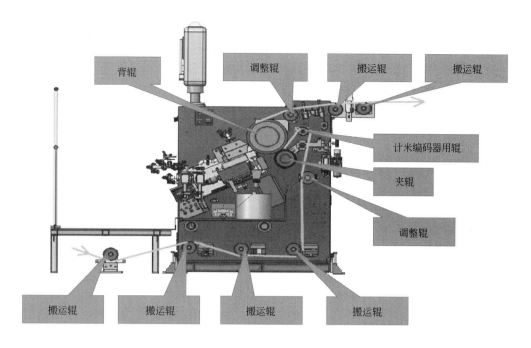

图 4-23　涂布单元

由放卷导入的材料进入涂布辊后，经过入料压辊进行张力隔离（放卷张力与出料张力隔离），再由涂布辊，最后导出到干燥炉内。该装置的主要控制点为整机速度的稳定性、模头与背辊之间的缝隙值。

整机的线速度由背辊提供，速度由 HMI 设定，可分为涂布速度、倒带速度、点动速度。涂布速度即为系统涂布或者牵引时箔材的速度，倒带速度为整机自动反转运行时的速度，点动速度为手动点动某一个部件时的速度，比如点动背辊、点动放卷轴。

模头与背辊之间的位移由两部分驱动。大范围移动通过气缸实现（前进、后退），精确定位由左右两侧的伺服马达驱动（高精度光栅尺检测实际的位移，分辨率 0.1μm）。

（2）供料系统

供料系统包含储料罐、计量泵、除铁器、过滤器及连接的管道。

首先将浆料加到储料罐中，在涂布开始后，储料罐里的浆料在计量泵的作用下，经过连接的管道，除铁器及过滤器进入到 SLOT DIE 进行涂布。在液位传感器检测到储料罐的浆料达到规定液位时，开始对储料罐进行加料。当浆料达到规定的液位时，液位传感器给出指令停止对储料罐进行供料。

图 4-24 是供料系统。

（3）间歇阀系统

通过进料阀及回料阀实现对 SLOT DIE 的涂布供料，并监控涂布压力及回流压力，回流压力用于间歇涂布。间歇阀系统如图 4-25 所示。

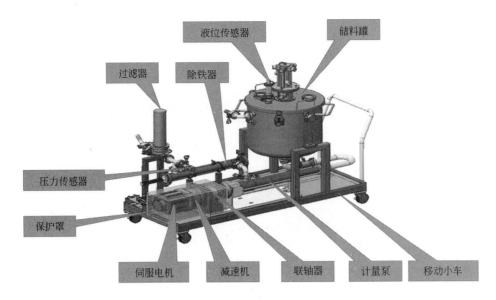

图 4-24　供料系统

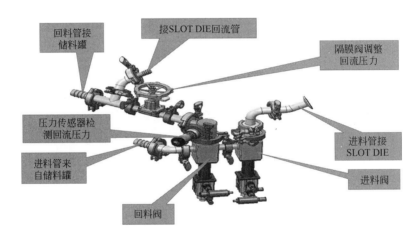

图 4-25　间歇阀系统

4.2.2.3　干燥单元

干燥原理示意图如图 4-26 所示。

由涂布单元生产的含有液态溶剂成分的浆料和箔材一起进入干燥炉内，为了安全有效地蒸发掉溶剂，需要控制各段干燥炉的温度、送风量、排风量等。单节温控系统由加热和循环风机组成。风机由变频电机驱动，可通过频率的设定改变风量及风速（与频率成正比），通过传感器检测控温点温度变化实现加热温度的恒定控制从而保证干燥的质量；有时为了提高干燥的效率会使用辅助加热系统，例如红外或者激光加热，前提是要保证安全的条件下，特别是有机溶剂的使用更要按国家安规要求来设计和使用。

4.2.2.4　出料单元

出料单元如图 4-27 所示。

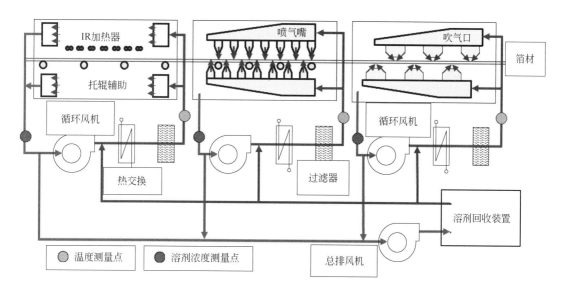

图 4-26 干燥原理示意图

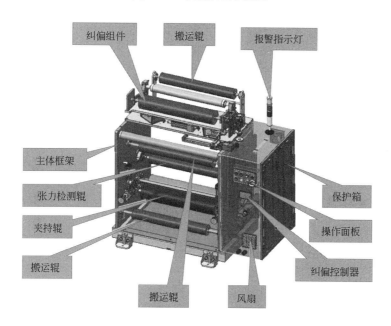

图 4-27 出料单元

干燥后的箔材进入出料装置。由出料装置控制干燥炉内的张力及箔材边缘位置。该装置的主要控制点为干燥区域纠偏及张力。

纠偏与放卷单元（4.2.2.1 部分）相同。

出料张力控制为电机转速控制，根据目标张力和实测张力进行 PID 运算，并调节出料电机的转速，以此达到张力恒定的效果。

4.2.2.5 收卷单元

收卷方式有自动接带方式和手动接带方式两种，图 4-28 所示是手动接带收卷单元。

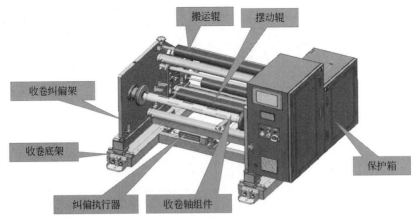

图 4-28   手动接带收卷单元

生产完成的卷材经过纠偏及张力控制后，导入收卷轴。该装置的主要控制点为收卷纠偏及张力。纠偏与张力控制与放卷单元（4.2.2.1 部分）相同。

在收卷过程中，为了使箔材层与层之间不打滑，防止材料收卷时过紧或者出现抽芯现象，需要对收卷张力进行锥度调节。关于收卷锥度张力的使用方法，参见"收卷设置及锥度计算说明"部分（4.2.4.11 部分）。

4.2.3   设备选择

4.2.3.1   设备选择原则

（1）安全第一

由于我们涂布机正极有 NMP 有机溶剂，所以防爆要求很严格，要符合行业标准《锂离子电池工厂设计标准》（GB 51377—2019）。

（2）保证电池的安全性能，防止金属异物产生

由于锂电池生产过程中最怕金属异物混入，所以和浆料及极片接触或近距离的部分不能使用铜、锌、锡；如果需要金属表面防护，优先选择顺序是：烤漆、镀镍、镀铬。这里推荐烤漆是最好的防护，和浆料近距离接触的部件可以使用镜面级不锈钢板来做表面的防护，另外还要做好除去金属磁性物的措施，例如浆料和烘箱及基材的除磁处理。

4.2.3.2   部分设备及参数的选择

（1）涂布方法

目前主要是使用狭缝模头涂布方法。

（2）涂布模头的选择

① 由于电池浆料是非牛顿流体，所以首先需要对浆料做流变参数测试，通常使用专用的

流变仪来完成，根据流变参数计算和仿真结果来设计模头的流道形状保证涂布的精度。

②　推荐模头安装角度为向上 25°仰角安装，这样可以在清洗模头后使用时快速将管道及模腔内空气排出，不能使用模头回流管道替代排气功能。

涂布机如图 4-29 所示。

回流管道

图 4-29　涂布机示意图

（3）上料泵的选择

通常是使用计量精度高的螺杆泵，根据流量的大小来选择泵的规格和型号，为了提高泵送精度推荐使用双泵结构，这样脉动小且精度高。

（4）烘箱的选择

①　烘箱总长度及单节烘箱长度

通常先确定烘箱单节长度，推荐烘箱单节长度不要低于4m，干燥速度越快单节长度就越长，但是要考虑运输和装配的科学性，推荐单节烘箱长度最大不要超过5m，烘箱总长度的确认是要根据使用方的干燥工艺和涂布速度等一系列的参数经过验证后来确认，通常是使用方给出这个指标，设备制造厂家来满足工艺参数。

②　烘箱干燥的温度范围。推荐温度为室温至 140℃之间，如果工艺有特殊要求可以定制，一般最高温度不超过 160℃。

③　烘箱的干燥风速范围。推荐使用 5～20m/s，全部喷嘴精度在±20%以内。

（5）基材在烘箱中的传输方式

①　铜箔/铝箔基材的厚度大于6～10μm 时，推荐使用主动导辊和悬浮烘箱相结合方式。

②　铜箔/铝箔基材的厚度小于6～10μm 时，由于抗拉强度的下降推荐使用主动导辊。

（6）干燥加热方式的选择

①　如果是 NMP 作为溶剂，优先选择饱和蒸汽作为热源，其次是热油，不推荐电加热，如果使用电加热建议全补全排方式。

②　如果是水做溶剂，以上三种都可以，推荐不分先后。

（7）收卷直径的选择

由于放卷直径是根据来料的直径来匹配的，所以这里不做详细说明，但是收卷直径的选择还是有技巧的，推荐根据分切或模切电池单个极片长度累计对应的小卷的长度来决定大卷长度再换算成卷径，计算公式如下：

$$D = \sqrt[2]{\frac{4TL}{\pi} + D_0^2}$$

式中，D 为卷料直径；D_0 为底筒直径；T 为极片厚度；L 为极片长度。

这样才能增加材料的利用率，减少浪费，降低成本，由于自动化程度的提高，根据公式可以看出增加底筒直径可以更好地增加整卷极片长度，同时也能减小底部极片压力，提高收卷质量。

（8）控制系统的选择

通常涂布机是采用 PLC 作为控制系统的主要器件，推荐使用有工业以太网总线控制为主的器件，数字控制为主，这样为今后的智能制造打下坚实的基础。

4.2.4 设备使用说明

在使用涂布机前做好系统参数的设定（以西门子 PLC 举例说明）。

4.2.4.1 浮辊（跳舞辊）位置标定方法（以放卷为例）

浮辊（跳舞辊）位置标定如图 4-30 所示。

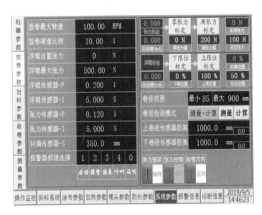

图 4-30 浮辊（跳舞辊）位置标定示意图

① 关闭放卷浮辊的气源。

② 触摸屏按钮"系统参数"→"放卷参数"。

③ 将浮辊手动抬到最低限位，并保持不动；按下浮辊标定一列的"下限标定"。

④ 将浮辊手动抬到最高限位，并保持不动；按下浮辊标定一列的"上限标定"。

⑤ 缓慢放下浮辊，观察实测位置是否从 100% 逐渐递减，若不是，需要重新标定。

注意事项：浮辊角度传感器在一圈之内分成四个区域，0°～90°电流从 4mA 到 20mA 递增；90°～180°电流保持 20mA 不变（定义为盲区）；180°～270°电流从 20mA 到 4mA 递减；270°～360°电流保持 4mA 不变（定义为盲区）。由于浮辊摆动的角度在 30°左右，一定要确定浮辊摆动时，角度传感器的输出电流是有变化的，不可以处于盲区之内。

4.2.4.2 张力传感器标定（以出料为例，放卷和收卷类似）

张力传感器标定如图 4-31 所示。

① 触摸屏按钮"系统参数"→"出料参数"，确认张力传感器上无任何物体，按下张力传感器一列的"零张力标定"。

② 将扁平纺织带按照穿带路径放好，并放置于辊面的正中间位置。一端固定，另一端挂最大质量砝码（最大张力×1.2 为最合适的值，可以适当调整但不可低于最大张力值）。保持砝码处于自由状态且不动。触摸屏按钮"系统参数"→"放卷参数"，输入标定质量为砝码质量×9.8（为了方便计算，一般直接乘以 10），按下张力标定的"满张力标定"。

注意事项：张力传感器根据所受的压力成比例地输出电信号，而这个压力为张力传感器辊及前后两根过辊

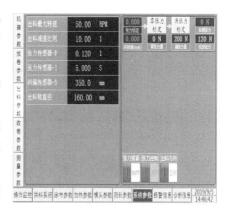

图 4-31 张力传感器标定示意图

形成的两个力的矢量合成力。故张力标定时，所挂砝码的路径一定要按照实际的穿带路径经过张力传感器辊及前后两根过辊，其他的过辊不需要按实际路径穿过。

4.2.4.3 卷径测量传感器标定（以放卷为例，收卷类似）

卷径测量传感器标定如图 4-32 所示。

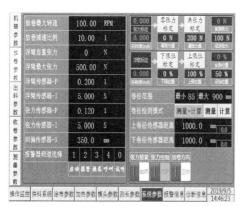

图 4-32 卷径测量传感器标定示意图

① 触摸屏按钮"系统参数"→"放卷参数"，输入卷径传感器距离 A（输入卷径传感器距离 B）参数，该参数定义了卷径传感器的端面至卷轴圆心的距离。

② 设定好该参数后，将一未使用的卷筒安装于放卷轴上，再观察"操作监控"内实测的卷径数据，根据实测的卷径数据和工人测量的卷径数据对比，可以微调修正"输入卷径传感器距离"参数。

假设，输入卷径传感器距离 $A = 520.0$，将一卷人工测量出来的卷径为 300mm 的卷筒放置于放卷 A 轴上，然后在"操作监控"页面观察到放卷 A 轴的实测卷径为 297mm，那么应该将输入卷径传感器距离 A 修正为 520.0+(300−297)/2 = 521.5mm。

4.2.4.4 模头与背辊间隙标定（简称 GAP 值设定）

模头与背辊间隙标定如图 4-33 所示。

① 触摸屏按钮"模头参数"，进入模头设置画面。

② 选择手动模式。

③ 准备好塞尺，并选择 200μm 的量程片。

④ 点动进退模头，并用塞尺片去检测模头左右两侧的缝隙，感觉有一定的阻力时表明当前模头缝隙为 200μm。

⑤ 将触摸屏内的基准位置设置为 200μm。

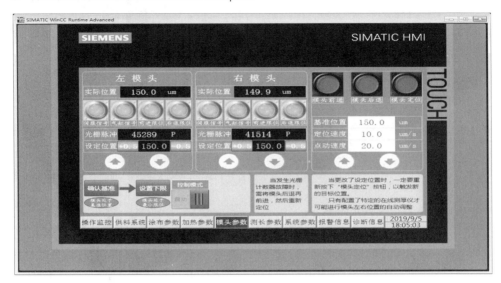

图 4-33 模头与背辊间隙标定示意图

⑥ 按下"确认基准"。

完成基准设置后，再点动模头前进，并观察实际的模头位置值，当模头位置值不再变化时，说明模头已经落在了机械限位上。反过来再来确认当前的限位值是否理想（推荐的限位值为 50μm 左右），如果不在推荐范围之内，可以调节机械限位螺丝，并随时观察模头的实测位置，当实测位置达到了理想状态，即可以锁紧限位螺丝，同样的方法对模头两侧的机械限位进行调整并达到理想状态，按下"设置下限"，以后模头的设定位置就一定要大于或等于机械限位的值了。

4.2.4.5 自动换卷结构标定

自动换卷结构标定如图 4-34 所示。

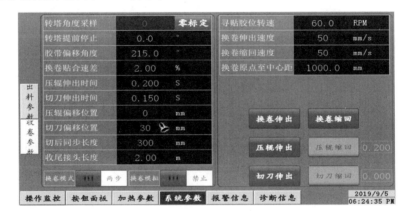

图 4-34 自动换卷结构标定示意图

以下是以自动收卷为例，自动放卷类似。

① 在收卷触摸屏，触摸屏按钮"系统参数"，进入系统参数界面，点"收卷参数"后再点"下一页"。

② 转塔角度采样：此参数显示了转塔角度编码器的当前值，按下"零标定"则表示操作者需要将当前位置设为转塔的零位。需要注意的是，标定零位的条件是 A 轴在里 B 轴在外，即 A 轴靠近换卷机构 B 轴操作，同时要求换卷机构平移的线路正好穿过 A 轴的圆心。

③ 胶带偏移角度：用以设定贴胶带的位置与卷轴圆心的连线和换卷机构平移的线条之间的夹角。此值为机械物理值，机械设计安装好以后，该值按照设计值设定后严禁更改。

④ 换卷贴合速差：此值用来设定换卷时两轴之间的给定速度差，一般设定为正数（如图 4-34 设定的 2%），即待用轴的速度比工作轴的速度快 2%，这样在压辊伸出时两轴之间的箔材才能张紧。

⑤ 压辊伸出时间：设定压辊从电磁阀通电到压辊压住卷轴所需要的时间。

⑥ 切刀伸出时间：设定切刀从电磁阀通电到切断箔材所需要的时间。

⑦ 压辊偏移位置：设定压辊伸出压卷轴的位置偏移量，设为正数则代表滞后压，负数则代表提前压。

⑧ 切刀偏移位置：设定切刀伸出切断箔材的位置偏移量，设为正数则代表滞后切，负数则代表提前切。

⑨ 切后同步长度：设定切刀切断后，压辊还继续压住的距离，图示设定值为 300mm 则表示切刀切断后压辊继续压辊卷轴，箔材经过 300mm 后压辊才缩回。

⑩ 收卷接头长度：设定切刀切断后，下料轴继续运行的距离，以此将切断后剩余的箔材全部收集到卷轴上。

⑪ 寻贴胶位转速：设定手动点动寻贴胶位时的卷轴转速。

⑫ 换卷伸出速度：设定换卷机构伸出时的速度。

⑬ 换卷缩回速度：设定换卷机构缩回时的速度。

⑭ 换卷原点至中心距：设定换卷机构缩回到后退原点且压辊缩回，此时压辊的前端面至待用轴圆心之间的距离。

4.2.4.6 操作监控界面的说明

操作监控界面如图 4-35 所示。

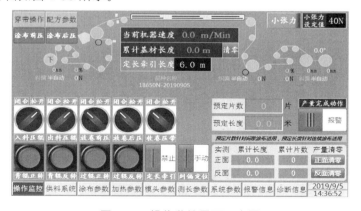

图 4-35　操作监控界面示意图

本界面主要做过程监控用。

① 定长牵引长度：当"定长牵引"允许时，按下牵引按钮，系统会走一段定长牵引长度后自动停止，该功能主要为方便首检试片用。

② 累计基材长度：显示收卷的基材长度（倒带时递减）。

③ 放卷部分：纠偏状态显示了当前纠偏开关的选择状态（全自动、半自动、手动）；300mm显示了当前放卷直径；80N表示当前实测的左右张力和；50%显示了当前浮辊的相对高度。

在"当前机器速度"字体上按一下，可以切换显示各段张力的左右测量值，N（+）表示当前实测的左右张力和；N（-）表示当前实测的左右张力差；N（L）表示当前实测的左侧张力；N（R）表示当前实测的右侧张力。此功能对放卷、出料及收卷均适用。

④ 出料部分：EPC状态显示了当前纠偏开关的选择状态（全自动、半自动、手动）；100N表示当前实测的左右张力和。

⑤ 收卷部分：纠偏状态显示了当前纠偏开关的选择状态（全自动、半自动、手动）；350mm显示了当前收卷直径；120N表示当前实测的左右张力和；50%显示了当前浮辊的相对高度。

⑥ 选择开关与按钮为各部件的手动操作，如涂辊正转按钮可点动正转涂布辊（非自动状态时）。

⑦ 预定片数是指客户预约间歇涂布时的产量片数，预定长度是指客户预约连续涂布时的产量长度。产量完成动作可分为报警、停机，报警意味着当实际产量达到预定值时三色塔灯以声光报警通知操作员；停机意味着当实际产量达到预定值时，系统自动停机并且三色塔灯以声光报警通知操作员。注意，当预定的产量为零时，系统不会监控预定产量。

⑧ 实测产量显示了涂布生产的总长度与片数。可以通过清零按钮清除产量信息。

⑨ 在界面上按下放卷或者收卷，可切换收放卷路径（需要操作级权限）。按下放卷或者出料、收卷的张力显示处，可以调出收放卷及出料的张力纠偏参数设置。

⑩ 当前品种名称显示了当前正在使用的品种名称。

⑪ 0.0°显示了当前转塔实际的角度。一定要注意的是标定零位时 A 轴在里侧；即当 A 轴在里侧时应该显示 0.0°左右即为正常，若显示为 180°左右则表示标定错误（B 轴在里侧时标定了零位）。

4.2.4.7 配方界面参数说明

配方界面参数如图 4-36 所示。

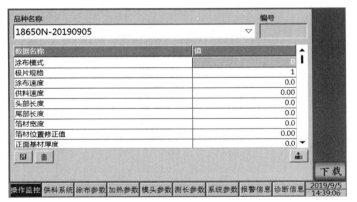

图 4-36　配方界面参数示意图

本界面主要做配方参数用。

配方功能是为了让客户方便管理产品而设定的一个参数集合。针对某一个产品型号所对应的特定参数（比如涂布速度、涂布速比、留白速比、涂布长度、设定温度、刮刀高度等）统一起来，可以存储、调用、删除。在生产某一个新的品种时，操作人员需要进行一些参数的设置，当确定这些参数都符合工艺要求时，操作人员可以将所有的这些参数以品种名称作为索引号保存起来，当下次再生产相同的产品时，只要从配方表里选择该品种名称，并调用，则系统会自动将上次存储的参数恢复到 PLC 控制系统内，立即进行生产。

功能界面说明：

#1 保存配方：按下该按钮后，系统将当前显示的各参数值以当前设置的"品种名称"保存至配方系统内。

#2 删除配方：按下该按钮后，系统会将当前选择的品种名称所存储的参数全部删除。

#3 上传配方：按下该按钮后，将 PLC 内的各数据上传到当前配方系统界面显示。

#4 下载配方：按下该按钮后（需要按住 1s 以上，成功后显示绿色），将当前品种所存储的各参数值下载到 PLC 系统内。

#5 品种名称：设定需要操作的品种名称，比如 18650A、NCF6954102JK。

#6 编号：配方系统内的编号，用户不可操作。

#7、#8 数据名称和值：显示了当前相关参数的设定值。

4.2.4.8　首次穿带操作说明

首次穿带操作如图 4-37 所示。

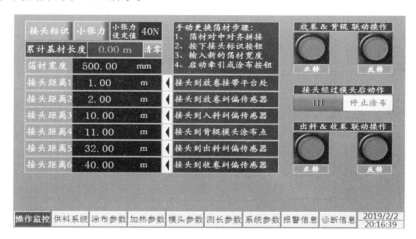

图 4-37　首次穿带操作示意图

本界面主要做穿带操作用。

① 放卷与背辊联动：可以让放卷轴与背辊作为一个整体联动，背辊保持恒定的速度（手动速度），放卷轴通过浮辊进行 PID 调节并跟随背辊动作。

② 出料与收卷联动：可以让收卷轴与出料辊作为一个整体联动，出料辊保持恒定的速度（手动速度），收卷轴通过浮辊进行 PID 调节并跟随出料辊动作。

③ 接头距离 1：定义了从放卷接带平台处至放卷纠偏传感器之间的箔材走行距离，此参

数在现场调机完成后设定，之后严禁更改，除非机器有挪动则需要重新标定。

④ 接头距离 2：定义了从放卷接带平台处至入料纠偏传感器之间的箔材走行距离，此参数在现场调机完成后设定，之后严禁更改，除非机器有挪动则需要重新标定。

⑤ 接头距离 3：定义了从放卷接带平台处至模唇吐料位置之间的箔材走行距离，此参数在现场调机完成后设定，之后严禁更改，除非机器有挪动则需要重新标定。

⑥ 接头距离 4：定义了从放卷接带平台处至出料纠偏传感器之间的箔材走行距离，此参数在现场调机完成后设定，之后严禁更改，除非机器有挪动则需要重新标定。

⑦ 接头距离 5：定义了从收卷接带平台处至出料纠偏传感器之间的箔材走行距离，此参数在现场调机完成后设定，之后严禁更改，除非机器有挪动则需要重新标定。

换卷过程如下：新箔材和旧箔材的中心对齐拼接；按下接头标识按钮；输入新的箔材宽度；启动牵引或涂布按钮。以上四个步骤必须要按顺序操作，否则纠偏传感器自动定位不能正常工作，当接头经过每一处纠偏传感器时，系统会根据箔材的宽窄自动调整纠偏传感器的位置；如果新箔材宽度大于旧箔材，则在每一个纠偏传感器处提前 1m 关闭纠偏动作，并调整传感器位置，滞后 1m 打开纠偏动作；如果新箔材宽度大于旧箔材，则在每一个纠偏传感器处提前 1m 关闭纠偏动作，滞后 1m 调整传感器位置并打开纠偏动作；如果新箔材宽度等于旧箔材，则在第一个纠偏传感器处提前 1m 关闭纠偏动作，滞后 1m 打开纠偏动作，接头经过模唇时提前 1m 将模头后退，如果当前处于涂布状态时，则系统关闭涂布功能，滞后 1m 停止走带；如果当前处于牵引状态，则系统仅将模头后退。

4.2.4.9　放卷设置

放卷设置如图 4-38 所示。

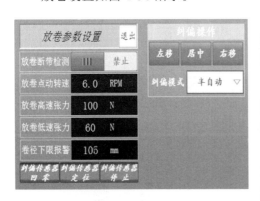

图 4-38　放卷设置示意图

① 放卷断带检测：设定为允许时，系统自动运行时检测到放卷浮辊处于最低位置，则判断为断带。

② 放卷点动转速：设定放卷轴点动时的转速值（单位 RPM，即 r/min）。由于放卷卷径不确定，故放卷点动时采用固定的转速设置。

③ 放卷高速张力：设定自动运行且目标速度大于张力切换速度时放卷段的目标张力，机器停止时也是使用该值。

④ 放卷低速张力：设定自动运行且目标速度小于张力切换速度时放卷段的目标张力。

⑤ 卷径下限报警：设定放卷轴的下限报警直径，当系统检测到放卷直径小于该设定值时，系统以报警声音和信息提示操作者，但是该报警并不会影响机器的自动运行。

⑥ 纠偏传感器回零、纠偏传感器定位、纠偏传感器停止三个按钮允许在手动情况下操作纠偏传感器。

⑦ 纠偏操作：可手动点动纠偏机构移动（左移、居中、右移），可选择纠偏动作模式。
半自动：当系统正向运行（涂布或牵引）时，纠偏自动工作，当系统反向运行（倒带）

或停止时，纠偏处于手动状态。

全自动：系统通电后，只要不是反向运行（倒带），则纠偏处于自动状态；若系统反向运行（倒带），则纠偏处于手动状态。

4.2.4.10　出料设置

出料设置如图 4-39 所示。

① 出料断带检测：设定为允许时，系统自动运行时检测到出料张力小于 5N，则判断为断带。

② 出料高速张力：设定自动运行且目标速度大于张力切换速度时出料段（烘箱段）的目标张力，机器停止时也是使用该值。

③ 出料低速张力：设定自动运行且目标速度小于张力切换速度时出料段（烘箱段）的目标张力。

④ 纠偏传感器回零、纠偏传感器定位、纠偏传感器停止三个按钮允许在手动情况下操作纠偏传感器。

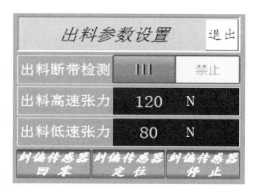

图 4-39　出料设置示意图

⑤ 纠偏操作：可手动点动纠偏机构移动（左移、居中、右移），可选择纠偏动作模式。

半自动：当系统正向运行（涂布或牵引）时，纠偏自动工作，当系统反向运行（倒带）或停止时，纠偏处于手动状态。

全自动：系统通电后，只要不是反向运行（倒带），则纠偏处于自动状态；若系统反向运行（倒带），则纠偏处于手动状态。

4.2.4.11　收卷设置及锥度计算说明

收卷设置如图 4-40 所示。

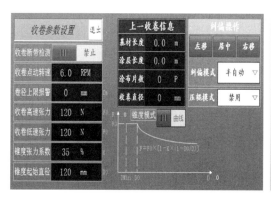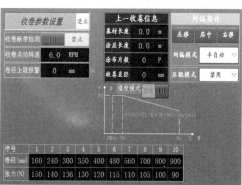

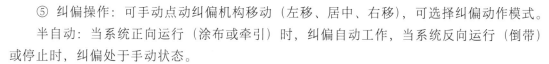

图 4-40　收卷设置示意图

① 收卷断带检测：设定为允许时，系统自动运行时检测到收卷浮辊处于最低位置，则判断为断带。

② 收卷点动转速：设定收卷轴点动时的转速值（单位 RPM，即 r/min）。由于收卷卷径不确定，故收卷点动时采用固定的转速设置。

③ 收卷高速张力：设定自动运行且目标速度大于张力切换速度时收卷段的目标张力，机

器停止时也是使用该值。

④ 收卷低速张力：设定自动运行且目标速度小于张力切换速度时收卷段的目标张力。

⑤ 卷径上限报警：设定收卷轴的上限报警直径，当系统检测到收卷直径大于该设定值时，系统以报警声音和信息提示操作者，但是该报警并不会影响机器的自动运行。

⑥ 纠偏传感器回零、纠偏传感器定位、纠偏传感器停止三个按钮允许在手动情况下操作纠偏传感器。

⑦ 纠偏操作：可手动点动纠偏机构移动（左移、居中、右移），可选择纠偏动作模式。

半自动：当系统正向运行（涂布或牵引）时，纠偏自动工作，当系统反向运行（倒带）或停止时，纠偏处于手动状态。

全自动：系统上电后，只要不是反向运行（倒带），则纠偏处于自动状态；若系统反向运行（倒带），则纠偏处于手动状态。

⑧ 压辊模式：收卷压辊的动作模式。

禁用：自动换卷完成后压辊缩回且换卷机构缩回到后退零位。

非接触：自动换卷完成后压辊保持伸出状态，换卷机间歇后退，且始终保持压辊前端与收卷箔材端面距离在 20mm 左右，当收卷直径逐渐增大时，换卷机构会自动后退，始终保持这个间隙。

在收卷过程中，为了使箔材层与层之间不打滑，防止材料收卷时过紧或者出现抽芯现象，需要对收卷张力进行锥度调节。收卷张力有两种锥度张力模式：曲线锥度和直线锥度。

曲线锥度：锥度张力与收卷的卷径有关，$F=F_0 \times [1-K \times (1-D_0/D)]$。式中，$F_0$ 为设定张力；K 为锥度系数；D_0 为锥度起始直径；D 为当前实际直径；F 为目标张力。当实测卷径小于锥度起始直径时，张力为恒张力；当实测卷径大于锥度起始直径时，张力随着直径的增加逐渐减小。

直线锥度：锥度张力与收卷的卷径有关，$F=F_0 \times [1-K \times (D-D_0)/(D_n-D_0)]$。式中，$F_0$ 为设定张力；K 为锥度系数；D_0 为锥度起始直径；D 为当前实际直径；F 为目标张力；D_n 为锥度结束直径。直线锥度共有 10 个设定点。任意一设定点的直径为 0 则表示从该设定点后的数据不起作用，比如卷径 5 设为 0，则表示直线锥度只使用前四点规划张力拆线；当实际卷径小于卷径 1 时，则张力恒定为张力 1；当实际卷径大于卷径 10 时，则张力恒定为张力 10。假设当前卷径=200mm，则目标张力=150+(200-160)×(140-150)/(240-160)=145N。

4.2.4.12 涂布参数

涂布参数设置如图 4-41 所示。

① 涂布速度：设定涂布及牵引时整机的速度。

② 牵引低速：设定低速牵引时整机的速度。

③ 倒带速度：设定倒带时整机的速度。

④ 点动速度：设定手动状态下点动各传动辊的速度。

⑤ 头部长度：设定由留白切换至涂布的位置点，当设置为负值时表示提前打开供料阀再延时该时间（绝对值）后关闭回流阀；当设置为正值时表示提前关闭回流阀再延时该时间（绝对值）后打开供料阀。

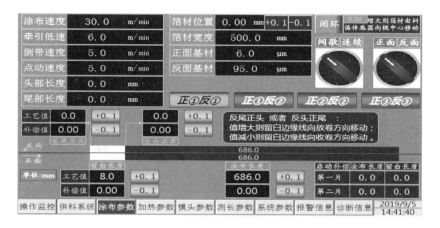

图 4-41 涂布参数示意图

⑥ 尾部长度：设定由涂布切换至留白的位置点，当设置为负值时表示提前打开供料阀再延时该时间（绝对值）后关闭回流阀；当设置为正值时表示提前关闭回流阀再延时该时间（绝对值）后打开供料阀。

⑦ 停机补偿：间歇涂布时，当按下停止按钮，系统会自动将当前涂布长度完成后停止，由于停止时背辊的惯性导致极片仍有可能滑动，所以再开机时留白的长度会有偏差，操作人员可以将这个实际的偏差设置为停机补偿参数，则在下次停止状态后，系统自动补偿留白长度。

⑧ 箔材宽度：设定当前使用的基材的宽度。系统会自动调整纠偏传感器的位置以适应箔材处于辊面的中心。

⑨ 正面基材：设置为铜箔或者铝箔的厚度。间涂定位系统会根据此参数自动调整模头与基材表面之间的距离，以保证第二面和第一面涂布时，背辊与涂辊之间的距离相同。

⑩ 反面基材：设置为铜箔或者铝箔加上第一面涂层的总厚度。间涂定位系统会根据此参数自动调整模头与基材表面之间的距离，以保证第二面和第一面涂布时，模头与基材表面之间的距离相同。

⑪ 箔材位置：理论上，挤压模头和涂布背辊及机器各固定过辊的中心在一条线上（实际上可能有微小的偏差）。绝大部分要求涂层位于箔材的正中间部分（左右留边的宽度相等），当更换箔材的宽度时就需要调整纠偏传感器的位置（放卷和出料纠偏传感器在运行过程中是固定的，它们决定了整个箔材的边缘位置）。操作人员只需设定当前使用箔材的宽度，系统会自动调整放卷及出料纠偏传感器的位置，以使箔材居中。在实际使用过程中，可能需要微调纠偏传感器来适应生产。调整"箔材位置"参数即可满足要求，系统会自动判断，当处于非自动状态时，纠偏传感器的运行速度为 50mm/s；当系统处于自动运行状态时纠偏传感器的运行速度为 0.6mm/s（调整过程中纠偏正常工作，低速是为了保障箔材不折皱）。

⑫ 间歇/连续切换开关：用以设置是间歇涂布还是连续涂布。

⑬ 正面/反面切换开关：用以设置是正面涂布还是反面涂布。注意，即使是连续涂布时也应该选择正反面，因为这涉及涂反面时背辊与涂辊之间的距离多了一个单层的厚度。

⑭ 正一反一、正一反二、正二反二、正三反三：用来设置极片留白的段数。正一反一表

示正面一段留白反面一段留白,其他类推。

⑮ 长度参数:用来设置极片各段涂布长度与留白长度。注意,一定要按照工艺规定设置工艺值,当实际涂布时发现实测的长度与设置值不符合时,应该通过补偿值来修正,比如设定涂布长度为 500mm,而实测涂布长度为 498mm,则应该将补偿值设置为+2mm,当极片规格为正二反二时,正面应该先涂留白有差异的一面,这样主要是为系统涂反面时可以自动通过留白长度来识别当前的段数。

头部延时、尾部延时之间的切换关系如下:

假设设置了涂布速度 6m/min(0.1mm/ms)、正一反一规格、涂布长度为 500mm、留白长度为 20mm、头部长度 5mm(对应的时间为 50ms)、尾部长度 2mm(对应的时间为 20ms)。则当涂布完成时,完成涂布长度 500mm 后先关闭供料阀再延时 20ms 打开回流阀;完成留白长度 20mm 后先打开供料阀再延时 50ms 后关闭回流阀。

假设设置了涂布速度 6m/min(0.1mm/ms)、正一反一规格、涂布长度为 500mm、留白长度为 20mm、头部长度 8mm(对应的时间为 80ms)、尾部长度 3mm(对应的时间为 30ms)。则当涂布完成时,完成涂布长度 500mm 后先打开回流阀再延时 30ms 关闭供料阀;完成留白长度 20mm 后先关闭回流阀再延时 80ms 后打开供料阀。

注意,头部开始的动作为供料阀打开、回流阀关闭(由头部时间值的正负决定哪个阀先动作);尾部开始的动作为供料阀关闭、回流阀打开(由尾部时间值的正负决定哪个阀先动作)。

为方便圆柱动力电池的涂布(一般动力电池有两个以上的极耳),程序设置了三段不同的涂布与留白长度参数。特别情况:基于程序反面定位的原理,要求极片的长度大于光纤点到涂布点之间的距离。而对于正反面均为单留白规格的极片,程序内做了特殊处理,不受极片长度限制,当极片为多留白规格时,要求每段留白长度均小于色标传感器到涂布点之间的距离。

按照工艺规定设置好涂布长度和留白长度,若实测的涂布长度和设定工艺值不相符,请通过修改"补偿值"来修正;留白长度的设置同理。切记不要直接在涂布长度和留白长度工艺值参数栏内直接修正。

系统采用的涂布方式为:正面先涂布后留白,反面先留白后涂布。故在反面间涂时特别注意设置参数,正面第一段留白对应反面第一段留白,正面第二段留白对应反面第二段留白。

关于反面间涂时的定位对齐:观察留白边缘的"右"边缘线(一定要注意是右边缘线,即靠近烘箱的留白边缘),当正面(下面)边缘线处于反面(上面)边缘线的左边,则说明反面超前(图4-42);当正面(下面)边缘线处于反面(上面)边缘线的右边,则说明反面滞后(图 4-43)。通过修改"反尾正头补偿值"可以使反面的尾部与正面的头部位置对齐(或者人为地错位)。当反面超前时,增大此参数;当反面滞后时,减小此参数。总结如下方法:拿较细的针尖(防止损坏极片),以靠近烘箱的留白边缘为准,从上往下刺穿极片;如果穿孔扎在下层的涂层上,则表示反面超前,需要增大此参数;如果穿孔扎在下层的箔材上,则表示反面滞后,需要减小此参数。

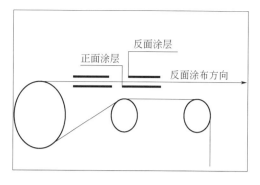

图 4-42　反面超前示意图

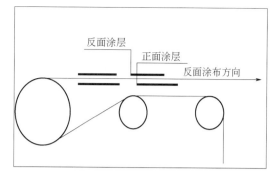

图 4-43　反面滞后示意图

一句话总结：减小工艺值或补偿值，则边缘线向烘箱侧移动（假设操作者站在涂布位置），减小即超前动作；增大工艺值或补偿值，则边缘线向操作者侧移动（假设操作者站在涂布位置并面向收卷方向），增大则滞后动作。

4.2.4.13　烘箱加热参数

烘箱加热参数如图 4-44 所示。

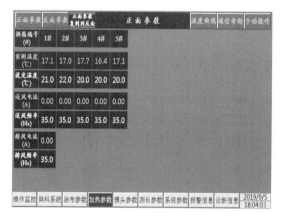

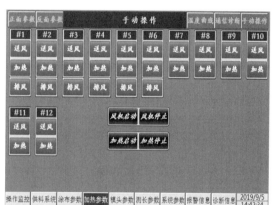

图 4-44　烘箱加热参数示意图

本界面主要设定加热参数用。

① 设定温度：用来设定各段烘箱加热的目标温度。

② 设定频率：用来设定各段烘箱风机的运转频率，以此来调节送风量，风量与频率成正比。

③ 手动操作：进入加热手动操作界面，可以针对某一段烘箱单独控制风机与加热器的启停。

干燥的速度与风量及温度有关，温度越高则饱和浓度越大，风量越大则单位时间内由风蒸发的溶剂越多。所以风量越大、温度越高则干燥速度越快，但是过快的干燥速度有可能导致极片表面的龟裂，而且过高的温度会导致发热管长期处于工作状态，缩短寿命，浪费能源。故需要根据实际情况调节温度与频率。

4.2.4.14　模头参数

模头参数如图 4-45 所示。

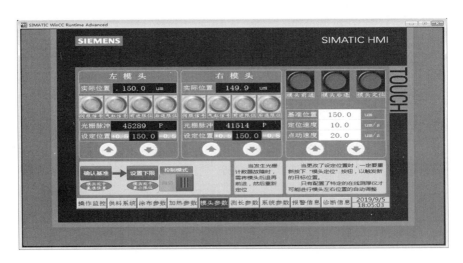

图 4-45   模头参数示意图

本界面主要设定模头间隙用。

① 画面以左侧、右侧、共通三部分布局：左侧显示了对模头左侧部分的操作及参数设置与监控；右侧显示了对模头右侧部分的操作及参数设置与监控；共通显示了对模头整体的操作及参数设置与监控，如设定基准、定位速度、点动速度等。

② 实际位置：显示了模头与背辊之间的位移。

③ 伺服信号：显示了模头精确定位用的伺服状态（绿色为正常，黑色为异常）。

④ 气缸信号：显示了模头大范围移动用的气缸伸出状态（绿色为伸出，黑色为非伸出）。

⑤ 前进限位：显示了模头定位伺服前进状态（绿色为正常，黑色为异常）。

⑥ 后退限位：显示了模头定位伺服后退状态（绿色为正常，黑色为异常）。

⑦ 光栅脉冲：显示了模头位置检测所用的光栅尺在零位所产生的脉冲数（1P=0.1μm）。

⑧ 设定位置：设置模头左右相对背辊之间的位置，仅当模头处于伸出位置时有效。

⑨ 点动前进、点动后退：点动模式下，对定位伺服的操作。

⑩ 基准位置：设置基准校正时的机械基准位移。

⑪ 定位速度：设置模头精确定位时伺服移动的速度。

⑫ 点动速度：设置点动模式下伺服移动的速度。

⑬ 控制模式：设置模头精确定位伺服的工作方式，手动模式下点动按钮才生效。

⑭ 模头前进、模头后退、模头定位：和实际的硬件按钮动作一致。

⑮ 关于模头与背辊之间的位置标定方法，请参考"系统设置"。

4.2.4.15   间歇涂布测长参数

间歇涂布测长参数如图 4-46 所示。

测长显示可以选择图形显示或者数据显示，如图 4-46（a）、（b）所示。当正二反二规格时建议选择数据显示，可以同时显示两段长度；正一反一规格时建议选择图形显示，可以看出涂布尺寸的变化趋势。

① 正面涂长偏差：连续显示二十片正面涂布实测长度与工艺值之间的偏差图（单位为mm），底下实测值表示当时一片实测的正面涂布长度，偏差值为当前片的偏差数值。

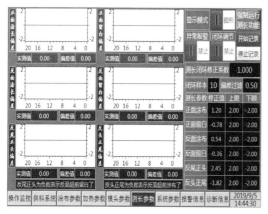
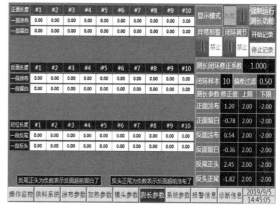

(a) 图形显示　　　　　　　　　　　　(b) 数据显示

图 4-46　间歇涂布测长参数示意图

②　正面留白偏差：连续显示二十片正面留白实测长度与工艺值之间的偏差图（单位为 mm），底下实测值表示当时一片实测的正面留白长度，偏差值为当前片的偏差数值。

③　反面涂长偏差：连续显示二十片反面涂布实测长度与工艺值之间的偏差图（单位为 mm），底下实测值表示当时一片实测的反面涂布长度，偏差值为当前片的偏差数值。

④　反面留白偏差：连续显示二十片反面留白实测长度与工艺值之间的偏差图（单位为 mm），底下实测值表示当时一片实测的反面留白长度，偏差值为当前片的偏差数值。

⑤　反尾正头偏差：连续显示二十片反面尾与正面头对齐实测值与工艺值之间的偏差图（单位为 mm），底下实测值表示当时一片实测的反尾正头的实测值，偏差值为当前片的偏差数值。

⑥　反头正尾偏差：连续显示二十片反面头与正面尾对齐实测值与工艺值之间的偏差图（单位为 mm），底下实测值表示当时一片实测的反头正尾的实测值，偏差值为当前片的偏差数值。

⑦　涂长平均：显示当前连续三片的涂布长度的平均值。

⑧　留白平均：显示当前连续三片的留白长度的平均值。

⑨　强制测长功能：正常情况下只有在涂布状态时测长才会启动，如果需要在牵引时也使用测长，则可以启动强制测长功能。

⑩　异常报警：当测长的实际数据超过上限或者下限，则系统会报警并产生报警信息。

⑪　测长闭环修正系数：当测长闭环功能生效时，控制系统会根据当前实测值与工艺值之间的偏差乘上该系数再补偿到涂布参数的补偿值。假设当前涂布长度工艺值为 598mm，补偿值为 2.34mm，测长系统测量出来的涂布长度为 599mm，那么偏差值为 598-599=-1mm；当测长闭环修正系数为 1.000 时，则补偿量为-1×1.000=-1.000，修正后补偿值为 2.34+(-1.000)=1.34mm；当测长闭环修正系数为 0.600 时，则补偿量为-1×0.600=-0.600，修正后补偿值为 2.34+（-0.600)=1.74mm。

⑫　闭环样本：假设闭环样本=10，则当测长闭环启用后，系统每测量 10 片极片进行一次闭环调节。

⑬　偏差过滤：当测长闭环启用后，每片测量的偏差值小于偏差过滤值，则认为将该极片

的偏差参与闭环计算；否则认为该极片长度异常，不参与闭环计算。

⑭ 闭环调节：当使用该功能时，正面涂布系统会自动调整正面涂长及留白的补偿值，以使实测值满足工艺要求，只有在正一反一模式时才生效，而且需要测长偏差值在偏差过滤范围内的前提下才会进行参数闭环计算。

⑮ 开始记录和停止记录：用来开始记录测长数据和停止记录测长数据。

⑯ 修正值用以补偿系统显示的测长值与操作员用其他工具测量值之间的偏差，比如系统显示测长为 602mm，而操作员拿软尺测量的长度为 601mm，那么可以将补偿值设为-1mm。

⑰ 上限和下限用于设置报警范围，超过该范围则报警（异常报警开关打开时）。

4.2.4.16 机器参数

机器参数示意图（1）如图 4-47 所示。

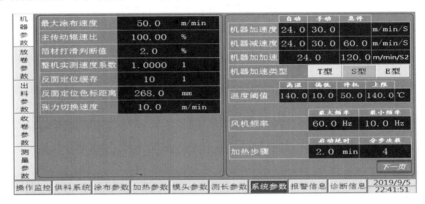

图 4-47 机器参数示意图（1）

① 最大涂布速度：设定允许的最大涂布速度，当技术人员需要严格管控机器的生产速度时，可以设定此值。比如设定为 20m/min 则在涂布参数内的涂布速度被限制在 20m/min 以内。

② 主传动辊速比：设定烘箱主传动辊自动运行时与整机线速度的速比，一般略大于 100%。

③ 箔材打滑判断值：当运行过程中检测到实际的箔材速度比设定速度低且持续 2s 以上，则系统报警箔材打滑。

④ 反面定位缓存：当实际的极片长度小于"反面定位色标传感器到涂布点之间的距离"时，控制系统以缓存的方式定位，这样保证了每一个留白都会对齐。而且在进行多个留白时也会一一对齐（比如正二反二或者正三反三）。

⑤ 反面定位色标距离：设定正反对齐色标传感器与涂布点之间的物理距离。

⑥ 张力切换速度：当该值设为 0 时，收放卷及出料只可设定一个目标张力；当设定值小于或大于 0 时，则可设定高速及低速张力，根据实际的运行速度，系统会自动切换目标张力。

⑦ 机器加速度：用来设定自动时的加速度，比如加速度为 24m/（min·s），涂布速度为 36m/min，则意味着机器从 0 加速至正常的涂布速度需用时 36/24=1.5s。

⑧ 机器减速度：用来设定自动时的减速度，比如减速度为 24m/（min·s），涂布速度为 36m/min，则意味着机器从正常的涂布速度减速停止需用时 36/24=1.5s。

⑨ 机器加加速度：用来设定加加速度，比如加速度为 24m/（min·s），加加速度为 24m/（min·s²），则意味着机器从 0 加速至最大加速度时需用时 24/24=1s。

⑩ 机器加速类型：T 型，表示加速过程是梯形加速（即加速度恒定）；S 型，表示加速的起始和结束阶段为圆弧过渡，根据加加速度调节时间；E 型和 S 型加速类似，但是整个过程中加速度均是变化的，以自然指数 e 为相关条件进行加速。

⑪ 温度阈值：高温，检测到的实际温度高于此值时系统报警高温故障；偏低，当按下涂布按钮时，系统检测到的烘箱实际温度与设定温度偏差大于该值时，会报警提示操作员；停机，当停止加热时所有烘箱温度均低于此值，系统才将风机停止；上限，允许操作员设定的温度最大值。

⑫ 加热步骤：可以设置加热系统分几次启动加热，每次启动加热之间设置延迟时间。假设总共有 10 节烘箱，如图所设置启动延时 2.0min，分步次数为 4，那么按下启动加热按钮后，首先第 1、第 5、第 9 节烘箱启动加热；2min 后第 2、第 6、第 10 节烘箱启动加热；再 2min 后第 3、第 7 节烘箱启动加热；再 2min 后第 4、第 8 节烘箱启动加热。

机器参数示意图（2）如图 4-48 所示。

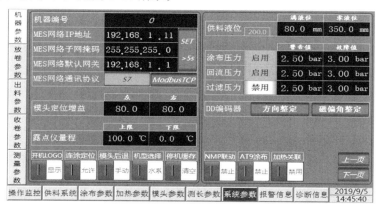

图 4-48　机器参数示意图（2）

① 机器编号：用来设定该机器的编号，当测长数据保存时会以此编号作为前缀名称，当有两台以上的机器使用测长数据记录功能时，此编号可以防止后续数据混乱。

② MES 网络 IP 地址：用来设定 MES 系统以太网接口的 IP 地址（需要按住 SET 键 2s 以上生效）。

③ MES 网络子网掩码：用来设定 MES 系统以太网接口的子网掩码（需要按住 SET 键 2s 以上生效）。

④ MES 网络默认网关：用来设定 MES 系统以太网接口的默认网关（需要按住 SET 键 2s 以上生效）。

⑤ MES 网络通讯协议：根据所用的主控系统选择设置。

⑥ 模头定位增益：设置左右模头全闭环定位时的增益，出厂时默认为 80，如果系统容易发生震动，则建议将此参数减小。

⑦ 露点仪量程：若该设备装备了露点仪，则可以设置露点仪输出的电流（4～20mA）所对应的露点温度值（默认对应 0～100℃）。

⑧ 供料液位：设定供料罐液位值。分别设定满液位（100%）所对应的传感器到液面的距离及零液位（0%）所对应的传感器到液面的距离。

⑨ 涂布压力：设定供料管道上的涂布警告压力，当检测到某一段压力高于此值时系统会提示压力过高警告。

⑩ 回流压力：设定供料管道上的故障压力，当检测到某一段压力高于此值时系统会提示压力过高故障，此时系统会强制停止供料泵。

⑪ 过滤压力：浆料传输中过滤网堵塞引起的压力超标，该压力一般与涂布压力和回流压力联控，一般设置为禁用。

⑫ DD 编码器：方向整定及磁偏角整定。由于 DD 马达采用了独立的外置编码器，当编码器与背辊之间的相对位移发生变化时（比如，对背辊及编码器进行重新拆装），需要重新整定磁偏角（方向一般不需要重新整定），整定的方法是按住磁偏角整定 5s 以上，按钮变为绿色，听到背辊 DD 马达有节奏的叮叮声音，再按住 3s 以上即可结束。

机器参数示意图（3）如图 4-49 所示。

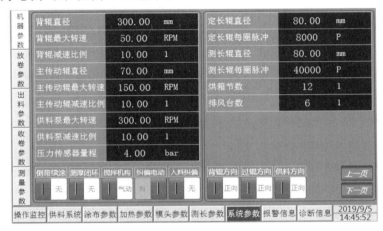

图 4-49　机器参数示意图（3）

本界面参数定义了当前机器的实际参数，在出厂前已经设定好，客户不可更改，否则会导致机器运转不正常。

① 背辊直径：背辊的真实直径在出厂时已经设定好，严禁更改。

② 背辊最大转速：背辊的最大速度（电机的最大转速/减速比）在出厂时已经设定好，严禁更改。

③ 主传动辊直径：主传动辊真实直径在出厂时已经设定好，严禁更改。

④ 主传动辊最大转速：主传动辊的最大速度（电机的最大转速/减速比）在出厂时已经设定好，严禁更改。

⑤ 主传动辊减速比例：主传动辊减速比例在出厂时已经设定好，严禁更改。

⑥ 供料泵最大转速：供料泵的最大速度（电机的最大转速/减速比）在出厂时已经设定好，严禁更改。

⑦ 供料泵减速比例：供料泵减速机减速比在出厂时已经设定好，严禁更改。

⑧ 压力传感器量程：涂布、回流、过滤这三处压力传感器的量程在出厂时已经设定好，

严禁更改。

⑨ 定长辊直径：定长辊的直径在出厂时已经设定好，严禁更改。

⑩ 定长辊每圈脉冲：定长辊每转动一圈编码器发出的脉冲数在出厂时已经设定好，严禁更改。

⑪ 测长辊直径：测长辊的直径在出厂时已经设定好，严禁更改。

⑫ 测长辊每圈脉冲：测长辊每转动一圈编码器发出的脉冲数在出厂时已经设定好，严禁更改。

⑬ 烘箱节数：机器实际的烘箱节数在出厂时已经设定好，严禁更改。

⑭ 排风台数：机器实际的排风台数在出厂时已经设定好，严禁更改

机器参数示意图（4）如图 4-50 所示。

本界面参数用来设置机器是否安装了浓度传感器（露点仪），或者烘箱升降的检测传感器。按下灰色的按钮块，则底色变为绿色，则表示该节烘箱的传感器被启用；再按一次，则底色又变为灰色，则表示该节烘箱的传感器被禁用，应该根据实际情况配置。另外，配有浓度传感器的场合，客户可以设定警告值和故障值。当 NMP 系统联动时且浓度超过了故障值，则系统会停止加热，并禁止涂布。

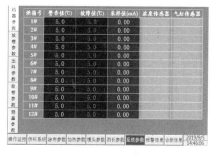

图 4-50　机器参数示意图（4）

4.2.4.17　放卷参数

放卷参数如图 4-51 所示。

① 放卷最大转速：放卷电机的最大速度除以放卷减速比例，出厂时已经设定好，严禁更改。

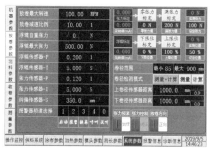

图 4-51　放卷参数示意图

② 放卷减速比例：放卷电机输出轴至卷轴之间的减速比，出厂时已经设定好，严禁更改。

③ 浮辊自重张力：放卷浮辊气压为零时的张力值，出厂时已经设定好，严禁更改。

④ 浮辊最大张力：放卷电气比例阀输入最大电压/电流时所产生的气压施加到浮辊上的张力，出厂时已经设定好，严禁更改。

⑤ 浮辊传感器-P：放卷浮辊位置控制算法的比例系数，出厂时已经设定好，严禁更改。

⑥ 浮辊传感器-I：放卷浮辊位置控制算法的积分系数，出厂时已经设定好，严禁更改。

⑦ 张力传感器-P：放卷实测张力控制算法的比例系数，出厂时已经设定好，严禁更改。

⑧ 张力传感器-I：放卷实测张力控制算法的积分系数，出厂时已经设定好，严禁更改。

⑨ 纠偏传感器-S：放卷纠偏传感器处于零位时，纠偏刻线与放卷过辊中心之间的距离在出厂时已经设定好，严禁更改。

⑩ 报警器频道选择，音频报警器总共内存了 15 个频道的音乐，用户可以根据需要设定不同场景下的声音，在试听一栏输入 1～15 则可分别试听 1～15 个频道的声音。

⑪ 卷径范围：设置放卷卷径的变化范围，根据实际的机械设计值设定好，严禁更改。

⑫ 卷径检测模式：有三种模式，即测量+计算，停止时采用传感器测量，运行时采用计算模式；测量，整个过程中由传感器测量卷径；计算，整个过程中都由 PLC 计算卷径，在停机状态下，可以人工初始化卷径。

⑬ 上/下卷径传感器距离：上/下卷径传感器端面至卷轴的圆中心距离在出厂时已经设定好，严禁更改。

⑭ 张力预紧：始终代表张力预紧动作时放卷电机始终动作，区域则是在张力预紧动作时浮辊在 47% ~ 53% 之间电机不动作，其余区域电机才动作。

⑮ 张力控制：选择闭环时系统会实时调节浮辊气压以此达到实际张力等于设定张力，若选择为开环则系统会根据设定的张力计算出一个理论气压给定，然后一直保持不变。

⑯ 放卷方向：放卷方向在出厂时已经设定好，严禁更改。

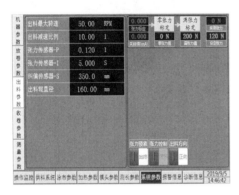

图 4-52　出料参数示意图

4.2.4.18　出料参数

出料参数如图 4-52 所示。

① 出料最大转速：出料电机的最大速度除以出料减速比例，出厂时已经设定好，严禁更改。

② 出料减速比例：出料电机输出轴至卷轴之间的减速比，出厂时已经设定好，严禁更改。

③ 张力传感器-P：出料实测张力控制算法的比例系数，出厂时已经设定好，严禁更改。

④ 张力传感器-I：出料实测张力控制算法的积分系数，出厂时已经设定好，严禁更改。

⑤ 纠偏传感器-S：出料纠偏传感器处于零位时，纠偏刻线与放卷过辊中心之间的距离在出厂时已经设定好，严禁更改。

⑥ 出料辊直径：出料辊的直径在出厂时已经设定好，严禁更改。

⑦ 张力预紧：始终代表张力预紧动作时放卷电机始终动作，区域则是在张力预紧动作时实测张力和目标张力的偏差小于 3N 时电机不动作，其余区域电机才动作。

⑧ 张力控制：选择闭环时系统会实时调节浮辊气压以此达到实际张力等于设定张力，若选择为开环则系统会根据设定的张力计算出一个理论气压给定，然后一直保持不变。

⑨ 出料方向：出料方向在出厂时已经设定好，严禁更改。

4.2.4.19　收卷参数

收卷参数如图 4-53 所示。

① 收卷最大转速：收卷电机的最大速度除以收卷减速比例，出厂时已经设定好，严禁更改。

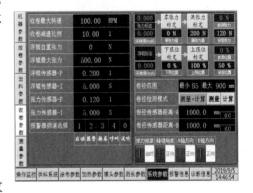

图 4-53　收卷参数示意图

② 收卷减速比例：收卷电机输出轴至卷轴之间的减速比，出厂时已经设定好，严禁更改。

③ 浮辊自重张力：收卷浮辊气压为零时的张力值，出厂时已经设定好，严禁更改。

④ 浮辊最大张力：收卷电气比例阀输入最大电压/电流时所产生的气压施加到浮辊上的张力，出厂时已经设定好，严禁更改。

⑤ 浮辊传感器-P：收卷浮辊位置控制算法的比例系数，出厂时已经设定好，严禁更改。

⑥ 浮辊传感器-I：收卷浮辊位置控制算法的积分系数，出厂时已经设定好，严禁更改。

⑦ 张力传感器-P：收卷实测张力控制算法的比例系数，出厂时已经设定好，严禁更改。

⑧ 张力传感器-I：收卷实测张力控制算法的积分系数，出厂时已经设定好，严禁更改。

⑨ 报警器频道选择：音频报警器总共内存了 15 个频道的音乐，用户可以根据需要设定不同场景下的声音，在试听一栏输入 1～15 则可分别试听 1～15 个频道的声音。

⑩ 卷径范围：设置放卷卷径的变化范围，根据实际的机械设计值设定好，严禁更改。

⑪ 卷径检测模式：有三种模式，即测量+计算，停止时采用传感器测量，运行时采用计算模式；测量，整个过程中由传感器测量卷径；计算，整个过程中都由 PLC 计算卷径，在停机状态下，可以人工初始化卷径。

⑫ 卷径传感器距离-A/B：A/B 轴卷径传感器端面至卷轴的圆中心距离在出厂时已经设定好，严禁更改。

⑬ 张力预紧：始终代表张力预紧动作时放卷电机始终动作，区域则是在张力预紧动作时浮辊在 47%～53% 之间电机不动作，其余区域电机才动作。

⑭ 转塔角度：转塔角度在出厂时已经设定好，严禁更改。

⑮ A/B 轴方向：A 轴和 B 轴方向在出厂时已经设定好，严禁更改。

4.2.4.20 报警信息

报警信息如图 4-54 所示。

① 实时报警信息列表：显示了当前系统正存在的故障，只要有故障存在，则"报警复位"按钮会闪烁，同时三色指示灯的红灯会亮起；若有新的故障发生，则收放卷的音频报警器会以铃声报警。

② 历史报警信息列表：显示了系统发生过的故障记录。

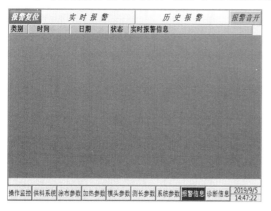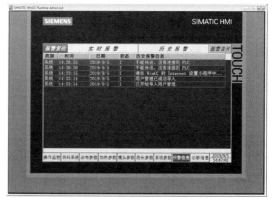

图 4-54　报警信息示意图

4.2.4.21　诊断信息

诊断信息如图 4-55 所示。

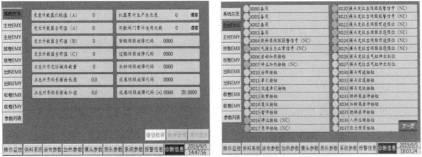

图 4-55　诊断信息示意图

本界面主要显示了控制系统的信号状态。设备维护人员可以很直观地了解到当前一些信号的变化。

间歇阀门累计使用次数一直累计，当更换了备件后，维修人员应该清零当前的使用次数，以便正确地了解每套间歇阀的实际使用寿命。

① 正反对齐测长留白长度：显示了在反面间涂时系统测定对应的正面极片的留白长度。

② 正反对齐测长留白补偿：用来补偿正反对齐测长留白长度。假设正面设定的工艺留白长度为 10mm，而实际显示的正反对齐测长留白长度为 8.9mm，那么通过将正反对齐测长留白补偿设定为 1.1mm，即可将正反对齐测长留白长度人为地补偿为 10mm，以此和正面设定的工艺长度吻合，这在正反面均为多个留白时必须设置。

4.3　辊压、分切设备

4.3.1　辊压设备

4.3.1.1　辊压设备的功能、原理、辊压质量影响因素

（1）辊压设备的功能

辊压是指将涂布并烘干到一定程度的锂电池极片进行压实的工艺过程。极片辊压后能够

增加锂电池的能量密度，并且能够使黏结剂把电极材料牢固地粘贴在极片的集流体上，从而防止因为电极材料在循环过程中从极片集流体上脱落而造成锂电池能量的损失。锂电池极片在辊压前，必须将涂布后的极片烘干到一定的程度，否则在辊压时会使极片的涂层从集流体上脱落。在辊压时还要控制极片的压实量，压实量过大的极片会对集流体附近的电极材料造成影响，使其不能正常的脱嵌锂离子，并且还会使活性物质互相紧密的粘接在一起，造成其从集流体上很容易脱落的现象。严重时，还会使极片的塑性过大，从而造成辊压后的极片不能进行卷绕，发生断裂现象。

辊压是锂电池极片制造过程中最关键的工艺之一，其辊压的精度在很大程度上影响着锂电池的性能。辊压的目的有以下几点：辊压工艺能够使极片的表面保持光滑和平整，从而可以防止因极片表面的毛刺刺穿隔膜而引起的电池短路隐患，提高电池的能量密度。辊压工艺可对涂覆在极片集流体的电极材料进行压实，从而使极片的体积减小，提高电池的能量密度，提高锂电池的循环寿命和安全性能。

（2）电池极片辊压的原理

辊压的目的在于使活性物质与箔片结合更加质密、厚度均匀。辊压工序在涂布完成且必须在极片烘干后进行，否则辊压过程中容易出现掉粉、膜层脱落等现象。电池极片为正反两面涂有电性浆料颗粒的铜箔（或铝箔）。电池极片带经过涂布和烘干两道工序后进行辊压。辊压之前，铜箔（或铝箔）上的电性浆料涂层是一种半流动、半固态的粒状介质，由不连接的或弱连接的一些单独颗粒或团粒所组成，具有一定的分散性和流动性。电性浆料颗粒之间存在空隙，这也就保证了在辊压过程中，电性浆料颗粒才能发生小位移运动填补其中的间隙使其在压实下进行相互定位。电池极片辊压可以把它堪称是一种在不封闭状态下的半固态电性浆料颗粒的连续辊压过程，电性浆料颗粒附着在铜箔（或铝箔）上，靠摩擦力不断被咬入辊缝之中，并被辊压压实成具有一定致密度的电池极片，辊压原理如图4-56所示。

电池极片的辊压与钢材的辊压有较大区别。轧钢时轧件受到外力作用后，先产生弹性变形。当外力增加到某一极限时，轧件开始产生塑性变形。外力增大，塑性变形增加。轧钢纵轧的目的是为了得到延伸。轧钢的过程中分子沿纵向延伸和横向宽展，轧件厚度变小，但密度不发生变化。电池极片是将化合物浆料涂在铝箔或铜箔等基材上，极片的辊压是将极片上的电性浆料颗粒压实，其目的是增加电池极片的压实密度，合适的压实密度可增加电池的放电容量，减小内阻，延长电池的循环寿命。电性浆料颗粒受压后产生位移和变形，极片密度随压力的变化有一定的规律，如图4-57所示。

在区域Ⅰ内，随着接触压力不断增大，电性浆料颗粒开始产生了小规模的位移，并且位移在逐渐增大，此时电性浆料颗粒之间的间隙逐渐被填充，此时具体表现为极片带的相对密度随接触压力的增大缓慢增加。

在区域Ⅱ内，电性浆料颗粒经过区域Ⅰ内的密度小规模提高后，随着接触压力的增大，电性浆料颗粒开始继续填充颗粒之间的间隙，经过区域Ⅱ内的辊压后，颗粒间的间隙已被挤压密实，此时具体表现为极片带的相对密度随接触压力的增大迅速增加，相对密度提高速度远远高于区域Ⅰ阶段，同时在区域Ⅱ内伴随着电性浆料颗粒的部分变形。

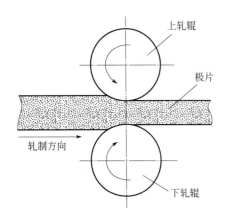
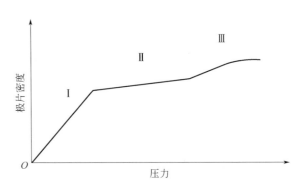

图 4-56　辊压原理示意图　　　　　图 4-57　极片相对密度随接触压力变化示意图

在区域Ⅲ内，经过区域Ⅱ内电性浆料颗粒之间空隙被填充满后，颗粒不会再产生位移，但是随着接触压力的增大，电性浆料颗粒开始产生大变形，此时，极片带的相对密度随接触压力的增大不会再迅速增加，极片带出现硬化现象，因此极片带相对密度变化变为平缓曲线。

辊压过程中电池极片上电性浆料颗粒的变化十分复杂。电性浆料颗粒相对密度的提高主要表现在颗粒的位移上，通过位移填充颗粒之间的孔隙，同时小部分颗粒发生变形，之后由于辊压力的提高，电性浆料颗粒在空隙被填充满之后主要发生大变形，此阶段也会发生小部分位移。

（3）辊压质量影响因素

电池极片辊压设备造成的极片质量问题主要体现在辊压后极片厚度的不均匀性，厚度的不一致导致电池极片压实密度的不一致，压实密度是影响电池一致性能的关键因素。极片厚度均匀性包括横向厚度均匀性和纵向厚度均匀性，如图 4-58 所示，形成横向厚度不均匀性和纵向厚度不均匀性的原因不同。极片横向厚度不均匀性的主要影响因素为轧辊弯曲变形、机座的刚度、主要受力件的弹性变形、辊压力、极片宽度等，轧机工作时，由于辊压力的作用，使得轧辊和机座等受力件变形，最终表现为轧辊的挠度变形，使极片在横向出现中间厚两边薄的现象；极片纵向厚度不均匀性的主要影响因素为轧辊、轴承、轴承座等的加工精度以及安装精度，关键工件的加工误差会使轧辊转动时作用在极片上的辊压力出现周期性浮动，使极片纵向出现压实厚度不均匀现象。

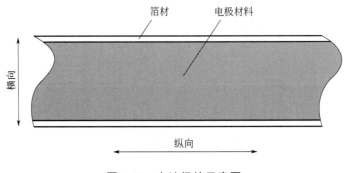

图 4-58　电池极片示意图

影响极片辊压质量的因素还有张力控制装置、纠偏装置、切片装置、除尘装置等。在辊压过程中，极片需要有一定的张紧力，张紧力过小，极片容易出现褶皱，张紧力过大，极片容易被拉断。除尘装置可以保证在辊压时，极片表面不会出现因杂质引起的表面缺陷。纠偏装置和切边装置主要是影响极片的切割尺寸精度。

4.3.1.2　辊压机结构组成及分类

（1）辊压机基本结构

标准配置高精度辊压机为立式安装口字形机架、两辊上下水平布置、下置液压缸向上施压、伺服电机减速器调整辊缝、整体底座、双输出轴减速机分速器通过万向联轴器传动的高精度电池极片辊压机，标准机型辊压机结构示意图如图 4-59 所示。

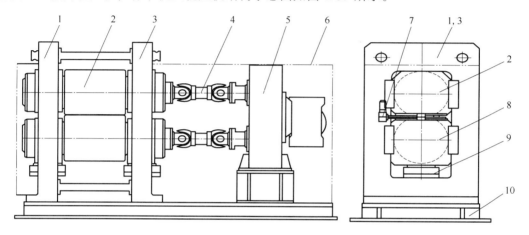

图 4-59　标准机型辊压机结构示意图

1—左机架；2—上辊系；3—右机架；4—万向联轴器；5—双输出轴减速机分速器；

6—护罩；7—辊缝调整机构；8—下辊系；9—液压缸；10—底座

如图 4-59 所示，该辊压机主要由机架、轧辊、主传动等部分组成。机架为整个系统的基础，需要有足够的刚度和强度，以减小变形。液压装置通过轴承座将辊压力施加到轧辊上，电机和减速机使两轧辊实现同步转动，为轧辊提供扭矩，保证连续辊压过程的实现。辊缝调整机构由两个调隙斜铁组成，调整两轧辊之间的缝隙，满足不同极片的厚度要求。

（2）辊压机组成

电池极片轧机主要包括机械主体、液压系统、电气控制系统等。下面对各个组成系统做一简单介绍。

机械主体是指轧机的主要机械部分，主要包括支架、轧辊、机座以及其他辅助元件。机械主体的弹性变形、相互运动部件之间的摩擦力等对控制精度有一定的影响。

液压系统主要是由冷却循环系统、阀控缸动力元件、伺服缸有杆腔油压控制阀组、平衡缸压力控制阀组、油箱及其他辅助元件组成。系统油源采用恒压变量泵，比采用定量泵加溢流阀的方式节能。伺服液压缸的无杆腔连接伺服阀，辊压过程中有杆腔通过减压阀、溢流阀和蓄能器的组合保持一个恒定低压。上下轴承座之间有四个柱塞缸，通过减压阀和溢流阀的组合保持恒压以平衡上辊系的重量。

电气控制系统主要由低压供电系统、信号测量反馈系统、信号处理显示控制系统和控制信号的转换放大系统组成。低压供电系统主要是一些直流电源，分别给位移传感器、液压伺服放大器、滤波器、液压阀电磁铁等供电。信号反馈系统主要是位移传感器和压力传感器，用于检测液压伺服缸的位置和系统中各个部分的油压。

信号处理显示控制系统主要是由 PLC 控制器和触摸屏组成。可以在触摸屏上组态一些控制按钮和显示功能，以控制轧机动作，实时显示轧机运行参数。PLC 主要完成模数-数模转换、位移反馈信号的高速计数、压力闭环和位置闭环控制、泵站控制等。控制信号的转换和放大系统主要是指液压伺服放大器，用于将 PLC 输出的电压控制信号转换为直接控制伺服阀的电流信号。

（3）辊压设备主机结构形式

① 按轧辊形式划分。根据客户不同工艺要求，辊压机主机轧辊分为有弯辊和无弯辊两种形式，如图 4-60 所示。无弯辊（标准机型）结构轴承座内部设有消除主轴承径向游隙及轴向定位机构。有弯辊结构通过弯辊缸消除主轴承径向游隙及减小或消除辊面挠度变形。在辊压极片宽度尺寸相对较窄、辊压机辊面宽度与辊面直径比接近 1:1、辊压极片时的挠度变形量可忽略不计的情况下，推荐使用不配弯辊的标准机型。在辊压极片宽度尺寸相对较宽、辊压机辊面宽度与辊面直径比大于 1.2:1、辊压极片时的挠度变形量大于 0.5μm 的情况下，推荐使用配有弯辊的机型。

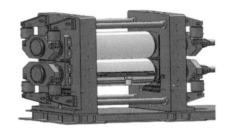

(a) 无弯辊结构   (b) 有弯辊结构

图 4-60　按轧辊形式划分辊压机结构

② 按驱动方式划分。按驱动方式划分可以分为单电机驱动结构和双电机驱动结构，如图 4-61 所示。单电机驱动结构采用驱动电机-减速机-分速箱-万向联轴器-轧辊传动形式，通过分速箱实现轧辊机械同步。双电机驱动结构采用驱动电机-减速机-万向联轴器-轧辊传动形式，采用同步电机通过电控实现轧辊机械同步。辊压机驱动转矩与辊压速度、辊面宽度、辊间压力成正比，在辊面宽度、使用压力变化不大的情况下使用速度越快，需要的驱动转矩越大，电机功率越大。辊压机在高速、需要电机功率较大时可采用 2 台同步电机驱动。

③ 按施压方式划分。按施压方式划分可以分为机械螺杆压紧结构和液压油缸压紧结构，如图 4-62 所示。机械螺杆压紧结构设备主要通过设定辊缝值使轧辊在极片上加载压力，没有额外的加压装置。因此一般实际压力比较小，辊压极片压实密度受到限制。液压油缸压紧结构液压缸安装于下辊系两端的轴承座下部，置于口字形机架内部下面，采用柱塞缸向上顶起施压，在柱塞缸的作用下，实现下辊系向上移动并施加辊压力。通过顶紧液压缸施压，压力

稳定，可以施加较大的压力，是目前主流使用的施压方式。

(a) 单电机驱动结构   (b) 双电机驱动结构

图 4-61　按驱动方式划分辊压机结构

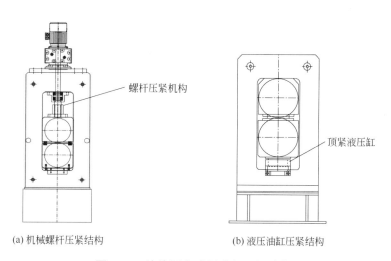

(a) 机械螺杆压紧结构   (b) 液压油缸压紧结构

图 4-62　按施压方式划分辊压机结构

（4）热辊压机

在国内，大多锂电池极片辊压机在常温下对极片进行辊压，在辊压的过程中，极片的反弹率大，可在对极片辊压前，先把极片加热至一定的温度，再进行辊压，这样做的目的在于：对极片进行干燥处理，减少里面的水分；降低极片在辊压后的反弹率；可消除极片经辊压后留存的一部分内应力；经过加热后，极片上的黏结剂受热软化或处于熔融状态，经过辊压后，可增强活性物质与集流体之间的黏合力，有利于提高活性物质吸液量。

为加热极片，锂电池轧机辊压前设一个加热箱对极片进行加热，先将加热箱内的空气加热，再通过热空气加热极片，加热效率低。由于加热箱距离轧辊还有一段距离，热量损失快，加热效果不明显。目前辊压机的辊压速度为 15 ~ 60m/s，当提高生产速度时，为保证加热温度，需提高加温箱温度或者增加加温箱长度，从能耗和空间上考虑，利用加温箱加热不太合适。国内现在应用较广泛的是热辊压机，即先对热辊压机的轧辊进行加热，利用加热后的轧辊对锂电池极片进行辊压。

目前国内外加热轧辊主要采取的方式分为从轧辊外部加热和从轧辊内部加热两种，利用电磁感应、热辐射或者热传导加热轧辊辊面，并使其保持在一个恒定的温度范围，主要的几种加热方法如下所述。

① 利用电磁感应从外部加热轧辊。在轧辊外部设有感应圈，当感应圈接通电源后，电磁感应会在轧辊内部产生涡流，由此加热轧辊。这种加热轧辊方式具有能耗低、热转换率高、

在辊压过程中可以精确控制轧辊表面温度等特点。此加热方式存在若干不足，如造价高、在轧辊圆周不易布置电线路等。

② 外设加热箱加热轧辊。加热箱布置在轧辊的上方或者下方，通过外部高温对轧辊进行烘烤，以空气作为传热介质，将热量传递到轧辊工作面上，达到加热轧辊的目的。但是这种加热方式存在比较严重的问题：轧辊工作面的温度不易控制；轧辊工作面的温度分布不均匀；局部高温对轧辊有伤害；耗能大，能量损失大。

③ 利用电阻丝等电子元件从内部加热轧辊。一般是采用管状电热元件或者电阻丝，插入工作辊或者支撑辊内部，通过轧辊的一端接通电源，加热轧辊。此种加热方式具有不损害轧辊外部结构、简单易行、设备简单等特点。其加热方式是先加热轧辊芯部，热量从芯部通过热传导传递至轧辊工作面，中间先热的方式，增加了加热过程中轧辊的热应力，对于直径较大的轧辊，热量传递时间长，轧辊工作面温度调整不灵敏，调整周期长，而且在轴承处形成局部高温，造成润滑困难。

④ 利用导热油加热轧辊。利用导热油加热轧辊是目前国内外采用比较多的一种加热方式。在轧辊内部开有导热油油道，通过旋转接头，将加热后的导热油通入轧辊内部，通过热传导加热轧辊。导热油可在200℃下稳定工作，此种方法安全、环保、噪声小，且导热油循环系统中工艺温度精度高，易于控制导热油的进口温度，再通过控制进口处导热油的流量，使得导热油与轧辊发生强制对流换热，增大导热油与轧辊之间的对流换热系数，增加两者之间的换热量，使轧辊表面保持在一个恒定的温度范围内，且具有较好的均匀性，可以满足大多数轧辊温度要求。

利用导热油热辊压原理是用导热油将轧辊加热以后，利用温度稳定的轧辊对锂电池极片进行热轧。轧辊加热过程示意图如图4-63所示。

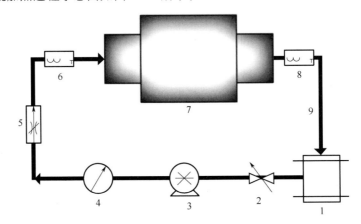

图4-63 轧辊加热过程示意图

1—加热油箱；2—闸阀；3—泵；4—压力表；5—流量控制装置；6—热电偶Ⅰ；
7—热轧辊；8—热电偶Ⅱ；9—配油管道

在轧辊的加热过程中，轧辊的表面温度与加热条件和导热油属性相关。加热过程所使用导热油的属性确定之后，轧辊辊面温度与轧辊流道内的导热油流速及温度紧密相关。

极片的种类不同，对轧辊的要求也不尽相同，极片的性质决定了轧辊辊面的最适宜温度。极片的热轧工艺并无统一加热标准，一般通过实际经验得出，各厂家根据自己的产品要求，对辊压系统进行设置。热轧辊辊面温度的设置，还需要考虑到轧辊材料物性与极片辊压工艺，温度既要满足极片质量的要求，也要考虑轧辊能够承受的应力及形变。

导热油加热轧辊系统具备扰动少和热惯性较大等特点，属于严重滞后系统，当改变导热油的油温和流量时，需要等待较长时间，轧辊辊面温度才会达到相对稳定。在生产过程中，不能直接准确地测量辊面的温度，只能测得导入和导出导热油的温度和流量，此系统为非线性系统，无法线性化，难以实现自动控制。因此，在实际应用中，由于设备使用的环境稳定，往往设定好输入后，便不再轻易更改，保证极片的质量和生产进度。

　　利用导热油加热的轧辊主要有两种油道结构：中通型和周边打孔型。中通型轧辊剖视图如图 4-64 所示。中通型结构是在轧辊的芯部加工一个通孔，将导热油从轧辊的一端导入，另一端导出，温度从轧辊的芯部传递至辊面。此结构具备结构简单、加工容易、成本低等特点，但能耗较大，需将整个轧辊加热，不易控制辊面温度。

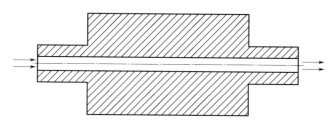

图 4-64　中通型轧辊剖视图

　　周边打孔型结构在轧辊的芯部加工有中心孔，在轧辊的四周加工有横向通孔，导热油从轧辊的从动端进入，也从轧辊的从动端流出。此结构能使导热油在轧辊内部保留时间较长，辊面温度分布均匀性较好，加工较为容易，由于横向油道距辊面距离较短，能快速调整辊面温度。图 4-65 为热辊压机周边打孔型轧辊剖视图。

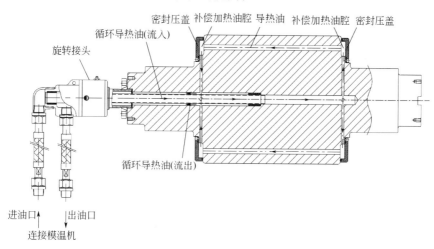

图 4-65　热辊压机周边打孔型轧辊剖视图

4.3.1.3　辊压机连轧生产线

（1）辊压机连轧生产线的组成及各部分功能

　　电池极片辊压过程是锂电池生产的关键环节，电池极片的辊压过程就是将电池极片通过轧辊与电池极片之间产生的摩擦力拉进旋转的轧辊之间，极片受压变形的过程。

电池极片轧机系统包括放卷系统、辊压系统和收卷系统，各系统具体组成部分如表 4-3 所示。

表 4-3　电池极片轧机各系统组成部分

放卷系统	辊压系统	收卷系统
放卷张力系统	辊压速度系统	收卷张力系统
放卷纠偏系统	间隙调整系统	收卷纠偏系统
放卷气胀轴	辊压压力系统	收卷气胀轴
切刀平台	牌坊开合系统	收卷辅助穿带系统
放卷辅助穿带系统		

电池极片轧机系统作为一个复杂的系统，极片轧机设备的各部分系统实现不同的功能，以满足极片轧机的生产。各部分系统的具体功能如下：放卷张力系统的功能是在极片放卷过程中，利用磁粉制动器对极片的张力进行实时调节；放卷纠偏系统的主要功能是通过 U 型传感器进行偏移量测量，调整极片的左右距离，防止出现跑偏的现象；放卷气胀轴的作用是通过充气/放气实现极片卷料的缠绕及换料；切刀平台的功能是在放卷处极片卷料即将用完时，切断卷料，实现换卷；放卷辅助穿带系统的作用是在穿带过程中，对极片进行夹紧，以防止极片运动；辊压速度系统的功能主要是通过变频器控制三相异步电机，实现对极片辊压速度的控制；间隙调整系统实现的功能是通过伺服电机调整上、下轧辊间的缝隙，为极片辊压提供要求的厚度；辊压压力系统的功能是通过控制气液增压泵调节压力，提供合适的辊压力将电池极片辊压成厚度均匀且密度高的极片；牌坊开合系统仅应用于极片轧机设备装配过程，用于轧辊的拆卸和安装；收卷张力系统主要应用于极片收卷过程中，利用变频器和收卷电机对极片张力进行实时调节；收卷纠偏系统的功能类似于放卷纠偏系统，通过 U 型传感器进行偏移量测量，调整极片的左右距离，防止出现料卷错层、塔形现象；收卷气胀轴的作用是通过充气/放气实现极片卷料的缠绕及换料；收卷辅助穿带系统的功能与放卷辅助穿带系统相似，在生产初始化时对极片进行穿带，对极片进行夹紧，防止极片运动。

（2）辊压机连轧生产线的工作过程

电池极片辊压过程的基本工作原理是：放卷气胀轴通过极片轧机的轧辊转动和收卷气胀轴的牵引将电池极片放出，同时放卷系统通过对张力进行实时调节，保证电池极片进入轧辊之前的张力稳定并维持在设定张力值范围内。由于现场环境因素、机械振动、张力波动等原因，造成电池极片出现跑偏的现象，因此在放卷系统中设置放卷纠偏系统，防止极片在辊压过程中出现损坏。电池正确进入极片辊压装置，通过极片轧机的上、下轧辊进行辊压，使极片厚度经辊压后符合标准参数要求。电池极片经过上、下轧辊之后，完成辊压后的极片通过收卷气胀轴进行收卷，同时收卷系统也要保证合理的张力，在收卷处对电池极片进行左右位置的调整，防止极片出现塔形卷现象。

（3）辊压机连轧生产线生产过程控制

完整的电池极片轧机系统包括轧机轧辊的装卸过程和极片生产过程，在轧机轧辊装卸过程中更多的是需要工人的配合进行操作，涉及电气方面的控制较少。在极片生产辊压过程中，整个生产过程可以概括为正常生产过程初始化、手动穿带、预生产、连续生产、成品验收五个阶段。

正常生产过程初始化阶段，是指操作工人需要进行的操作，需要将收放卷气胀轴复位、夹紧装置气缸复位，通过对纠偏电机的控制对收放卷纠偏归中。

手动穿带阶段，确保收卷电机、轧辊电机、气液增压泵等执行元件处于断电状态，通过控制气胀轴及夹紧装置完成穿带，并进行极片的调整，预调张力，并根据要求对辊缝、辊压力进行初始化设置。

预生产阶段，设备以低速进行生产，若生产出的极片符合标准，则进入连续生产阶段，否则停止生产，重新调整进行初始化。

连续生产阶段，放卷系统、辊压系统、收卷系统三部分协调配合完成生产。放卷机构，通过张力传感器检测放卷处张力，控制器调节磁粉制动器的转矩，保证恒张力放卷。收卷机构，通过张力传感器检测收卷处张力，控制器调节变频器控制收卷电机的转速，保证张力在合理的范围内。辊压机构，极片轧机的辊压速度决定生产线的生产速度，正常运行状态下，辊压速度不需要实时改变，如果需要改变其生产速度，通过调节变频器改变主电机速度。辊缝调节系统，当辊缝不符合要求时，通过对伺服电机进行调节实现对辊缝的调节。辊压力是保证在辊压过程中，保证系统具有恒定的辊压力，通过压力传感器检测当前的辊压力，并由控制器控制气阀、油阀进行压力调节实时修正。

（4）辊压机连轧生产线的性能指标

1）放卷机主要技术参数
① 放卷轴：带控制阀气胀轴（3 英寸，1 英寸 = 2.54cm）；
② 最大承载能力：600kg；
③ 最大放卷直径：ϕ600mm；
④ 张力：10 ~ 200N （可调）；
⑤ 纠偏设备：光电纠偏。
2）除尘装置主要技术参数
除尘风斗气缸缸径ϕ25mm，行程 80mm。
3）轧机主要技术参数
① 设备整体尺寸：约 3.6m×1.7m×2.6m （高度不含换辊支架尺寸 0.4m）；
② 机架："口"字形刚性铸造结构；
③ 轧辊副工作尺寸：ϕ800mm×800mm （直径×长度）；
④ 轴承座：整体铸造 45#钢刚性结构；
⑤ 主轴承：四列圆柱滚子轴承；
⑥ 减速机：螺旋锥齿轮减速机；
⑦ 主电机功率：55kW （380V，50Hz）；

⑧ 辊压线速度：5～60m/min（变频调速）；

⑨ 油缸：缸径 φ250mm，行程 25mm，2 支。

4）机械式测厚装置主要技术参数

① 测厚仪表：数显千分表（三丰）；

② 测量精度：±0.001mm；

③ 厚度范围：0～5mm；

④ 测量宽度范围：最大值 750mm。

5）收卷机主要技术参数

① 收卷轴：带控制阀气胀轴 3 英寸；

② 最大收卷直径：φ600mm；

③ 收卷电机功率：1.5kW；

④ 张力：10～200N （可调）；

⑤ 纠偏边缘控制：≤±0.1mm。

（5）辊压机连轧生产线的应用案例

下面以邢台朝阳机械制造有限公司生产的 ZY800-A800-F 电池极片连轧生产线为例，详细介绍电池连轧生产线设备组成及主要功能，设备布置示意图如图 4-66 所示。

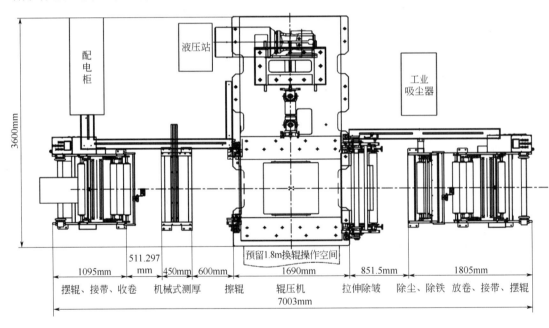

图 4-66 ZY800-A800-F 电池极片连轧生产线设备布置示意图

1）放卷机

本装置位于整条生产线的最前端工序，用来支承待辊压的卷料结构，并将其输送到轧机进行辊压。本装置采用伺服动力，主动送料。采用光电纠偏装置控制料带纠偏，张力控制采用 SMC 比例阀控制气缸输出设定的张力，加上三菱的张力检测器，形成张力闭环，张力大小可无级调整。放卷轴采用气胀轴。本装置由机架体、直线轴承、光电纠偏装置、气胀轴、伺服电机、气动比例阀、气缸及控制器、导辊等部分组成。

2）前接带装置

用于极片碾压过程中断裂或更换料卷时接片，减少极片的浪费。由接片平板、压杆、气缸、导辊等部分构成。手动操作，压杆气缸控制。

3）除尘装置

本装置由机架体、上毛刷、导向辊等部分组成。主要具有以下功能：通过毛刷清理料带上的粉尘；吸尘器吸走清理出的粉尘。

4）展平（拉伸除皱）装置

① 功能：用于消除连续或连续分条涂布正极极片辊压过程中产生的波浪边。

② 构成：包括张力隔断牵引部分、摆辊拉伸部分、张力检测部分、牵引穿带装置。

③ 牵引辊规格：直径ϕ200mm，表面镀硬铬。

④ 夹送辊规格：直径ϕ120mm，表面包三元乙丙橡胶。

⑤ 张力控制：PLC+低摩擦气缸+伺服电机闭环调节张力，数显表显示张力值。

⑥ 张力调节范围：10～1000N。

⑦ 张力波动：≤±3N。

5）辊压机

辊压机是连轧机生产线中的主要设备。其主要功能是使坯料在轧辊的碾压下，达到合适的厚度。本设备采用恒力结构，丝杠调整辊缝间隙，液压自动压紧，线速度通过无级变频调速来实现。辊压机主要由刚性机架、轧辊副、动力传动系统、液压控制系统、电气控制系统、间隙调整系统、送料板及辊面清洁机构等部分组成。

① 轧机牌坊：采用优质碳素结构钢，"口"字形轧机牌坊，主要优点是整体刚性优秀，稳定性好。

② 轧辊的技术参数：轧辊的材质为9Cr3Mo系列高合金冷轧辊钢，淬火硬度HRC≥66～68，辊面淬火层深度≥22mm，轧辊径向跳动≤±0.0015mm（在磨床上检测）。主要优点是：表面硬度高、淬硬层深、耐磨性好、加工精度高、光洁度高、防挠度变形。

③ 轧辊的质量：轧辊的质量是轧机整体性能好坏的关键。因此此次轧辊材料选用专业轧辊厂家生产的Cr3系列优质合金冷轧辊钢，其加工工序严格按照内控标准工艺执行。

④ 下辊上顶：碾压力控制油缸放置于下轴承座下方。

⑤ 数显恒隙系统：径向控制轴承游隙；空载时所有部件均受预拉力或预压力，轧机整体刚性优异；伺服电机带动丝杠拖动中间锲铁调整两辊间隙，辊缝调整精度0.001mm。

⑥ 动力传动系统：55kW电机驱动。

⑦ 液压系统：采用变频器加异步电动机带动液压泵，比例溢流阀控制输出压力，与压力传感器形成压力闭环保证输出压力精确与稳定。

⑧ 电气控制系统：PLC控制，触摸屏操作，操作准确、方便、直观。

⑨ 拆装辊装置：设备备有拆装辊装置，用于设备维修时拆装更换轧辊。

6）辊面清洁

① 刮刀清洁：刮刀刮除辊面黏附物，刮刀通过气缸自动控制，并带有2个可调整收集料

盒，配负压除尘，保证辊压加速不影响料盒对碎屑的收集。

② 布卷清洁（仅负极配置）：由放卷轴、收卷轴、减速电机、压紧气缸、气缸固定板、压紧橡胶辊、擦辊布卷、喷液储存罐、喷液分流装置及蠕动泵等组成，喷液储存罐放置于设备外罩内部，方便更换；擦辊布卷直径最大 200mm。

工作原理：减速电机通过收卷轴带动擦辊布从放卷轴低速擦过压紧橡胶辊与轧辊辊面贴合部位，压紧气缸带动橡胶辊将擦辊布压紧在辊面上，喷淋流量通过蠕动泵控制，可连续或者间歇地将液体喷淋到擦辊布上，随着轧辊的转动和擦辊布的低速反向移动，实现对整个辊面的清洁。

7）机械式测厚装置

用于手动对辊压后极片的厚度测量。通过手轮驱动滚珠丝杠拖动测量臂、数显千分表横向往复运动打点测量，测量数值可通过数据线输入电脑。

8）收卷机

收卷装置的作用是将经过辊压后的电极材料呈卷状地缠绕在一定尺寸的芯轴上。为保证料卷边缘齐整，本装置采用自动纠偏收卷方法，通过伺服电机减速机带动收卷轴、光电纠偏装置控制边缘齐整，保证收卷质量。

4.3.2 分切设备

4.3.2.1 分切设备的指标

分切设备也称分条机或纵切机，指在恒定张力的情况下将锂离子电池极片、聚合物电池极片、镍氢电池极片及有色金属板材或卷材分切至所需要的尺寸规格，并保证一定工艺要求的生产设备。电池极片分切的尺寸精度高，同时极片边缘毛刺小，否则会产生枝晶刺穿隔膜，造成电池内部短路，其性能指标主要有分切精度、分切装机精度、刀模调整范围等。

（1）分切精度

分切后极片纵向毛刺≤7μm，横向毛刺≤12μm，极片切口处无分层、褶皱现象，几何尺寸线性公差满足电池工艺要求，主要指刀轴及分切刀片的尺寸公差及圆跳动、同轴度。

（2）分切装机精度

分切设备装配调试完成后空载检测的导辊和刀模精度，主要指导辊表面粗糙度 $R_a = 0.4$，导辊圆柱度≤0.03mm，导辊安装后全跳动≤0.05mm 和刀模组件装配后的跳动≤10μm。

（3）刀模调整范围

分切设备上下刀片之间在分切材料部位可调整距离的变化范围。

4.3.2.2 分切设备的组成及关键结构

（1）分切设备的组成

分切设备主要由放卷装置、放卷张力控制、放卷纠偏控制、接带、CCD 外观缺失检测系统、分切、分切后宽度检测系统、除尘、收卷张力检测、贴标装置、收卷装置及电气系统等构成。

标准配置全自动锂电分切设备为机架立式安装，采用上下双滑差轴同向中心收卷方式，收卷、放卷的夹紧及刀模、压辊的动作全为气动控制，操作简便快捷。单电机变频驱动，同步带传动，运行平稳可靠，噪声小；磁粉离合器制动器控制放卷，这样张力控制精度高、响应快、可调范围广，分切设备组成如图4-67所示。

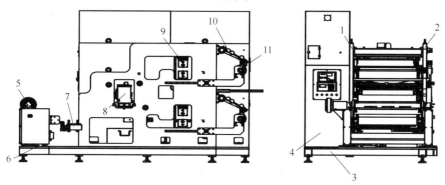

图4-67 标准机型分切设备结构示意图

1—后墙板；2—前墙板；3—底座；4—电柜；5—放卷装置；6—纠偏装置；7—接带平台；

8—刀模；9—刷粉装置；10—收卷压轮装置；11—收卷滑差轴装置

① 机体。采用优质碳素结构钢焊接制作，用于支承分切设备的机架和电柜，前后墙板用连接梁连接后，立式固定在底座上。

② 放卷装置。放卷采用气胀轴方式，通过在放卷气胀轴端连接一个磁粉制动器，给放卷轴一个与牵引方向相反并且可以控制的阻力从而实现放卷张力。

③ 纠偏装置。采用单感应探头寻边纠偏，选用高精度纠偏系统，纠偏精度±0.1mm，纠偏行程≥120mm。传感器位置调节机构采用螺杆调节，并且配数显刻度尺以及手柄式锁紧机构。

④ 接带平台。接带平台缝隙宽度 1mm，深度＞10mm，气动压杆压紧极片，接带平台增加 5.0mm 黑色赛钢，增加刻度标尺，基准 0 刻度与刀模基准隔套宽度对应，手工进行材料接合，需保证极片正常走带时距接带平台和压条距离为 10mm，增加防呆措施，开机时如果压杆处于下压状态，须有报警并提示的功能，解除报警才可开机。

⑤ 刀模。上刀与下刀间隙方便固定，刀模采用单轴传动。两主轴材料 40Cr，底板和支座 S136 钢，表面淬火硬度 HRC50 以上，刀模整体外观无锈渍，刀模入口调节辊刻度指示要求，入料辊的直径ϕ50mm，最下点与下刀片最高点在同一水平位置时，刻度指示为零，上调为正，下调为负，刀模调节辊刻度尺按±5mm 制作，调节辊材料为铝合金，表面茶色阳极硬化处理，硬度不小于 HRB300，两端支座采用螺杆结构，上下可调，刻度指示为零，分路辊相对零位调节采用正负角度表示，调节范围±3°。

⑥ 刷粉装置。采用可拆卸式毛刷辊，使用夹式安装，轴孔固定，拔销传动，拆装简单；毛刷刷毛采用软质尼龙毛，防止硬度过大而损伤极片；毛刷辊为盘绕式植毛，植毛密度大，保证除尘效果；毛刷转动方向为逆极片走带方向，以增强除尘效果；毛刷除尘装置工作时左

右两毛刷相互嵌入，以保证刷毛有效接触极片并施加一定的压力，且有足够的弹力，确保极片除尘的有效性。两毛刷相互嵌入深度为 2~3mm（通过调整除尘盒边缘密封材料厚度控制），两毛刷中心距需要用刻度（标识）进行表示，毛刷可上下移动 50mm，利于穿带，有 10mm 位置精确调节有利于除尘效果调节。毛刷转速为 0~300r/min 可调。

⑦ 收卷压轮装置。上下收卷轴各一套压轮机构，压轮表面镀铬或喷陶瓷处理，避免极片分切后出现翻边现象。

⑧ 收卷滑差轴装置。上下两根收卷滑差轴，利于差速轴收卷，配隔层板，可进行张力×条数的量化设置，并根据不同分切宽度自动调整张力基数，能自行设定张力基数，持续保证张力恒定、稳定，连续分切不会造成断带。

（2）分切设备的关键结构

分切设备关键机构主要有收放卷的恒张力控制机构、滑差轴机构和纠偏机构等。

1）恒张力控制结构

① 恒张力控制原理。对于分切极片收放卷过程中，放卷卷径减小，收卷卷径增大，卷径的变化在电机恒转速控制条件下张力会不断变化，可能导致张力过小材料褶皱或者张力过大拉断。为避免这种问题，材料在收放过程中恒张力是必要的，恒张力控制的实质是在张力不变的情况下，调整电机的输出转矩随卷径变化而变化。电机转矩控制通过变频器和三相异步电机实现，台达 V 系列变频器提供了三路模拟量输进端口：AUI、AVI、ACI。这三路模拟量输进端口能够定义为多种功能，一路作为转矩给定，另外一路作为速度限制。0~10V 对应变频器输出 0 至电机额定转矩，这样通过调整 0~10V 的电压就能够完成恒张力的控制。

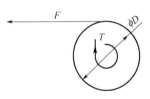

图 4-68 张力与转矩的计算

② 张力与转矩的计算。由图 4-68 动力学分析得：

$$FD/2 = Ti$$

式中　F——张力；

　　　D——卷径；

　　　T——电机转矩；

　　　i——减速比。

电机额定转矩表达式为：

$$T = 9550P/n$$

式中　T——电机的额定转矩，N·m；

　　　P——电机的额定功率，kW；

　　　n——电机的额定转速，r/min。

③ 电机同步转速计算。由于已知变频器工作在低频时，分切机交流异步电机的特性不好，激活转矩低而且分线性，因此在收卷的整个过程中要尽量避免收卷电机工作在 2Hz 以下。因此收卷电机有个速度的限制。对于 4 级电机，其同步转速计算如下：

$$n = 60f/p = 60 \times 2/2 = 60r/min$$

式中　f——电源频率，Hz；

$\quad\quad n$——收卷电机转速，r/min；

$\quad\quad p$——电机磁极对数。

④ 限速运行。系统采用张力控制时，分切机要对速度进行限制，否则会出现飞车，因此要限速运行。极片运行速度 V 的表达式为：

$$V=\pi Dn/i$$

式中　D——收卷的最大卷径，m；

$\quad\quad n$——转速，r/min；

$\quad\quad i$——传动比。

⑤ 自动张力控制器。自动张力控制器，主要由张力检测器、高精度 A/D 和 D/A 转换器、高性能单片机等组成。该自动恒张力控制器是根据张力检测器测量到卷料的张力与设定的目标张力相比较后，经单片机 PID 运算自动调整 D/A 输出从而改变磁粉离合，制动器的励磁电流或伺服电机的转矩实现卷料的恒张力，可广泛用于各种需对张力进行精密测控的场合，具有使用灵活和适用范围广等特点。可以自动与手动自由切换，工作人员在使用过程中可根据实际需要进行自动或者手动的切换。

⑥ 收卷锥度张力。极片分切收放卷通常采用恒定张力卷取的控制方式，即放卷机在对极片开始缠绕、卷取进行以及结束卷取整个过程始终采用恒定张力运转；但由于卷取时一般都会在收卷装置安装套筒，而套筒对材料的卷取会有比较明显的反作用力，如果采用恒定张力卷取，则很容易造成极片缠绕中心突出现象，甚至损坏设备。如采取锥度张力控制方案，则可很大程度地解决上述问题，如图 4-69 所示锥度张力曲线呈现为 1 个尖顶锥状，能够在卷心形成较大张力，而随着材料卷直径变大，使外层张力逐渐减小，卷取时通过张力的控制对材料卷子进行"内紧外松"的卷取从而满足材料卷取的工艺要求。

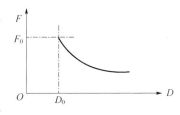

图 4-69　锥度张力示意图

张力锥度公式：

$$F=F_0\times[1-K(1-D_0/D)]$$

其中　F——实际输出张力，N；

$\quad\quad F_0$——设定张力，N；

$\quad\quad K$——张力锥度系数；

$\quad\quad D_0$——最小卷径，m；

$\quad\quad D$——当前卷径，m。

2）纠偏控制结构

①"跑偏"现象。极片在收放卷时，由于极片涂布不均匀、极片纵向张力不均匀、极片边缘不整齐、输送辊与辊之间安装不平行、输送辊锥面极片与辊面摩擦力过大等原因，导致极片在输送过程中出现"跑偏"现象，为避免跑偏现象，在分切机收放卷装置上安装纠偏装置。

② 纠偏方法。按纠偏设备安装位置不同，可以分为双边纠偏和单边纠偏两种。

双边纠偏：特别对边缘不整齐、有错层或塔形的极片，或者在放卷过程中极片不易对准机组中心线等放卷机多选用双边纠偏。双边纠偏一般有两种形式。一种方式是双检测光头系统，即对中系统，简称 CPC（center position control），如图 4-70 所示。两组检测光头，对称于机组中心线设置，通过一根正反扣螺杆由一台步进电机带动做反向运动，即同步向内或向外运动。当极片开始穿带进入机组后，光头向内移动，当其中只有一个光头检测到带边时，说明极片已偏向了此方向，同时发出信号，移动放卷机带动极片移动，直到两边光头都检测到极片两边输出相等时，光头停止移动，放卷机停止移动，极片已处于中心位置。这种方式的优点是放卷操作时不需要考虑带卷宽度系统可以做到自动对中。另一种方式是通过检测极片的边部位置进行控制，使送入机组的极片边部位置固定，简称为 EPC（edge position control）。光头架装在机组传动侧。首先根据来料的宽度，预先设置好检测光头的位置。当放卷极片送入机组后，检测光头根据被极片遮盖情况（全盖、全亮、半盖的程度）发出信号，移动放卷机使极片一边边部始终处在光头半遮盖位置。这种方式的优点是单光头，光头装置相对简单一些，但是在操作前必须根据不同的带宽，预先调节好光头的原始位置。

单边纠偏：对于边缘比较整齐的极片多采用单边纠偏。边部平齐的极片在运输和处理过程中不容易受到损伤，为了达到卷齐都是采用一组光头检测边部。检测光头的设置位置可以在放卷机上伸出一个臂来安装光头，光头随收卷机一起移动（图 4-71）；也可以在机组出口偏导辊附近单独地设置一个光头座。一组丝杆通过一个步进电机带动光头，或者移动整个光头支座，在移动座上带有位置传感器。这两种方式的工作过程如下：当极片送到卷筒轴上并咬住头之后，检测光头送进，直到检测到带卷边部遮住一半光源为止，同时自动投入闭环控制系统。当带边位置发生变化时，检测光头继续跟随，并随时将偏移值输入控制系统，使放卷机纠偏移动油缸也同方向移动相同距离，最后达到收卷齐的目的。

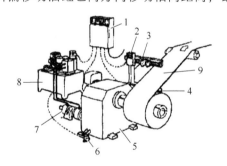

图 4-70　双边纠偏系统

1—电控柜；2—位置控制检测器；3—C 形架；

4—发送光源；5—放卷机；6—中心位置检测器；

7—移动液压缸；8—液压站 / 伺服阀；9—极片

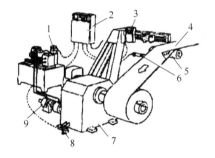

图 4-71　单边纠偏装置

1—液压站 / 伺服阀；2—电控柜；3—位置控制检测器；

4—极片；5—偏导辊；6—发送光源；7—收卷机；

8—中心位置检测器；9—移动液压缸

3）滑差轴分切结构

滑差轴是利用轴上各个滑差环打滑的原理，使轴上多个卷筒料始终保持张力平衡，完成收放卷工作。滑差轴的主要用途是在收卷流程中对材料的拉力调整，通过在卷轴运行时保持所有料卷适当的张力，在电池极片应用方面，滑差轴收卷大大提高了正品率，降低了生产成本，是锂电池分切机（分条机）上的重要零部件。

① 工作原理。中心气压滑差轴是张力调节式滑差轴，滑差环独立打滑。滑差轴以精密空芯通气主轴为核心，利用压缩空气推动腔体内的活塞，使轴芯通过摩擦件与滑差环之间产生摩擦转矩，进一步带动斜楔底座上的斜胀片向外径方向扩张，挤压收卷筒，传递收卷筒的扭矩，从而达到恒张力卷取。

② 主体结构。滑差轴结构特殊，由多个滑差环组成，工作时，滑差环受控以一定的滑转力矩值（扭矩）打滑，滑动量正好补偿产生的速度差，从而精确地控制每一卷材料的张力，得以恒张力卷取，保证了卷取质量。可应用于由极低到最高张力的范围，适用于高速、材料厚度误差大、多段张力控制、张力控制精度高、端面收卷整齐的要求。最适合双轴中心卷取式分切机使用。

③ 代表产品。日本东伸滑差轴、西村滑差轴。其控制精度高，成本相对较高。滑差轴的主要单元是气胀单元（由腔体、斜楔底座、活塞、气封、轴承和弹簧及胀片组成），每组单元长度 40mm，18 组单元可任意位置互换和独立更换，从而提高了使用寿命和检修的方便性。

④ 材质工艺。产品本体由调质模具钢或铝合金硬质氧化制作，橡胶胀片用耐高温耐磨聚氨酯材料硫化制作，具体依据最大张力要求而定。可根据要求制定不同尺寸的滑差轴，包括主轴、气胀单元、胀片、弹簧、十字联轴器等零部件。

⑤ 使用说明。滑差轴有效提高了分切机的速度、收卷精度、自动化程度，准备时间减少，操作更人性化。应用滑差轴收卷更是大大提高正品率，降低生产成本。我们的滑差轴可以保证最高料卷质量，通过在卷轴运行时保持所有料卷适当的张力。

4.3.2.3　分切设备选择与应用案例

（1）设备选择

分切机选用考虑分切精度、分切装机精度和刀模调整范围等。

（2）应用案例

以朝阳机械制造有限公司分切机 ZY750-C600-C50 为例，其为极片来料宽度≤750mm，收放卷直径为 φ600mm，最窄分切宽度 30mm，带 CCD 检测系统设备运行速度 50m/min 的 C 型全自动锂电分切设备。CCD 检测系统用于检测极片的破损、褶皱等问题。

4.3.2.4　分切设备使用与维护

（1）分切机的使用

以朝阳机械制造有限公司 65 型分切机为例，介绍分切机的使用。图 4-72 为系统主界面，单击"进入系统"进入该系统，其操作按钮界面如图 4-73 所示，各功能按钮说明如下。

计米测量：设备自动运行状态下生产的长度，此长度可清零。

生产总长度：设备自动运行状态下累计长度，不可清零。

设定线速度：用户通过 HMI（或速度调节器）设定的当前运行速度。

实际线速度：设备当前运行的实时速度显示。

速度+：每按 1 次当前速度增加 1m/min（增加值可设定）。

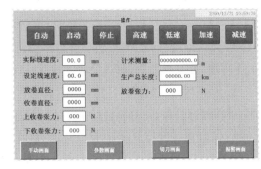

图 4-72　分切机控制系统主界面　　　　图 4-73　操作按钮界面

速度-：每按 1 次当前速度减小 1m/min（减小值可设定）。

放卷张力：设备通过放卷张力传感器检测的放卷实时张力。

收卷直径：设备的实时收卷直径。

上收卷张力：设备上层收卷的实时张力。

下收卷张力：设备下层收卷的实时张力。

参数画面：进入参数画面，设置牵引速度、放卷张力和收卷张力值、牵引力矩等参数。

切刀画面：进入切刀画面，设置切刀使用长度，各长度值清零，确定是否启用该切刀等。

手动：进入手动调试操作画面，手动控制放卷、收卷、毛刷和刀模的启停等。

自动：选择自动模式。

启动：全线启动（自动模式下有效）。

停止：全线停止（自动模式下有效）。

高速：以高速运行设备。

低速：以低速运行设备。

（2）分切机的安装调试

分切机操作分为张力调节、EPC 纠偏调节和收卷电气比例阀调试三个环节，其中电气比例阀调试较为关键，其操作步骤如下。

① 按接线要求接通 24V 电源。

② 给比例阀通压缩空气，进气压范围在 0.5～0.65MPa。

③ 按"解锁（UNLOCK）"或"上锁（LOCK）"大于 3s，指示灯闪烁。

④ 间断按 SET 键，分别显示 GL.9/F01/F02（F01=下限，F02=上限）。

⑤ 当 F01 与数字闪烁显示时，按下降或上升键，数字下降或上升，一般 F01=0.15～0.25。

⑥ 当 F02 与数字闪烁显示时，按下降或上升键，数字下降或上升，一般 F02=0.45～0.50。

⑦ 调试完成后按 SET 键。

（3）分切机的操作注意事项和维护

① 操作人员必须先培训再上岗，必须熟知分切机的使用方法、设备的性能及一般的维修

方法。非本工种人员不得随意操作。

② 做好开机前的劳动防护，备好操作的一些辅助工具和材料（调刀工具，作业要求的纸箱、纸管、裁纸刀、胶带等）并放在机台的合适位置。

③ 确保设备在安全状态下，打开电气开关，检查电路是否缺相以及气路是否畅通，试运行机器，查看电气、气动和机械设备是否运行正常。

④ 检查机械的防护设施是否完善。操作过程中要防止压伤、划伤或带进转动的齿轮、链条和滚筒等。

⑤ 调刀：根据作业要求调整准确的刀距，注意刀口的方向。必要时要把底刀取下重新排刀，刀有豁口或不锋利要及时修理更换。

⑥ 查看静电消除设施及机台地线的连接，保证操作时材料静电得到消除。把机台下铺好废纸，防止灰尘吸附。

⑦ 上料时注意安全。把材料推到合适位置进行充气，注意材料的转动方向，不可上反。

⑧ 穿带和对边：把材料按设备设定的方向从放卷穿到收卷，并调整纠偏位置进行对边，切边时要保证成品两边都有胶水，上料时要注意纠偏行程。要上到纠偏行程的中间，运行时要注意纠偏一边，超过行程时出现切不到边要立即处理。

⑨ 在收卷轴上穿上作业要求的纸管，对齐材料。需要贴双面胶的必须贴好双面胶，调整好合适的收卷张力和放卷张力，进行切边收卷。

⑩ 在收卷过程中要严格检验产品质量，不可把次品或废品和其他脏物或边条卷进产品，同时严格控制长度。

⑪ 停机后要关掉电源和气源，并对机器进行必要的清洗维护，过渡辊尽量不要用刀刮，设备上的胶水要用溶剂擦拭干净。

⑫ 作业中遇到问题，停机处理，无法停机处理的一定要减速谨慎处理。

4.4 芯包制造设备

4.4.1 工序设备及指标

芯包制造属于电芯制造中段工序，承接前段极片制造工序。在此工序内完成正极片、负极片的极耳成型，再将极片与隔膜卷绕、叠片形成电芯。这一段的主设备包括极耳成型设备、卷绕设备和叠片设备三类。芯包制造是锂电池制造的主要工序，主要影响锂电池的安全性、一致性、制造效率及制造成本，是锂电池制造质量的关键工序。

设备的主要性能指标包括：

① 一次优率、最终优率（仅由设备故障造成的）：表明产品可以无缺陷通过某一作业的概率值。

$$一次优率 = \frac{一次性通过的合格产品的数量}{生产的总数量} \times 100\%$$

$$最终优率 = \frac{一次性通过的合格产品的数量 + 返修合格产品数量}{生产的总数量} \times 100\%$$

② 故障率（仅因设备故障导致）：考核设备技术状态、故障强度、维修质量和效率的指标。

$$单台设备的故障率 = \frac{\Sigma单台设备故障停机时间}{\Sigma单台设备负荷时间} \times 100\%$$

式中，故障停机时间为发现设备故障开始到第一个合格产品产出时的时间；负荷时间为设备按计划应开动的时间，一般为每天 24h 计算。

③ PPM（pcs per minute）：每分钟生产产品的数量。

$$PPM = \frac{\Sigma某连续时间内生产的数量}{\Sigma连续时长（分钟）}$$

④ 临界机器能力指数（machine capability index，CMK）：仅考虑设备本身的影响，同时考虑分布的平均值（$\bar{X}$）与规范中心值的偏移。

$$CMK = \frac{(1-K)T}{6S} \left(K = \frac{2B_i}{T}, B_i = |\bar{X} - X_i|, S = \sqrt{\frac{\Sigma(X - \bar{X})^2}{n-1}} \right)$$

式中，T 为公差带（上差-下差）；K 为偏离系数；B_i 为偏离度；S 为标准方差；X 为规格中心。

⑤ 平均故障间隔时间（mean time between failure，MTBF）：反映了产品的时间质量，是体现产品在规定时间内保持功能的一种能力。

4.4.2 极片极耳成型设备

4.4.2.1 设备分类概述

（1）极耳成型设备分类

目前市场主要使用的极片极耳成型包括激光极耳成型机、五金极耳成型机两种类型。激光极耳成型机采用连续或脉冲式的激光对极片和箔材进行切割，五金极耳成型机采用五金模具对极片和箔材进行冲切。

五金极耳成型机，其主要特点是用双模具切割集流体形成导电极耳，同时实现极耳的变间距，极片可以是连续行走或间隙行走，主要问题是集流体较薄，冲切毛刺很难控制，导致电池的自放电大，留下安全隐患，另外，受模具寿命的限制导致制造成本很高。

激光极耳成型方式具有设备运行效率高、毛刺小且能够稳定控制、激光编程灵活、产品兼容性强、使用成本低等优势，更适合于规模化制造，也是目前锂电制造厂的主流选择。

基于安全可靠为基础的降本趋势下，新能源汽车行业对动力电池生产的精度和效率提出了更高的要求。

（2）五金模切的缺陷

通常五金模具出现毛刺的原因有以下几种情况：

① 冲裁间隙过大、过小或不均匀均会产生毛刺。

② 刃口磨损变钝或啃伤均会产生毛刺。

③ 冲裁状态不当,如加工件与凸模或凹模接触不好,在定位相对高度不当的修边冲孔时,也会由于制件高度低于定位相对高度,在冲裁过程中制件形状与刃口形状不服帖而产生毛刺。

④ 模具在工作过程中升温,间隙变化导致裁切极片产生毛刺。

鉴于五金模切产生的毛刺对动力电池的安全性存在较大的隐患,未来主要采用激光模切方式。

(3)激光切分类

激光器种类包括固体激光器、气体激光器、半导体激光器、光纤激光器、液体激光器、自由电子激光器等。按工作方式分类,可分为连续激光器和脉冲激光器。连续激光器可以在较长一段时间内连续输出,工作稳定、热效应高。脉冲激光器以脉冲形式输出,主要特点是峰值功率高、热效应小;根据脉冲时间长度,脉冲激光器可进一步分为毫秒、微秒、纳秒、皮秒和飞秒,一般而言,脉冲时间越短,单一脉冲能量越高、脉冲宽度越窄、加工精度越高。

依据极片切割工艺需求,激光模切目前采用光纤激光器,通过振镜、场镜将光束按照设定轨迹进行极片切割。

(4)激光模切发展趋势

激光模切将围绕着以下几点进行提升:

① 切割效率:将从现有 60～90m/min 的水平继续提升,预计在 3 年内实现 120～180m/min 的水平。

② 切割品质:目前三元正极材料的料区仍不能使用激光进行直接切割,未来通过新型激光器类型以及激光工艺的引入可以实现三元正极材料的激光切割。另外,热影响区、毛刺、熔珠等切割品质不良可通过机械稳定性和激光工艺的改良进行提升。

③ 设备稳定性:一方面是设备自身的稳定性,通过提升设备运行的稼动率水平,并且优化上下料辅助时间提升整机的 OEE 水平,同时提升设备的 MTBF。另一方面是产品品质的一致性,提升产品的 CPK。

④ 智能化:实现单机智能化再到整线智能化。将在线检测、PLC 控制和上位机控制集成一体化,实现单机智能化。再通过接入工厂信息化系统,基于单机数据采集的优化,实现整线智能化水平。

4.4.2.2 设备原理、组成及关键结构

(1)激光极耳成型机原理

目前业内经过多年的发展,激光模切技术已经较为成熟。下面的详细设备介绍将从激光极耳成型机展开。

激光切割是利用聚焦后的激光束作为主要热源的热切割方法,采用激光束照射到材料表面时释放能量来使之熔化并蒸发(图 4-74)。

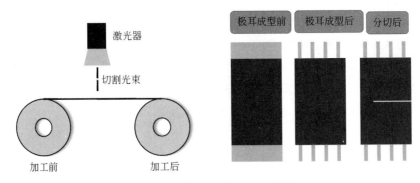

图 4-74　激光切割原理示意图

激光切割的特点包括：

① 切割缝隙比较狭窄；

② 邻近切边热影响区较小；

③ 局部变形极小；

④ 非接触式切割，清洁、安全、无污染；

⑤ 与自动化设备结合方便，容易实现制成自动化；

⑥ 不存在割工件的限制，激光束具有仿形能力；

⑦ 与计算机结合，节省材料。

激光切割轨迹路径如图 4-75 所示。

激光切割主要工艺参数包括：

① 光束横模：光束的模式越低，聚焦后的光斑尺寸越小，功率密度和能量密度越大，切口越窄，切割效率和切割质量越高。

② 激光束的偏振性：像任何类型电磁波传输一样，激光束也具有相互成 90°并与光束运行方向垂直的电、磁分矢量，在光学领域把电矢量作为激光束的偏振方向。当切割方向与偏振方向平行时，切割前沿对激光的吸收最高，所以切缝窄，切口垂直度和粗糙度低，切割速度快。

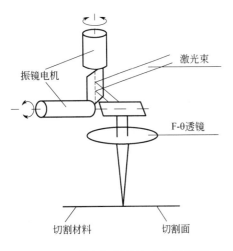

图 4-75　激光切割轨迹路径示意图

③ 激光功率：激光切割时，要求激光器输出的光束经聚焦后的光斑直径最小，功率密度最高。激光切割所需要的激光功率主要取决于切割类型以及被切割材料的性质。气化切割所需要的激光功率最大，熔化切割次之，氧气助熔切割最小。

平均功率计算公式：平均功率=单脉冲能量×重复频率

峰值功率计算公式：峰值功率=单脉冲能量/脉宽

④ 焦点位置：焦平面位于工件上方为正离焦，位于工件下方为负离焦。按几何光学理论，当正负离焦平面与加工面距离相等时，所对应的平面上功率密度近似相同。

⑤ 激光焦深：当聚焦系统的焦深对激光切割质量有重要影响。如果聚焦光束的焦深短，聚焦角较大，光斑尺寸在焦点附近的变化比较大，不同的焦点位置将使用在材料表面的激光功率密度变化很大，对切割会产生很大的影响。进行激光切割时，焦点位置位于工件表面或

略低于工件表面，可以获得最大的切割深度和较小的切割宽度。

当焦深聚焦深度大，光斑直径增大，功率密度随之减小。聚焦深度Δ可按下式估算：

$$\Delta=\pm r^2/\lambda$$

式中　r——光束的聚焦光斑半径；

　　　λ——激光波长。

激光极耳成型制造过程列于表 4-4。

表 4-4　激光极耳成型制造过程

成卷来料	极耳成型和分切过程	切割成品料卷
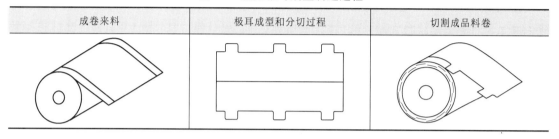		

（2）设备主要组成

激光模切机布局如图 4-76 所示。

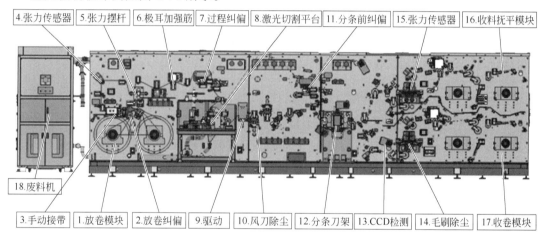

图 4-76　激光模切机布局示意图

激光模切机主要包含放卷模块（含纠偏）、张力控制模块、模切前过程纠偏、激光切割、牵引主驱模块、风刀除尘、CCD 检测、分切前过程纠偏、极片分切、极片除尘、不良贴标、收卷模块和废料收集机等。其动作流程如图 4-77 所示。

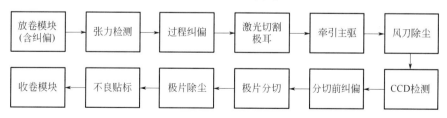

图 4-77　激光模切机动作流程

关键结构如下：

① 收放卷模块：由收放卷机构、接带平台和放卷纠偏等组成。主要参数包括最大卷径、最大承重、卷筒尺寸等。具备辅助上料、伺服放卷、放卷后展平、卷径检测等功能。

② 张力控制模块：由张力检测传感器与张力摆杆组件等组成。主要参数包括张力控制精度等。具备放卷张力闭环控制、张力大小实时显示功能。

③ 过程纠偏模块：由传感器、执行机构和丝杆等组成。主要参数包括纠偏精度。纠偏自动调整与 CCD 检测反馈形成闭环控制。

④ 激光切割模块：由激光切割组件、除尘装置、位置调整组件等组成。主要参数包括激光器功率、激光器功率稳定性、极耳间距精度等。具备"一出一"和"一出二"两种工作方式（图 4-78）。

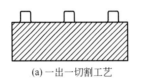 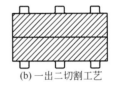

(a) 一出一切割工艺 　　　　　(b) 一出二切割工艺

图 4-78　激光切割工艺

⑤ 牵引主驱模块：由主动辊、橡胶辊和伺服电机等组成。具备安全保护装置，同时完成料带驱动的功能。

⑥ 极片分切模块：由分切刀模、负压除尘等组成。具备刀片润滑、废料自动收集、分切刀负压抽尘功能。

⑦ 除尘系统：由激光切割处除尘、风刀除尘、毛刷除尘、磁棒除尘、防护挡板、风机过滤器（FFU）和除尘管道组成。主要参数包括风刀风速、导向环角度、负压大小等。具备对极耳、切割直边和极片表面进行粉尘清理的功能。

⑧ 视觉检测系统：由相机、光源、工控机、不良贴标等组成。主要参数包括成像效果、检测精度、不良贴标位置精度等。具备极片表面缺陷检测、切割与分切尺寸检测、极耳状态及尺寸检测的功能。

⑨ 控制系统：由电气控制系统和激光控制系统组成。具备可视化设计、参数化设计、分级权限管理，实现激光切割轨迹控制调整、整体功能控制。

⑩ 其他部分：包括润滑系统、安全功能、粉尘控制等。

4.4.2.3　设备的选择应用案例

（1）明确来料工艺

在选择具体的激光模切设备之前，需要先对来料情况和制造工艺进行确认。

① 确认来料的材质：三元材料、磷酸铁锂、钛酸锂等。

② 来料尺寸规格：涂覆幅宽、留白宽度、箔材厚度、涂层厚度、单侧/双侧极耳等。

（2）明确产品规格

① 确认产品收集规格：卷料收料或片料收料。

② 切割工艺：等间距切割、变间距切割、极耳变高度切割、是否需要切割 V/R 角。

③ 切割规格：模切宽度、极耳高度、极耳间距、极耳宽度、标记（mark）位置、分切宽度、热影响区、毛刺等。

（3）明确设备配置

① 功能配置：依据来料工艺及产品规格来确认设备整体配置要求，目前主流的收放卷配置包括单放单收、单放双收、双放双收或双放四收。再确认功能需求，功能需求包括标配功能和选配功能。

② 制定机械、电气、信息系统通用规范，并执行。

4.4.3　芯包卷绕设备

4.4.3.1　设备分类概述

（1）主流卷绕机分类

锂电池卷绕机是用来卷绕锂电池电芯的，是一种将电池正极片、负极片及隔膜以连续转动的方式组装成芯包的机器。卷绕机有正、负极送料单元，将正负极隔膜卷绕在一起的部分叫卷针。

依据卷绕芯包的形状类型不同，卷绕设备可以主要分为方形卷绕和圆柱卷绕两大类。方形卷绕可以细分为方形自动卷绕机和方形制片卷绕一体机两类，方形卷绕出来的电芯主要用来制作动力/储能方形电池、数码类电池等。不同种类的电池卷绕设备如图 4-79 所示。

(a) 方形制片卷绕一体机　　　　(b) 圆柱自动卷绕机　　　　(c) 方形自动卷绕机

图 4-79　不同种类的电池卷绕设备

依据卷绕机的自动化程度可以划分为手工、半自动、全自动和一体机等类型。按照制作的芯包大小可以划分为小型、中型、大型、超大型等。

表 4-5　卷绕机规格芯包尺寸对照表

卷绕机类型	小型	中型	大型	超大型
芯包宽度/mm	<30	30~100	100~210	>210

锂电池自动化生产设备的出现始于日本 Kaido 公司于 1990 年成功研发的第一台方形锂电池卷绕机。韩国 Koem 公司于 1999 年成功开发出锂电池卷绕机和锂电池装配机。随后锂电池自动化生产设备开始发展起来，但日韩始终处于领头羊的地位，凭借良好的技术与声誉

占据着市场的主要份额。国内卷绕制造设备始于 2006 年，从半自动圆形、半自动方形卷绕、自动化制片开始，之后是组合自动化制片卷绕一体机。

（2）卷绕工艺发展的困境

不可否认，基于多年的技术沉淀和积累，卷绕工艺在生产设备、技术工艺、效率、成本等方面都具有明显的优势，但在车规级动力电池对于标准化、大容量和大尺寸的需求趋势下，卷绕工艺已经开始"力不从心"。

下图显示的是卷绕电芯的标准结构特性，两端有圆角区域（图4-80）。在电池的充放电过程中，因为膨胀和收缩不一致，会导致极片与隔膜间隙变大，当此处的电解液不富裕时，将影响容量的发挥，长时间的使用会带来析锂安全问题。并且，随着能量密度提升的要求，负极逐步导入硅负极体系，由于硅负极极片膨胀大，卷绕式极组容易出现内圈极片断裂，影响电池使用寿命，限制了硅材料添加量。卷绕电芯变形及圆角区间隙变形如图 4-81 与图 4-82 所示。

圆角区

图 4-80　卷绕电芯圆角区示意图　　　　　图 4-81　卷绕电芯变形

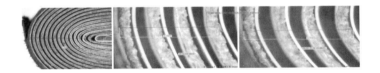

图 4-82　卷绕电芯圆角区间隙变形

（3）卷绕机未来发展方向

① 高速、高精度：卷绕极片的线速度由现有的 2～3m/s 发展到 5m/s，卷绕极片对齐精度由现有的±0.3mm 提升至±(0.1～0.2)mm。

② 高合格率：CPK 由 1.33 到 1.67，最终发展到 2.0 以上，达到免检水平。

③ 稳定性：提升平均无故障时间，由现有几十、几百小时提升至千、万小时的水平。

④ 设备实现数字化、智能化控制：卷绕张力、极片与隔膜的对齐度实现在线监控，卷绕参数和最终电池性能参数实现闭环优化，实现卷绕合格率提升。

⑤ 激光模切卷绕一体化：激光模切与卷绕工序结合实现设备集成一体化。

⑥ 高速卷绕机：通过隔膜连续匀速运动技术的突破实现卷绕效率的倍增。

4.4.3.2　设备原理、组成及关键结构

（1）卷绕机原理

主要用于方形电池或圆柱电池裸电芯的自动卷绕，设备采用两副或以上卷针、单侧抽针的结

构，卷料正负极极片和隔膜主动放卷、极片隔膜换卷、自动纠偏、自动张力检测与控制，极片由夹辊驱动机构引入卷绕部分，与隔膜一同按照工艺要求进行自动卷绕。卷绕完成后自动换工位、切断隔膜和贴终止胶带，成品裸电芯自动下料后，经过预压、扫码，良品成品裸电芯自动转移到托盘中再转移到后工序。不良品裸电芯自动卸料到不良品裸电芯收集处。其工艺流程如图 4-83 所示。

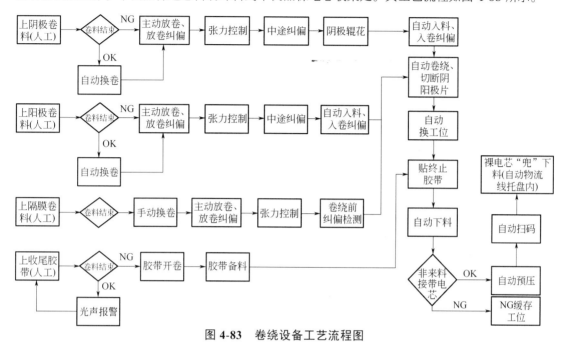

图 4-83　卷绕设备工艺流程图

（2）卷绕机理说明

① 预卷绕：正负极片初始送极片过程，该过程中正负极片是送极片电机以恒定的速度控制送料速度，需要控制卷针的旋转角速度与该送极片速度匹配。该过程涉及 6 个电机。其中涉及两类同步：隔膜的放卷速度与卷针速度的同步；送极片速度与卷针的速度同步。

② 卷绕过程：在完成了正负极片初始送极片过程后，正负极片被隔膜裹紧，并绕卷针缠绕一周后的卷绕。该过程中通过检测料卷的张力大小调整极片放料电机的放料速度，以保证卷绕过程中料卷的恒定张力。

卷绕过程示意图如图 4-84 所示。该过程涉及 6 个电机。其中涉及两类同步：隔膜的放卷速度与卷针速度的同步；极片放料速度与卷针的速度同步。预卷绕中的控制问题属于开环控制问题，两者之间是否真正的同步没有反馈量标定，这就要求我们建立准确的卷绕速度模型。卷绕中存在料卷的张力测量，可以在控制中采用闭环反馈控制技术。

另外，卷绕过程中，我们实际控制的是各电机转动频

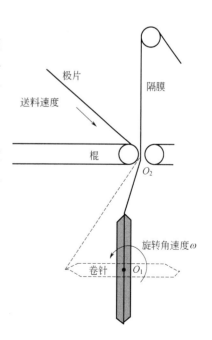

图 4-84　卷绕过程示意图

率，而实际速度是各料卷以及卷针卷绕实际半径的函数，该半径是动态变化过程。目前，在没有实际传感器测量的情况下，我们假设料卷一次上料后，中间半径的变化规律完全符合阿基米德螺旋线定律，不考虑其中人为换卷的影响。而且初始卷料半径通过程序预先设定。

③ 卷绕过程动态建模：由于预卷绕过程属于开环控制，准确的数学模型是决定所做系统成败的关键。

（3）设备组成及关键结构

设备主要模块清单包括：极片/隔膜自动放卷模块，极片/隔膜换卷模块，自动纠偏模块，导辊模块，极耳导向抚平模块，主驱模块，张力控制模块，张力测量/显示与储存模块，极片入料模块，隔膜除静电装置，极耳打折/翻折及极片破损检测模块，CCD 在线检测模块，极片切断模块，除尘系统，极片和隔膜不良品单卷与剔除模块，卷绕头组件，隔膜切断模块，隔膜吸附模块，贴终止胶带模块，自动卸料模块，裸电芯预压模块，下料模块，设备框架和大板模块。

卷绕机布局示意图如图 4-85 所示。

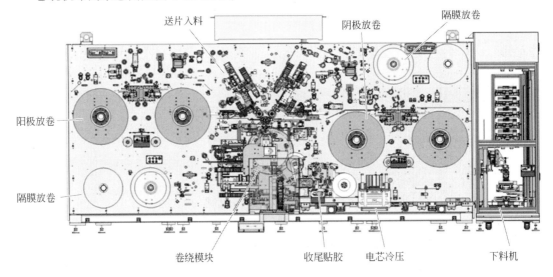

图 4-85　卷绕机布局示意图

关键结构如下：

① 极片/隔膜自动放卷系统：由极片/隔膜自动放卷轴、接带组件、放卷纠偏等组成。实现由极片/隔膜卷料的固定、自动放卷、极片自动换卷等功能。放卷轴采用机械或气动胀紧方式，辅助块规、边缘检测等机构便于快速定位。

② 自动纠偏模块：由多级纠偏机构组成，纠偏方式可采用挂轴移动、导辊摆动、夹辊驱动等多种纠偏方式。通过对物料走带边缘实时检测、控制和显示，实现物料边缘在走带过程中实时修正。传感器位置设置避免粉尘堆积，影响边缘值检测的准确性。主要参数放卷纠偏精度±0.2mm，过程纠偏精度±0.1mm。

③ 张力控制系统：由张力检测传感器、张力执行机构和显示储存模块组成。张力执行机构包括直线电机、低摩擦气缸或伺服电机等。张力检测机构尽可能靠近卷针机构。通过有效

地控制物料走带张力，可以实现逐圈张力设置、调控的功能。要做到精准控制，不能因卷绕张力问题造成裸电芯变形。

卷绕过程中，随着卷径的逐渐加大，为保证电芯的紧实度，张力会逐渐加大。在每一圈极片内，需控制张力的波动在一定的范围内。单圈内极片、隔膜张力波动情况如图4-86所示。

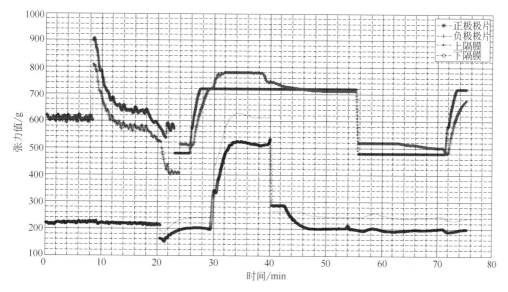

图 4-86　极片单圈内极片、隔膜张力波动情况

④ 极片入料模块：由正负极夹辊驱动机构、送料机构组成，完成卷绕前极片的入料。卷绕过程中入料位及物料间相对位置不发生变化，入料夹辊和卷入前的极片自由长度在保证入料和收尾的前提下越短越好。极片入料处具备入料吹气导向功能，并使用数显式气压监测，吹气和导向方向角度可调并配有角度刻度盘。同时入料有效、低噪声、无污染、倾斜角度方便量化调节。

⑤ 极片切断模块：由正负极极片压紧、切断机构组成，可实现自动检测极片尾部 mark 孔（激光模切制作），数到设定极耳数后，或通过识别极耳间距，再走完定长切断极片，还可实现计长切断极片的功能。切刀刃部建议采用钨钢等硬质材料，且动刀刃部和定刀刃部都有角度要求。另外，切刀位需要有隔离防护挡板和警示标识，同时做防粘处理。

⑥ 极片和隔膜不良品单卷与剔除模块：由伺服电机、联轴器、直线导轨机构组成，并通过程序设置完成单独剔除功能。实现不良正负极极片独立无隔膜单卷和隔膜单卷剔除功能。当检测到正负极极片不良时，可自动实现与隔膜一起卷绕剔除，也可实现独立分别剔除。不良品采用独立机构卸料至坏品盒内。无隔膜单卷过程中极片不与其他部件产生干涉或摩擦，不影响下一个物料的纠偏。

⑦ 卷绕模块：由双工位或多工位机构设备双伺服电机或多伺服电机驱动机构，对应2套或多套卷针机构。同时配置换工位后转塔锁紧、定位机构。实现电芯的卷绕和不同卷绕工位的自动转换，并能实现恒线速度卷绕。可以实现正极或负极先入料卷绕、正负极同时入料卷绕的功能。

在卷绕电芯制作过程中，防止电芯内部褶皱的产生是非常重要的事项。电芯内部的褶皱将导致电池在实际使用过程中的局部析锂，从而带来非常大的安全风险。

针对褶皱的产生，存在卷绕褶皱定律：针对不同的卷针，卷绕芯包层间会存在褶皱的可能。产生褶皱的原因是当极片在卷针逐圈积累过程中，极片层间增大半径δ，同时极片的积累长度也会增大，当极片的积累周长长度增大变化率与卷绕半径增长率不相等时，卷绕抽针芯包压扁后，内部极片将产生褶皱现象，这就是卷绕褶皱定律。

一般菱形卷针由于结构特性，在卷绕过程中极片张力波动较大，卷绕过程中极片周长增长率与半径增长率不一致，从而会导致层间褶皱现象的产生。相比较来说，椭圆形、类圆形、圆形卷针就不存在褶皱的问题。不同类型卷针对比见表4-6。

表4-6　不同类型卷针对比表

卷针类型	示意图	相关性能参数对比
菱形卷针		1. 芯包压扁后层间有非等比收缩，卷绕过程中极片波动较大，层间有褶皱； 2. 菱形卷针张力控制波动低，在±30%以内； 3. 最大卷绕速度800mm/s； 4. 易断带，易打皱，极片对齐度难以保证； 5. 极片入片波动大，难以采用CCD在卷绕位进行检测
椭圆形卷针		1. 芯包压扁后层间等比收缩，卷绕过程中极片波动较小，层间舒展无褶皱； 2. 张力控制波动±20%内； 3. 稳定运行速度1500mm/s； 4. 极片入片波动大，难以采用CCD在卷绕位进行检测
类圆形卷针		1. 芯包压扁后层间等比收缩，卷绕过程中极片波动较小，层间舒展无褶皱； 2. 张力控制波动±（10%～15%），极片容易产生褶皱； 3. 最大速度1500mm/s，再快容易断
圆形卷针		1. 芯包压扁后层间等比收缩，卷绕过程中极片波动微小，层间舒展无褶皱； 2. 张力控制波动低，可达到±3%内； 3. 卷绕速度大幅提升可达到3000mm/s以上； 4. 物距变化小，可采用CCD在卷绕位进行检测

⑧ 隔膜切断模块：由热切刀机构和防护机构组成，可按照产品所需隔膜长度将隔膜切断。切刀部位需要有高温及刃部安全防护和警示标识，同时有隔热装置。具有吹气和转塔主轴抚平辊抚平切断后隔膜、防止隔膜打皱的功能。在隔膜切断后需要立刻吸附隔膜，防止由于隔膜静电大而造成隔膜卷曲，最终导致隔膜收尾不良。

⑨ 终止胶带粘贴模块：由自动备胶、胶带mark孔感应器、贴胶辊等组成。卷料胶带开卷后按所需长度自动备好胶带，自动检测胶带mark孔，贴在裸电芯侧面拐角处或收尾处。终止胶带粘贴机构设计成带有自适应性的结构，胶带的粘贴位置可根据裸电芯在卷针上的位置变化而进行调整。胶带放卷机构具备主动放卷功能且具有除静电功能。

⑩ 预压下料模块：由裸电芯卸料机构、裸电芯预压、裸电芯下料转移机构等组成。自动从卷针上面下料，在良品裸电芯运输过程中实现对裸电芯的预压，预压后对电芯表面的二维码进行扫码绑定信息，然后由传输皮带将电芯转移到下料机。与裸电芯接触的压板需防粘电芯处理，同时具有预压压力感应器，不损伤裸电芯。

⑪ 除尘系统：由正负极片切刀处除尘装置、毛刷装置、除静电组件、正负极片/隔膜磁棒、分离式防尘外罩、FFU系统等组成。吸取或除去极片、隔膜和裸电芯表面粉尘以及防止

环境粉尘进入裸电芯。并且除尘器进/出风管采用阻燃、防静电材料，管内壁光滑，滤芯为防静电材质，进出风管避免直角拐弯。整体式封闭防尘外罩采用分隔式透明外罩和隔板，隔离出不同区间，即正负极极片区、隔膜区、卷绕区、卸料区，以防止物料间粉尘相混及外部粉尘的混入。同时通过使用 FFU 控制设备内部的空气流向，始终保持卷绕机内部呈略高于外界的正压状态。所有旋转连接件、扣合件、盖板和拉带配合位置等摩擦碰撞发生区域，应使用金属和非金属配合或全非金属材料配合。需采用禁铜气动元件以及非铜/锌材质以及无铜/锌表面处理的配件，防止金属铜、锌粉尘的产生和污染。

负压吸尘管路汇集到一个吸尘总管后引出设备，整个流场经过仿真模拟，进风管道风速有一定的要求，同时避免直角拐弯，如果弯管大于 45°需要检修口。

⑫ 极片过程检测系统：由多套高分辨率工业相机、机械视觉光源、安装机构、工控机及显示器等组成。视觉 CCD 相机拍取电芯四个角位的阴极极片、阳极极片与上下隔膜和既定标示之间位置的图片，通过 PC 机器视觉软件分析物料边缘或分界边与标示位置的二维距离，再通过计算机运算实时得到同一圈阳极与上隔膜、同一圈阴极与阳极、同一圈阴极 AT9 与阳极、同一圈下隔膜与阴极、上一圈阴极与下一圈阳极的错位值，并实现实时以散点连接曲线和图层显示在显示器或触摸屏上。同时系统对电芯错位值进行处理，计算出每个裸电芯层与层之间错位值的最大值、最小值、平均值等，检测范围为电芯第一圈至最后一圈全检。

CCD 检测示意图如图 4-87 所示。

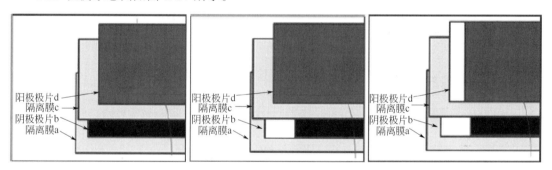

图 4-87 CCD 检测示意图

检测系统安装在卷绕机卷针外侧附近，不影响设备卷绕部件的动作及操作，角度及离大板距离连续可调。结构件需强度高、安装牢固，不对测量精度产生影响。相机和镜头同时有防撞设计，避免意外碰撞导致的结构件位置变动或损坏。

4.4.3.3 设备选择与应用案例

（1）明确来料工艺

确认来料兼容要求：正负极极片宽度、厚度范围、波浪边、蛇形弯、料卷卷径、卷筒内径等参数。

（2）明确产品规格

① 确认兼容裸电芯规格，主要参数包括电芯厚度、宽度、高度等（表 4-7）。

表 4-7　电芯规格示例

范围	厚度 T/mm	宽度 W/mm	高度（含极耳）H/mm	极耳中心/mm	极耳宽度/mm	极耳高度/mm
最小值	10	120	80	50	20	15
最大值	45	305	230	180	70	45

电芯尺寸如图 4-88 所示。

② 明确贴胶工艺，采用单面贴胶或双面贴胶方式。明确胶带的宽度、贴胶长度等尺寸。

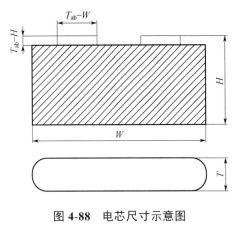

图 4-88　电芯尺寸示意图

（3）明确设备配置

① 功能配置：依据来料工艺及产品规格来确认设备整体配置要求，放卷配置包括正负极双放卷及自动换卷功能，隔膜双挂轴放卷，人工换卷；纠偏控制包括极片过程三级以上纠偏。卷绕头采用直驱驱动方式，卷针种类采用菱形卷针、椭圆卷针或圆形卷针，卷针数量采用双卷针或三卷针。卷针下料采用双夹爪方式进行下料。电芯下料后进行电芯预压，再进行下料流转。

② 制定机械、电气、信息系统通用规范并执行。

4.4.4　芯包叠片设备

4.4.4.1　设备分类概述

（1）叠片应用背景

动力电池目前的主流生产工艺，无论是以特斯拉和松下主导的圆柱路线，还是以三星、CATL 主导的方形路线，仍还在沿用数码锂电时代的卷绕制造工艺。但在车规级动力电池对于大容量、大规模、标准化要求的趋势下，对制造一致性、制造质量、制造安全性的要求越来越高，卷绕工艺存在的问题逐步显现出来。在此背景下，叠片工艺具备接触界面均匀、内阻低、能量密度高、倍率特性好、极片膨胀变形均匀等综合特点，已经成为未来电池结构发展的重要趋势。

叠片工艺生产电芯的特点是尺寸灵活，不受卷绕卷针结构的限制，层叠方式生产，极片的界面平整度高，未来在车规级动力电池领域将得到广泛应用。数据显示，和传统卷绕工艺电池相比，叠片工艺的电池边角处空间利用率更高，能量密度可提高 5% 以上；全生命周期更低变形和膨胀，循环寿命提升 10% 以上；边缘结构更简单，结构适应性更好，电池安全性更高。

尽管叠片工艺对于动力电池性能的提升优势明显，但摆在产业链企业面前的现实问题是，受制于设备、工艺、制造、效率等的瓶颈，叠片工艺在实际的产业化应用中还面临着诸如毛刺、粉尘控制等难题，需要在未来制造技术发展中不断突破。目前的主要叠片制造工艺可以分为两大类：Z型叠片和复合叠片。

（2）主要叠片工艺说明

Z型叠片可以分为单工位Z型叠片机、多工位Z型叠片机、摇摆式Z型叠片机和模切Z叠一体机。从电芯结构工艺角度，由于Z型叠片的机理是隔膜材料的往复高速运动再配合叠台的压针动作，这个过程避免不了会出现电芯内部界面较差的问题，同时出现隔膜拉伸变形不均匀，变形破坏的风险更高。从制造角度，Z型叠片需要下料和尾卷的辅助时间，这在电芯制造过程中会对效率产生较大的影响。Z型叠片提升效率的方式除了单工位效率提升外，一般采用多工位的制作方式来提升效率。但是多工位Z型叠片机存在较复杂的极片调度系统，整机的实际利用率较低。

复合叠片可以分为复合卷叠机、复合堆叠机和复合折叠机。复合叠片的基础需要使用双面涂胶隔膜，包括水系或油系隔膜。通过压力和温度将极片与隔膜黏附在一起形成复合单元，再使用不同的方式进行电芯成型。同时复合叠片技术较适合用于未来半固态或全固态电池的制作。

复合卷叠技术（图4-89）适用于尺寸较小的叠片电芯，先制作3层或5层复合单元，再将复合单元放置到隔膜上进行二次复合，最终通过卷叠的方式成型。整个工艺流程需要2~3台单机来完成叠片工作，工艺复杂。同时复合单元间需不等间距布置，电芯整体对齐度较差。

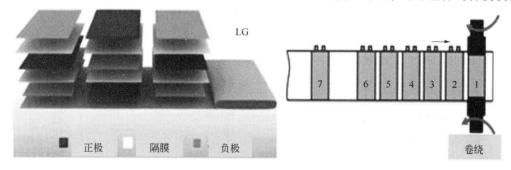

图4-89　复合卷叠技术

复合堆叠技术（图4-90）规避了复合卷叠的问题，简化了制造工艺，可以在一台设备内实现叠片电芯的制作。先制作4层复合单元，将复合单元切断再将复合单元通过机械手堆叠。复合单元隔膜切断后会带来翻折风险，可能导致结构安全性风险。

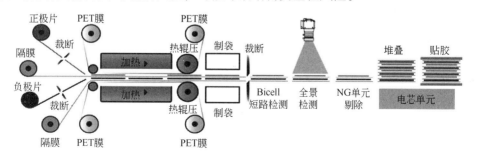

图4-90　复合堆叠技术

复合折叠技术 (图 4-91) 将极片与隔膜复合后通过连续的隔膜折叠完成叠片电芯的制作。解决了 Z 叠、复合卷叠和复合堆叠的问题，同时可以实现高速叠片制造。

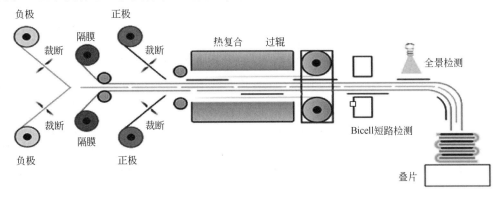

图 4-91　复合折叠技术

复合折叠核心技术包括：

① 通过采用 4 组切刀交替对阴阳极精准追切，并采用极片预热和带清洁辊的碾压辊方式，无麦拉耗材完成连续复合片的制片。解决了传统叠片机在麦拉耗材上的高成本，以及切刀裁切速度低的问题。

② 通过设计随叠片厚度变化的自适应升降叠台，实现叠片过程无间断、无下料辅助时间，单叠台叠片效率达到 480PPM 以上，较传统叠片效率有大幅提升。

叠片电芯设计间隙、落叠技术如图 4-92 所示。

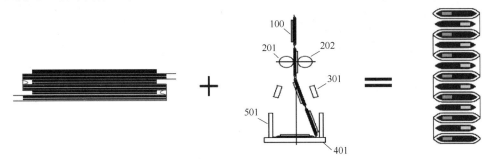

图 4-92　叠片电芯设计间隙、落叠技术

③ 采用 CCD 视觉检测系统，对复合片及整个电芯叠片过程和数据自动检测闭环，实现叠片芯包制造质量全数字化、智能化监控。

叠片分类及优缺点见表 4-8。

表 4-8　叠片分类及优缺点

类型	Z 型叠片	复合卷叠	复合堆叠	复合折叠
优点	单机价格低	电芯性能好	电芯性能好	电芯性能好、效率高，合格率高
缺点	1. 效率低下； 2. 电芯内部及隔膜尾卷褶皱； 3. 制造合格率低	1. 叠片工序需 2~3 台设备； 2. 不适合大电芯制造	电芯存在结构安全风险	—

（3）叠片技术发展趋势

① 单机效率提升：由单机 1GWh 能力逐步往 2GWh、4GWh、8GWh 提升。

② 产品合格率提升：由现有的 99%逐步往 99.5%、99.9%、99.99%发展，同时产品的一致性 CPK 由 1.33 逐步提升至 2.0 以上。

③ 设备稳定性提升：MTBF 逐步发展到数千万小时。

④ 智能化一体化。

叠片机设备核心指标路线图如图 4-93 所示。

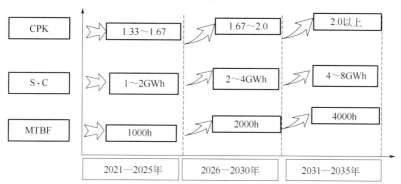

图 4-93　叠片机设备核心指标路线图

S·C—单工作台产能

4.4.4.2　设备原理、组成及关键结构

（1）设备原理

① Z 型叠片机：此设备完成动力电池的自动叠片、贴胶及自动下料功能。隔膜主动放卷，经过渡辊、垂直张力机构引入主叠片台。主叠片台带动隔膜前后往复运动，呈 Z 字形折叠并放置极片。正负机械手分别从正负极片盒内取出极片，经次定位台定位，精确叠放在主叠片台上。在叠放至设定片数后，停止叠片，完成尾卷、贴胶后，自动下料到后工序。其设备流程图如图 4-94 所示；主要性能指标见表 4-9。

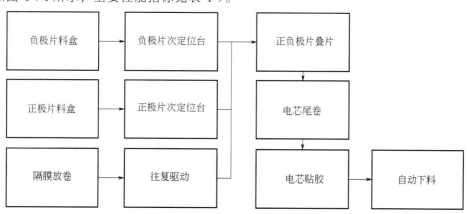

图 4-94　Z 型叠片机设备流程图

表 4-9　Z 型叠片机主要性能指标

项目类型	参数
叠片速度/（s/片）	0.6～1
单片对齐精度/mm	±0.2
极片整体对齐精度/mm	±0.3
料盒宽度可调范围/mm	±10（可调）
单个电芯完成辅助时间/s	8～10
装一次极片工作时间/h	0.5
叠片数量	可设定
外包隔膜	隔膜圈数可调
收尾方式	自动贴胶（侧面）

　　② 复合叠片机：用于实现高速全自动叠片工艺，主要包含正负极片与隔膜放卷机构、极片裁切与除尘机构、极片隔膜热复合机构、叠片平台、电芯热压、贴胶、称重、贴二维码与扫码机构等。其设备流程图如图 4-95 所示；主要性能指标见表 4-10。

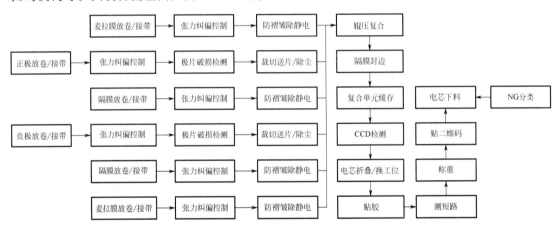

图 4-95　复合叠片机设备流程图

表 4-10　复合叠片机主要性能指标表

项目类型	参数
叠片速度	≤0.125s/单片 叠片台换工位辅助时间：≤3s
设备稼动率	≥98%
产品优率	≥99%（仅由设备或设备故障造成的）
电芯整体对齐度	≤±0.5mm
外观要求	极片和隔膜无褶皱
极片毛刺控制要求	纵向毛刺不超出涂层区，横向毛刺≤20μm

（2）设备组成及关键结构

Z 型叠片机，主要部件构成包括：

① 机架系统：包含机架主体、大板（安装板）和人机界面组件。机架主体对整台设备起到支撑固定作用；大板（安装板）为其他系统提供统一的安装平面及安装基准；人机界面组件控制设备的运作。

② 正/负极片盒组件：极片料盒具有毛刷装置，极片随机械手抓取后，料盒底板及极片具有自动上升功能；更换料盒方便定位，一次上料可以工作 0.5h 左右；料盒具有吸尘功能。

③ 隔膜放卷组件：隔膜通过马达自动放卷，浮辊自动张紧隔膜，隔膜放卷具有整体纠偏功能。

④ 负极片二次定位组件：在二次定位装置中，采用 CCD 视觉定位，保证极片定位精度；此组件具有吸多片检测功能，检测到吸多片后，自动停机报警；具有吸尘功能。

⑤ 叠片台组件：此组件由四组气缸交叉压住叠片极片，叠片台前后移动到正、负极片叠片的工作位置，此叠片台有伺服马达控制叠片台上、下移动，以满足电芯的厚度。

⑥ 机械手组件：机械手左右移动采用伺服电机加精密丝杆控制，保证重复定位精度；前机械手上下取料采用伺服控制，后机械手取片采用气缸和真空吸盘，可保护极片。

⑦ 隔膜切断组件：当电芯被夹持到卷绕位置完成前段卷绕时，切隔膜组件移动完成隔膜的切断。

⑧ 电芯贴胶组件：电芯隔膜自动尾卷，卷绕圈数可设定，尾卷后自动贴胶。电芯贴胶采用贴侧面胶带方式，侧面贴 3 条胶带，首尾各贴一条胶带（图 4-96）。

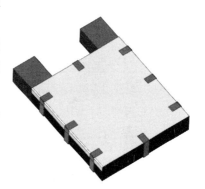

图 4-96　贴胶示意图

⑨ 电芯下料组件：自动下料到下料平台，人工取电芯。

复合叠片机，主要部件构成包括：

① 机架系统：机架主体对整台设备起到支撑固定作用；大板（安装板）为其他系统提供统一的安装平面及安装基准；触摸屏组件控制设备的运作；设备配置防尘罩，且防尘罩便于装卸极片、隔膜；设备顶部设置状态指示灯（红：故障；绿：运行；黄：待机）；设备设计考虑人体工程学，保证操作的舒适性及合理性。

② 放卷系统：极片放卷正负极各 2 套，隔膜放卷各 1 套；放卷轴需提供主动动力，具备正反转功能，采用气胀轴方式，固定方式考虑安全性，适配极片卷径≤700mm，有效荷重≥550kg；适配隔膜卷径≤450mm，有效荷重≥70kg。执行放卷动作，通过纠偏控制和张力控制实现稳定放卷，保持速度和位置稳定，避免低速放卷时出现摩擦震动；放卷轴采用主动动力稳定速度，采集张力传感器反馈调整匹配牵引速度。

③ 张力控制系统：能有效控制物料走带张力，并能够实现张力设置、调控的功能；张力大小由直线电机、低摩擦气缸或伺服电机等机构控制；可实现变张力功能，张力值在触摸屏直接设定。极片放卷张力 200～1000g 可调，张力波动范围≤±5%；隔膜放卷张力 50～500g

可调，张力波动范围≤±5%。

④ 极片来料缺陷检测：需要阴阳极片进行缺陷检测，黄标极片需要挑出，接带极片需要挑出，极片裁切时不能切到接带，接带颜色分为 2 种：蓝色、绿色。缺陷黄色；来料极耳打折不能进入涂覆区；极片边沿破损深度≤2mm；极片边沿破损宽度≤0.5mm。

⑤ 麦拉膜收放卷系统：采用气动胀紧方式装夹上料，配有放卷纠偏装置，纠偏精度±0.2mm；具有张力控制系统，张力范围 50～1000g，张力波动范围±10% 以内；具有除静电装置；尾部具有缺料标识，检测后报警提示换料；配备接带平台；麦拉膜收卷纠偏，收卷对齐度±1mm；设备兼容取消使用麦拉膜功能。

⑥ 纠偏系统：对物料走带边缘实时检测、控制和显示，物料边缘在走带过程中实时修正；阴阳极片均采用多级纠偏机构，可采用挂轴移动、导辊摆动、夹辊驱动（夹辊压力可量化调节）等多种纠偏方式；隔膜采用放卷处一级或以上的纠偏机构，可选用挂轴移动等纠偏方式；边缘检测传感器需尽可能避免从下往上检测而落粉尘，影响边缘值的准确性；放卷纠偏精度≤±0.2mm，过程纠偏精度≤±0.1mm。

⑦ 极片裁切、送料系统：裁切刀总寿命≥500 万次，单次寿命≥50 万次，可修磨 10 次，切刀寿命在线监控；极片横向毛刺≤20μm，纵向毛刺不超出涂覆区，极片漏箔区≤200μm；裁切处安装有效的除尘机构，极片表面无≥100μm 的颗粒；配备极片废料盒，对于贴有 2 个黄标之间的一段极片进行剔除（来料极片，漏金属段前贴一个黄标，后贴一个黄标）；阴极片与阳极片的距离要实时监控，与裁切送片实现闭环控制；裁切刀组件能快速拆卸，裁切刀都应装一备一；极片入隔膜时应有纠偏功能，保证极片的位置；极片裁切片宽精度≤±0.15mm，阴阳极对齐度≤±0.2mm，阳极间间隙精度≤±0.2mm。

⑧ 热复合系统：烘箱加热方式为上下加热，上下至少各有 6 组加热，每组加热单元可独立控制，至少 12 个温度监控点；加热温度范围室温至 120℃，温度可设置 0.1℃，温度均匀性≤±3℃；复合后阴极无脱落、位移现象。复合单元厚度偏差≤±5μm（排除来料波动）；复合辊表面硬度 HRC≥62，辊表面粗糙度 R_a≤0.2，表面镀硬铬处理。复合辊寿命不低于 3000 万米，进行防粘辊处理；复合辊压力控制范围≤600kg，压力精度±2.5%。辊间隙可调范围≥1.5mm，间隙可调整精度 0.01mm；实时监控复合辊压力和间隙值，超过设定值后，报警停机；复合后隔膜与阴阳极片边界结合处无割裂或破损；PET 膜需选用不易粘涂胶隔膜的材料；如不选用 PET 膜，热辊应做除尘处理，防止粘涂胶隔膜。

⑨ 叠片平台：具有至少单工位叠片台，换工位辅助时间≤3s；复合单元通过吹气单元等实现电芯折叠，电芯在叠片台折叠过程中位置不偏移；整体电芯对齐度±0.5mm；隔膜切刀装一备一；叠片完成后，电芯取料夹把裸电芯输送至热压工位，夹子采用不损伤产品的材质。

⑩ 贴胶机构：胶纸宽度为 20mm，胶纸芯包采用 3in，胶纸直径≤150mm，胶纸厚度0.05～0.06mm，单卷换胶时间≤30s；长边贴 5 道胶，短边贴 1 道胶，四边共贴≤12 道胶，胶带长度、贴胶位置可调整，贴胶后胶带无褶皱；胶纸无脱落和打皱现象，具备备胶不良的真空检测和报警功能；过辊和拉胶做防粘处理。

⑪ Hi-pot 测试机构：需要检测电芯的正负极之间的电阻；测试仪为日置 ST5520；

电阻值要求≥10MΩ；电阻测试标准时间 4s；放电时间 1~2s；需要有 Hi-pot 测试 NG 工位。

⑫ 称重机构：对电芯进行自动称重，电子秤最大量程 6kg，测量精度±0.5g。

⑬ 贴二维码扫码机构：二维码胶纸本身带有二维码；贴胶位置在电芯的大面的中间位置（位置可以有偏差，设备能扫码即可）；胶纸宽度为 25mm，胶纸长度为 16mm，胶纸芯包采用 3in，胶纸直径≤150mm；需要有扫码 NG 剔除工位。

⑭ 下料机构：电芯放置在绿色皮带上；皮带工作面高度（900±50）mm；电芯堆叠 3 层，走步距的方式从设备内部输送出来给人工取料；需要配备 2 个手持式真空吸盘，吸盘吸住电芯大面取料；皮带需要自清洁机构，防止粉尘污染电芯；NG 电芯自动挑出分类存放，每个 NG 缓存数量≥5 个；预留对接下料托盘物流线接口。

⑮ 粉尘控制：整体式封闭防尘外罩采用分隔式外罩和隔板或不锈钢隔板，隔离出不同区间（隔膜区、正负极极片区、麦拉膜区、卸料区），以防止物料间粉尘相混及外部粉尘的混入，同时，通过洁净风风机装置输入洁净风（和设备触摸屏电源联动），控制并引导叠片台的空气流向（洁净风流动区间无额外增加的挡板），而始终保持叠片台内部呈略高于外界的正压状态。

防尘罩框架可采用铝型材；金属防护门和金属门框切合位置，应设计非金属缓冲层，杜绝切合位置的金属碰撞。采用禁铜气动元件，非铜、锌材质以及无铜、锌表面处理的配件，防止金属铜、锌粉尘的产生和污染。

具备极片表面除尘功能，采用非接触式。极片切刀切断处有负压吸尘装置。极片和隔膜均有磁棒除铁（磁场感应强度>4500Gs，1T = 10000Gs）。

负压吸尘管路统一汇集到一个吸尘总管后由设备顶部引出，且吸尘总管截面积不小于各分管截面积之和，管径、走向布局设计合理，由阀岛控制管路气流开启，与真空源管道进行对接，卖方除尘结构及接口设计需经过购买方审核确认，满足购买方集中除尘系统需求。

吸尘管道内壁光滑，不积料，减少弯头及管内焊缝。

所有旋转连接件、扣合件、盖板和拉带配合位置等所有摩擦碰撞发生区域，使用金属和非金属配合或全非金属材料配合。

4.4.4.3 设备选择与应用案例

（1）确认兼容裸电芯规格

确认兼容裸电芯规格，主要参数包括电芯厚度、宽度、高度等（表 4-11）。

表 4-11　电芯规格示例

范围	厚度 T/mm	宽度 W/mm	高度（含极耳）H/mm
最小值	5	80	150
最大值	35	300	600

(a) 双侧出极耳　(b) 单侧出极耳

图 4-97　电芯示意图

（2）明确贴胶工艺及二维码方式

确定胶带的宽度、贴胶长度等尺寸。电芯示意图如图 4-97 所示。

（3）明确设备配置

① 功能配置：依据来料工艺及产品规格来确认设备整体配置要求，放卷配置包括正负极双放卷及换卷功能、隔膜双挂轴放卷及换卷；多组正负极极片裁切送片；采用对辊式复合辊进行隔膜极片复合；再使用短路测试仪进行单元检测以及 CCD 尺寸检测；完成检测将不良产品进行剔除，检测合格后的单元完成叠片电芯的制作；使用热压平台完成电芯的整体热压，再经过 U 型包胶成型；对电芯贴二维码胶带后进行。

② 制定机械、电气、信息系统通用规范并执行。

4.5　电芯装配设备

4.5.1　圆柱电池装配线

4.5.1.1　设备主要功能及描述

（1）圆柱锂电池发展现状

圆柱锂电池也称为圆形锂电池，最早是由日本 SONY 公司于 1992 年发明的 18650 锂电池，其历史相当悠久，采用较为成熟的卷绕工艺，自动化程度高，产品质量稳定，成本相对较低，目前已大面积普及与广泛应用。

圆柱 18650 电池是被研究得最多、技术讨论最充分的电池品种。单体主要由正极、负极、隔膜、正极负极集电极、安全阀、过流保护装置、绝缘件和壳体共同组成。壳体，早期钢壳较多，当前以铝壳为主。其内部结构如图 4-98 所示。

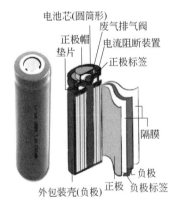

图 4-98　圆柱电芯内部结构

（2）圆柱锂电池装配设备

近几年，随着新能源汽车市场的再一步扩大，以及消费者对续航里程要求的不断提高，车企对动力电池在容量、生产成本、储能寿命和产品附加属性等方面都提出了更高的要求。在原材料领域尚未获得巨大突破的前提下，适当增大圆柱锂电池的尺寸以获得更高能量密度便成为一种生产的主要方向。

如今锂电池正在往安全性以及标准化的方向发展，设备的高精度、高效率、系列化以及高自动化生产线将成为行业发展的大方向。本节提供一种锂电圆柱电池自动化生产线，实现高效自动化生产，大大节省人力成本，极大提高产能和产品质量及成品率，为客户实现利益最大化。全自动化和智能化的锂电池生产设备将在保证锂电池生产工艺的基础上，使生产出的锂电池具有较好的一致性，高的安全性能和直通良率，从而降低生产成本。

图4-99为圆柱电池的装配工艺流程图，实现了从卷芯到电芯焊接封口整个流程的自动化生产。圆柱电池装配线用于实现圆柱锂离子电池的电芯输送、电芯与钢壳的装入、（-）Tab与钢壳底部焊接、钢壳滚槽、Hi-pot、X射线检测、盖帽焊接、注液、封口、清洗、套膜装盒。所以整个圆柱电池装配线设备包括以下设备：卷芯上料机构、J/R与B/I插入机、Tab焊接与缩口机、T/I插入机、辊槽机、短路检测、注液机、（+）Tab焊接机、封口机等，后面一一重点介绍这些设备。

图4-99　圆柱电池装配工艺流程

（3）圆柱电池装配产线未来的发展趋势

圆柱电池生产线使用时间比较长，相应的技术已经非常成熟，现有的装配线设备也大同小异。未来的发展趋势，除了从材料方面继续改善，找到高性能的电芯材料外，对于电池装配生产线而言，效率、成本等依然是动力锂电池未来发展的方向，对现有市场发展概况总结后有以下几点值得关注：

① 电池本体的性能方面，比如电池尺寸、能量密度等越来越大。

② 装配生产效率，在保证设备成本改动不大的情况下，不断改善生产效率；现有的圆柱锂电池装配效率可达到120PPM，甚至更高。

③ 电池装配线的自动化程度，显而易见自动化程度高，人工成本减少了很多，同时生产的良率更容易控制。合理控制每个工序的制作时间，从而有效缩短锂电池的生产时间，而且极大改善了工人的劳动强度大和生产成本高的问题。

④ 人机工程方向，设备易操作、易维修更是要关注的一点，保证设备操作的灵活性。

⑤ 缩短生产周期，提高产品质量，降低生产成本是未来整体发展方向，模块化技术的应用是自动化设备深度优化的目标。

（4）圆柱锂电池生产装配线的设计

对于圆柱电池产线的设计，针对客户提出的要求会有不同的设计，根据在生产过程中遇到的问题及相应的实践，主要要从以下几个方面去考虑：

① 产品的工艺：包括电池的大小、极耳的大小、焊接的厚度等。

② 厂房空间大小：据此安排生产线设备的具体位置，以及要优化的机构等，还要考虑人机工程，人工操作的方便性，以及后期维护的可操作性。

③ 设备的设计：结构越简单越好，这样更容易操作。

④ 生产线中节拍的分配：重点考虑瓶颈工位的效率，如果效率达不到，考虑将单工位改为双工位甚至多工位，同时高的安全性能和直通良率也是重点关注的点。

⑤ 产品定位方式：对于客户不同的需求，采用不同的产品定位方式，比如侧边定位、以两边为基准定位、夹具定位等。

⑥ 粉尘防止装置：圆柱电池装配线设备中基本都是每个需要除尘的设备中都有相应的除尘设施，比如集尘器、毛刷等。

⑦ 质量检测：整套装配线中会涉及 CCD 检测、电芯测厚检测、绝缘检测、短路检测等。

⑧ 生产线的外观的一致性：保持整套设备的美观。

4.5.1.2 设备组成及关键结构

（1）卷芯上料机

圆柱锂电池的关键来料就是卷芯（极组），它是电池性能的重要保障之一，其制作工艺技术已经研究成熟，因此不再继续阐述。着重关注从卷芯（极组）开始装配的设备流程，圆柱锂电池的装配线从卷芯上料开始，包括卷芯（极组）托盘投入、输送线运输、卷芯（极组）供应、空托盘堆叠、排出、卷芯（极组）装入托杯、托杯输送等工序环节，整个过程对卷芯（极组）的定位要求准确，以及卷芯（极组）装入托杯的高精确度，卷芯（极组）上料的效率也是设备重点考虑的地方，提高自动化程度与生产效率是市场、企业对未来设备的要求方向。

图 4-100　卷芯上料设备

具体的工序流程在后面会配合相应的设备详细介绍。

图 4-100 是利用 16×16 的极组（卷芯）专用托盘进行极组供给，具体流程如下：人工通过小车（或者托盘输送线）的方式将托盘投入到设备入口处，设备自动将托盘进行输送、分盘、定位，使用机械手将托盘中的极组取放到

极组专用托杯中，为极组入壳设备进行供料，具体的工艺流程如图 4-101 所示。

设备每个工位完成的具体动作包括如下步骤：①卷芯托盘供给；②托盘升降机；③托盘移送；④卷芯移送；⑤卷芯移送传送带；⑥卷芯直径检查。

卷芯上料设备布局如图 4-102 所示。

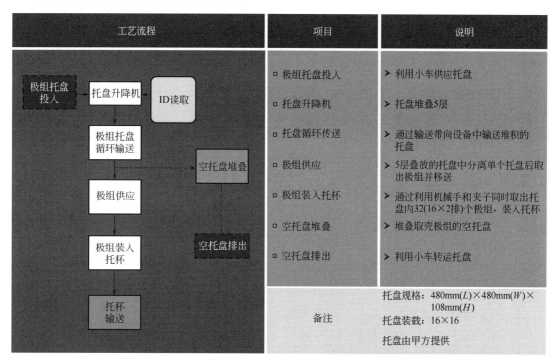

工艺流程	项目	说明
	□ 极组托盘投入	➤ 利用小车供应托盘
	□ 托盘升降机	➤ 托盘堆叠5层
	□ 托盘循环传送	➤ 通过输送带向设备中输送堆积的托盘
	□ 极组供应	➤ 5层叠放的托盘中分离单个托盘后取出极组并移送
	□ 极组装入托杯	➤ 通过利用机械手和夹子同时取出托盘内32(16×2排)个极组，装入托杯
	□ 空托盘堆叠	➤ 堆叠取壳极组的空托盘
	□ 空托盘排出	➤ 利用小车转运托盘
	备注	托盘规格：480mm(L)×480mm(W)×108mm(H) 托盘装载：16×16 托盘由甲方提供

图 4-101 卷芯（极组）设备工艺流程

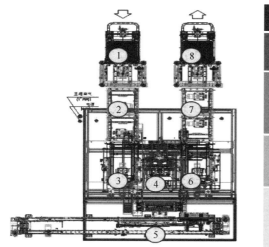

项目	内容
功能	• 将装有极组堆叠的托盘供给至组装线的设备
构成要素	• 托盘升降机 • 极组托盘输送 • 极组供应 • 极组输送
规格	• 托盘规格：480mm(L)×480mm(W)×108mm(H) • 极组装载：16×16 • 移送：5～6层托盘
参考	

图 4-102 卷芯上料设备布局

1—极组托盘小车；2—极组托盘供料；3—极组托盘传送；4—取出托盘内极组；5—极组放入进料工装内；

6—空托盘叠放（5层）；7—空托盘叠放（10层）；8—空托盘小车排出

从上面的工艺流程中可以得知，卷芯上料机重点是把卷芯（极组）从托盘中取出并放在相应的托杯上，而准确性和工作效率是其重要的衡量标准。所以设备中的取料机械手的作用显得尤为重要，选取该结构作为关键结构详细说明，如图 4-103 所示。

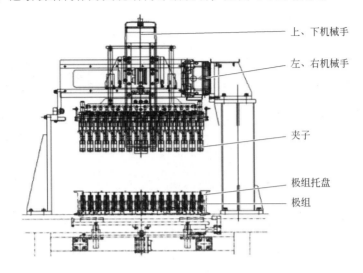

图 4-103　取料机械手

取料机械手在工作中，采用的 16 个夹子（手指）从极组托盘中取料，在气动装置的控制下可以高效完成相应动作。工作过程中的注意事项如下：

① 卷芯夹取手指下降时有上下浮动功能。

② 卷芯移送时一列的标准是 16 个。

③ 夹取手指的内部及角保证光滑，卷芯不会有损伤。

④ 卷芯内部不会因为夹取手指及套座移送而导致损伤。

（2）J/R 与 B/I 插入机

J/R 即卷芯（极组），B/I 即底部绝缘片。该工序的目的是将底部绝缘片（B/I）插入在极组（J/R）上，然后装入钢壳（或铝壳）中，这是圆柱锂电池装配线的关键流程。结构相对较复杂，设备所完成的动作较多。

图 4-104　J/R 与 B/I 插入机

J/R 与 B/I 插入机用于实现电芯的（-）端部整理、（-）端部外径检测、NG 出料、自动上料、（-）Tab 定位、下绝缘片装入、折（-）内极耳、折（-）外极耳、钢壳自动供料、吸取粉尘、CCD 检查绝缘片与极耳是否盖住中心孔、电芯入壳、NG 排出、良品下料等功能。

J/R 与 B/I 插入机如图 4-104 所示，其中极组由专用托杯通过输送链板进行供给进入设备入口，分别对极组的终端 Tab、先端 Tab 进行定位整理，插入 B/I 并随即弯折 Tab，通过视频（CCD）

对 Tab 弯折状态与 B/I 状态进行实时检查；对钢壳内部进行除粉尘作业，钢壳插入极组。具体工艺流程如图 4-105 所示。

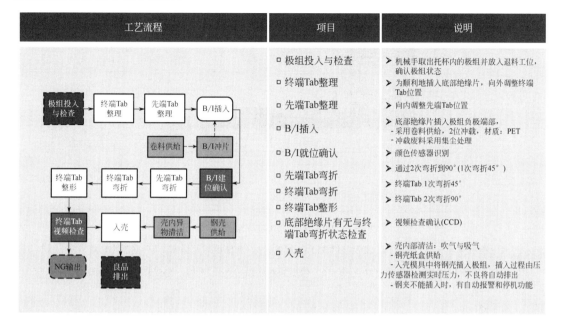

图 4-105　工艺流程图

1）设备的组成及工位划分

① 卷芯供料；

② B/I 冲裁和插入；

③ 负极耳定位与折弯；

④ CCD 检查；

⑤ 钢壳供给及插入；

⑥ 钢壳插入卷芯单元；

⑦ 良品与 NG 品排出。

2）关键结构

J/R 与 B/I 插入机设备布局如图 4-106 所示。

从图 4-106 中可知，底部绝缘片（B/I）插入、底部绝缘片（B/I）冲裁、先端 Tab 弯折与终端 Tab 弯折、极组插入钢壳（入壳）、钢壳供料等比较关键，对整个装配出来的半成品有至关重要的作用，选取其中几个机构做详细的介绍说明。

① 底部绝缘片（B/I）冲裁机构如图 4-107 所示。

底部绝缘片（B/I）的冲裁机构工作时重要注意事项如下：

a．B/I 冲裁和供给时不会因静电（有去静电离子发生器）导致供给错误发生；

b．B/I 插入使用负压吸取方式；

c．B/I 插入装置设计为可上下浮动的构造，插入时卷芯上部不会有损伤；

d．B/I 片材质：PP/PET 建议厚度为 0.3mm；

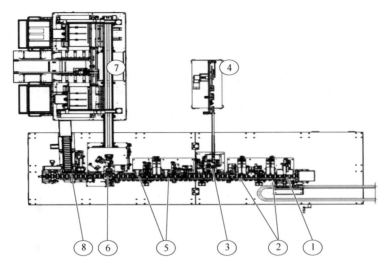

图 4-106　J/R 与 B/I 插入机设备布局

1—料机械手；2—先端 Tab 定位与终端 Tab 定位；3—底部绝缘片插入；4—底部绝缘片冲裁；

5—先端 Tab 弯折&终端 Tab 弯折；6—极组插入钢壳（入壳）；7—钢壳供料；8—NG 排出

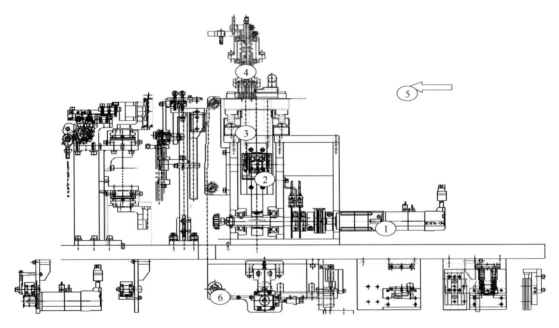

图 4-107　B/I（底部绝缘片）冲裁机构

1—伺服电机；2—上下导向；3—冲裁模具；4—B/I 吸取机构；

5—B/I 卷料供给方向；6—B/I 卷料回收装置

e. B/I 颜色：蓝色（颜色不允许白色和黑色）；

f. B/I 供给确认，使用真空压力进行检查；

g. B/I 冲裁不会出现中心口偏移的现象；

h. 底部绝缘片的冲裁模具材质为 SKD11。

② (-) 2Tab（负极）折弯。如图 4-108 所示，负极的两个 Tab 折弯工艺以及其先后折弯顺序可以清晰看出来，在工作过程中，Tab 的折弯和视频检查先后进行，做到加工的精确性和完整度，保证加工质量。

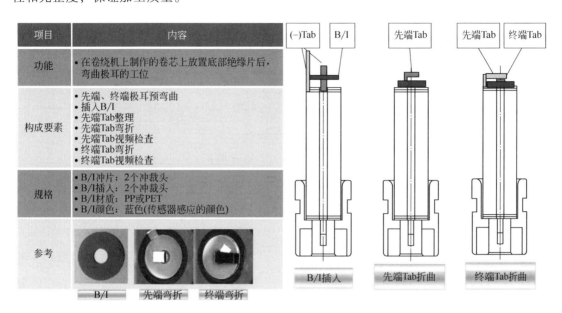

图 4-108 Tab 折弯机构

③ 钢壳供给机构。钢壳供给机构如图 4-109 所示，该机构的钢壳供给方式为包装箱供给钢壳，磁石吸附供给方式供给数量为 10 层。卷芯插入前在钢壳内部进行正压吹，采用负压吸的方式对钢壳进行清洁处理。

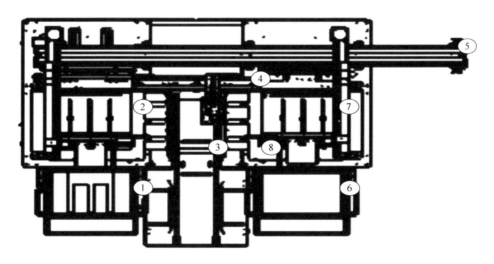

图 4-109 钢壳供给机构

1—供料缓存Ⅰ；2—钢壳吸取装置Ⅰ；3—提升机构Ⅰ；4—换盘横移；5—钢壳输出；

6—供料缓存Ⅱ；7—钢壳吸取装置Ⅱ；8—提升机构Ⅱ

图 4-110 底部焊接机

（3）Tab 焊接与缩口机及 T/I 插入机

如图 4-110 所示，底部焊接机完成 Tab 焊接、缩口、插 Pin、T/I 插入等工艺，入壳后的极组投入设备，将（-）Tab 与钢壳底部进行电阻焊接、钢壳口部缩颈、插入中心 Pin、装入 T/I。过程中会分别对焊接强度、缩口外径、中心 Pin、T/I 进行实时有效的检查判断。整体工艺流程如图 4-111 所示。

1) 设备组成及工位划分

① 电芯供料；

② 卷芯中心孔整形；

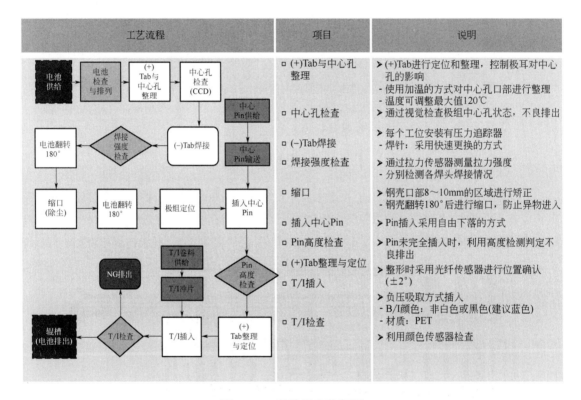

图 4-111 整体工艺流程图

③ 负极耳焊接部分；

④ 正极耳整形；

⑤ 整形后位置精度保证在±3°以内；

⑥ 电池翻转 180°；

⑦ 钢壳缩口；

⑧ 极耳定位与整形；

⑨ T/I 冲裁与插入；

⑩ T/I 检查；

⑪ 极耳整理。

2）关键结构

如图 4-112 所示的设备布局图中可知，Tab 焊接与缩口机设备中（-）Tab 焊接与拉力检查、缩口、中心 Pin 插入、T/I 冲裁、T/I 插入等比较关键，对整个装配出来的产品有至关重要的作用，选取其中几个机构做详细的介绍说明。

① 负极 Tab 焊接机构。负极 Tab 焊接机构构成如图 4-113 所示，该机构主要完成负极处 Tab 与钢壳的焊接工序，完成之后同时进行拉伸检测，确定焊接后的强度能够满足要求。

② 缩口机构。缩口机构构成如图 4-114 所示，该机构主要完成对卷芯的外壳即钢壳的缩口工序，缩小卷芯上部的钢壳外径，这对于电池的封装是个初步过程，为后续圆柱电池的封口做好铺垫。

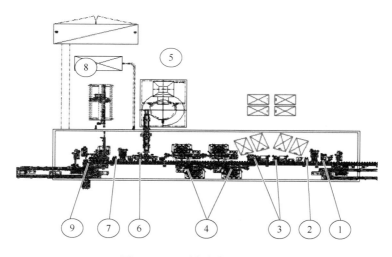

图 4-112　关键结构设备布局

1—极组中心孔整理；2—视觉检测（CCD）；3—（-）Tab 焊接与拉力检查（焊接设定值：电流、电压、压力）；
4—缩口；5—中心 Pin 供应；6—中心 Pin 插入；7—（+）Tab 定位；8—T/I 冲裁；9—T/I 插入

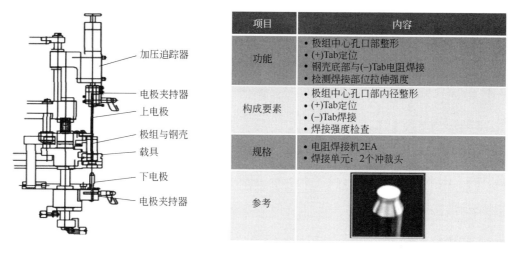

项目	内容
功能	• 极组中心孔口部整形 • (+)Tab定位 • 钢壳底部与(-)Tab电阻焊接 • 检测焊接部位拉伸强度
构成要素	• 极组中心孔口部内径整形 • (+)Tab定位 • (-)Tab焊接 • 焊接强度检查
规格	• 电阻焊接机2EA • 焊接单元：2个冲裁头
参考	

图 4-113　负极 Tab 焊接机构构成

图 4-114　缩口机构构成

项目	内容
功能	• 缩小卷芯上部的钢壳外径
构成要素	• 电池输送 • 电池180°翻转 • 缩口夹具
规格	• 缩口：4个冲裁头
参考	

③ Pin 插入机构。Pin 插入机构构成如图 4-115 所示，该机构主要完成将中心销（Pin）插入收口成型的卷芯内径中，包括 Pin 的供料、Pin 的插入以及 Pin 高度检查等，工序完成的同时也完成了对 Pin 插入的检测，保证了工序的准确性以及完整度。

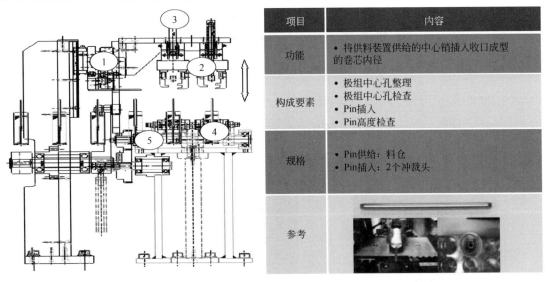

项目	内容
功能	• 将供料装置供给的中心销插入收口成型的卷芯内径
构成要素	• 极组中心孔整理 • 极组中心孔检查 • Pin插入 • Pin高度检查
规格	• Pin供给：料仓 • Pin插入：2个冲裁头
参考	

图 4-115　Pin 插入机构构成

1—升降机械手；2—气动手指与夹具；3—高度检测；4—载具与输送；5—二次定位

④ T/I 插入机构。T/I 插入机构构成如图 4-116 所示，该机构主要完成对正极 Tab 的定位、顶部绝缘片（T/I）插入电池内部等工序，同时在动作完成以后对 T/I 插入进行检测，保障工序完成的准确性和完整度。

（4）辊槽机及短路测试机

辊槽机及短路测试机（图 4-117）是对前面加工好的半成品电池进行加工，即对电池的钢壳实施槽口加工进而滚压，并对电池内部进行短路测试。辊槽机由上料输送带、上料分料盘、辊槽机构、下料分料盘、下料传送带等部件和除尘机构与 Hi-pot 检测装置共同组成。辊槽通过采用横向进刀、上下同时压缩补给、背轮支撑的结构方式来实现钢壳槽口的成型。

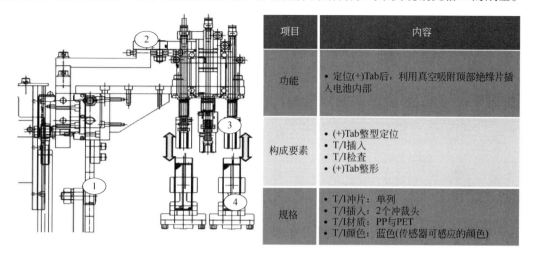

项目	内容
功能	• 定位(+)Tab后，利用真空吸附顶部绝缘片插入电池内部
构成要素	• (+)Tab整型定位 • T/I插入 • T/I检查 • (+)Tab整形
规格	• T/I冲片：单列 • T/I插入：2个冲裁头 • T/I材质：PP与PET • T/I颜色：蓝色(传感器可感应的颜色)

图 4-116 T/I 插入机构构成

1—升降机构；2—90°旋转；3—真空吸头；4—载具与输送

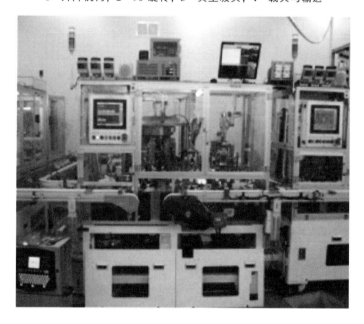

图 4-117 辊槽及短路测试设备

具体工艺流程如下：电池投入后将托杯与电池分离，通过上下部的凸轮曲线运动，分别在电池长度方向进行机械压缩，利用滚刀在钢壳口部实施槽口的加工；对已完成辊槽工艺的电池进行尺寸检查（辊槽部位的外径、高度）与短路测试等。

关键结构：辊槽机及短路测试机设备布局如图 4-118 所示；其工艺流程如图 4-119 所示。

从图 4-117 的设备布局图中可知，辊槽、短路测试设备中辊槽机构、T/I 检查机构、短路检测机构等是关键机构，对整个装配出来的产品有至关重要的作用，选取其中几个机构做详细的介绍说明。

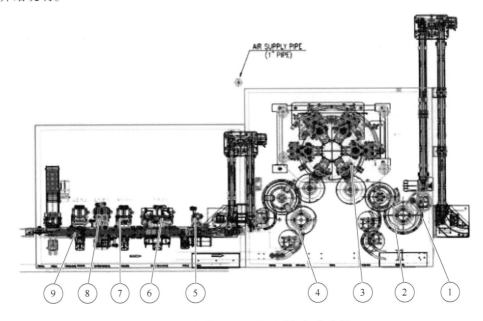

图 4-118 辊槽机及短路测试机设备布局

1—电池投入；2—电池与托杯分离；3—辊槽（6 个冲裁头）；4—电池与托杯结合；5—T/I 检查；6—外径检测及高度检测；7—短路检测；8—X 射线（电池排出）；9—NG 排出

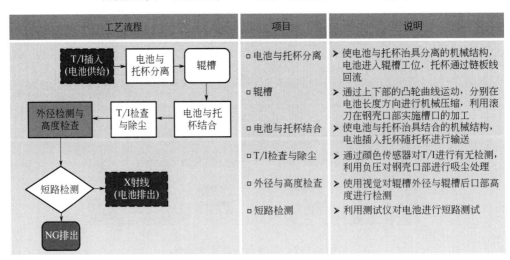

图 4-119 辊槽机及短路测试设备的工艺流程

① 辊槽机构。辊槽机构如图 4-120 所示，该机构主要完成在电池的钢壳上进行辊槽，中间会完成电池和托杯的分离与结合动作，钢壳上部辊槽成型，目的是为了确保盖帽放置位置。

② 短路测试机构。短路测试机构如图 4-121 所示，该机构主要完成在 (+) Tab 定位后，

检测钢壳与卷芯（+）Tab 间的电阻，保证电池内部的绝缘性，是电池装配完成前的检测工作。

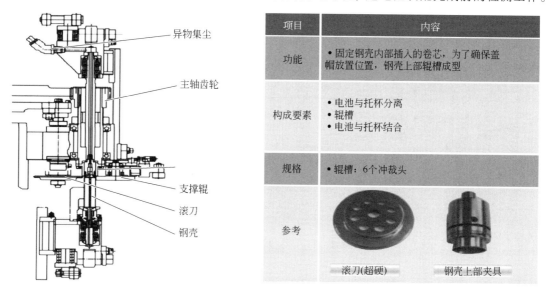

项目	内容
功能	• 固定钢壳内部插入的卷芯，为了确保盖帽放置位置，钢壳上部辊槽成型
构成要素	• 电池与托杯分离 • 辊槽 • 电池与托杯结合
规格	• 辊槽：6个冲裁头
参考	滚刀(超硬)　　　　钢壳上部夹具

图 4-120　辊槽机构

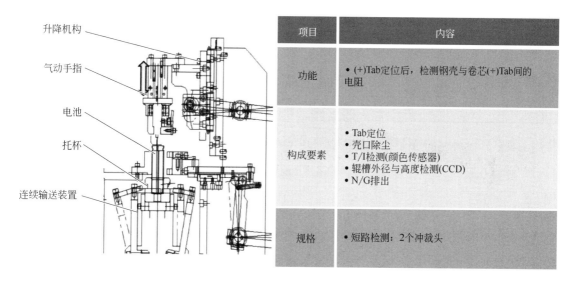

项目	内容
功能	• (+)Tab定位后，检测钢壳与卷芯(+)Tab间的电阻
构成要素	• Tab定位 • 壳口除尘 • T/I检测(颜色传感器) • 辊槽外径与高度检测(CCD) • N/G排出
规格	• 短路检测：2个冲裁头

图 4-121　短路测试机构

（5）（+）Tab 激光焊接机

（+）Tab 激光焊接机（图 4-122）是圆柱电池装配的后环节，主要功能是将正极处的 Tab 与电池的盖帽进行激光焊接，并做进一步检测工序，后面详细介绍各个机构的工作过程。

将注液后的电池（+）Tab 与盖帽进行激光焊接的工序包括：（+）Tab 清洁、定位、CCD 检测、激光焊接、焊接拉力测试、Tab 弯折、盖帽压入等。

焊接设备结构布局如图 4-123 所示，可以看出（+）Tab 焊接机每个工位的具体工作内容。其工艺流程如图 4-124 所示。

图 4-122 (+) Tab 激光焊接机

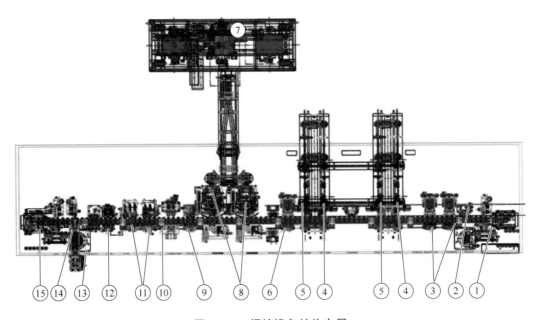

图 4-123 焊接设备结构布局

1—电池供给；2—高度调整；3—Tab 定位；4—DMC 清洗（湿擦）；5—擦洗（干擦）；6—Tab 定位（CCD）；
7—盖帽供料；8—激光焊接；9—拉力检测；10—焊接位置检测（CCD）；11—极耳弯折；12—顶盖压入；
13—高度检测；14—NG 排出；15—随行治具

从图 4-123 的设备结构布局图中可知，(+) Tab 焊接机设备中激光焊接机构、拉力检测机构、极耳弯折机构、顶盖压入机构等是关键机构，对整个装配出来的产品有至关重要的作用，选取其中几个机构做详细的介绍说明。

① 盖帽激光焊接机构。盖帽激光焊接机构如图 4-125 所示，该机构主要完成 (+) Tab 的定位、激光焊接 Tab 和盖帽、焊接强度检测、将盖帽插入中钢壳中等工序，每个工序都很关键，为后续的封口环节打好基础。

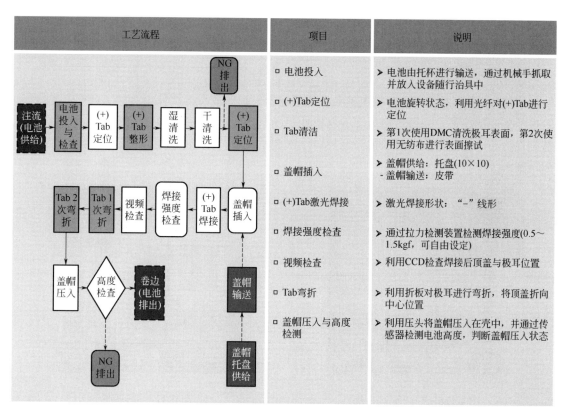

工艺流程	项目	说明
	□ 电池投入	➤ 电池由托杯进行输送,通过机械手抓取并放入设备随行治具中
	□ (+)Tab定位	➤ 电池旋转状态,利用光纤对(+)Tab进行定位
	□ Tab清洁	➤ 第1次使用DMC清洗极耳表面,第2次使用无纺布进行表面擦试
	□ 盖帽插入	➤ 盖帽供给:托盘(10×10) - 盖帽输送:皮带
	□ (+)Tab激光焊接	➤ 激光焊接形状:"–"线形
	□ 焊接强度检查	➤ 通过拉力检测装置检测焊接强度(0.5~1.5kgf,可自由设定)
	□ 视频检查	➤ 利用CCD检查焊接后顶盖与极耳位置
	□ Tab弯折	➤ 利用折板对极耳进行弯折,将顶盖折向中心位置
	□ 盖帽压入与高度检测	➤ 利用压头将盖帽压入在壳中,并通过传感器检测电池高度,判断盖帽压入状态

图 4-124 激光焊接机工艺流程

（1kgf=9.81N）

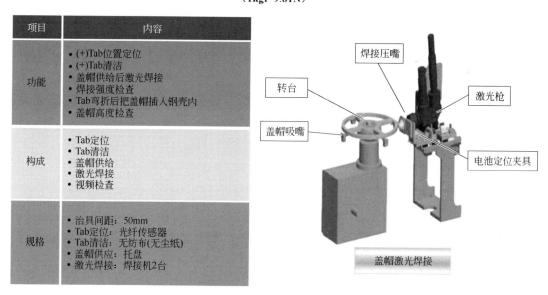

项目	内容
功能	• (+)Tab位置定位 • (+)Tab清洁 • 盖帽供给后激光焊接 • 焊接强度检查 • Tab弯折后把盖帽插入钢壳内 • 盖帽高度检查
构成	• Tab定位 • Tab清洁 • 盖帽供给 • 激光焊接 • 视频检查
规格	• 治具间距:50mm • Tab定位:光纤传感器 • Tab清洁:无纺布(无尘纸) • 盖帽供应:托盘 • 激光焊接:焊接机2台

图 4-125 盖帽激光焊接机构

② 拉力测试机构。拉力测试机构如图 4-126 所示,它由压紧板、盖帽夹持机构、上下运动机构、拉力传感器、放大器等组成,用于检查焊接拉力是否满足强度要求。可根据要求自动设定检测的频次及拉力的大小,具有焊接拉力检测范围设置以及拉力异常报

警停线功能。

（6）封口机

封口机（图4-127）是圆柱电池装配的后环节，是对成型电池外表面钢壳进行包装封口，对电池外观的保护，使得电池内部的气密性更好，是圆柱电池装配的重要环节。封口机用于盖帽焊接后电池的口部密封。钢壳经封口1次或2次弯折整形作业后，蹲压电池上部端面，使电池内部保持密闭。

图 4-126　拉力测试机构

图 4-127　封口机

封口机设备主要工艺包括：DMC清洗、卷边1、DMC清洗、卷边2、蹲封等。其详细的工艺流程如图4-128所示。

工艺流程	项目	说明
（+）Tab焊接（电池供给）→电池投入与检查→电池与托杯分离→DMC清洗	□ 电池投入	➤ 电池由托杯进行输送，通过分料盘进行电池投入
	□ 电池与托杯分离	➤ 电池与托杯进行分离的机构
	□ DMC清洗	➤ 对封口前的电池进行壳口涂抹DMC液体，防止异物颗粒残留
蹲封←2次卷边←DMC清洗←1次卷边	□ 卷边1	➤ 通过3爪与封口模具对电池进行1次封口
	□ DMC清洗	➤ 对封口前的电池进行壳口涂抹DMC液体，防止异物颗粒残留
NG排出	□ 卷边2	➤ 通过3爪与封口模具对电池进行2次封口
高度检查→外径、蹲封高度检查→电池	□ 蹲封	➤ 为了电池高度保持一致，利用上模具对电池表面进行蹲封
	□ 高度检查	➤ 利用传感器检测蹲封后的电池高度
	□ 外径、蹲封高度检查	➤ 利用视觉检查蹲封后电池的口部外径、蹲封高度

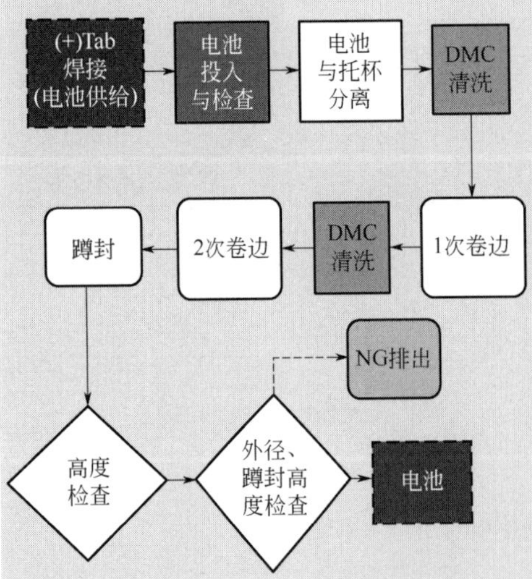

图 4-128　封口机设备工艺流程

封口机设备的整体布局如图 4-129 所示，可以清晰看到设备从电池供给到封口、检测完排出的加工整个过程。

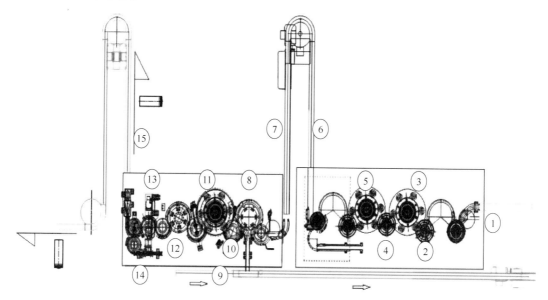

图 4-129　封口机设备的整体布局

1—托杯与电池供给；2—DMC 涂抹；3—卷边；4—DMC 涂抹；5—卷边；6—排出；7—托杯与电池供给；

8—托杯与电池分离；9—空托杯回流；10—DMC 涂抹；11—蹲封；12—高度检查；

13—外形检查；14—NG 排出；15—电池排出

从图 4-129 中可知，封口机设备中的卷边机构、蹲封机构、外形检测机构等是关键机构，对整个装配出来的产品有至关重要的作用，选取其中卷边蹲封机构做详细的介绍说明。其结构示意图以及工艺流程如图 4-130 与图 4-131 所示。

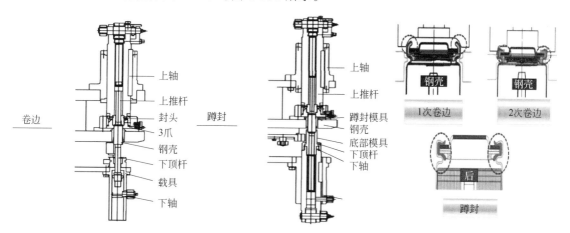

图 4-130　卷边、蹲封结构示意图

封口机通过 3 爪与封口模具对电池进行 1 次、2 次的卷边封口，然后利用上模具对电池

项目	内容	
功能	• 钢壳上部卷边成型 • 1次 → 2次 → 蹲封	
构成要素	• 1次卷边前DMC清洗 • 1次卷边 • 2次卷边前DMC清洗 • 2次卷边 • 蹲封 • 高度检查 • 外径、脖高检查	
规格	• 1次卷边：6位 • 2次卷边：6位 • 蹲封：6位	
检测工艺		有/无
1.蹲封后电池高度检查		有
2.蹲封后外径与脖高检查		有

图 4-131 卷边、蹲封工艺流程

表面进行蹲封工艺，目的是为了电池高度保持一致。

4.5.2 铝壳电池装配线

4.5.2.1 设备主要功能及描述

（1）铝壳（方形）锂电池发展现状

方形电池即铝壳电池，是用铝壳包装而成的电池，采用激光封口工艺，全密封，铝壳技术已非常成熟，且对材料技术如气胀率、膨胀率等指标要求不高，是国内较早推广的一种动力电池形式。相对于其他两种锂电池，方形电池在市场使用中的优点比较突出，总结有以下几点：a.方形电池封装可靠度高；b.系统能量效率高；c.相对质量轻，能量密度较高；d.结构较为简单，扩容相对方便，是当前通过提高单体容量来提高能量密度的重要选项；e.单体容量大，系统构成相对简单，使得对单体的逐一监控成为可能，系统简单带来的另外一个好处是稳定性相对较好。

（2）铝壳（方形）锂电池装配设备

铝壳锂电池装配线用于动力电池中段装配，是动力电池生产过程的重要环节，对于电池的性能、精度都有举足轻重的影响，因此该装配线设备的自动化程度、操作的准确性等越来越受到市场的关注。本节将介绍一条非常成熟以及在市场上禁得起考验并受到认可的电池装配线，该装配线设备有以下一些特点：

① 兼容性强，可以根据客户的要求，从而兼容多种不同系列产品。

② 模块化设计，换型时间短、零件少、成本低。

③ 装配精度高，视觉及机械双重定位方式，提高定位精度。

④ 可根据客户不同工艺路线的电芯实现全自动装配线的非标定制。

⑤ 工艺设备布局合理，节省空间，整线全自动化，人力成本很低。

⑥ 高制造品质保证，全参数检测与监控。

⑦ 电池安全性和一致性的制造保证。

本自动生产线用于实现方形铝壳锂离子动力电池卷绕后电芯的自动装配，生产线主要由以下几大部分组成：热压测试机、X射线机、配对机、超声波焊接机、转接片焊接机、合芯机、包膜/热熔/贴胶机、入壳预点焊机、激光顶盖焊接机、氦检机。实现电芯热压、X射线检测、极耳预焊配对、转接片极耳焊接、背面贴胶、盖板激光焊接、贴胶、折极耳合芯、包胶、包膜、入壳、顶盖封口焊接等功能，在整个过程中实现全自动化。整体布局合理，各设备结构紧凑，全程自动监控、智能化，各设备可实现追溯功能，连接MES系统，可实时上传数据到系统，设备运行稳定，关键部件均采用进口品牌或国际一线品牌，该装配线在其他客户工厂大批量投入生产，得到充分验证，各设备技术成熟。

（3）装配产线未来的发展趋势

铝壳（方形）电池生产线使用时间比较长，相应的技术已经非常成熟，现有的装配线设备也大同小异。未来的发展趋势，除了从材料方面继续改善，找到高性能的电芯材料外，对于电池装配生产线而言，高效率、低成本等依然是动力锂电池未来发展的方向，对现有市场发展概况总结后有以下几点值得关注：

① 电池本体的性能方面，比如电池尺寸、能量密度、多极耳结构等。

② 装配生产效率，在保证设备成本改动不大的情况下，不断提升生产效率。

③ 电池装配线的自动化程度不断提升，同时生产的良率更容易控制。合理控制每个工序的制作时间，从而有效缩短锂电池的生产时间，而且极大改善了工人的劳动强度大和生产成本高的问题。

④ 兼容性更好，适合更大范围的产品。

⑤ 模块化技术是提高效率的重要途径。

（4）铝壳（方形）锂电池生产装配线的设计

对于铝壳锂电池产线的设计，针对客户提出的要求会有不同的设计。根据在生产过程中遇到的问题及相应的实践，主要要从以下几个方面去考虑：

① 产品的工艺：包括电池的大小、极耳的大小、焊接的厚度等。

② 厂房空间大小：合理安排生产线设备的具体位置，以及要优化的机构等，还要考虑人机工程，人工操作的方便性，以及后期维护的可操作性。

③ 设备设计：结构越简单越好，这样操作更容易。

④ 生产线中节拍的分配：重点考虑瓶颈工位的效率，如果效率达不到，考虑将单工位改动为双工位甚至多工位，同时高的安全性能和直通良率也是重点关注的点。

⑤ 产品定位方式：对于客户不同的需求，采用不同的产品定位方式，比如侧边定位、以两边为基准定位、夹具定位等。

⑥ 粉尘防止装置：圆柱电池装配线设备中基本都是每个需要除尘的设备中都有相应的除尘设施，比如集尘器、毛刷等。

⑦ 设备中的物流设计：包括设备内部的输送、设备之间的输送等。

⑧ 质量检测：整套装配线中会设计 CCD 检测、电芯测厚检测、绝缘检测、短路检测等。

⑨ 生产线的外观的一致性，保持整套设备的美观。

4.5.2.2 设备组成及关键结构

铝壳锂电池装配线设备整体布局如下：

① 整线尺寸：长×宽×高=3700mm×7000mm×2400mm（高度不包括报警灯），操作面高度 900mm，设备间距 800～1000mm。

② 外观：受力底架采用方通焊接结构，上部密封框架采用铝合金型材结构，用有机玻璃进行密封，设备外罩整体用钣金包覆。

③ 操作界面：每台设备均设有独立操作的触摸屏，所有设备的触摸屏全部采用嵌入式。

④ 整线布局：铝壳电池装配线布局如图 4-132 所示。

本生产线是全自动生产线，包含了铝壳电池从热压机至氦检机的全部生产过程，如图 4-133 铝壳电池整体工艺所示，即：卷绕到热压输送线（包含卷绕机上取料机械手 6 套）→热压机→超声波焊接机→ 转接片激光焊接机→包麦拉机→入壳和预点焊接机→顶盖激光焊接机→气密性检测机。

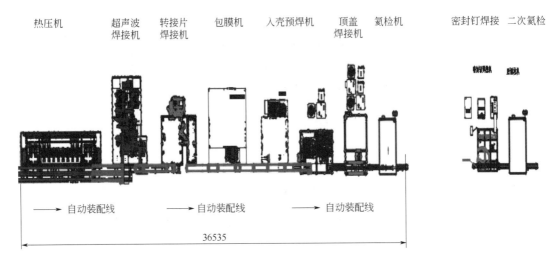

图 4-132　铝壳电池装配线布局

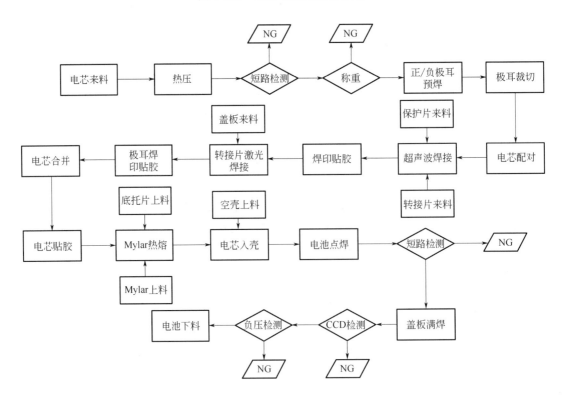

图 4-133　铝壳电池整体工艺

（1）热压机

热压机设备用于卷绕电芯的热压成型，主要功能包含：电芯来料扫码、A/B 电芯分别自动上料、热压、Hi-pot 测试、不良品剔除。热压温度、压力、时间及 Hi-pot 测试参数及结果与条码对应关联，并上传到 MES 系统中。该设备主要包含电芯上下料模块、检测模块、热压模块等。该设备是装配铝壳电芯的第一道工序，热压卷绕电芯成型的效果直接影响后续的加工成品质量，因此该装配设备的效率、工作精度、自动化程度都是需要重点考量的。其设备布局以及工艺流程如图 4-134 和图 4-135 所示。

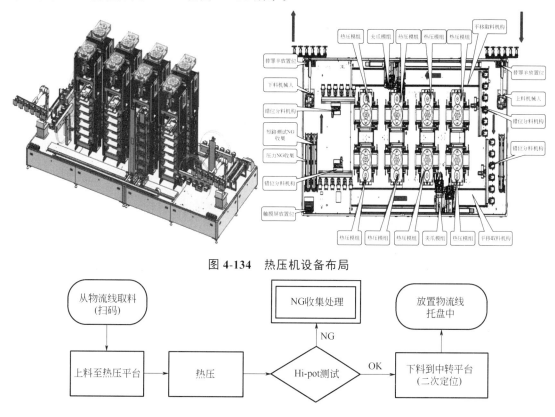

图 4-134　热压机设备布局

图 4-135　热压机工艺流程

由图 4-135 可以清晰看出卷绕电芯在热压机上的操作过程，工作过程中设备对卷绕电芯热压后并进行检测，并将检测结果包括热压温度、压力、时间及 Hi-pot 等上传到 MES 系统中，进行实时跟进反馈，剔除不良品，保证加工质量。

从图 4-134 的设备布局图中可知，热压机设备中上下料机械手组件、进出转移拉线、转移机械手、错位分料机构、热压组件等比较关键，对整个装配出来的半成品有至关重要的作用，选取其中几个机构做详细的介绍说明。

① 错位分料机构。如图 4-136 所示为错位分料机构，其中翻转定位模块的作用是：翻转机构使用皮带伺服驱动，实现夹具翻转和连接板同步翻转，夹具始终保持水平，翻转平稳可靠。定位夹具使用夹爪气缸、双联杆气缸夹紧和定位；与电芯接触面使用 POM 材料。

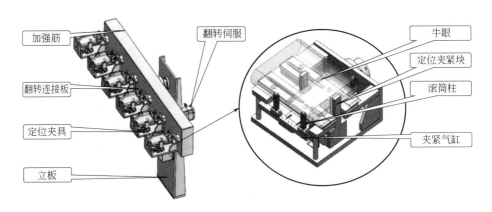

图 4-136　错位分料机构

② 上下移载模块。上下移载模块如图 4-137 所示，其主要完成的动作为：平移使用同步带伺服模组，双皮带驱动，增加上下料模组移动的平稳性能；上下料模组进出料使用皮带伺服，独立伺服控制；夹爪升降使用丝杆气缸升降；变距机构使用伺服驱动连杆机构，以中间连杆为定位基准，实现同步变距，伺服可控制夹爪等距尺寸，实现热压机在不同工作位置平移模组同步进出料。

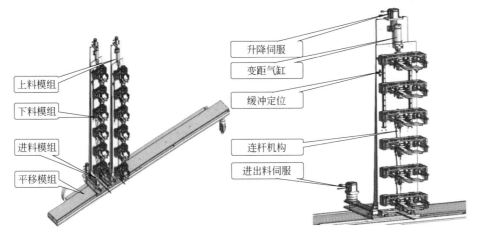

图 4-137　上下移载模块

③ 热压组件。热压机设备的热压组件如图 4-138 所示，对其详细说明如下：
主要部件：增压缸（压力 20t、6 层）、发热管、温控器、压力传感器等。
动作流程：对电芯进行热压和 Hi-pot 测试。

（2）超声波焊接机

超声波焊接机主要通过电芯扫码、机械手自动取配对电芯、电芯校正与极性检测、转接片储片极性检测与校正、转接片上焊接治具、电芯上焊接治具、放保护盖板、超声波焊接与抽尘、焊印整形、贴胶与贴胶检测、自动下料等工序完成电芯超声波焊接。该设备实现电芯配对后至包膜前的电芯扫码、超声波焊接、贴胶及信息绑定。主要包括：电芯进站扫码、电芯校正上料、转接片校正上料、贴胶检查、信息绑定上传（MES 系统）等功能。其设备布局图如图 4-139 所示。

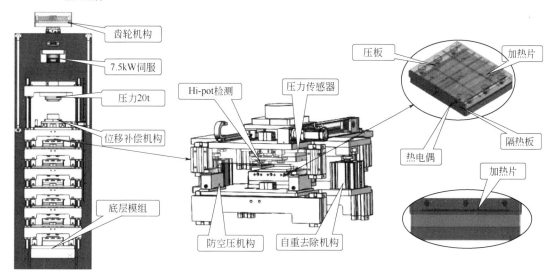

图 4-138　热压组件

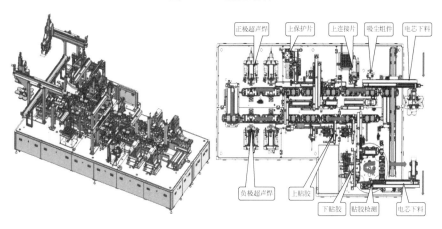

图 4-139　超声波焊接机设备布局

　　其中抓取机上装有颜色传感器来识别电芯的正负极耳，确保极耳不会配对出错。电芯从来料输送带上被机械手抓取，经过电芯二次定位后，再放入托盘中，保证 A/B 电芯极耳错位误差≤±0.2mm。电芯放置在托盘内采用居中对准，在放入电芯之前，托盘四周的弹性夹子会张开，然后机械手把电芯放入托盘中，夹子闭合，电芯被定位在托盘正中。本设备是自动生产线，详细工艺流程图如图 4-140 所示。

　　1）设备组成及关键结构

　　从图 4-139 超声波焊接机设备布局图中可知，电芯上料模块、电芯超声波焊接循环线和夹具模块、转接片、保护片上料模块、保护片盖板上下料模块、超声波正负极焊接模块、焊印压平模块、电芯贴上保护胶模块、电芯贴下保护胶模块、电芯下料模块、贴胶检测等比较关键，对整个装配出来的半成品有至关重要的作用，选取其中几个机构做详细的介绍说明。

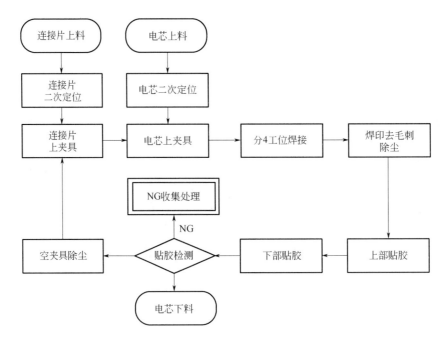

图 4-140 超声波焊接机详细工艺流程图

① 电芯上料模块（图 4-141）。具备电芯自动上料、来料除尘、来料防呆、来料缓存、缺料报警功能，同时具备电芯扫码绑定功能。

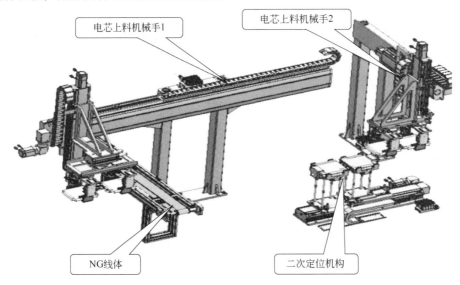

图 4-141 电芯上料模块

a. 主要零部件：平移机构+升降机构、电芯夹爪等。

b. 动作流程：电芯上料搬运使用皮带模组，搬运机械手 1 从客户端物流线托盘中抓取一组电芯到二次定位机构；电芯二次定位后搬运机械手 2 将电芯抓取到循环线体。如果在上料过程中检测出两组电芯中有单组 NG 电芯，由搬运机械手 1 将 NG 电芯放回 NG 线体，再将 OK 单组电芯放入配对机构等待配对。

② 电芯超声波焊接循环线和夹具模块。

a. 主要零部件：循环线、模组、长短边定位块、气缸、导轨等。

b. 动作流程（无动作流程写功能说明）：电芯上料机械手 2 将电芯上料到循环线夹具，夹具夹紧电芯，平移机构带动夹具平移到下一个工位。

超声波焊接环线示意图如图 4-142 所示。

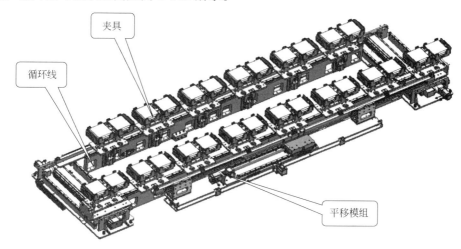

图 4-142　超声波焊接环线示意图

③ 转接片、保护片上料模块（图 4-143）。

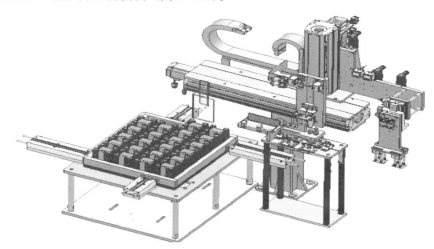

图 4-143　转接片、保护片上料模块示意图

a. 铜铝转接片上料有防呆措施或极性检测功能，防止人工放错、放反。

b. 连接片的上料有毛刷防止吸不上及吸多片，有吹气和吸盘抖动功能，有吸多片检测，设有存放吸多片的废料装置。

c. 保护片托盘备料：人工上料至弹夹备料，取料吸嘴每次取走一组保护片，上料端的保护片原料全部用完，转盘（或移动模组）转动到下一个位置，实现转接片不停机供应。

d. 主要零部件：伺服电机、丝杆、气缸、吸盘等。

e．转接片托盘备料：取料吸嘴每次取走一组转接片，上料端的转接片原料全部用完，托盘转动到下一个位置，实现转接片不停机供应。

f．一次上料可生产 40min。

④ 保护片盖板上下料模块（图 4-144）。

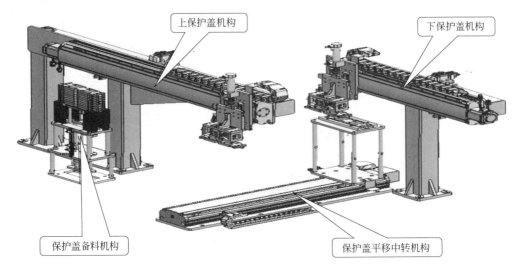

上保护盖机构

下保护盖机构

保护盖备料机构

保护盖平移中转机构

图 4-144　保护片盖板上下料模块

a．主要零部件：伺服电机、丝杆、气缸、导轨等。

b．动作流程：初始状态时，人工将保护盖放入上保护盖备料机构，上保护盖机构抓取一组保护盖移至上保护盖工位，直到所有保护盖板在线体上循环；下保护盖时，下保护盖机构从循环线体 2 夹具上取下保护盖，平台移动将保护盖放到保护盖中转机构，中转机构移动至上保护盖位，上保护盖机构将保护盖取到循环线体 1 对应夹具内。

c．一次上料可生产 40min。

⑤ 超声波正、负极焊接模块（图 4-145）。

a．主要零部件：平台、超声波焊接机、气缸等。

b．动作流程：夹具循环定位后，Z 轴升降气缸上升，超声波上焊头下降，完成焊接；X 轴、Y 轴平移用伺服电机来调节焊机位置和换型，X 轴、Y 轴行程保证换型尺寸要求。

⑥ 焊印压平模块（图 4-146）。该模块要求保护片不翘起，极耳不弯折，压块使用耐磨材料聚醚醚酮（PEEK）。

a．主要零部件：滑轨、气缸等。

b．动作流程：待循环线体上的夹具到位后，避位气缸驱动上下模前伸，接着下模上顶，上模下压，整平焊印。随后，上模上移，下模下移，避位气缸驱动上下模缩回避位线体夹具。

（3）转接片激光焊接机

1）设备组成

转接片激光焊接机设备主要功能包括顶盖、电芯自动上料，并通过激光焊接的方式将连接片与顶盖焊接为一体，除尘、贴胶后自动下料，如图 4-147 所示。

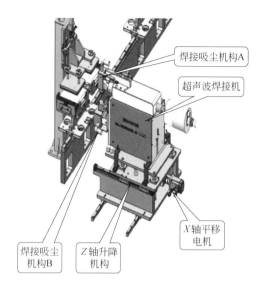

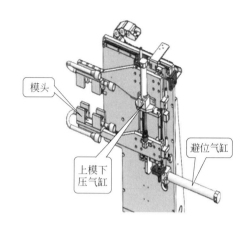

图 4-145　超声波正、负极焊接模块　　　　　图 4-146　焊印压平模块

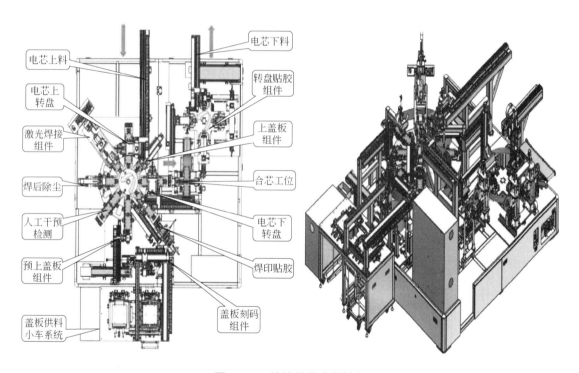

图 4-147　转接片激光焊接机

设备尺寸：长×宽×高=2800mm×3800mm×2300mm。

外观：受力底架采用方通焊接结构，上部密封框架采用铝合金型材结构，用有机玻璃进行密封。

操作界面：设备设有独立操作的触摸屏，所有设备的触摸屏全部采用嵌入式。

本设备是自动生产线，详细工艺流程图如图 4-148 所示。

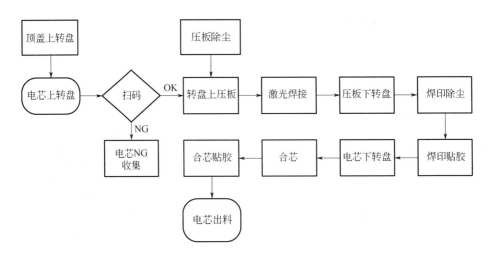

图 4-148 转接片激光焊接机设备工艺流程

2) 关键结构

从图 4-147 中可知，盖板供料机构、上盖板组件、激光焊接模块、激光焊接后除尘机构、焊印贴胶组件等比较关键，对整个装配出来的半成品有至关重要的作用，选取其中几个机构做详细的介绍说明。

① 盖板供料机构（图 4-149）。

a．功能：实现盖板的供料，具有托盘的定位、转移等功能。

b．主要零部件：升降机构、托盘定位机构、小推车等。

c．要求：一次上料，满足设备正常生产 30min；上料小推车，一用一备，下料小推车 3PCS；托盘二次定位精度≤0.1mm。

② 上盖板组件（图 4-150）。

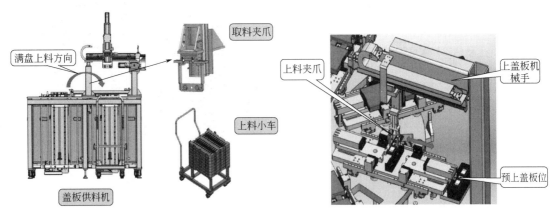

图 4-149 盖板供料机构　　　　图 4-150 上盖板组件

a．功能：将刻码后的盖板抓取至转盘上。

b．主要零部件：平移同步带模组、升降丝杆模组、抓取夹爪等。

c．要求：抓取可靠，无掉料或夹伤物料，机构运行重复精度≤±0.05mm，机械手柔性设计，与产品接触的机械手等部位使用非属材质。

③ 激光焊接模块（图4-151）。

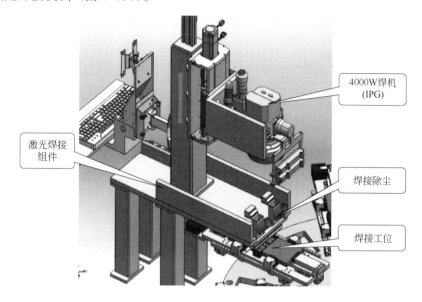

图4-151　激光焊接模块

a. 功能：通过激光焊接机把盖板和极耳焊接在一起。

b. 主要零部件：焊接平台、电芯载具等。

④ 激光焊接后除尘机构（图4-152）。升降气缸下降，将焊接区域覆盖，形成密封空间，进行抽尘。吸尘风速≥12m/s，风速在最大范围内无级可调。

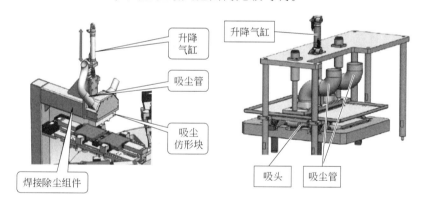

图4-152　激光焊接后除尘机构

a. 主要零部件：升降气缸、旋转电机、吸尘口等。

b. 动作流程：夹具移动到除尘工位；气缸下降，电机旋转进行除尘。

⑤ 焊印贴胶组件（图4-153）。

a. 功能：极耳焊接区域上面贴保护胶。

b. 主要零部件：拉胶机构、切胶机构、贴胶机构、胶辊组件等。

c. 要求：胶带长度、贴胶位置可调整；备胶不良的真空检测、预警功能；具备胶带检测有无功能；贴胶前有焊印区域整形装置；贴胶良品率≥99.8%。

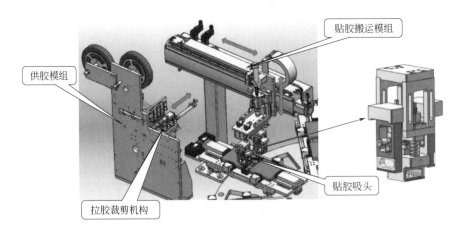

图 4-153　焊印贴胶组件

（4）包膜机

1）设备主要功能

包膜机设备主要功能包括电芯自动整形、麦拉与底托片自动上料、麦拉包裹电芯、侧面贴胶、底面贴胶、CCD 测试等，其设备布局如图 4-154 所示。

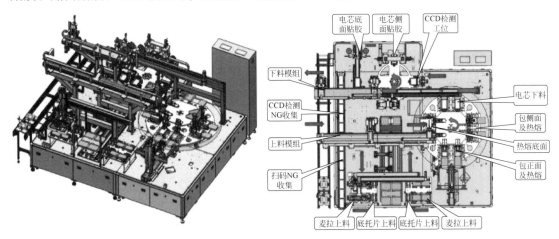

图 4-154　包膜机设备布局图

① 设备基本指标。

设备的外形尺寸：3100mm×4000mm×2300mm。

设备优率：≥99.8%（来料不良除外）。

设备稼动率：≥98%（仅指由设备原因造成的故障）。

② 设备工艺流程如图 4-155 所示。

2）关键结构

从图 4-154 包膜机设备布局图中可知，底面贴胶机构、麦拉与底托片上料布局机构、包正面麦拉膜机构、底面贴胶机构、贴侧胶转盘机构等比较关键，对整个装配出来的半成品有至关重要的作用，选取其中几个机构做详细的介绍说明。

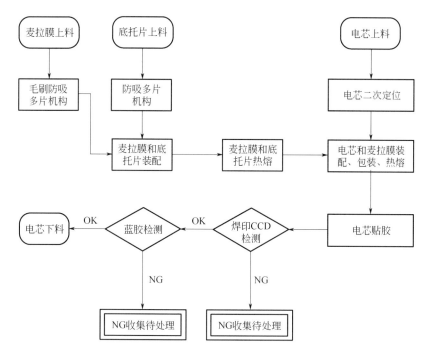

图 4-155 包膜机设备工艺流程图

① 麦拉与底托片上料布局（图 4-156）。

a. 主要零部件：人工麦拉膜上料组件（1套），麦拉膜上料机械手（1套），底托片料盒（1套）；底托片上料机械手（1套），麦拉膜底托热熔平台（1套），热熔机构（1套）。

b. 动作流程：机械手将底托放置热熔夹具上→麦拉膜上料机械手将膜放置热熔夹具上→热熔夹具平移至热熔工位→热熔→转盘膜上料下料机械手取料位等待取料。

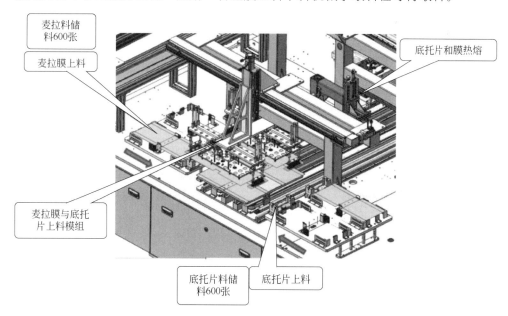

图 4-156 麦拉与底托片上料布局

② 包正面麦拉膜工位（图 4-157）。其包膜和热熔转盘布局如图 4-158 所示。

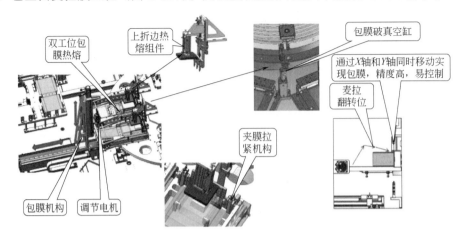

图 4-157　包正面麦拉膜工位

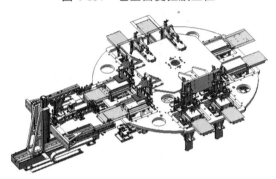

图 4-158　包膜和热熔转盘布局

a．主要零部件：工位夹具（8 套），热熔组件（1 套），包膜组件（1 套），折膜机构（1套），夹具打开机构（3 套）。

b．动作流程：膜上料→电芯上料→底面热熔→包正面膜→正面热熔→侧面折膜→侧面热熔→下料。

③ 底面贴胶机构（图 4-159）。

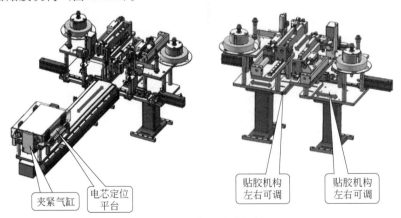

图 4-159　底面贴胶机构

a.底部两侧各 1 道 L 形胶带；胶带长度、贴胶位置可调整，贴胶位置对称，偏差±0.5mm，贴胶不能压伤划伤电芯。

b. 备胶不良可检测、有预警功能，贴胶后通过色标传感器对贴胶有无进行检测。

c. 备胶方式：人工手动备胶。

d. 功能：电芯包膜后，在电芯底托面贴胶固定，"L"形贴胶。

e. 主要零部件：胶辊、贴胶及切胶组件等。

f. 要求：贴胶良品率≥99.6%；贴胶保证连续性，不允许断带等情况发生；胶带粘贴贴合电芯，不皱褶、不翘起。

④ 贴侧胶转盘（图 4-160）。

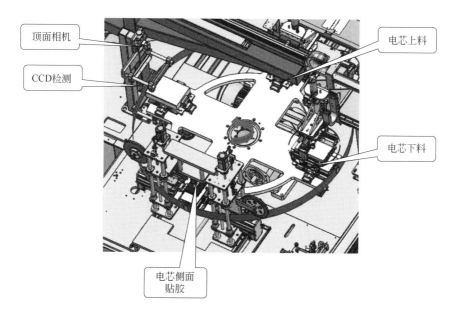

图 4-160　贴侧胶转盘

a. 两侧各 1 道胶带。

b. 胶带长度、贴胶位置可调整，贴胶位置对称，偏差±0.5mm。

c. 贴胶不能压伤划伤电芯。

d. 备胶不良可检测，有预警功能。

e. 贴胶后通过色标传感器对贴胶有无进行检测。

f. 人工手动备胶。

g. 功能：电芯包膜后，在电芯两侧贴胶固定，"U"形贴胶。

h. 主要零部件：胶辊、贴胶及切胶组件、X 轴丝杆组件等。

i. 要求：贴胶良品率≥99.6%；贴胶保证连续性，不允许断带等情况发生；胶带粘贴贴合电芯，不皱褶、不翘起。

（5）入壳预焊机

1）设备主要功能

入壳预焊机设备布局如图 4-161 所示。

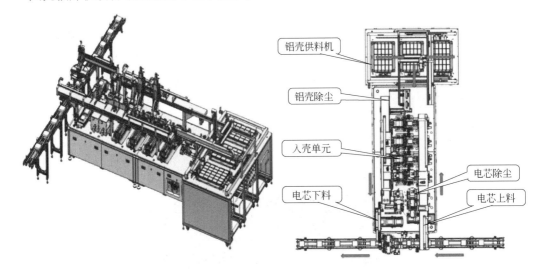

图 4-161　入壳预焊机设备布局

入壳预焊机设备用于方形铝壳电芯自动入壳体。设备主要功能包括：铝壳上料、电池自动上料和扫码、铝壳及电芯除尘、电芯入壳、电池下料、信息绑定上传（MES）等。

① 设备主要技术参数。

设备的外形尺寸：2850mm×1900mm×2500mm。

设备良率：≥99.8%（仅指由设备原因造成的不良）。

设备稼动率：≥99%（仅指由设备原因造成的故障）。

铝壳上料时间间隔：≥25min；自动记录除尘参数，除尘过程中不会对电芯和铝壳造成损伤。无明显可擦拭的微粒。

电芯厚度控制需要增加夹持力：10～50kgf（1kgf=9.81N）可调，调试精度±5kgf，且夹持压力、真空值数显可调。

入壳过程推力控制精度：设定值±5%；入壳前对壳体、电芯进行二次定位，并带有扩壳口功能，电芯采取全包围导向机构，使其电芯导向入壳时完全碰不到铝壳壳口。

定位偏差：0.5mm。

机构运行重复精度：偏差≤±0.05mm。

② 本设备工艺流程（图 4-162）。

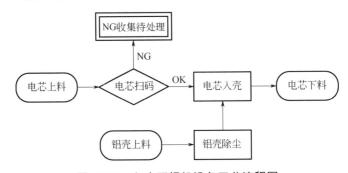

图 4-162　入壳预焊机设备工艺流程图

2）关键结构

从图 4-161 入壳焊接机设备布局图中可知，铝壳供料机构、铝壳和电芯、顶盖清洁机构、电芯入壳机构、电芯送料机构等比较关键，对整个装配出来的半成品有至关重要的作用，选取其中几个机构做详细的介绍说明。

① 铝壳供料模块（图 4-163）。

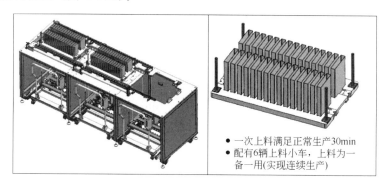

- 一次上料满足正常生产30min
- 配有6辆上料小车，上料为一备一用(实现连续生产)

图 4-163　铝壳供料模块

a．功能：实现铝壳的供料，具有托盘的定位、转移等功能。

b．主要零部件：堆垛式铝壳托盘自动上料装置、铝壳托盘、运料小车等。

c．要求：铝壳上料间隔≥20min；配备可靠导向机构及定位机构。

② 电芯和壳体除尘机构（图 4-164）。

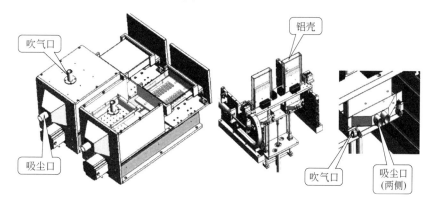

图 4-164　电芯和壳体除尘机构

a．功能：壳体竖直清洁，吹风过程全方位无明显死角，壳口针对性处理。

b．主要零部件：除尘机构、气缸平移机构等。

③ 电芯入壳机构（图 4-165）。

a．入壳时铝壳固定，夹持电芯向前送，保护电芯极耳。

b．入壳过程有陶瓷导向块，大斜角导向，避免铝壳口刮胶，避免隔膜破损、刮擦。

c．与铝壳接触位置的材料均采用陶瓷。

d．入壳后会保持 4mm 的空隙留给压装工位，要求超过顶盖支架，支架需入壳，保证压装后入壳深度的一致性。

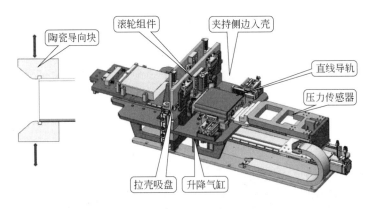

图 4-165　电芯入壳机构

e．定位精度：带吸盘拉壳结构，使壳体靠紧定位面，定位精度±0.1mm，入壳全过程压力监控，提供标准砝码，能够在不拆卸感应器的情况下校准。

f．清洁机构通过两侧上方对吹、下方吸尘的方式来清洁电芯壳盖焊接面。

g．喷嘴吹扫角度和高度可自由调节，出风均匀，形成有效风幕。

h．盒盖压装：主要实现入壳后电芯的 Hi-pot 测试，压装前盖板周边除尘，并对盖板压装入壳。

i．功能：将电芯本体进入壳体。

j．主要零部件：入壳机构、丝杆组件、壳体后吸开机构等。

④ 电芯送料机构（图 4-166）。

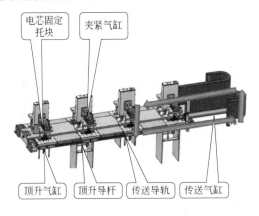

动作说明：
1.电芯放置到该工位电芯托块上后，夹紧气缸动作，夹紧电芯。
2.顶升气缸动作，顶起电芯使其脱离固定托块。
3.传送气缸动作，推动夹紧和顶升组件一起传送一段距离，使电芯到达下一工位。
4.顶升气缸下降复位，将电芯放置在托块上。
5.夹紧气缸松开，然后传送气缸复位，使夹紧和顶升组件回到上一工位。
6.通过几个气缸的如此往复动作，可连续输送电芯；并且各加工工位都设有托块和夹紧缸，不受传送机构复位动作影响，无干涉，效率高，简单可靠。

图 4-166　电芯送料机构

a．功能：用于输送入壳后电芯。

b．主要零部件：电芯夹紧机构、顶升气缸、传送机构等。

（6）预点焊接机

1）设备主要功能

预点焊接机设备布局如图 4-167 所示。

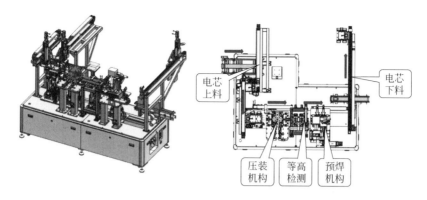

图 4-167　预点焊接机设备布局

预点焊接机设备用于方形铝壳与盖板的预点焊接。设备主要功能包括：电池自动上料和扫码、压装、等高检测、激光焊接、电池下料、信息绑定上传（MES）等。

① 设备主要技术参数。

设备的外形尺寸：3000mm×1800mm×2500mm。

设备良率：≥99.8%（仅指由设备原因造成的不良）。

设备稼动率：≥99%（仅指由设备原因造成的故障）。

Hi-pot 测试：测试时间 0.5～5s，时间在 1～100s 可调，品牌为日置，精确度±5%；正负极间测试电压（直流电）100V，范围（直流电）0～500V，50V 挡位。

定位偏差：0.5mm。

机构运行重复精度：偏差≤±0.05mm。

② 其工艺流程图（图 4-168）。

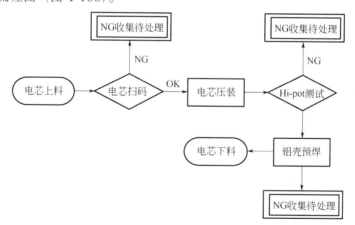

图 4-168　预点焊接机设备工艺流程图

2）关键结构

从图 4-165 预点焊接机设备布局图中可知，电芯整形预压机构、台阶和短路测试模块、压紧机构和预焊机构、合盖压装机构等比较关键，对整个装配出来的半成品有至关重要的作用，选取其中几个机构做详细的介绍说明。

① 电芯整形预压机构（2 套，图 4-169）。

a．功能：对入壳后的电芯进行顶盖整形压装。

b．主要零部件：定位组件、升降预压装组件等。

c．要求：可预设压力上限，超限报警停止，防止压坏电芯和外壳；压力调节范围为 200～1000N；压装后顶盖无破损掉料，壳口四周无翻边、毛刺、划痕；压装模块化设计，换型简单方便。

② 合盖压装机构（图 4-170）。

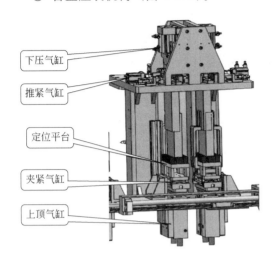

图 4-169　电芯整形预压机构

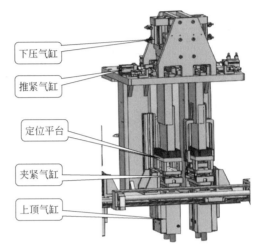

图 4-170　合盖压装机构

合盖压装机构具体的动作流程：

a．夹紧气缸动作：夹紧电芯，同时上顶气缸将电芯顶升至装配位。

b．对中气缸动作：夹紧电芯，对中定位，同时夹紧气缸松开。

c．推紧气缸动作：将壳体和盖板夹在压装模具内，且保持台阶在 0.20mm 以内；模具内尺寸为正公差，光洁度高，使壳体和盖板在内可流畅滑动。

d．吸盘组件动作：吸住壳体，并向外侧拉动，防止壳体大面内凹。

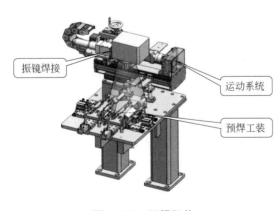

图 4-171　预焊机构

e．下压气缸动作：通过压装模具的导向，将盖板压入壳体，同时设有机械限位，防止盖板过度压入。

f．每个气缸均行程可调，关键部分设有液压缓冲和微调限位。

③ 预焊机构（图 4-171）。

预焊机构主要由运动系统和预焊工装组成。

a．功能：激光聚焦，离焦量测量，焊接吹保护气，运动机构拖动激光头扫描焊接轨迹。

b．主要零部件：移动机构 X 和 Y 轴采用伺服电机、激光焊接机等；台阶检测传感器用

2D 轮廓仪，台阶检测精度±0.02mm，台阶小于 0.2mm。

（7）顶盖激光焊接机

1）设备主要功能

图 4-172 为顶盖激光焊接机设备布局。该设备主要将入壳预焊后的电芯顶盖激光焊接、Hi-pot 检测等。主要功能包括电芯扫码自动上下料、自动取放保护盖板、夹紧定位、激光密封焊接、Hi-pot 检测、NG 缓存、过程传输等。

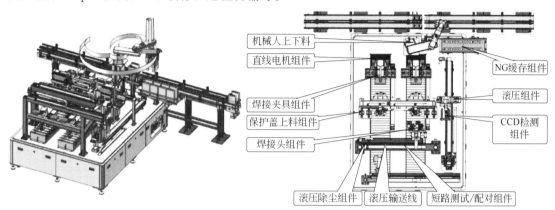

图 4-172   预盖激光焊接机设备布局

① 设备主要技术参数。

设备的外形尺寸：3000mm×4500mm×2200mm。

设备一次良率≥98.5%，二次优率≥99.5%（来料不良除外），稼动率≥98%。

焊接速度≥150mm/s，CMK≥1.33。

激光焊接打压强度＞10kgf，CMK≥1.33。

激光焊接机输出功率及夹具压力控制精度：设定值±5%，CMK≥1.33。

焊接质量（焊接定位精度±0.1mm、焊缝宽度偏差≤±0.1mm）一致性 CMK≥1.33。

激光焊工作过程与产品接触的防护腔体内环境洁净度高于 10 万级等级要求。

设备功能可满足机构、通信方面与前后工序设备对接。

② 顶盖激光焊接机设备工艺流程（图 4-173）。

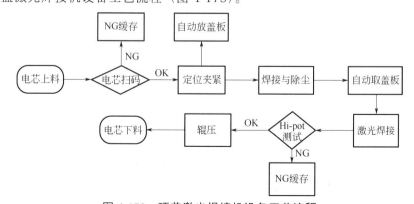

图 4-173   顶盖激光焊接机设备工艺流程

2）关键结构

从图 4-172 顶盖激光焊接机设备布局图中可知，上料机构、上定位组件、保护盖上料组件、NG 缓存、移动检测组件、CCD 检测组件、NG 搬运组件、下料组件、焊接头组件等比较关键，对整个装配出来的半成品有至关重要的作用，选取其中几个机构做详细的介绍说明。

① 顶盖激光焊接机上料机构（图 4-174）。

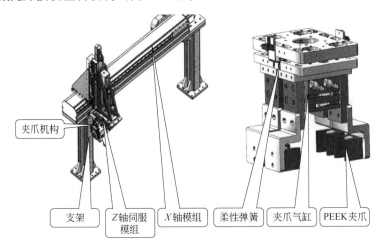

夹爪机构

| 支架 | Z轴伺服模组 | X轴模组 | 柔性弹簧 | 夹爪气缸 | PEEK夹爪 |

图 4-174　顶盖激光焊接机上料机构

a. 上料机构包含上料支架、X 轴模组、Z 轴模组、夹爪机构等。通过上料夹爪在来料物流线上抓取电芯，一次抓取两电芯，放到焊接夹具上，焊接夹具 4 套，每次放两个电芯，分两次放电芯。

b. 机械手升降机构柔性保护，下降过程中未到设置位置遇到阻力则立即回升，并执行声光报警。

c. 机械手有断电断气保护功能，夹持电芯状态下断电断气，电芯至少保持 30min 不掉落。

d. 定位、夹紧电芯，使其焊接时位置准确可靠，夹具夹块使用耐高温材料，焊接定位精度±0.1mm、焊缝宽度偏差≤±0.1mm。

e. 电芯高度方向定位以顶盖上表面为定位基准，电芯定位夹紧后，电芯顶盖上表面高度超出夹块上表面距离为 1.5～2mm（客户确定），上表面水平度误差≤0.1mm，高度方向重复性误差≤0.05mm。

f. 电芯定位夹紧过程中，夹块不与电芯产生滑动摩擦，采用随动装置，避免夹伤、刮花电芯，电芯定位夹紧后，夹块与电芯间隙≤0.05mm（标准块）。

g. 电芯定位夹紧气缸压力可调节，气压值波动＜0.05MPa。

② 上定位组件（图 4-175）。

具体动作流程如下：

a. 电池夹具通过 A/B 直线电机移动到上定位位置。

b. 控制电池夹具长短边定位气缸电磁阀切换到中泄位。

c. 上定位移动气缸带动上定位压板下压对电池定位。

d. 上定位完成后，长短边电磁阀切换成正常压力，上定位移动气缸上升。

③ 保护盖上料组件（图4-176）。

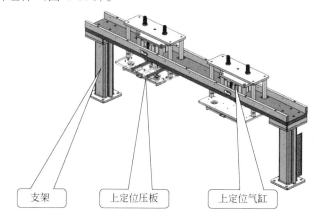

图 4-175　顶盖激光焊接机上定位组件

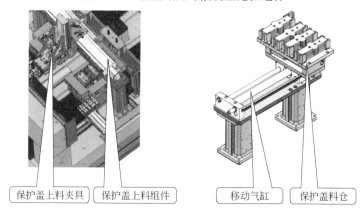

图 4-176　顶盖激光焊接机保护盖上料组件

具体动作流程如下：

a. 上定位完成后，电池移动到上保护盖位置进行护盖上料。

b. 待焊接完成后，到下料位置，下保护盖和电池的下料。

说明：可不停机更换保护盖；保护盖保护极柱，防止焊接飞溅物污染极柱、二维码、防爆膜、注液孔。

④ CCD检测组件（图4-177）。

焊接后通过机械手模组把电芯搬运至移动检测组件上，移动检测组件上装有两套夹爪，分三个工位，即上料位置、检测位置、下料位置。CCD检测组件装有相机，检测焊后焊缝有无凹坑、砂眼、爆点、断焊、气孔、漏焊等缺陷（图4-178）。

（8）正压氦检机

1）设备主要功能

图4-179为正压氦检设备布局图，该设备主要用于方形铝壳电芯顶盖激光焊接后的密封性测试环节。采用真空法检测电芯顶盖焊接后的密封状态。工作过程是：顶盖激光焊接后的待测电芯经进料拉带送入本机并读取顶盖二维码，经分料机械手将被测电芯置入检测仓，对

电芯抽空,抽到设定的负压值后外接真空源关闭,用气密性检测仪检测电池内部气密性。通过该装置可判断出被检工件是否合格。

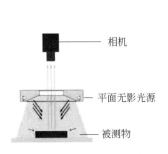

图 4-177 顶盖激光焊接机 CCD 检测组件

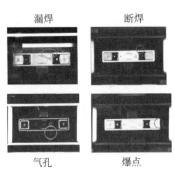

图 4-178 顶盖激光焊接机几种缺陷示意图

系统严格按照需方的要求设计制造,采用模块化的设计,充分考虑需方的检漏要求,同时也尽可能采用标准化的模块和部件,保证了系统的可靠性和可维护性,并满足厂家指定技术指标。

设备基本指标如下:

设备良率:≥99.8%(来料不良除外)。

设备稼动率:≥99%;误检率:≤0.3%。

氦检标准:≤$9.9×10^{-7}$Pa·m³/s。

其设备工艺流程如图 4-180 所示。

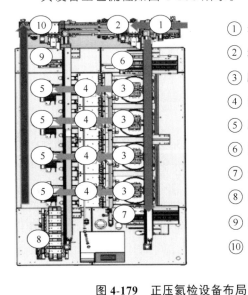

① 来料扫码位
② 进机械手取料位
③ 腔体放料位
④ 氦检测试位
⑤ 腔体出料位
⑥ 扫码NG位
⑦ 复测缓存位
⑧ 最终测试NG位
⑨ 配对位
⑩ 出料机械手出料位

图 4-179 正压氦检设备布局

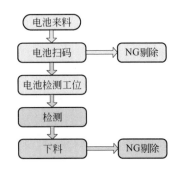

图 4-180 设备工艺流程

2)关键结构

本设备由以下装置组成:工件进/出料机械手装置、箱体滑台、抽空/充氦装置、真空箱检漏装置、氦气充注排除装置、电气控制装置。从图 4-179 正压氦检设备布局图中可知,工件进/出料机械手装置、抽空/充氦装置等比较关键,对整个装配出来的半成品有至关重要的作用,选取其中几个机构做详细的介绍说明。

① 检测转盘。检测转盘主要功能是电池一边上下料和一边检测,最大限度提高气密性检测仪的效用效率。该模块主要由转盘、凸轮分割器和检测夹具构成,如图 4-181 所示。

② 抽真空机构（图 4-182）。抽空、充氦部分主要由真空泵、电磁阀、压力传感器和管道等组成。能在设定的时间内对工件进行抽空、充氦工作。

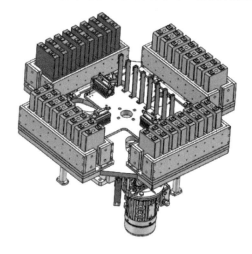

图 4-181　检测转盘　　　　　　图 4-182　抽真空机构

a. 充入氦气压力（绝压）0.05～0.15MPa,此范围内可调。

b. 系统具有氦气压力和浓度监测及氦气自动补充功能,当系统检测到氦气的浓度或压力低于设定值时,则自动打开阀门补充高纯氦气。

c. 回收系统:真空泵品牌,莱宝;数量,1 台抽真空,SV16B;1 台回收泵（干泵）,莱宝。

d. 氦气浓度仪:浓度标准可设定。

e. 回收系统回收率＞80%。

f. 自动清氦功能完好,能快速有效地消除箱体内和管道上的残余氦气,检漏精度和重复性可靠,乙方提供标准漏孔。

4.5.2.3　设备选择与应用案例

某客户对电芯的尺寸提出以下要求。

① 客户提供技术资料。设备模型平面图如图 4-183 所示,其代号及尺寸如表 4-12 所示。

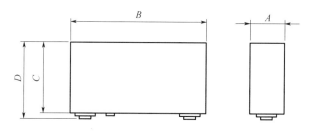

图 4-183　设备模型平面图

表 4-12　模型代号及尺寸

模型外部代号	A/mm	B/mm	C/mm	D/mm	备注
40148105（50Ah）	40	148	98	105	验收蓝本
54175207（200Ah）	54	175	195	207	配工装夹具
27175207（100Ah）	27	175	195	207	兼容产品

② 设备兼容产品尺寸（表 4-13）。

表 4-13　设备兼容产品尺寸

序号	名称	尺寸	公差	电芯示意图
H	电芯高度	80～200	±0.3	
W	电芯宽度	140～175	±0.3	
T	单电芯厚度	11～30		
L_1	终止胶带长度	40～200	±3	
L_W	终止胶带宽度	20～50		
H_1	正极耳外露	17～30	+0.5	
H_2	负极耳外露	17～30	±0.5	

根据客户的需求，夹持电芯规格通过调节可共用夹手的方式进行，必要时可通过更换必要垫块实现不同规格电芯的生产（如治具、夹具、托盘），电芯尺寸规格的变化范围不得超过本设备的最大尺寸范围。

本自动生产线用于实现方形铝壳锂离子动力电池卷绕后电芯的自动装配，生产线主要由以下几大部分组成：热压机、超声波焊接机、转接片激光焊接机、包麦拉机、入壳机、预点焊接机、顶盖激光焊接机以及各设备之间的物流输送线等。

4.5.3　软包电池装配线

软包电池装配线是软包锂电池生产的中后段工序，主要是对接叠片机过来的裸电芯，对电芯进行极耳的焊接、铝塑膜的冲坑入壳以及电芯入壳后的封装等工序。

组装线的设计原理主要是依据电池的生产工艺流程进行产线的大致布局，具体取决于电芯的尺寸大小、电芯极耳的单出或者双出以及电芯装配所需要的生产效率等。

（1）组装线设计原理及原则

目前针对组装线的形式的选择主要取决于电芯的大小规格，对于长度在 390mm 以下的电池规格，极耳焊接机、包装机以及包装机后段一般采用凸轮分割器驱动的转盘结构方式，此种结构布局方式结构紧凑，占地面积小，局限于转盘精度，转盘越大，对于电芯的装配精度越差，同时负载的加大也制约了转盘的启停难度和效率。转盘式组装线布局如图 4-184 所示。

对于长度在 390mm 以上的电池规格，极耳焊接机、包装机以及包装机后段一般采用直线结构方式，此种布局方式能够满足大电池工位切换的定位精度，工位切换效率高，有更好的生产效率提升空间。缺点在于占地面积比较狭长，工位切换的驱动机构较复杂，成本相对较高。直线式组装线布局如图 4-185 所示。

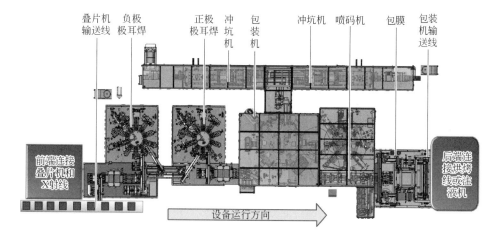

图 4-184 转盘式组装线布局

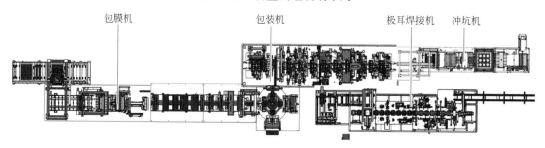

图 4-185 直线式组装线布局

（2）组装线节拍分配

在组装线的设计过程中，对于节拍的控制主要取决于各工位生产的瓶颈工位的限制，例如实际产能需求为 8PPM，考虑到设备的综合稼动率问题，一般实际按照 10PPM 进行设计，针对瓶颈工位会采用多工位的方式进行，例如焊接机段的极耳预焊中的保护片上料机构、Tab 焊接中的 Tab 上料机构、包装机中的顶底封封装时间、侧封封装时间等。在对比产能要求后，计算出每个工位所需要的工艺时间，在不满足的情况下就需要进行多工位设计。例如当设备效率要求 12PPM 时，每个电芯的工艺生产时间为 5s，某些客户对封装的时间要求就达到了 4～5s，加上电芯工位的切换时间以及封装机构的动作时间，是无法满足生产效率要求的，因而此工位需要设计双工位才能满足生产效率要求，其他工位在节拍分配上同理。在设计时，在理论上需要进行节拍的分配分析，图 4-186 为极耳焊接机段的时序图。

（3）物流方式

电池在组装时，必然需要通过物流进行各工位上的流转和切换。因而需要对不同状态下的电芯进行合理的物流方式的选择。

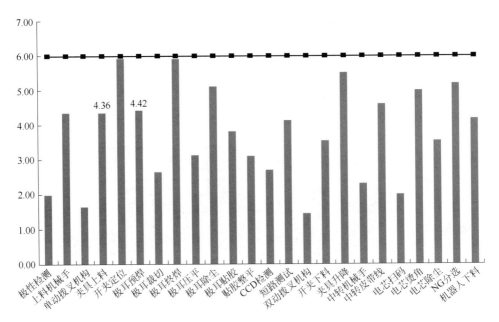

图 4-186　极耳焊接机段的时序图

① 对于叠片机出料的裸电芯而言，为了保证电芯的输送效率以及保护电芯的安全性，常规以倍速链＋电芯夹具的方式进行，倍速链具备输送效率高、适合长距离输送、负载大、维护简单等优点，且倍速链型材对于设置挡停以及其他辅助结构安装调节具有很大的灵活性。缺点在于倍速链容易摩擦产生粉尘，有个别厂家为了规避粉尘对电芯的影响，选用磁悬浮输送线进行裸电芯的输送，但是价格昂贵。

② 电芯从叠片机输送过来进入焊接机，焊接机上的每个工位对电芯的定位精度有较高要求，电芯被装入焊接夹具内，采用步进式输送方式，为保证精度要求，驱动采用伺服电机＋拨叉的循环结构。

③ 在电芯从焊接机下料后，一般采用伺服电机＋同步带的输送方式，这样可保证电芯输送的等间距性，方便机械手的下料和上料抓取位置的准确性，同理，在包装机之后也采取同样的方式进行，经济且高效。

（4）电芯定位方式及原则

在电芯组装线上，电池厂家在工艺上对电芯有一定的尺寸精度要求，因而在电池进组装线之前需要对电芯进行定位，以同一个基准进行电芯的定位，后面各工位的调整也以此为基准，以确保电芯组装的一致性。

电芯本体的形状为矩形，因而在定位形式上通常采用两边为定位基准，另外两边以推的方式进行电芯的定位。也可以采用电芯本体中心定位方式，前后左右同时进行推电芯本体，在定位方式的选择上一般取决于电芯的工艺尺寸要求，以及在结构设计上的便利性，只要保证基准一致即可。

（5）粉尘控制

在电池生产过程中，最致命的危害莫过于金属粉尘进入电芯本体内，引发一系列的问题，如电池的短路起火等。为了避免这种情况的发生，需要对组装线段的粉尘产生源进行严格控制和尽可能清除，控制粉尘，首先得找出粉尘的产生源，然后进行针对性措施。

① 叠片机输送线（倍速链）。由于在输送过程中，倍速链条会与倍速链型材摩擦产生较多粉尘，针对这类粉尘需要对倍速链线体加装防尘板，防止粉尘掉落到电芯上，同时电芯夹具尽可能采用上下包夹的方式进行输送，对于回流线体上的空夹具进行定点除尘，除尘方式采用吹＋吸的方式进行，由于线体比较长，需要增大人工清洁频率，以防止粉尘堆积等。

② 组装线。电池在组装线中进行流转时，有一些工位本身就能产生粉尘，比如极耳的预焊、裁切、Tab 焊接、焊印压平等工位，只要存在裁切或者焊接的工位都会设置专门的除尘机构进行不间断的吸尘处理，图 4-187 为除尘工位图。

(a) 正负预焊吸尘

(b) 正负焊接吸尘

(c) 极耳裁切吸尘

(d) 焊点整平吸尘

(e) 铝膜上料前吸尘

(f) 铝膜上料时吸尘

(g) 叠片后吸尘

图 4-187　除尘工位图

（6）质量监控

为了电池生产质量的稳定性和一致性，在电池生产的各个环节都会有相应的检测传感器来进行质量控制。对于组装线来说，具体体现如下：

① 通过颜色传感器对电芯来料的极性进行检测，主要是为了防止人工干预后的电池放反。

② 电芯的扫码，保证电芯信息及时上传到 MES 系统中，便于电池生产的信息跟踪。

③ 电芯的 X 射线检测，用来检测电芯的对齐度，防止错位严重的电池往后接着生产。

④ Tab 片的极性检测以及正反检测，避免焊接错误。

⑤ Tab 焊接后的贴胶检测，避免后面封装时焊印直接接触铝塑膜。

⑥ Tab 焊接后的 CCD 尺寸检测，保证电芯生产的尺寸一致性。

⑦ 焊接后电芯的 Hi-pot 测试，确保焊接后的电芯两极无导通。

⑧ 铝塑膜纠偏控制，保证铝塑膜的冲坑良品率。

⑨ 封装后电池的 CCD 尺寸检测，保证电池外观尺寸的一致性。

⑩ 封装后电池的 Hi-pot 测试，确保封装后的电芯两极无导通。

⑪ 封装后电池的绝缘测试，确保封装后的电芯两极与铝塑膜之间无导通。

⑫ 封装后电池的封印厚度检测，确保封装后电池封印的一致性。

通过上述的一系列控制方式和点位，可以对电池在整个组装线上的质量进行有效控制。

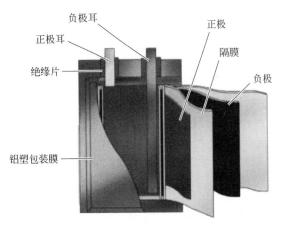

负极耳
正极
正极耳
隔膜
绝缘片
负极
铝塑包装膜

图 4-188　软包电池结构

4.5.3.1　设备主要功能及描述

锂电池是一类由锂金属或锂合金为负极材料，使用非水电解质溶液的电池。锂电池的主要构成为正负极、电解质、隔膜以及外壳。而软包锂电池是在液态锂离子电池上套上一层聚合物外壳的电池，采用铝塑复合膜包装。相比于圆柱电池和铝壳电池来说，电池的组成成分是一样的，只是包装形式和电池的物理结构形式不一样，从而导致了软包电池的装配形式以及生产工艺不一样，软包电池结构如图 4-188 所示。

软包电池装配线的生产工艺可以分为三大部分：第一部分为极耳焊接部分，第二部分为包装机部分，第三部分为冲坑机部分。软包电池主要工艺路线如图 4-189 所示。

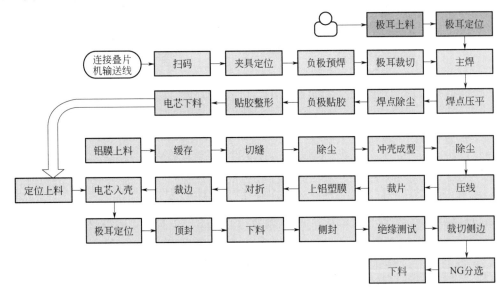

图 4-189　软包电池主要工艺路线

软包电池装配线主要技术指标如下：

① 产品的合格率：≥99%。

② 全线生产效率：依据产线要求而定。

③ 生产线需要操作人员：2 人。

④ 整线设备稼动率：≥98%[计算公式（24h-故障时间-报警时间）/24×100%]。

⑤ 封装设备合格率：≥98.8%。

4.5.3.2　设备组成及关键结构

软包电池装配线主要由极耳焊接机、包装机、包装机后段等组成。

（1）极耳焊接机

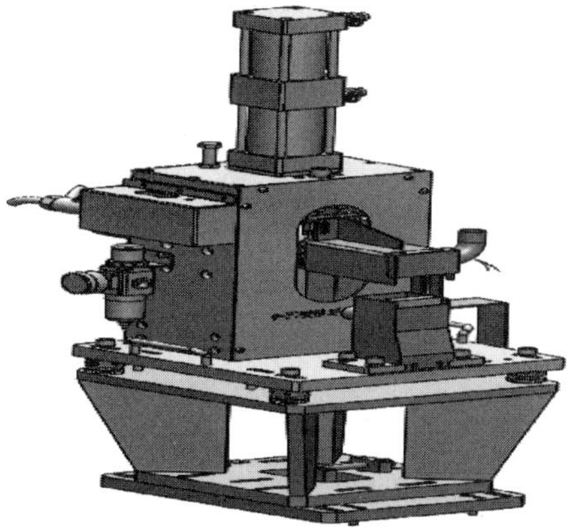

极耳焊接机是对接叠片机物流过来的裸电芯的铜箔、铝箔极耳进行收拢的超声波预焊，在对其进行导电柄的超声波终焊、焊印压平、除尘、贴胶等工序，为下一步入铝塑膜坑做封装准备。极耳焊接机的关键结构主要包含电芯极耳预焊、极耳裁切、电芯 Tab 片终焊、焊印整平及除尘、焊印贴胶等。

极耳焊接机是将叠片机过来的裸电芯进行极耳的预焊以及终焊，其关键结构有极耳裁切、极耳预焊、极耳 Tab 焊接、焊印除尘等。

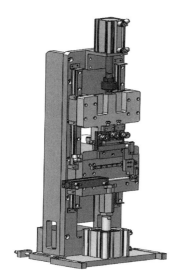

图 4-190　极耳预焊结构图

1）极耳预焊

极耳预焊主要是将电芯铜箔和铝箔极耳进行聚拢焊接，为终焊做准备工作。其机构组成部分为预焊机、焊机底座、聚拢机构、吸尘机构，极耳预焊结构如图 4-190 所示。

该结构的功能与动作用于实现极耳的超声波预焊接，焊机下焊头采用固定方式（焊头、焊座、底座的设计需要与客户沟通），电芯极耳到位后，气缸下压托盘夹具达到预焊工作高度，焊接同时进行吸尘处理；并在焊接时对极耳聚拢。在焊接的电芯有防护装置，防止焊渣掉入电芯。下焊头有吸尘罩，尘罩内有粉尘吸附装置，包括吹风装置和吸附粉尘装置，保证焊接粉尘能吸附干净；吸尘风速要求≥15m/s。

对于极耳预焊焊接位置精度，要求上下方向上偏差≤±0.2mm，左右方向偏差≤±0.2mm。

备注：焊接封装线需要根据焊机进行数据对接，能够采集焊接关键性参数（焊接参数包括能量、功率、时间、压力等），并能接收相关焊接异常信息，进行异常报警及电芯 NG 排出。

2）极耳裁切

极耳裁切机构主要是将预焊后铜箔和铝箔极耳进切整齐。其主要由上下切刀、上下切刀导向机构、除尘机构、废料导槽、上气缸、下气缸等组成，极耳裁切结构如图 4-191 所示。

该结构用于实现正极耳预焊后的自动裁切。刀具采用 SKD11 镀类金刚砂膜防止粘刀，在设计时会采用一备一用的方式，根据客户要求也会对 SKD11 进行镶钨钢的处理。裁切位置调整处有数显千分尺，方便人工调节，裁切刀裁切到预焊焊印上。裁切后极耳长度可调范围：0～10mm；裁切精度：±0.1mm；裁切寿命要求：切刀单次使用次数≥30 万次（20 万次寿命提醒修磨），可反复修磨 10 次以上。切刀处有防尘罩，裁切时将裁切机构与外部环境隔离，防尘罩内有粉尘吸附装置，保证裁切废料与

图 4-191　极耳裁切结构图

粉尘能吸附干净；吸尘风速要求≥15m/s；裁切机构内有接料盒，对裁切下的箔材进行收集。

裁切压板有凸台设计，弹簧力可调，裁切前对保护片两侧进行压制，防止裁切后保护片翘曲对后段工序有影响。

3）极耳 Tab 终焊

极耳 Tab 终焊分为正/负极 Tab 上料机构和正/负极极耳主焊两部分。

① 正/负极 Tab 上料机构。正/负极 Tab 上料机构的组成：由 Tab 弹匣式送料机构、伺服提升装置、Tab 吸取机构、二次定位机构、弹匣机构检测传感器等组成，用于实现正负极 Tab 的自动上料。

正/负极 Tab 上料机构的主要功能是将 Tab 片导电柄与预焊裁切整齐的正负极耳焊接到一起的关键工序，在实际生产中，Tab 片需要不断地进行上料，为了保证可以不停机换料，因而需要在机构设计上设计一个 Tab 片缓存机构。Tab 片取料机械手需要具备旋转功能，可对 Tab 片的正反进行防呆处理。Tab 片的极性检测，是为了检测正负极的极性，防止人工将正负极片放错。Tab 片的定位机构，由于进行焊接时，电芯极耳与 Tab 片有相对的位置精度要求，根据客户要求对 Tab 进行定位，定位基准为 Tab 片两侧和 PP 胶或者 Tab 片四周。Tab 片的送料机构，将定位好的 Tab 片夹持住送到终焊预定位置进行焊接，由于也有位置精度要求，驱动为伺服电机和滚珠丝杆的结构组合，从而保证精度要求。正/负极 Tab 上料机构如图 4-192 所示。

正/负极 Tab 上料机构功能与动作如下：

a. 弹匣机构上共有 5 个弹匣，正负极弹夹有颜色与标识区分，一个弹匣一次可装 200 片 Tab，一次上料可连续工作 2h 以上。

b. Tab 来料的尺寸精度：来料时人工将 Tab 放入弹夹内；电池采用毛刷、吹气以及电气抖动程序防止多片，合格率 100%；采用检测导电柄位置来识别正反；正负极料夹用颜色区别。6 个弹匣的转位由伺服完成，弹匣上料位有检测物料有无的感应器。采用伺服旋转，避免定位偏移太多引起极耳翘曲。

c. Tab 定位，采用机械定位，定位导电夹短边与极耳胶。

d. 夹取上料，采用手指气缸，最大面积夹持导电柄，避免导电柄滑动，伺服移载的方式实现精确送料，Tab 定位精度为±0.2mm。

② 正/负极极耳主焊。正/负极极耳主焊主要组成部分为超声波焊机、定位机构、检测系统、吸尘系统等。正/负极极耳主焊如图 4-193 所示。

正/负极极耳主焊用于实现正负极 Tab 的超声波焊接，该机构下焊头采用固定方式，Tab 在电芯极耳上方焊接，焊机整体可水平调整，适应工艺要求。

正/负极极耳主焊技术特点如下：

a. 焊头/底模单次使用寿命≥5 万次，单面可反复修磨 5 次以上，极耳焊接层数兼容≤50 层；焊头/底模以及底座的设计需与甲方沟通。

b. 焊接后有检测极耳是否焊接导电柄装置，系统报警与电池 NG 装置。

c. 焊接关键性参数（焊接参数包括能量、功率、时间、压力等）都可以设定上下限数值，具有在线检测、异常报警、电芯 NG 排除、预留导电柄上下焊接功能。

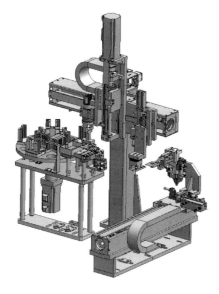

图 4-192　正/负极 Tab 上料机构

图 4-193　正/负极极耳主焊

d. 吸尘处理：在焊接的电芯侧有防护装置，防止焊渣掉入电芯。制作吸尘罩随焊头动作，在超声波焊接打开吸尘，吸尘风速 20m/s，可以有效吸走金属粉屑。

e. 精度：极耳定位精度±0.2mm；焊接位置精度为上下偏差±0.2mm，左右偏差±0.2mm。

f. 焊接参数具有本地存储，具备与 MES 对接的接口功能。增加手动除尘口，焊接工位有焊接极耳有无检查、焊接后极耳检测功能。

4）极耳焊印除尘

极耳焊印的除尘对电芯的良品率以及电芯安全性能至关重要，主要原因在于超声波焊接过程属于机械摩擦焊，会产生很多金属粉尘，以及在焊印上很多尖锐毛刺在掉落的时候也会成为金属粉尘的一个来源。这些金属粉尘在进入电芯本体后会刺破正负极片中间的隔膜，导致电池短路引起起火等危险事故。

极耳除尘分为焊印压平机构和焊印二次除尘机构两个部分。

① 焊印压平机构。焊印压平为在 Tab 片终焊接之后对焊印处进行冲压压平，其主要目的在于将超声波焊接后的极耳表面的焊印毛刺压平或者压掉，为焊印的二次除尘做好准备工作，在此机构上也有除尘吸口，对直接压掉下来易于吸走的焊渣进行除尘。

焊印压平机构由上气缸移动机构、下顶升机构、压块、吸尘罩等组成。主要用于实现极耳焊接后的整形，整形压力≥500N，压板材质 PEEK。整形后无翘曲，整形位置可调，焊印压平机构如图 4-194 所示。

② 焊印二次除尘机构。焊印二次除尘的目的是对焊印处进行独立的除尘，将压平机构未清理掉的金属粉尘进行较为彻底的清除。

二次除尘机构主要由气缸移动机构、密封腔体、毛刷机构等组成。功能与动作：用清洁装置对焊接部位进行清洁，清洁后无大于 50μm 异物，并且有粉尘吸附装置，保证粉尘能清洁干净，吸尘风速≥20m/s，清洁过程不能二次污染电芯，且不损伤极耳。焊印二次除尘机构如图 4-195 所示。

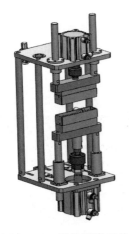

图 4-194　焊印压平机构

图 4-195　焊印二次除尘机构

焊印压平机构和二次除尘机构对焊印的处理，保证了后续工序的贴胶和封装时的平稳性以及热风融合性等。

5）极耳焊印贴胶及检测

极耳焊印贴胶是通过胶带将焊印进行贴住，保证后面进行封装时，避免焊印的凹凸不平直接接触铝塑膜，有刺破铝塑膜表面 PP 胶与铝层直接接触的风险。

极耳焊印贴胶及检测分为极耳焊印贴胶机构和极耳焊印贴胶检测机构两部分。

① 极耳焊印贴胶机构。极耳焊印贴胶机构由胶纸送料机构、张紧机构、导向机构、自动裁切机构、吸取贴胶机构等组成。贴胶方式为上下分开贴，本贴胶机构分为上贴胶机构和下贴胶机构，上下贴胶的工作方式相同。胶带长度兼容≤100mm，宽度≤25mm。保证蓝胶完全遮住焊印、极耳底部边缘，贴胶整齐，不压住导电柄的 PP 胶。贴胶机构中蓝胶拉胶过程中由弹簧张力控制，保证贴胶完成后蓝胶不回弹、不折皱，贴合完整，吸胶头材质为硬质氧化处理过的 A6061，不损伤极耳。可实现贴胶位置精度在 ±0.2mm，上下对齐度 ±0.2mm 内，裁切精度 ±0.2mm。极耳焊印贴胶机构图如图 4-196 所示。

② 极耳焊印贴胶检测机构。极耳焊印贴胶检测机构主要目的是检测电芯极耳焊印处的胶带有无以及对胶带进行压平。

贴胶检测机构主要由气缸、压块、探针等组成。焊印贴胶检测机构如图 4-197 所示。

图 4-196　极耳焊印贴胶机构

图 4-197　焊印贴胶检测机构

经过极耳焊印贴胶机构和贴胶检测机构对焊印的处理，有效规避了焊印对铝塑膜封装的影响。

（2）铝塑膜冲坑机

铝塑膜冲坑机是铝塑膜卷料进行主动放卷，并有序地在铝塑膜上进行冲出满足电池尺寸的铝塑膜坑。铝塑膜冲坑机的关键结构主要包含放卷纠偏机构、切缝机构、冲坑机构、裁切机构等。

① 放卷纠偏机构。放卷纠偏机构是铝塑膜冲坑机的最前段机构，承担设备铝塑膜的上料、换料、放卷铝塑膜以及在正常工作过程中对铝塑膜进行实时的纠偏处理。

放卷纠偏机构由气胀轴、卷料铝塑膜定位机构、主动开卷机构（含电机、减速机等）、张力控制系统、接料平台、纠偏系统等组成。功能与动作：通过人工上料，料卷气缸定位，光电传感器检测料有无；具有人工接带平台，人工接料平台包括铝塑膜裁切刀、接带压板等，接带平台下方具有负压吸尘装置；铝塑膜通过张力控制器+磁粉制动器进行铝塑膜张力调节，保持铝塑膜张力和导入方向的恒定；具有双放卷结构，实现短时间停机作业，保证整条线体的时效性。放卷纠偏机构如图 4-198 所示。

放卷纠偏机构的相关精度参数如下：

张力范围：0～100N；

张力控制精度：±3N；

卷径检测：检测范围≥400mm，检测精度要求±0.1mm。

为了保证铝塑膜在转运的过程中避免损伤，对过辊进行了特殊处理和加工。过辊材质：黑色硬质氧化的铝合金 A6061，其镀层厚度大于 4μm，过辊表面粗糙度为 $R_a0.8$，使用寿命可达 3 年以上（保证设备使用效率、稼动率和产品合格率的前提下），辊轴轴承使用摩擦系数低的轴承，尽量减小转动阻力。

② 切缝机构。切缝机构主要由直线轴承、立柱、气缸、裁刀、裁刀固定板等组成。其主要的功能与动作如下：冲坑前，用于对两张铝塑膜中间切缝释放应力，裁刀采用美工刀片，便于采购与备料，拉料到位，平台吸真空打开，上气缸驱动裁切机构切缝，裁切机构有吸尘罩，裁切过程中吸尘罩将裁切部位切口的粉尘进行负压吸附，保证裁切废料与粉尘可以吸附干净；吸尘风速要求≥15m/s；预裁位置精度 0.3mm；裁切长度调整范围可根据需要进行选择。切缝机构如图 4-199 所示。

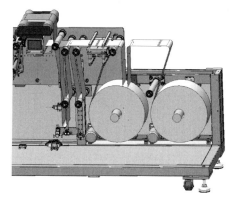

图 4-198 放卷纠偏机构

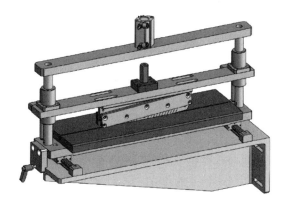

图 4-199 切缝机构

切缝机构通过在铝塑膜上进行划缝之后，为铝塑膜冲坑做准备。

③ 冲坑机构。冲坑机构主要由冲壳模具、伺服电机、减速机、滚珠丝杆、气缸、导向轴等组成。

冲坑机构采用多个气缸进行压紧铝塑膜的动作，由伺服电机驱动滚珠丝杆进行冲坑，深度可自由通过软件设定，设定范围 2～12mm。铝塑膜的压紧力通过伺服调节，模具有冲裁定位孔功能，采用双坑冲壳的方式，冲壳尺寸精度可控制在±0.1mm 内，定位销孔采用气缸冲孔，冲孔精度±0.1mm，销孔废料从下模具板两边排出，设备冲壳模具两侧配备光栅（垂直于走带方向），检测到异物报警并停机，维护设置有安全防护的功能，防止维修人员被模具伤害。

对冲坑机构具有换模需求，因而每台冲坑机会配做一台模具小车以方便换模具。

冲坑机构使用次数多，因此材料选择很关键，主要有以下几种材料类型：底板 45#调质+镀镍，顶板 45#调质+镀镍，主立柱 45#调质+镀铬，上模板 SKD11+淬火+氮化，凹模 SKD11+淬火+氮化，凸模 KD11+淬火+氮化，凸模固定板 45#+镀镍。冲坑机构如图 4-200 所示。

④ 裁切机构。裁切机构主要由导杆、切刀、切刀固定座、上气缸、下气缸、除尘机构等组成。其功能与动作是用于对铝塑膜定长分切，裁切时设有除尘装置。裁切刀一般使用寿命可达 30 万～50 万次（同时具备寿命提醒报警），可修磨 10 次以上。在裁切时对刃口进行吸尘处理。吸尘风速要求≥20m/s，铝塑壳裁切精度为±0.2mm。裁切机构如图 4-201 所示。

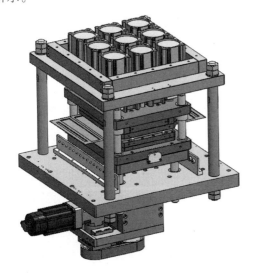

图 4-200　冲坑机构

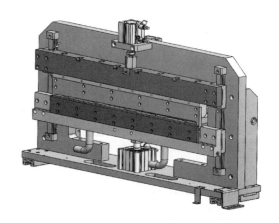

图 4-201　裁切机构

（3）包装机

包装机是将极耳焊接机焊接好的电芯与冲坑机冲压好的铝塑膜组装成一个初步的电池形态。包装机的关键结构主要包含包装机夹具、对折机构、裁切机构、顶/侧封机构等。

① 包装机夹具。包装机夹具是铝塑膜与电芯组装在一起完成各工序的重要载体，由齿轮齿条、角轴承、上形腔、下型腔、吸盘、定位块等组成。其工作原理为下型腔固定在支架上，

并合理分布真空吸盘；上型腔由夹具翻转机构通过齿轮齿条翻转，可实现开、合、保持三位置要求，并合理分布真空吸盘；铝膜放入型腔后，真空吸盘工作，铝膜位置确定，在各工位流转中铝膜位置不变。由于铝塑膜是软体，为了保证铝塑膜坑很好地与电芯之间的相对尺寸位置，对于上、下型腔采用仿形电芯外形尺寸的方式进行加工，加工精度可以达到±0.2mm，为了使夹具尽量轻量化且能够保证强度要求，材质一般选用 A6061 并做表面氧化处理，经久耐用，对折后铝膜边缘对齐度±0.2mm。包装机夹具如图 4-202 所示。

通常夹具机构配有三位置检测磁性开关，实时检测上型腔位置。

② 对折机构。对折机构主要由升降气缸、进退气缸、直线导轨、对折板等组成。其主要功能与动作为升降气缸保持在顶部位置，进退伺服将对折板推入铝膜折线正上方，升降气缸下行压紧铝膜，此时对折板边线与铝膜折线重合；转盘夹具闭合，进退气缸将对折板拉出，铝膜完全对折，转至下一工位；此时，铝塑膜内没有电芯，对折机构的整体精度可达到±0.2mm。对折机构如图 4-203 所示。

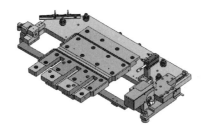 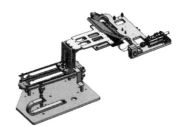

图 4-202　包装机夹具　　　　　　　图 4-203　对折机构

③ 裁切机构。裁切机构主要是用于对包装机上的铝塑膜进行裁切，主要由上切刀驱动气缸、下切刀驱动气缸、上切刀、下切刀、压紧机构、直线导轨、除尘机构、调压阀等组成，裁切位置有千分尺，方便人工调节。功能与动作为转盘转一工位，下气缸动作，下刀顶升，上气缸动作，弹簧压板接触铝塑膜后裁切铝塑膜，气缸同时复位。裁切机构如图 4-204 所示。

裁切机构的下裁切机构内有接料盒，对裁切下的铝塑膜进行收集，裁切机构有防尘罩，裁切过程中防尘罩将裁切部位与外部环境隔离，防尘罩内有粉尘废料吸附装置，包括吹风装置与负压除尘装置，保证裁切废料与粉尘可以吸附干净；吸尘风速要求≥20m/s；顶边裁切精度≤0.2mm；裁切后顶边对齐度≤0.2mm；切刀寿命为单次寿命 30 万～50 万次（系统具备寿命提醒磨刀），可修模次数≥10 次；使用数显千分尺，保证调节精度 0.01mm。

④ 顶/侧封机构。顶/侧封机构主要是用于电池的顶封或者侧封，主要由伺服电机、滚珠丝杆、直线导轨、缓冲机构、极耳定位机构、微调机构、NAK80 封头、温控器、发热管、热电偶等组成。功能与动作为封头采用电加热方式升温，封头温度为室温至 250℃可调，设备运行时封头整体温度偏差小于±3℃，发热管功率为 1500W，发热管使用寿命为 1 年，温控调节精度为≤5℃；从室温升温至 200℃所需时间小于 10min；封头加热座采用隔热板密封温度补偿的设计，保证高速封印过程中温度在要求范围内，电芯旋转至本工位后，上、下伺服电机同时驱动滚珠丝杆带动上、下封头闭合，进行热封，封印压力调节范围为 0～20kgf/cm²；封头预留有极耳槽；电池主体与封头的间隙可调，调节处有数显千分尺。封装时间为 0～8s 可调，调整精度 0.1s；极耳区封印精度±20μm，非极耳区封印精度±15μm。顶/侧封机构如图 4-205 所示。

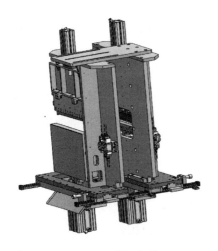

图 4-204 裁切机构

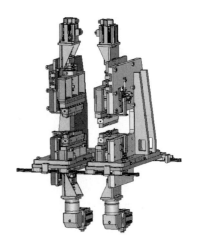

图 4-205 顶/侧封机构

4.5.3.3 设备选择与应用案例

某客户对电芯的尺寸提出以下要求（表 4-14）。

表 4-14 电芯尺寸要求

图示	项目	A 型号	兼容范围
	L_1（含极耳）	(288±0.5)mm	170～390
	L（不含极耳）	205±1	150～300
	W（高度）	(97±1)mm	60～150
	W_1（Tab 宽度）	55mm	30～70
	T（厚度）	(4.6±0.15)mm	3～12
	气袋宽度	55±1	20～150

根据客户的需求，夹持电芯规格通过调节可共用夹手的方式进行，必要时可通过更换垫块实现不同规格电芯的生产（如治具、夹具、托盘），电芯尺寸规格的变化范围不得超过本设备的最大尺寸范围。

4.6 干燥设备

4.6.1 干燥设备介绍

众所周知，水分对电池的性能影响是很大的，在电池的生产制造过程中必须严格控制。

电池中的水分会造成电解液变质，或者和电解液反应生成有害气体，导致电池内部压力变大引起电池受力变形。电池水分过多还会造成电池的高内阻、高自放电、低容量、低循环寿命甚至电池漏液等，极大降低电池性能。因此，干燥工序在锂电池生产中必不可少。

干燥是一种通过给湿物料提供能量，使其包含的水分汽化逸出，并带走水分获得干燥物料的一种化工单元操作。目前工业上有大量的干燥设备，也有不同的分类方法，如图 4-206 所示。根据操作方式分类，可以分为连续干燥设备和间歇（批次）干燥设备；根据操作压强可以分为常压干燥设备和真空干燥设备；根据热传导方式又可以分为传导干燥设备、对流干燥设备、辐射干燥设备和介电干燥设备等类型。

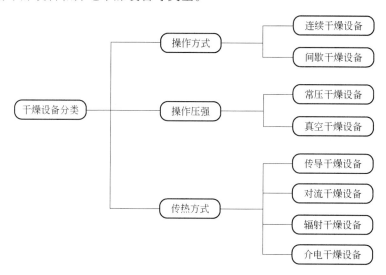

图 4-206　干燥设备的不同分类

电池中的水分主要来源于电池的原材料（包括正负极片、隔膜、电解液以及其他金属部件）中的水分以及工厂环境中的水分。对于环境中的水分，可以建立干燥车间，用干燥机生成干燥空气，不断地输进干燥车间，置换车间内的湿空气，进行环境水分的消除。对于电池内部的水分，由于干燥标准非常高，通常要求水分含量在（100～300）×10^{-6} 之间，所以一般需要用真空干燥设备来除水，干燥结束后，测试电池是否烘烤合格。在电池的生产制造过程中多个工艺流程需要真空干燥，如电池正负极粉料、电池正负极卷、注液之前的电芯等。因此真空干燥设备对于电池生产制造至关重要。

4.6.2　真空干燥原理

真空干燥利用的基本原理是不同气压环境下水的沸点不同。其变化规律如图 4-207 所示。

从图 4-207 中可见，在常压即一个大气压下，水的沸点是 100℃，但是随着气压减小，水的沸点也不断降低。到 100Pa 左右的真空环境下，水的沸点已经降低到了-20℃左右。这也就是真空环境能够促进干燥过程进行的基本原理。

因此，真空干燥就是在低于一个标准大气压的环境条件下，去除物料中所含水分的过程。真空干燥的基本动力学原理是传热传质理论。真空干燥的过程中，真空系统抽真空的同时对被干燥物料不断加热，使物料内部水分通过压力差或浓度差扩散到表面，水分子在物料表面获得足够的动能，克服分子间相互吸引力，飞入真空室的低压空间，从而被真空泵抽走。

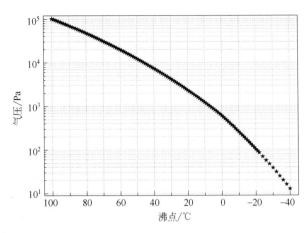

图 4-207　水的沸点随气压的变化曲线

真空干燥过程中水分的散失速率及单位时间内在单位干燥面积上干燥物料汽化并排出的水分质量为干燥速度，即

$$v = \frac{\mathrm{d}m}{\mathrm{d}A\mathrm{d}t}$$

式中　v——干燥速度，g/(m²·h)；

　　m ——排出的水分质量，g；

　　A ——干燥面积，m²；

　　t ——干燥时间，h。

而在电池的干燥中，一般比较关注水分含量而非水分质量，而且电池中水分含量极小，蒸发的水分质量难以测量。考虑采用水分含量的变化代替单位面积水分质量的变化，上式可以转变为：

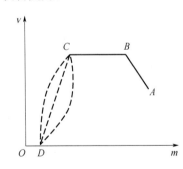

图 4-208　典型真空干燥速度曲线

$$v = \frac{\mathrm{d}m}{\mathrm{d}M\mathrm{d}t} = \frac{\mathrm{d}C}{\mathrm{d}t}$$

式中　v ——干燥速度，mg/(kg·h)；

　　m ——排出的水分质量，mg；

　　M ——物料总质量，kg；

　　C ——水分含量，mg/kg；

　　t——干燥时间，h。

典型的真空干燥速度曲线如图 4-208 所示。水分散失过程分为三个阶段：加速干燥阶段，等速干燥阶段，减速干燥阶段。AB 段为加速干燥阶段，此时物料内水分含量一定，由于抽真空和加热，物料在允许温度范围内被加热到相应压力下的汽化温度而大量汽化，干燥速度不断增加。由于传热传质特性的限制，干燥速度达到最大值，进入 BC 段即等速干燥阶段，此时物料温度保持不变，加热的热量用作汽化潜热和各项热损失，汽化蒸汽不断排出，保持了蒸发表面和空间的压力差，使干燥持续进行。当物料的水分含量减少到一定程度，蒸发出的水分减少，蒸发表面和空间压力差减小，转入 CD 段即减速干燥阶段，干燥速度逐渐下降而趋近于零。

真空干燥过程中影响干燥速度的因素很多。首先，被干燥物料的形状、尺寸、堆置方法，物料本身的水分含量、密度等物理性质会影响干燥速度。其次，干燥设备的工作真空度会影响干燥速度，真空度高水分就可以在较低的温度下汽化，但是高真空度不利于热传导会降低加热效果。最后，干燥设备的结构形式、加热方式以及干燥工艺都会影响干燥速度。因此干燥时间和干燥速度计算难度很大。

目前对于电池干燥过程中水分变化的测量比较困难，因此这方面的实验研究还不多。但是研究电池中水分蒸发机理对于电池干燥工艺有重要的指导意义。关玉明等运用计算流体力学（CFD）仿真软件对电芯内水分蒸发速率进行分析，通过加载由菲克定律计算得到的电芯水分扩散函数编译语言来仿真分析完成，发现电芯表面水分蒸发速率在烘烤 10min 左右最快，而电芯底部在开始时水分蒸发速率很低，在 50min 左右最快，如图 4-209 所示。

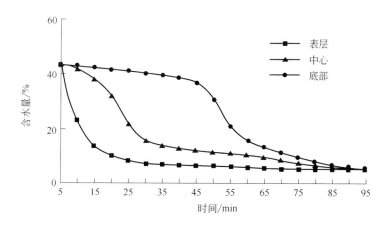

图 4-209　电芯内部含水量随时间的变化曲线图

4.6.3　电池真空干燥工艺

在锂电池生产过程中，需要经过合浆、涂布、辊压、分切、卷绕/叠片、焊接、封口、注液、化成、分容和组装等几个基本步骤，如图 4-210 所示。为了控制最终产品的水分含量，必须在不同的生产流程关键节点上设置水分控制点。其中典型的设计包括正极粉体材料的水分控制、极卷/极片的水分控制以及最关键的电芯注液前的水分控制。

在锂离子电池生产过程中，正负极粉体材料一般需要在合浆之前进行水分控制，通过粉体制造的最后一段过程同步进行干燥。而合浆过程中，负极一般是水系浆料，正极一般是油系浆料。在浆料涂覆之后，进行一次初步干燥，这一步主要目的是去除浆料中的溶剂，形成微观多孔结构的电池极片。此步干燥之后，极片中仍旧残留较多的水分，之后主要有两个去除残留水分的干燥工序：a. 在电池卷绕或叠片之前，对电池极片进行真空干燥，一般干燥温度为 120 ~ 150℃，电池极片往往成卷或成堆干燥；b. 在电池注液之前，对组装好的电池进行真空干燥，由于此时电池包含隔膜等部件，干燥温度一般为 60 ~ 90℃。

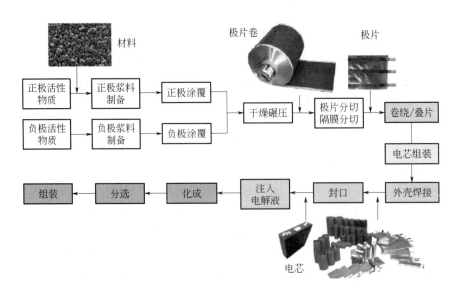

图 4-210　电池生产工艺流程

干燥温度的设定并非随意，这跟锂电池注液前固态物质内水分的存在形式有关。根据固体物质分子与水分子作用力的性质及大小，水分的存在形式主要有三种，如图 4-211 所示。其一是附着水分，水分只是简单机械地附着于物质表面；其二是吸着水分，水分以物理或化学吸附的形式与固态物质结合；其三是化合水分，水分以结晶水合物的形式与物质结合。对于附着水分，在常温常压下即可自然挥发；对于吸着水分，在常压下 105℃左右即可蒸发；而化合水分的蒸发在常压下通常需要达到 150℃以上。而真空环境下，水分脱除温度可以大幅度下降。温度越高，水分脱除效果越好，但是温度也不能过高，因为组成锂电池隔膜的多为高分子材料，例如高密度聚乙烯和高密度聚丙烯等，而这些高分子材料在过高温度下会降解，造成严重的安全问题。因此，合理设置锂电池干燥温度是一个极为重要的问题，需要根据具体的材料体系进行适当调整。

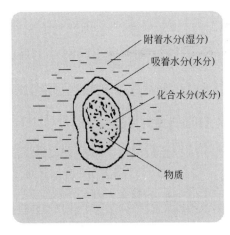

图 4-211　固体物质内水分的存在形式

电池的干燥工艺一般包含预热、真空干燥、冷却三个阶段，由于真空段传热较慢，因此一般先在常压或者较高压力下进行预热，电池升到一定温度后再抽真空进行水分去除，干燥结束后冷却至室温避免电池材料的氧化，干燥后的电池应尽量避免与大气环境接触。干燥过程中的温度、真空度、预热时间、保持真空时间等工艺参数对干燥结果有重要影响，选择合适的工艺参数有利于干燥效率的提升。

关玉明等设计了一种新型的电芯烘烤工艺，圆筒形的烘烤箱较方形的烘烤箱更能承受因烤箱内压力变化而导致的结构变形，使烘烤过程更稳定，可避免由于罐体变形对电芯烘烤带来的差异性。电芯的主要烘烤方向平行于进气管排出的热惰性气体流体方向，烘烤效果更佳，电芯开口向上更方便下一工序的电芯注液。另外运用热力学能量守恒定律，分析得到氮气在烘烤箱中的能量损失，损失主要由内部电芯升温耗能与流阻能量组成，分析得到注入热氮气的最佳初始进气速度与烘烤时间，为干燥工艺制定提供了理论依据。

王翔等公开了一种锂离子电池的极组水分阶段式烘烤工艺，包括：a. 电芯送入烘箱，将烘箱加热并抽真空；b. 烘箱温度调节至 90～100℃且真空度为 100～200Pa 烘烤 10～20min，通入氮气调至常压，保持 90～100℃的温度烘烤 10～20min；c. 重复步骤 b 8～12 次；d. 将烘箱抽真空至 100～200 Pa 并保持 90～100℃的温度烘烤 25～35min，通入氮气调至常压，保持 90～100℃的温度烘烤 10～20min；e. 重复步骤 d 5～6 次；f. 将烘箱抽真空至 100～200Pa 停止加热，冷却。

易祖良等公开了一种锂离子电池电芯烘烤方法，包括如下步骤：在真空烤箱底部设置氮气进风口、透气挡板和加热装置，顶部设置氮气出风口；将锂离子电池电芯放入所述真空烤箱内，抽真空至≤-0.085MPa，通过加热装置加热真空烤箱内温度至 80～90℃；通过氮气进风口向真空烤箱内通入氮气，并维持真空烤箱内真空度≤-0.085MPa，保持真空烤箱内温度至 80～90℃，持续时间 3～6h；停止加热，持续通入氮气使真空烤箱内电池电芯冷却至室温。

杨志明公开了一种隧道式烘烤锂离子电池或电池极片的方法，至少包括脉动真空预热步骤，脉动真空预热步骤在第一预定时间内将预温箱体内的温度升到第一预定温度，在第二预定时间内采用抽真空的方法将预温箱体内的部分水分排出，向预温箱体内回充干燥气体；再在第三预定时间内将预温箱体内的温度升到第二预定温度，在第四预定时间内采用抽真空的方法将预温箱体内的部分水分排出，向预温箱体内回充干燥气体；如此循环，直至预温箱体内的锂离子电池或电池极片温度达到工艺设计温度。

许飞等公开了一种锂离子电池电芯的烘烤方法，包括以下步骤：a. 将电芯预热后在真空状态下采用接触式加热方式对电芯烘烤 3～6h，停止加热，接触加热同时对电芯的表面及电极接线柱加热；b. 向烘烤装置内充入 0～5℃氮气至常压，保持 60～240s，再在真空状态下保压 30～240s；c. 重复步骤 b 至电芯冷却至 50℃以下，充入氮气，取出电芯。

冯臣相等公开了一种锂离子电池干燥方法，包括以下步骤：将正极片和负极片进行加热，使正极片和负极片达到第一标准；将满足第一标准的正极片和负极片进行真空干燥，使正极片和负极片达到第二标准；取满足第二标准的正极片和负极片进行电芯组装；电芯注液。

关玉明等公开了一种锂离子电池电芯的烘烤干燥工艺，采用锂离子电池电芯的烘烤生产线、氮气加热系统和真空系统；所述生产线包括第一内衬体、前门窗、电芯小车、左右运车装置、第二内衬体、侧门窗、手套箱和后门窗。该工艺通过在两个相同的内衬体中分别交替循环进行电芯烘烤工作和电芯小车出进罐工作，实现了均匀高效加热电芯；并通过粘贴在电芯小车内部的温度传感器实现对电芯烘烤温度的实时监控。

谢键公开了一种锂电池电芯干燥工艺，其包括如下步骤：水平放置加热板；在加热板上放置锂电池电芯，在重力作用下使锂电池电芯外表面中的最大面与加热板接触；在加热板上方再堆叠另一加热板，使锂电池电芯位于加热板之间；重复上述步骤二及步骤三第一预设次数，使相邻的加热板之间均设置有锂电池电芯；对堆叠在一起的加热板进行通电发热，对锂电池电芯进行烘烤。

王行龙公开了一种用于锂电池正极片的低能耗高效率真空烘烤工艺，包括如下步骤：腔体抽真空至 1.8～2.2Torr（1Torr=133.32Pa）；向真空烘烤腔体中充氮气，升温至 128～136℃；

腔体抽真空至为 1.8～2.2Torr，将锂电池正极片真空烘烤 45～50h，真空烘烤过程中每隔 1.5～2.5h 抽出真空烘烤腔体的水分；将真空烘烤腔体降温，破除真空即得。

目前一些研究人员和电池生产厂商对于极片电芯等烘烤工艺进行了研究，但是多数以专利形式公开，对于干燥机理的研究较少，各个厂商对于参数的选择各不相同，对于新的产品的工艺制定无法提供理论依据。

4.6.4 真空干燥设备基本组成及分类

目前锂电池行业使用的真空干燥设备基本实现了全自动运行，设备的基本组成包括供热组件、真空系统、干燥腔体、上下料台、中央控制系统等。

供热组件用于给干燥设备供热。供热组件根据供热热源的不同可以分为电加热、电磁感应加热、微波加热等。目前电池干燥设备较常用的是电加热方式。电加热又包括热风循环式加热和接触式加热。热风循环式加热由加热装置和风机共同作用，能够使干燥腔体内任何位置都达到干燥温度。接触式加热则更多利用加热装置直接接触电池将热量传导至电池，提高能量的利用效率，可以有效节省能耗。供热组件的主要设计要求是升温速率、温度的稳定性和温度的均匀性。因此对于温度的控制和监控非常重要，供热组件需配置相应的控温组件和检测组件。

真空系统和干燥腔体共同完成干燥设备的获取真空功能。真空系统包括真空获取系统如真空泵、真空阀门、真空管道和真空检测器件如真空规管等。真空系统的主要设计参数包括真空腔体的极限真空度、真空腔体的工作压力、真空腔体抽气口附近的有效抽速等。真空泵的选择应该根据空载时真空腔体需要达到的极限真空度和进行工艺生产时所需要的工作压力选择主泵的类型。由于电池干燥设备一般工作压力在中真空范围内，选择罗茨泵的情况较多。具体可以根据真空泵所需的名义抽速选择真空泵，计算方法如下。

泵有效抽速计算如下：

$$S_p = \frac{Q}{p_g}$$

式中　S_p——泵的有效抽速，m^3/s；

　　　p_g——真空腔体要求的工作压力，Pa；

　　　Q——真空腔体的总气体量，$Pa·m^3/s$。

$$Q = 1.3(Q_1 + Q_2 + Q_3)$$

式中　Q_1——真空工艺过程中产生的气体量，$Pa·m^3/s$；

　　　Q_2——真空腔体的放气量，$Pa·m^3/s$；

　　　Q_3——真空腔体的总漏气量，$Pa·m^3/s$。

泵的名义抽速计算如下：

$$S_m = \frac{S_p C}{C - S_p}$$

式中 S_m——泵的名义抽速，m^3/s；

C——真空腔体出口与机组入口间的管道通导，m^3/s。

上下料平台用于对电池进行上下料，包括对电池进行组盘（拆盘）和堆垛（拆垛）、对电池托盘等进行扫码、NG 情况的处理等。随着自动化要求的提高，电池的上下料已基本实现自动化，较少需要人工的干预。在上料处，条形码阅读器对电池和托盘扫码，扫码 NG 的电池置于 NG 平台处，电池机器人将扫码成功的电池装入托盘中，托盘装满后托盘机器人将托盘堆垛至上料台处，上料台堆满后进入干燥腔体中；干燥完成后，电池从干燥腔体中送出，托盘机器人将托盘一层层拆垛，电池机器人再从托盘中将电池取出进入下一流程。

控制系统对干燥系统的真空系统、供热组件还有运动组件进行控制。但是随着大数据和物联网的发展，这些功能已经无法满足当前的生产要求，软件系统对于干燥设备已经越来越重要。除了对硬件进行控制，软件还需要具备如下功能。

① 能进行设备的故障诊断，显示当前故障、历史故障及故障处理方法。

② 能显示所有传感器及执行机构的输入与输出信号及实时状态。

③ 能获取设备的实时状态，并统计 24h 内的设备状态和报警信息等。

④ 采集物料的种类、批次、型号和规格等信息，建立物料跟踪系统，对物料信息进行跟踪和追溯。

⑤ 能对生产过程进行跟踪和管理，采集物料干燥过程中的相关工位的工艺参数，包括温度、真空度等。

⑥ 能对历史数据进行查询，包括生产执行情况、设备使用情况、生产工艺控制情况等。

电池真空干燥设备目前没有统一标准，规格和形式各种各样。按照腔体形状，可以分为圆形腔体干燥设备、方形腔体干燥设备；按照供热方式，可以分为热风循环加热设备、接触式加热干燥设备、感应式加热设备等；按照干燥设备用于电池生产中的不同阶段，可以分为正负极粉体干燥设备、正负极卷干燥设备、电芯干燥设备等；按照干燥设备的出料方式，可以分为间歇式干燥设备、连续式干燥设备。

4.6.5 典型电池真空干燥设备

4.6.5.1 间歇式真空干燥设备

间歇式真空干燥设备是将多个传统的单体式干燥炉组合起来，再配备自动化上下料的机器人和中央调度机器人从而达到批量生产的目的，其结构示意图如图 4-212 所示。此干燥设备的灵活性比较高，每套设备配备的干燥炉个数和每个干燥炉的腔体个数都是可以根据具体需求进行配置的。

间歇式真空干燥设备工艺流程如图 4-213 所示。干燥设备上料平台与前一工序物流线对接，电芯从前一工序物流线对接进入上料平台，在上料平台进行定位和组盘，之后送入相应的干燥炉进行干燥，干燥结束后到下料平台进行拆盘以及电芯的冷却，之后进入下一工序的物流线。干燥炉的加热方式可以是热风循环式加热，也可以是接触式加热。整个流程由中央控制系统进行控制。

图 4-212　间歇式真空干燥设备结构示意图

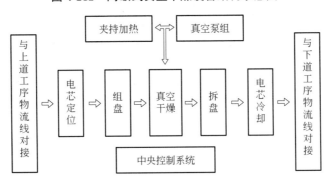

图 4-213　间歇式真空干燥设备工艺流程图

间歇式真空干燥设备的技术参数如表 4-15 所示。

表 4-15　间歇式真空干燥设备的技术参数

技术参数项目	技术参数值
烘烤温度范围/℃	85~200（线性可调）
表面温度/℃	≤(室温+15)
噪声/dB（A）	≤75
极限真空度/Pa	≤20
升温时间/h	≤1.5（室温升至 200℃）
抽气时间/h	≤0.15
真空密封性/（Pa/h）	≤5
温度均匀度/℃	≤±3
温度波动度/℃	≤±1
温度稳定度（24h 内）/℃	≤2
降温速率/（℃/h）	≥40（满载条件下）

单体干燥炉是间歇式真空干燥设备的基础和核心单元，如图 4-214 所示。其结构通常包括真空干燥腔体、全自动密封门、机架、外封板、电箱、真空管路、氮气管路、控制系统等基本单元，如果采用运风式加热，还会包含热风循环管路和加热系统。

4.6.5.2　连续式真空干燥设备

连续式真空干燥设备是将干燥工艺拆分为预热—真空干燥—冷却等多个工序，分别用不同的腔体或工位进行预热—真空干燥—冷却等工序，将这些腔体或工位之间用密封门连接起来，使得干燥变成一个连续的过程。另外再配备自动化上下料平台和传动系统完成物料的连续干燥，其结构示意图如图 4-215 所示。此干燥设备可以较大程度节省能耗，每套设备的工位数是可以根据具体工艺需求和产能进行配置的。

图 4-214　四层真空干燥单体炉范例

图 4-215　连续式真空干燥设备结构示意图

连续式真空干燥设备工艺流程如图 4-216 所示。电芯从前一工序物流线对接进入上料平台，在上料平台进行定位、组盘和堆垛，之后送入预热腔体进行预热，预热结束后通过干燥过渡舱进入真空干燥舱进行抽真空干燥，干燥完成后进入冷却舱进行冷却，冷却后到下料平台进行拆垛和拆盘，之后电芯进入下一工序的物流线，托盘回到上料平台。预热舱的加热方式可以是热风循环式加热，也可以是接触式加热，真空干燥舱的加热方式可以是接触式加热，也可以是辐射式加热辅以热风循环式加热。整个流程由中央控制系统进行控制。

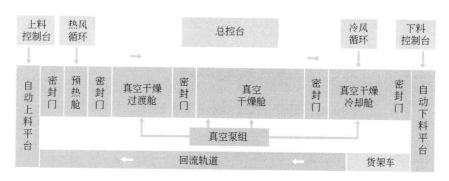

图 4-216　连续式真空干燥设备工艺流程图

从图 4-216 可见，连续式真空干燥设备或称隧道式设备通常分为预热、真空干燥、冷却几个基本工段。典型预热段的结构如图 4-217 所示。

图 4-217 中，风机带动内部气体向下流动，经过加热包加热，然后进入腔体，加热腔体内的待干燥物料，然后通过底部风口进入循环管道，回到风机，构成气体循环通道。预热段的主要作用是加热干燥物料使其快速达到真空干燥所需的工艺温度，因此预热段的升温速度和温度均匀性是其主要工艺指标。

干燥物料达到预设温度后就通过输送装置传输到真空干燥段。典型真空干燥段结构如图 4-218 所示。

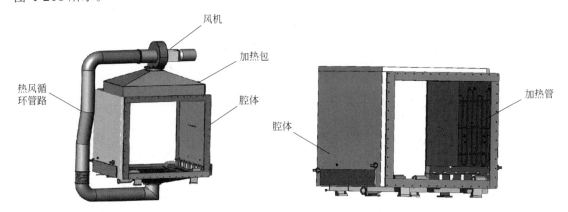

图 4-217　连续式真空干燥设备
典型预热段结构示例

图 4-218　连续式真空干燥设备典型真空段结构示例

真空干燥的真空度通常在 10～100Pa 左右。由于处在真空环境，没有气体作为介质，因此无法采用对流传热。真空段通常在腔体周围布置加热系统，通过辐射给干燥物料补充能量。

为了防止极片氧化，真空干燥后的物料需要经过冷却才能离开设备，进入干燥房。因此，连续式真空干燥设备的最后一个功能段就是冷却段，典型冷却段结构如图 4-219 所示。

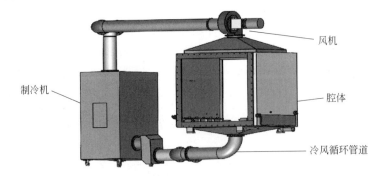

图 4-219　连续式真空干燥设备典型冷却段结构示例

冷却段通常配置外置式的制冷机，提供冷却的惰性气体。气体通过风机进入腔体，强制对流冷却干燥物料，然后通过冷风循环管道回到制冷机，形成冷空气循环通道。冷却段可以在很短的时间内将干燥物料的温度降到接近室温，选择不同的制冷系统和风机流量，可以达到不同的降温曲线。

连续式真空干燥设备的技术参数如表 4-16 所示。

表 4-16　连续式真空干燥设备的技术参数

类别	技术参数项目	技术参数值
通用指标	烘烤温度范围/℃	85~200（线性可调）
	表面温度/℃	≤（室温+15）
	噪声/dB（A）	≤75
预热段	极限真空度/Pa	≤300
	升温时间/h	≤1.5（室温升至200℃）
	抽气时间/h	≤0.075
真空段	极限真空度/Pa	≤20
	抽气时间/h	≤0.15
	真空密封性/（Pa/h）	≤5
预热段与真空段通用指标	温度均匀度/℃	≤±3
	温度波动度/℃	≤±1
	温度稳定度（24h内）/℃	≤2
冷却段	降温速率/（℃/h）	≥40（满载条件下）

连续式真空干燥设备由于整个工艺流程中从预热到冷却电池无须接触外界环境，因此设备无须在干燥房中工作，只有出料口需要干燥房，和间歇式的相比干燥房面积大大缩小。连续式真空干燥设备将各个工艺流程分开，无须反复升温和反复抽真空，因此能耗也节省很多。同等产能下，连续式真空干燥设备密封门数量更少，维护成本也更低。连续式真空干燥设备中所有产品经过完全相同的流程，间歇式真空干燥设备的每个干燥炉可能会稍有差异，因此连续式真空干燥设备的产品一致性更好。但是，连续式真空干燥设备的密封门连接两个不同的工艺流程，密封门需要双面密封，要求更高。连续式真空干燥设备需要传动设备对物料进行传输，传输过程中的摩擦容易产生粉尘等污染物料，因此必须考虑除尘装置进行除尘。连续式真空干燥设备的传动过程可能导致干燥后极卷松散，不太适合极卷的干燥。连续式真空干燥设备和间歇式真空干燥设备的对比如表 4-17 所示。

表 4-17　间歇式和连续式真空干燥设备的对比

项目	间歇式真空干燥设备	连续式真空干燥设备
干燥房	整个设备需在干燥房中	只有出料口需在干燥房内
自动化程度	可自动化上下料	可自动化上下料
温度均匀性	≤±3℃	≤±3℃
能耗	高	低
维护成本	高	低

项目	间歇式真空干燥设备	连续式真空干燥设备
加热方式	可以用热风循环, 也可以采用接触式加热	可以用热风循环, 也可以采用接触式加热
产品一致性	低	高
出料方式	间歇式	连续式
适用阶段	极卷干燥、电芯干燥	电芯干燥

4.6.5.3 不同加热方式的真空干燥设备

温度是真空干燥的一个核心参数, 而升温过程又是干燥工艺的一个重要阶段。目前设备上常用的加热方式有两种: 运风式加热与接触式加热。运风式加热就是通过加热空气或者其他惰性气体介质, 并以风机等器件强制其在腔体内流动, 从而通过强制对流传热的一种加热方式, 这也是工业上最常用的加热方式。通过精确的温度控制, 运风式加热能够在腔体内达到非常均匀的温度分布, 从而获得均匀的电池温度。

而接触式加热是近几年逐步扩大应用的另一种真空干燥加热方式, 其基本原理是将电池放置在加热板上面或者在加热板中间, 采用热传导的方式对电池进行加热。如图 4-220 所示, 接触式加热的方法有单面(底部)接触、两面(两侧)接触、三面(底部加两侧)接触三种。

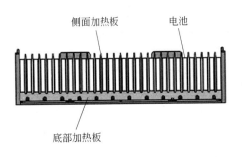

从图 4-220 中可以看到, 接触式加热的电池托盘通常带电。在上下料时电池托盘取出, 置于上下料位置进行电池放入和取出; 进行真空干燥时, 托盘转移至真空腔体内的加热位置, 通过弹性电触点进行供电和温度测量, 对加热板的温度进行实时闭环控制。通过热传导的方式对电池进行预热, 而在真空干燥阶段, 由于热传导无须气体介质, 所以能够持续为电池干燥补充能量。

图 4-220 接触式加热电池承载托盘截面图

运风式加热与接触式加热的使用各有优劣。运风式加热设备结构简单, 可靠性高, 且温度均匀性好, 但是所需的加热时间较长。而接触式加热设备升温速度较快, 但其结构较为复杂。由于热传导的动力来自温度梯度, 故温度均匀性较差, 需要较长的时间达到温度均衡。同时接触式加热电池托盘与腔体之间的电触点通常必须暴露在真空环境, 容易造成真空放电问题, 对生产造成较大影响。从成本的角度, 运风式加热的设备由于结构、温控方面的优势, 故成本较低; 而同样产能条件的接触式设备成本会高出约 30%~50% 不等。

4.6.5.4 卷对卷真空干燥设备

卷对卷真空干燥设备是专门用来干燥电池极卷的干燥设备。由于极卷尺寸比较大, 干燥时间一般也比较长, 而且极卷内部和表面的水分含量会有差异。为了提高干燥效率和水分含量一致性, 设计出了卷对卷干燥设备。卷对卷制程的概念来源于涂布等过程, 对于薄膜材料卷对卷是一个更高效的方法。

卷对卷真空干燥设备主要包含真空腔体和真空获取设备, 真空腔体内部包含极卷的开卷组件、加热组件和收卷组件。卷对卷真空干燥设备示意图如图 4-221 所示。不过目前卷对卷干燥设备还不是成熟的干燥设备，市场上现有设备很少，实际工业规模成功应用的设备则几乎未见。

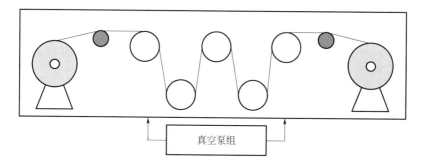

图 4-221　卷对卷真空干燥设备示意图

卷对卷干燥的工艺流程较为简单：将极卷放于开卷卷轴上，极片绕过各个轴以及加热辊，最后绕至收卷卷轴上。开卷卷轴和收卷卷轴同时转动，极卷在开卷的过程中经过加热辊被加热干燥去除水分，整个过程在真空腔体中进行。干燥完成后，从收卷卷轴上下料。

卷对卷制程的方案是成熟的，但是卷对卷干燥设备仍有许多问题需要解决。首先收放卷组件市场已经有成熟方案，但是为了提高干燥效率，收放卷的速度越快越好，对于极卷如此轻薄的材料，如果尽可能提高收放卷速度，可导致极卷破裂。另外收放卷组件都位于真空腔体中，应考虑如何在传动过程中避免粉尘的污染。最后极卷在高速传动过程中如何快速升温并保证温度均匀性的控制和检测，也是比较困难的。此外，设备的其他关于真空度和温度的要求应和前几种设备相同或在同一水平。

4.6.5.5　物流仓储式真空干燥设备

物流仓储式真空干燥设备是借用目前的物流系统，更高地提高干燥设备的效率和柔性化。物流仓储式真空干燥设备放弃了传统的大型干燥腔体，盖有盖子的托盘即为干燥空间，存储货架用于存放带有盖子的电池托盘。每一个仓储位都有真空对接系统和加热对接系统，用于给电池加热和托盘抽真空。物流仓储式真空干燥设备还没有实际应用，其结构示意图如图 4-222 所示。

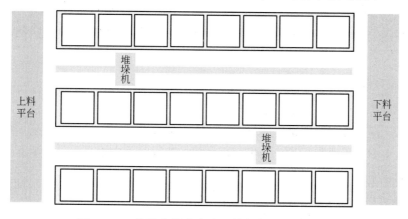

图 4-222　物流仓储式真空干燥设备结构示意图

在上料台处，机器人对电池进行组盘，盖上盖子。堆垛机将组好盘的电池及托盘放置在存储货架的相应存储位置上。货架上的真空系统和加热系统与托盘进行对接，对电池进行加热干燥。干燥完成后堆垛机将电池及托盘放置于下料台上，对电池进行拆盘，电池进入下一工序。

物流仓储式真空干燥设备借用了物流仓储的理念，因此对于物流调度软件的要求比较高。另外，对用于搬运电池和托盘的堆垛机要求也较高，才能实现该设备的高效。设备将托盘的空间作为干燥腔体，降低了腔体尺寸的同时，也大大提高了设备的柔性。但是这导致每个仓储位都要有加热对接装置和真空对接装置，这很大程度提高了设备成本和维护成本。该设备和间歇式真空干燥设备相比，相似性很高。区别在于该设备腔体更小且可移动，更加柔性化，适用于定制化生产。

4.6.6 锂电池真空干燥设备性能评估

4.6.6.1 真空性能评估

真空干燥设备的真空性能主要依靠腔体的抽气时间、极限真空度、真空密封性等参数进行评估。真空性能的测试一般在设备空载情况下测试。测试装置包括真空泵、真空阀、真空规与管道，以及真空计和计时器等。

极限真空度是腔体能达到的最低压力。极限真空度越低越有利于水分的蒸发，但是对于设备的要求也越高，因此需要在设备成本和极限真空度之间进行平衡。考虑到多数电池的干燥工艺是在几十帕或者一两百帕压力下完成的，即工作压力在 20~1000Pa 之间可以满足干燥要求，因此极限真空度在 10Pa 左右即可。

在系统连续抽气条件下，真空腔体内达到极限压力后，打开腔体 15min，再关闭腔体对其再度抽气，第一次达到极限压力值所需的时间，定为该设备的抽气时间。一般抽气时间应在 5~10min 左右，如果不能达到要求应考虑更换真空泵以满足要求。

用真空管道连接真空腔体与真空泵的吸气口，使整个真空系统处于密封状态。开启真空泵，当真空度达到极限压力，关闭真空泵，保压 24h，记录时间与压力曲线图，找出压力随时间变化曲线的线性段，计算出其斜率即为真空密封性数值（即每小时真空度上升数值）。真空密封性一般应小于 5Pa/h。如果真空密封性不满足要求，应使用氦质谱检漏仪对腔体进行测试，改善腔体密封性。

4.6.6.2 温度性能评估

真空干燥设备的温度性能主要依据升温时间、温度波动度、温度稳定性、温度均匀性等参数进行评估。温度性能的测试一般也在设备空载情况下测试。温度性能测试装置包括热电阻、热电偶等温度传感器和温度记录仪。运风式加热以腔体内中心点作为测温点，接触式加热则以加热装置中心点为测温点。

升温时间是设备在加热装置以最大功率开启时，从室温升到电池干燥的工艺温度的时间。对于运风式加热，升温时间应不超过 90min；而对于接触式加热，升温时间应不超过 10min。

温度波动度是设备在干燥工艺温度稳定一段时间后，测温点在规定的 30min 内最高温度和最低温度之差的一半。电池干燥设备的温度波动度应不大于±1℃。

温度稳定度是设备在干燥工艺温度稳定一段时间后，测温点在 24h 内多个时间段的测试温度值的平均温度与起始一段时间内温度平均值的最大差值。电池干燥设备的温度稳定不大于 2℃。

温度均匀度是设备在干燥工艺温度稳定一段时间后，在任意时间间隔内，腔体内（运风式加热）或者加热装置上（接触式加热）任意两点的温度平均值之差的最大值的一半。对于运风式加热，测温点应为腔体中心点和腔体边缘多个测温点；对于接触式加热，测温点应为加热装置的中心点和加热装置边缘多个点。电池干燥设备的温度均匀度应不大于±3℃。典型的温度均匀度测试曲线如图 4-223 所示。

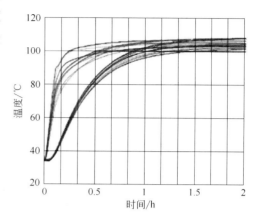

图 4-223 典型的温度均匀度测试曲线

4.6.6.3 干燥后水分评估

牛俊婷等对电池极片残留水分与电池性能的关系进行了系统的研究。正极片水分含量在 0.04%～0.05%间的电池循环性能良好，电流充放电循环 200 周后，电池放电容量仍保持为初始容量的 92.9%。随着循环的进行，正极片水分含量超过 0.06%的电池容量急速衰减，性能恶化。电池极片水分含量在 0.03%～0.06%区间的电池放电比容较高且接近，随着放电倍率的增大，电池极片水分含量超过 0.06%，容量衰减速度增大。由于过高的水分对于电池性能有较大的负面影响，目前电池干燥后水分普遍要求在 500mg/kg 以下，最好能够降低至 200～300mg/kg。

由于电池干燥后水分含量较低，一般只有几百毫克每千克，无法用简单方法测量，一般采用卡尔·费休-库仑法测试微量水分，其原理是一种电化学方法。反应原理为水参与碘、二氧化硫的氧化还原反应，反应式如下所示：

$$H_2O+I_2+SO_2+3C_5H_5N \longrightarrow 2C_5H_5N \cdot HI+C_5H_5N \cdot SO_3$$

从以上反应中可以看出，即 1mol 的碘氧化 1mol 的二氧化硫，需要 1mol 的水。所以电解碘的电量相当于电解水的电量，电解 1mol 碘需要 $2 \times 96493C$ 电量，电解 1mmol 水需要电量为 96493mC 电量。测得的水分质量根据下式计算：

$$\frac{m \times 10^{-6}}{18} = \frac{Q \times 10^{-3}}{2 \times 96493}$$

式中　m——测得的水分质量，μg；

　　　Q——电解电量，mC；

　　　18——水的分子量。

测得的水分质量还包含测试系统中的水分，因此样品中水分应该用测得总水分质量减去空瓶水分含量（blank value），并考虑水分漂移值（drift value）的影响，样品水分含量计算如下：

$$c = \frac{m - m_0 - D_v \times t}{m_总}$$

式中　c——样品水分含量，$\mu g/g$；

　　　m_0——空瓶水分质量，μg；

　　　D_v——漂移值，$\mu g/min$；

　　　t——萃取时间，min；

　　$m_总$——样品总质量，g。

卡尔·费休-库仑水分测试仪结构示意图如图 4-224 所示，主要包含卡尔·费休电解池和样品加热单元，极片样品放入密封样品瓶中，然后在一定温度下加热样品瓶，样品中的水分蒸发，然后利用干燥气体将水蒸气送入电解池中参与反应，再测定电解过程中的电量，从而滴定水分含量。

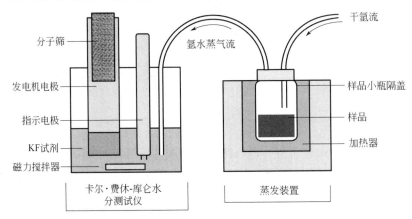

图 4-224　卡尔费休-库仑水分测试仪结构示意图

干燥后电池样品利用卡尔·费休-库仑水分测试仪进行水分测试时，应该注意以下事项：a. 取样之前样品瓶必须烘干，一般在 120～160℃烘干 3～6h，取出时必须马上盖上瓶盖密封保存，样品瓶的空白水分应该小于 10μg，越小越好；b. 取样环境必须在有露点的环境中进行，露点一般建议低于-40℃，并且把空样品瓶开盖放置 1～2h，作为空白试验用；c. 极片一般可以裁切成 0.5cm 的小片，或者是沿着样品瓶的高度裁成一条；d. 进样量一般不低于 0.5g；e. 称量工具一般建议用万分之一电子天平；f. 正式测试样品前，应该保证当前漂移低于 20$\mu g/min$，并且稳定没有明显的上升或者下降趋势；g. 当做完一个样品后，在卡氏加热炉上取下有样品的瓶子重新插入漂移瓶，让仪器重新稳定后再做下一个样品；h. 卡氏加热炉温度建议在 120～180℃，因为温度过高会导致电池中部分材料挥发或者发生副反应导致测试结果不准，不确定测试温度时可以利用卡尔·费休水分测试仪梯度升温法分析测试锂离子电池材料和正负极极片的水分。

4.6.7　真空干燥设备发展方向

4.6.7.1　干燥效率的不断提高

缩短干燥时间，提高干燥效率一直是干燥设备的目标。真空干燥效率的提高有利于降低产品成本，提高经济效益。目前干燥设备的自动化程度越来越高，也在不断提高干燥效率。今后需要研发新的加热方式进行加热效率的提高，开发与干燥设备相适应的物流线提高上下料效率，开发新的能耗低的干燥设备，进行电池干燥机理的研究改善干燥工艺，利用软件等对干燥过程进行监控，提高设备的运行效率等。

4.6.7.2 设备的模块化和标准化设计

电池干燥设备目前全部是非标准化设计，因为目前市场上每个厂商的电池规格都不同，导致干燥设备也各不相同。这就导致电池干燥设备柔性化较差，不利于升级换代。今后电池规格应有相应标准，干燥设备的设计也应该符合相应的标准，比如腔体尺寸，真空泵的选择，发热板的要求，真空计和阀门的安装位置等应符合标准。另外由于电池批量化生产的要求，干燥设备的尺寸越来越大，现场安装调试往往需要耗费大量人力、物力、时间。干燥设备设计时应考虑模块化设备，每个模块尽可能功能独立，节省现场安装调试时间。

4.6.7.3 生产执行系统（MES）应能指导生产

随着电池生产的自动化程度提高，干燥设备的软件系统也不断升级，目前干燥设备的软件能够显示能耗数据，能够记录产品信息以及工艺数据已经是干燥设备的基本要求。但是目前的 MES 只是进行数据的采集、存储以方便对干燥数据进行追溯。今后 MES 除了这些功能外，随着大量电池数据的获得，应该能利用大数据技术等对电池干燥工艺起到指导和改善的作用，帮助设备的维护和干燥效率的提高。

4.6.7.4 水分的在线检测

之前的介绍已经提到了电池干燥后的水分检测需要破坏电池，检测水分后才知道本批次电池是否合格。目前尚没有较好的实时的水分检测方法。今后应当研究新的电池检测方法，可以在干燥过程中实时检测电池水分，不必破坏电池也不必干燥后再进行检测，如果干燥过程中发现水分不合格则立即修改干燥工艺直至水分合格。开发新的水分检测方法需要对电池的水分蒸发机理以及相应的影响因素有深入研究的基础上，所以电池干燥过程的研究对于干燥设备的进步有重要意义。

4.7 注液设备

4.7.1 注液设备介绍

4.7.1.1 注液设备的重要性

目前的二次锂电池，多数都需要有电解液，有注电解液的工艺制程，实现这个制程的设备就是注液设备。锂电池电解液作用就是正负极之间导通离子，担当锂离子传输介质的作用，相当于肺部的血液作为氧气和二氧化碳交换的介质，可见电解液在整个电池内部的重要性。通用的锂离子电池电解液由无机锂盐电解质、有机碳酸酯和添加剂组成，作为锂离子迁移和电荷传递的介质，是锂离子电池不可或缺的重要组成部分，是锂离子电池获得高电压、高能量密度、高循环性能等优点的基础。

考核电池注液的最主要参数：注液量、浸润效果（充分且均匀）、注液精度，这三点都是由注液机的性能来实现的，因此注液设备在锂电池生产流程中也是非常重要的，直接影响到电池性能。设备主要参数分别介绍如下：

① 注液量：要考虑满足电池设计要求，能把指定量的电解液全部注入电池。

② 浸润效果：把电解液均匀地浸润到电池极片内部，使得极片的电化学能力发挥到最佳，浸润效果不完整的电池其性能一致性也会受到影响。在最短的时间内来实现最好的浸润效果，是注液机工艺能力的最重要体现。

③ 注液精度：反映了电池电解液量的一致性，反映电池性能的一致性，也反映了注液机的性能和能力。

注液机除了要实现以上三点来满足需求，还要考虑用最佳的注液工艺，用最快的时间、尽量少的注液次数、尽量少的空间、尽量少的人工、尽量少的成本来达成要求。

4.7.1.2 注液机原理

注液机注液的原理，就是在电池有限的内部容腔内（容腔内包括电芯以及未被充填的空间），通过一定的工艺方式（比如真空、压力、时间），把电解液注入容腔内，一部分电解液浸润到电芯（正负极极片、隔膜组成）内部，一部分占据未被充填的空间。全部注入电解液的量就是注液量。浸润到电芯内部的电解液越多，相对而言浸润效果就越好。把电解液浸润到电芯内部的时间越短，表面注液机的工艺能力越好。对于某个电池，实际注液量和设定要求的注液量的偏差，就是注液精度。对于同一批电池，注液量一致性越好，注液量越集中，注液重量的 CPK 值越大，就是注液机的整体性能越好。

4.7.1.3 注液机的种类

（1）按电池种类分

① 软包注液机。

② 硬壳注液机，包括圆柱电池注液机、方形电池注液机。

（2）按结构种类分

① 直线式注液机，包括回字形结构注液机。

② 转盘式注液机。

（3）按注液工艺分

① 真空注液机，一般指真空、常压呼吸式浸润方式。

② 低压注液机，一般指加压静置时压力在 0.3MPa 以下，真空、压力交替循环的浸润方式。

③ 高压注液机，一般指加压压力在 0.5~0.8MPa 之间，真空、压力交替循环的浸润方式。高压能实现更好的注液、浸润效果，是目前注液机的发展方向。目前圆柱电池、方

形铝壳电池（在等压方式的加持下）有一大部分是采用高压注液，软包电池还没有采用高压注液。

④ 超高压注液机，目前市面上还没有明确量产的超高压注液机，未来有更高静置压力的注液机，把加压压力在 1～2MPa 之间的注液机，称之为超高压注液机。未来对于更高能量密度的电池，有机会用上超高压注液机，这样注液后应该会减少后期的静置搁置时间。

（4）按加压方式分

① 差压注液机，一般指加压静置时，只对电池内部容腔加正压，电池内部和外壳外部存在压差，故称之为差压注液或差压静置。特别指出的是，对于方形硬壳电池，因为防爆膜以及方形外壳容易变形，差压注液机通常是低压注液机；对于圆柱电池比如钢壳 18650/26650 电池，差压注液机既可以是低压注液机，也可以是高压注液机。图 4-225 为高压-真空循环式注液原理示意图。

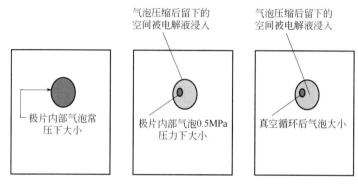

图 4-225　高压-真空循环式注液原理示意图

② 等压注液机，一般指加压静置时，对电池内部容腔以及电池外部同时加正压，电池内部和外壳外部不存在压差或压差很小，故称之为等压注液或等压静置。就其逻辑关系来说，高压是目的，等压是实现高压的手段，如果没有压力的存在，等压是不具有意义的。等压注液机使得方形铝壳电池也能实现高压注液。软包电池也可以采用高压等压注液方式。图 4-226 为常压-真空循环式注液原理示意图。

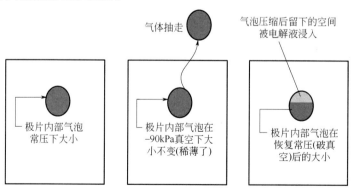

图 4-226　常压-真空循环式注液原理示意图

4.7.1.4 注液机功能

① 方形铝壳动力电池一次注液机包含以下功能：

a．上料：人工方式、机械手自动方式。

b．读码：条形码或二维码。

c．前称重：条码和重量绑定，数据计入 MES 系统。

d．装盘：电池放进托盘、托架定位。

e．测漏：检测注液嘴是否密封。

f．注液：通过注液泵。

g．静置，真空、压力循环方式：高压方式，低压方式，等压方式。

h．出托盘：电池移出托盘。

i．后称重：条码和重量绑定，数据计入 MES 系统。

j．密封注液孔：插入过程胶钉。

k．出料。

② 方形铝壳动力电池二次注液机包含以下功能：

a．上料：人工方式、机械手自动方式。

b．读码：条形码或二维码。

c．前称重：条码和重量绑定，数据计入 MES 系统，计算出二次注液的注液量（变量注液）。

d．装盘：电池放进托盘、托架定位。

e．测漏：检测注液嘴是否密封。

f．注液：通过变量注液泵进行变量注液。

g．静置，真空、压力循环方式：高压方式，低压方式，等压方式。

h．出托盘：电池移出托盘。

i．后称重：条码和重量绑定，数据计入 MES 系统。

j．抽真空回氦：负压回氦，插入密封胶钉。

k．密封注液孔：插入过程胶钉。

l．出料。

③ 圆柱 18650/21700/26650（先注液后焊盖帽）注液机一般包含以下功能：

a．上料：一般自动上料方式。

b．前称重：条码和重量绑定，数据计入 MES 系统，计算出二次注液的注液量（变量注液）。

c．装盘：电池放进托盘、托架定位。

d．测漏：检测注液嘴是否密封。

e．注液：通过注液泵。

f．静置，真空、压力循环方式：高压方式，低压方式，等压方式。

g．出托盘：电池移出托盘。

h．后称重：NG 排出。

i．出料。

④ 圆柱 18650/21700/26650（先焊盖帽后注液）注液机一般包含以下功能：

a. 上料：一般自动上料方式。

b. 找正盖帽方向。

c. 前称重：条码和质量绑定，数据计入 MES 系统，计算出二次注液的注液量（变量注液）。

d. 装盘：电池放进托盘、托架定位。

e. 分次注液：通过注液泵，一般 5～6 次注液。

f. 分次静置，真空、压力循环方式：高压方式，低压方式，真空方式。

g. 出托盘：电池移出托盘。

h. 后称重：NG 排出。

i. 找正盖帽方向、折极耳。

j. 把盖帽压平。

k. 出料。

⑤ 软包电池注液机一般包含以下功能：

a. 上料：人工方式、机械手自动方式。

b. 读码：条形码或二维码。

c. 前称重：条码和重量绑定，数据计入 MES 系统。

d. 装盘：电池放进托盘、托架定位。

e. 测漏：检测注液嘴是否密封。

f. 注液：通过注液泵。

g. 静置：一般是真空、常压静置循环方式。

h. 出托盘：电池移出托盘。

i. 后称重：条码和重量绑定，数据计入 MES 系统。

j. 密封注液孔：热封方式。

k. 出料。

⑥ 圆柱大铝壳一次注液机一般包含以下功能：

a. 上料：人工方式、机械手自动方式。

b. 读码：条形码或二维码。

c. 前称重：条码和重量绑定，数据计入 MES 系统。

d. 旋转找正注液孔：一般通过 CCD 识别方式。

e. 装盘：电池放进托盘、托架定位。

f. 测漏：检测注液嘴是否密封。

g. 注液：通过注液泵。

h. 静置，真空、压力循环方式：高压方式，等压方式。

i. 出托盘：电池移出托盘。

j. 后称重：条码和重量绑定，数据计入 MES 系统。

k. 密封注液孔：插入过程胶钉。

l. 出料。

⑦ 圆柱大铝壳二次注液机一般包含以下功能：

a. 上料：人工方式、 机械手自动方式。

b．读码：条形码或二维码。

c．前称重：条码和重量绑定，数据计入 MES 系统，计算出二次注液的注液量（变量注液）。

d．旋转找正注液孔：一般通过 CCD 方式。

e．装盘：电池放进托盘、托架定位。

f．测漏：检测注液嘴是否密封。

g．注液：通过注液泵。

h．静置，真空、压力循环方式：高压-等压方式或差压方式。

i．出托盘：电池移出托盘。

j．后称重：条码和重量绑定，数据计入 MES 系统。

k．密封注液孔：插入过程胶钉。

l．擦拭注液孔。

m．出料。

4.7.1.5　性能指标

（1）注液效率

① 圆柱电池注液机效率：

a．18650/21700/26650（先注液后焊盖帽）电池的效率：分为 80PPM、120PPM、200PPM、300PPM。

b．18650/21700/26650（先焊盖帽后注液）电池的效率：分为 80PPM、120PPM。

c．圆柱大铝壳电池（外径 32～50mm，高度 80～273mm）的效率：目前量产是 50PPM、72PPM，未来可能达到 100PPM 或更高。

d．圆柱大钢壳电池（外径 32～26mm，高度 80～160mm）的效率：目前量产线是 60PPM、120PPM，未来达到 200PPM 或更高，46800 如果是钢壳敞口结构注液，量产线效率应该可以考虑在 80PPM、120PPM、160PPM、200PPM 的梯次范围。

② 电池铝壳动力电池注液机效率：

a．26148 电池效率：通常在 12～24PPM，未来会在 24～60PPM 区间。

b．50160 电池效率：通常在 12～24PPM，未来会在 24～60PPM 区间。

c．33230 电池效率：通常在 12～24PPM，未来会在 24～48PPM 区间。

③ 软包动力电池注液机效率：

软包动力电池：效率一般在 6～24PPM。

④ 软包 3C 电池注液机：

软包 3C 电池效率：小软包注液机效率一般在 12～24PPM。

（2）注液精度

a．软包电池的注液精度：一般情况下 0.5%。

b．18650 电池注液精度：一般为±0.1g，考虑到称重系统本身的偏差，称重软件的设定偏差一般为±0.15g。

c. 26650 电池注液精度：一般为±0.12g，考虑到称重系统本身的偏差，称重软件的设定偏差一般为±0.18g。

d. 圆柱大铝壳 32130 电池一次注液：一般为±1g。

e. 圆柱大铝壳 32130 电池二次注液：一般为±1g。

f. 方形动力电池一次注液机注液精度：一般为 0.5% ~ 1%。

g. 方形动力电池二次注液机注液精度：一般为 0.5% ~ 1%。

4.7.2 设备组成及关键结构

4.7.2.1 外罩

① 手套箱式。一般只用于实验室、小批量试制；可以选装自身配置除湿机，或者外接通干燥气，来控制内部含水量。单工位手套箱如图 4-227 所示。

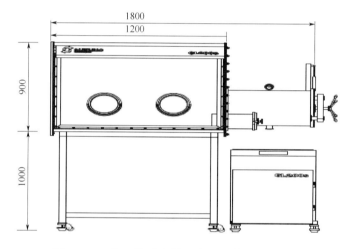

图 4-227 单工位手套箱示意图（单位：mm）

② 钣金外罩，带一定的密封功能。内通干燥气；可以放在干燥房内使用，也可以普通房间内使用（自配一个过渡房）。钣金外罩结构如图 4-228 所示。

图 4-228 钣金外罩结构示意图

③ 铝合金框架外罩。放置在干燥房中使用；对湿气体起着一定的隔断作用，对设备和人员起着安全保护作用。铝合金框架外罩结构如图 4-229 所示。

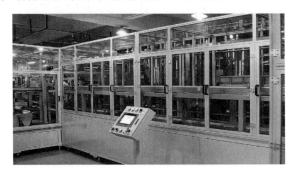

图 4-229　铝合金框架外罩结构示意图

4.7.2.2　真空泵

① 一般使用螺杆泵。

② 放在注液机旁边的话，真空利用效率高，节能。

③ 放在较远处需要做管道过来，要考虑管道对真空造成损失，管道越长越细，真空流量和真空度损失就越大。

4.7.2.3　注液泵

① 现在一般采用电动泵，泵头为陶瓷材料，而不是 2010 年之前一般采用的 Hibar 注液泵。

② 电动泵有手动型和智能变量型之分，后者一般叫变量泵。

③ 电动泵的精度对于电解液一般是 0.25% 左右。

④ 注液泵在实际生产中要避免卡泵。

4.7.2.4　电解液中转罐

① 电解液中转罐主要目的是电解液供应（给注液杯）控制在常压下，并保持微小范围内的恒定。

② 电解液桶里的电解液因为充了氮气保护气体，压力在 0.2MPa 左右，在使用时压力会降低。

③ 电解液中转罐必要时可以采用两层-双罐结构，可以对上层罐子进行除气泡，以提高注液量的一致性和精度。

④ 必要时可以对电解液进行过滤。

⑤ 必要时可以安装压差变送器对过滤器进行监控。

4.7.2.5　读码系统

① 采用读码枪对条形码或二维码进行识别读取。

② 读取的信息会和称重数据绑定，在 MES 系统形成数据库。

4.7.2.6　称重系统

① 包括机械手、机械手指、电子秤等。

② 电子秤一般采用称重传感器和放大器分开配置，以便节省空间。

③ 称重传感器需要考虑防腐蚀性能。

4.7.2.7 MES系统

① MES系统主要包括电池条码、前称重、后称重、注液量偏差合格与否。
② MES系统可以实现一次注液和二次注液互相连接，以及整个工厂互相连接。

4.7.2.8 测漏系统

① 有时候需要检测密封胶嘴和电池的密封性，密封NG的电池不注液。
② 采用真空或压力保持的方式检测。

4.7.2.9 供液系统

① 包括注液泵、阀门管路等。
② 有些配有暂存杯，可以提高效率。
③ 有些采用移动注液针方式，用更少的泵给更多的杯子注液。

4.7.2.10 托架/托盘

① 用于电池定位，一般根据不同的电池结构和效率要求设计不同的托架/托盘。
② 有固定位置方式的托架，也有可移动方式的托盘。

4.7.2.11 静置机构

① 静置机构包含注液杯、密封胶嘴、电池托盘、压紧机构、压力-真空阀门管路系统等。
② 静置方式有以下几种类型：

软包电池一般采用真空—常压的循环静置方式；硬壳电池一般采用真空—常压—正压—常压的循环静置方式。

压力静置一般分为高压静置和低压静置，高压静置指压力超过0.5MPa，低压静置指压力低于0.3MPa。采用高压静置时，方形电池特别是带有防爆膜的电池，需要采用等压方式。

钟罩式静置机构如图4-230所示。装盘机静置单元站如图4-231所示。

图4-230 钟罩式静置机构示意图

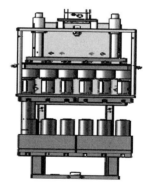

图4-231 装盘机静置单元站示意图

4.7.2.12 进出料输送带

进出料输送带是电池进出注液机的自动连接后工序输送机构。

4.7.3 设备选择和应用案例

4.7.3.1 静置方式选型

① 结合目前主流的注液机实际情况,设备选择主要是选择不同的静置方式,包括真空静置、低压静置、高压静置。

② 软包电池注液机,目前基本上采用真空静置循环方式,笔者认为未来有可能出现高压-等压的静置方式,一方面这样的浸润效果更好,另一方面推测应该可节省后面的搁置时间。

③ 方形铝壳动力电池对设备选型的参考思路:

a. 注液静置时间在 10min 之内的:主要推荐选用低压静置(差压方式);

b. 注液静置时间大于 10min 的:主要推荐选用高压-等压静置;

c. 效率超过 20PPM 并且静置时间超过 10min 的:强烈推荐选用高压静置。

④ 圆柱钢壳电池(18650、21700、26650、32650、32130、46800):

a. 效率较低的,比如 60PPM 的 18650,30PPM 的 32650、46800,可以选择差压方式的高压注液;

b. 效率较高的,120PPM 或 200PPM 的 18650,60PPM 以上的 32650,以及未来 46800 系列,强烈推荐采用高压等压注液;

c. 钢壳 32130 系列,电池较高,电解液浸润较为困难,强烈推荐采用高压-等压注液。

⑤ 圆柱铝壳 32130 系列:

a. 效率较低的,或者它的二次注液,可以选择差压方式;

b. 效率较高的量产线,比如效率超过 30PPM,强烈推荐采用高压-等压注液,除非这款电池注液特别容易下液,浸润时间很短。

4.7.3.2 结构方式选型

① 注液机的结构一般有转盘式、直线式、回字形(也是直线式的一种)方式,它们有一些区别。

② 直线式又分为并联式和串联式,并联式是在同一个静置站完成全部静置时间,串联式是托盘电池经过所有的静置工位才完成全部静置时间。并联式的时间利用效率比串联式高不少。

③ 转盘式和并联直线式是一样的,回字形一般都是串联式的,串联直线式和回字形是基本一样的原理。

④ 不管哪种方式,关键都是电池流动、电池托盘的流动和循环使用。

⑤ 大型的注液设备,有可能是转盘、直线的混合体。

⑥ 软包注液机一般是转盘式或直线式。

⑦ 钟罩式高压-等压注液机,一般是并联式的直线式注液机。

4.7.4 设备使用和维护

① 和其他自动化设备相比,注液机最大的特点电解液有腐蚀性,在使用和维护中要特别

加以重视。

② 尼龙（PA66）、赛钢（POM）、PU 气管、亚克力板（有机玻璃）是不耐电解液腐蚀的，需要避免使用。

③ 电解液容易结晶，注液泵在长期停机前需要拆出来清洗泵头（陶瓷泵头），以免结晶卡泵。

④ 避免在有电解液的周围特别是下方有电器线路。

⑤ 导轨滑块要避免被电解液腐蚀。

⑥ 有条件的话，停产停机时也不要断供干燥气。

4.8　电芯化成分容设备

锂离子电池经过繁杂的工序，生成半成品电芯后，此时电芯还未完成激活，无法正常使用。半成品电芯还需要经过特定工序激活内部的活性物质，同时还需要对不同品质的电池进行筛选分类。

4.8.1　设备原理、分类及主要性能指标

4.8.1.1　设备原理

在化成这道工序中，会第一次对锂离子电池进行小电流充电，将其内部正负极活性物质激活，在负极表面形成一层 SEI 膜。SEI 膜只允许锂离子通过，不溶于有机溶剂，故而可以防止电解液侵蚀电极，使负极电极在电解液中可以稳定地存在，从而大大提高了电池的循环性能和使用寿命。通常工艺会采用 0.05 ～ 0.1C 小电流充电方式进行预充，这种方法有助于形成稳定的 SEI 膜。

SEI 膜的形成受诸多因素的影响，比如化成电流的大小，当化成电流较大时，电化学反应速度加快，SEI 膜的生长速度加快，但这种条件下形成的 SEI 膜比较疏松，一致性不好且不稳定。当化成电流较小时，形成的 SEI 膜较致密、稳定。同样，温度也会对 SEI 膜的形成产生影响，当电芯处于适宜温度环境时，形成的 SEI 膜较致密，而高温化成时，SEI 膜的生长速度较快，形成的 SEI 膜较疏松、不稳定。此外，当电芯以开口方式化成时，虽然便于化成时产生的气体排出，但此时电芯的注液口始终处于常压开放状态，如果环境控制不严格，可能使电池中的水分过高或杂质混入，会导致形成的 SEI 膜不稳定。所以化成过程中要有效地控制温度、电流和环境湿度等参数。

化成过程中形成的 SEI 膜并不是稳定不变的，SEI 膜会在循环过程中缓慢增厚，SEI 膜增厚不仅会导致电池内阻增大，而且增厚的过程要消耗锂离子和电解液，进一步造成不可逆的容量损失。此外，当电池使用不当，如过充、过放或者温度过高时，SEI 膜会分解，新鲜负极表面与电解液发生剧烈的化学反应，放出大量的热，导致电池热失控引发起火爆炸。SEI 膜的好坏会直接影响电池的循环寿命、稳定性、自放电性和安全性等电化学性能。电池只有经过化成后才能体现其真实性能，如果电芯不经过化成就不能正

常地进行充放电。

分容可以简单地理解为容量分选、性能筛选分级。主要通过使用电池充放电设备对每一只成品电池进行充放电测试和定容，即在设备上按工艺设定的充放电工步进行充满电、放空电（满电截止电压、空电截止电压）。通过放完电所用的时间乘以放电电流就是电池的容量。只有电池的测试容量大于等于设计容量时，电池才是合格的。而当测试容量小于设计容量时，则电池不合格。这个通过电池容量筛选出合格电池的过程叫分容。分容时若容量测试不准确，会导致电池组的容量一致性较差。

分容流程如图 4-232 所示。首先，清洗后的电池经过扫码装盘后由堆垛机转运上柜，分容柜压合压床进行分容，数据处理后弹开压床，堆垛机取出托盘下柜入库并静置一段时间，测量电池的 OCV3，测出的 OCV3 若是不合格，需要二次装盘上柜，若是合格则需要静置一段时间测量电池的自放电后的 OCV4，最后通过 OCV4 的测试结果完成对电池等级的筛选，若 OCV4 测试合格则判为 A 品电池，若是不合格则判为 C 品电池。

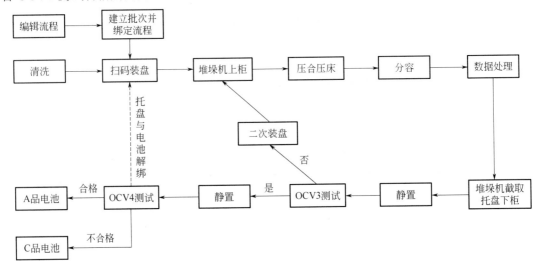

图 4-232　分容流程

自放电较高的电池是不合格的，且自放电速率的不一致也会导致电芯容量的不一致性。所以，电芯在出货前一定要对 K 值进行测试，即通过精确计算电压降速来判断电芯是否存在微短路情况。K 值是用于描述电芯自放电速率的物理量，其计算方法为两次测试的开路电压差除以两次电压测试的时间间隔。理论上，只要测试 K 值之前电芯是充电的，那就不会出现负 K 值。实际上遇到的负 K 值，大多数是由测试温度的变化引起的，电芯温度越低，电压就会越低。K 值也和电芯的 A 品有关，K 值稍大的电芯只能进入 B 品及以下的电芯计算范围。

K 值指的是单位时间内的电池的电压降，通常单位用 mV/d 表示，是用来衡量锂电池自放电率的一种指标。K 值计算公式如下所示，做得比较好的电池 K 值一般小于 2mV/d。

$$K = \frac{OCV1 - OCV2}{T_1 - T_2}$$

式中　OCV1——第一次测量电池开路电压的电压值，mV；

OCV2 ——第二次测量电池开路电压的电压值，mV；

T_1 ——第一次测量电池开路电压的时间，d；

T_2 ——第一次测量电池开路电压的时间，d。

4.8.1.2 设备分类

按锂电行业的电池形状来区分，主要可分为圆柱电池、软包电池与方形电池。结合设备的化成与分容功能，设备细化有圆柱电池化成设备、圆柱电池分容设备、软包电池化成设备、软包电池分容设备、方形电池化成设备、方形电池分容设备。

4.8.1.3 设备主要性能指标

一次优率、最终优率（仅由设备故障造成的）：表明产品可以无缺陷通过某一作业的概率值。

$$一次优率 = \frac{一次性通过的合格产品的数量}{生产的总数量} \times 100\%$$

$$最终优率 = \frac{一次性通过的合格产品的数量 + 返修合格产品的数量}{生产的总数量} \times 100\%$$

故障率（仅因设备故障导致）：考核设备技术状态、故障强度、维修质量和效率的指标。

$$单台设备的故障率 = \frac{\Sigma 单台设备故障停机时间}{\Sigma 单台设备负荷时间} \times 100\%$$

故障停机时间：发现设备故障开始到第一个合格产品产出时的时间。

负荷时间：设备按计划应开动的时间，一般以每天 24h 计算。

PPM：每分钟生产产品的数量。

$$PPM = \frac{\Sigma 某连续时间内生产的数量}{\Sigma 连续时长（min）}$$

CMK：临界机器能力指数，仅考虑设备本身的影响，同时考虑分布的平均值与规范中心值的偏移。

$$CMK = \frac{(1-K)T}{6S} \left(其中，\ K = \frac{2B_i}{T}, B_i = |\bar{X} - X_i|, S = \sqrt{\frac{\Sigma(X_i - \bar{X})^2}{n-1}} \right)$$

T：公差带（上差-下差）

MTBF：平均故障间隔时间，反映了产品的时间质量，是体现产品在规定时间内保持功能的一种能力。

4.8.2 软包化成分容设备

4.8.2.1 软包化成设备简介

软包化成设备是在高温加压的环境下对电池进行充电，设备由充电电源单元、高温加压单元、电气控制单元和后台监控软件等组成，下面分别对设备各部分进行简要介绍。

图 4-233 为软包化成设备示意图。

（1）充电电源单元

充电电源单元由交流-直流（AC-DC）模块、直流-直流（DC-DC）模块和监控用网关板组成。AC-DC 模块将交流电变换为 14V 直流电，并为多个 DC-DC 通道提供能量。DC-DC 通道采样开关电源技术将 14V 直流电变换为 5V 直流电，为电芯提供充电能量。为便于维护，DC-DC 部分采用模块化设计，每 8 个 DC-DC 通道组成一个 DC-DC 模块。每个 DC-DC 通道与网关板之间采用控制器局域网络（CAN）总线进行通信，实现后台对各个通道的

图 4-233　软包化成设备示意图

控制和数据管理。

图 4-234 是 64 通道系统原理框图。一个 AC-DC 模块带一个 DC-DC 模块（内含 8 个通道），AC-DC 模块之间各自独立，当其中任一模块损坏时不影响其他通道工作，增强了系统的可靠性。

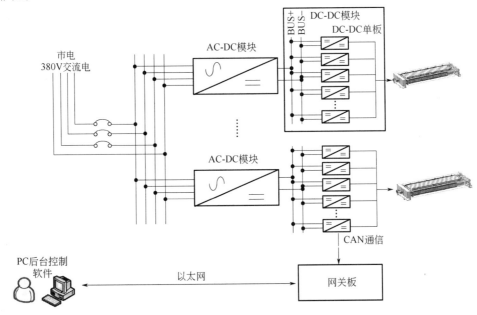

图 4-234　软包化成设备 64 通道系统原理框图

（2）高温加压单元

设备由两组高温加压机械单元构成，采用卧式结构，每个单元由 32 层托盘组件和伺服电机以及固定支架组成，每层可放置一个电池，每个单元放置 32 个电池。

每个电池托盘组件包括铝板、加热板、温度传感器等。铝板在伺服电机的控制下实现对电池的加压；加热板可快速将电池加热到设定温度；温度传感器固定在铝板上，用来实时检测电池加热温度。图 4-235 为化成夹具示意图。

① 极耳调节机构：设备极耳夹紧机构，在电池长度方向两侧可调，尾部的摇杆轻松调整，如图 4-236 所示。

② 夹具安装指示标尺，刻度指示方便调节，如图 4-237 所示。

③ 接触探针：探针表面镀金，接触阻抗 ≤1mΩ，温升小于 10℃。

图 4-235　化成夹具示意图

（3）电池兼容

可同时兼容单侧极耳电池及双侧极耳电池，因具体电池的详细尺寸未给全，需要在设计阶段双方沟通确认详细设计方案。其中电池换型时，需同步更换电芯纸与硅胶板及垫厚的垫板。具体兼容的方案如图 4-238 与图 4-239 所示。

图 4-236　极耳调节机构

图 4-237　指示标尺

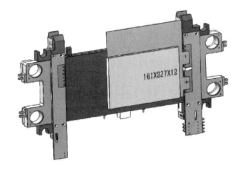

图 4-238　单侧出极耳

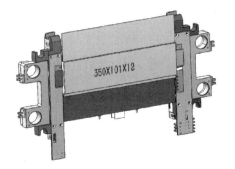

图 4-239　双侧出极耳

（4）电气控制单元

本设备由计算机后台监控软件实现对设备的监控，每台夹具配压力传感器，实时反馈压力；使用伺服电机控制夹具闭合及调整夹具压力，夹具压力可通过设置参数精密调节，夹具压力最大为 5000kgf，压力稳定度 150～1000kgf 为±20kgf、1000～5000kgf 为±2% RD（读数值），压力闭环控制，实时自动调整；压力显示分辨率为±1kgf。设备主要性能指标见表 4-18。

表 4-18　设备主要性能指标

项目			参数
型号			GHC5V20A64Z
电压	充电	电压测试范围	直流 0 ~ 5000mV
		分辨率	0.1mV
		精度	±（0.05%FS+0.05%RD）
电流	充电	电流设定范围	直流 50 ~ 20000mA
		分辨率	1mA
		精度	±（0.05%FS+0.05%RD）
时间		单工步设定范围	65535s
		分辨率	100ms
		数据记录	100ms ~ 1s 可选，支持ΔT（≥1s）、ΔI（≥1mA）、ΔV（≥0.1mV）
		精度校正周期	12 个月
工作模式		充电	恒流充电（CC），恒压充电（CV），恒流恒压（CCCV）
		工步切换条件	电流，电压，容量，时间
能耗		充电效率	80%（最高，电源模块效率，电源模块输出端子 5V，不含电源到电池的线缆损耗）
保护功能		电压保护	欠压、过压保护
			上限、下限警戒电压保护，强制电压保护
			电压、电流波动率保护（趋势异常）
		安全保护	烟感保护，限位保护，温度保护，压力保护，维修模式
			电池防反保护：电池反接不工作，设备不损坏
			电池掉线保护：可识别功率线和检测线异常
		脱机化成	计算机异常或网络异常时，设备可继续工作，测试数据待网络正常后，自动传输到计算机
		掉电接续	设备异常掉电或故障后，可在原测试位置恢复测试，并保证数据连续
高温压力单元		压力控制范围	150 ~ 5000kgf
		压力控制精度	150 ~ 1000kgf，±20kgf；1000 ~ 5000kgf，±2%RD。
		温度检测范围	− 25 ~ 125℃
		温度测量精度	±0.5℃
		温度控制精度	±2℃
		温度控制范围	室温至 90℃

项目		参数
高温压力单元	温度控制模式	单层独立控制
	温度上升时间	30min（25℃升至85℃，压紧状态加热）
其他	通信	TCP/IP协议
	尺寸	1900mm×1860mm×2550mm（高×深×长，参考尺寸）
	外观	RAL7035（如有特殊需求，需要在合同签订时提供色板）
	电池装夹	手动上下料
	环境要求	环境温度（25±3）℃，通风良好

注：FS为满量程数值；RD为读数值。

（5）后台监控软件

① 提供三级管理权限：管理员、工程师、操作员三种权限，便于对设备的不同使用权限进行管理。

② 提供工艺编辑功能：可对工艺流程（恒流、恒压、恒流恒压、静止、循环）、工艺参数（充放电电流、电压、静止时间、温度、压力、跳转位置和循环次数等）、限值条件（时间、容量、电流、电压、温度、压力）进行设置。

③ 实时数据的显示和控制：软件通过列表方式实时显示各通道循环、工步、状态、电流、电压、工步时间、电池温度、容量、压力、文件位置等信息。并可对每个通道进行跳转、暂停/继续、接续、停止、数据文件打开、工艺信息查询等操作。

④ 来电恢复功能：当厂区停电时设备可自动保存并停在当前工步，来电后可从断点处接续执行。

⑤ 数据文件名称管理：可自定义每个通道的数据文件名称，并指定保存文件的路径。

⑥ 数据文件的导入功能：通过导入其他电脑或通道的数据文件，可以灵活转移被测试电池到其他设备上。

⑦ 数据文件导出功能：可以根据需求对工艺文件、曲线图形、工步汇总数据、详细记录数据等有取舍地导出到EXCEL，避免大量无用数据的反复处理。

⑧ 图形显示功能：可显示特定循环或全部循环的电压-时间、电流-时间、温度-时间、压力-时间、容量-电压的曲线，并提供打印、拷贝、缩放图形的功能。

⑨ 数据文件折叠/展开功能：可对数据文件进行三级的折叠/展开显示，以快速浏览测试数据，同时对每个循环进行充放电数据汇总和效率计算。

⑩ 远程监控：通过企业内部局域网，可对配置好的设备进行远程监控。

⑪ 日志管理：通过系统日志管理管理，可以实时记录系统的工作状态和故障信息，以追踪设备的使用问题和故障码，方便问题的分析。

⑫ 具备充放电电压、电流曲线实时监控功能及保护停止后故障信息（波动点数保护）功能。

⑬ 具有电池反接保护：出现电池正负极被接反时，系统自动将电池强制休眠并在软件界面提示；同时，出现反接时不会损伤设备自身。

图 4-240　软包分容设备示意图

⑭ 数据记录条件可设置为电压变化（≥0.1mV）、电流变化（≥1mA）和时间间隔（≥100ms）。

⑮ 删除工步文件时，可手动选择是否同时删除对应数据文件。

⑯ 分选功能：可依据不同阶段的充放电容量、平台电压等对电池进行分档。

4.8.2.2　软包分容设备

软包分容设备是在常温常压的环境下对电池进行充放电，设备由充电电源单元、极耳压合单元、电气控制单元和后台监控软件等组成，下面分别对设备各部分进行简要介绍。图 4-240 为软包分容设备示意图。

（1）充电电源单元

充电电源单元由 AC-DC 模块、DC-DC 模块和监控用网关板组成。AC-DC 模块将交流电变换为 14V 直流电，并为多个 DC-DC 通道提供能量。DC-DC 通道采样开关电源技术将 14V 直流电变换为 5V 直流电，为电芯提供充电能量。为便于维护，DC-DC 部分采用模块化设计，每 8 个 DC-DC 通道组成一个 DC-DC 模块。每个 DC-DC 通道与网关板之间采用 CAN 总线进行通信，实现后台对各个通道的控制和数据管理。

图 4-241 是 64 通道系统原理框图。一个 AC-DC 模块带一个 DC-DC 模块（内含 8 个通道），AC-DC 模块之间各自独立，当其中任一模块损坏时不影响其他通道工作，增加了系统的可靠性。

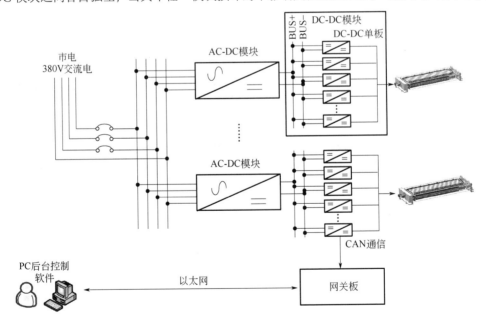

图 4-241　软包分容设备 64 通道系统原理框图

（2）极耳压合单元

设备由极耳压合机械单元构成，采用卧式结构，每个单元包含32通道，可放置32个电池。主要包含固定支架、定位机构、压接板组件和伺服电机等，电芯放置在托盘内整盘电芯上下料，上料定位完成后，将极耳与压接板压合，形成充电回路。极耳压合单元如图4-242所示。

图 4-242 极耳压合单元

（3）电气控制单元

本设备由计算机后台监控软件实现对设备的监控，每台夹具配压力传感器，实时反馈压力；使用伺服电机控制夹具闭合及调整夹具压力，夹具压力可通过设置参数精密调节，夹具压力最大为5000kgf，压力稳定度150 ~ 1000kgf 为±20kgf、1000 ~ 5000kgf 为±2% RD，压力闭环控制，实时自动调整；压力显示分辨率为±1kgf。

（4）后台监控软件

后台监控软件参见 4.8.2.1 软包化成设备简介（5）后台监控软件的相关内容。

4.8.3 方壳化成分容设备

4.8.3.1 方壳化成设备

图 4-243 方壳化成设备

方壳化成设备是在高温负压的环境下对电池进行充电，设备由充电电源单元、针床单元、温控单元和后台监控软件等组成，下面分别对设备各部分进行简要介绍。方壳化成设备如图 4-243 所示。

（1）充电电源单元

充电电源单元由 AC-DC 模块、DC-DC 模块和监控用网关板组成。AC-DC 模块将交流电变换为 14V 直流电压，并为多个 DC-DC 通道提供能量。DC-DC 通道采样开关电源技术将 14V 直流电变换为 5V 直流电，为电芯提供充电能量。为便于维护，DC-DC 部分采用模块化设计，每 8 个 DC-DC 通道组成一个 DC-DC 模块。每个 DC-DC 通道与网关板之间采用 CAN 总线进行通信，实现后台对各个通道的控制和数据管理。

图 4-244 是 96 通道系统原理框图。一个 AC-DC 模块带一个 DC-DC 模块（内含 8 个通道），AC-DC 模块之间各自独立，当其中任一模块损坏时不影响其他通道工作，增加了系统的可靠性。

（2）针床单元

根据总体技术规划需求，压床模块置于高温箱内，高温箱库位 3 层 2 列，总共包含 6 个压床，共 96 个通道。每个针床的托盘电芯由人工+小推车送入压床架，并实现电池的初定位和精定位，每个库位放 2 个托盘，每托盘放置 8 支电芯。针床整体外形如图 4-245 所示。

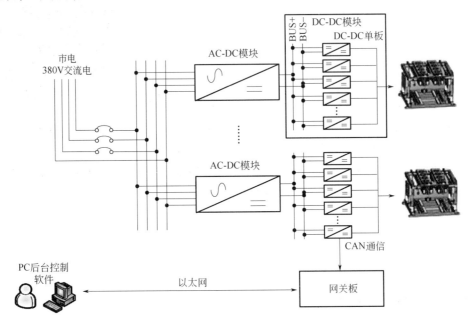

图 4-244　方壳化成设备 96 通道系统原理框图

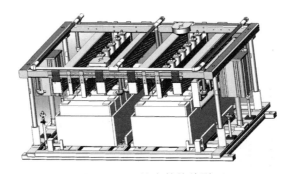

图 4-245　针床整体外形

① 压床包括上层组件、中层组件、下层组件、负压系统、消防系统和控制单元。

② 上层组件包括探针、温度探头和负压吸嘴等。下层组件对托盘进行初定位，中层组件对托盘进行精定位，带动托盘上抬，探针与电芯极柱直接压接，温度探头在两个电极中间，测试电池壳体温度，负压吸嘴和注液嘴直接对接。

③ 负压化成系统。负压化成系统采用开架式且附带真空负压系统的分体式系统，即电源柜与针床柜独立分开。每个托盘单元的上下料都是由小推车加人工完成，针床内部设有托盘定位装置，可以对来料托盘进行定位判别。托盘上压并与针床可靠接触后，测试系统根据指令开始抽真空，达到相应工艺要求真空度后，再进行充电化成，化成工步完成后将储液杯内的电解液打回到电池内。

负压回路：该负压化成系统为双负压回路，即高负压回路与低负压回路并联后与电解液过滤器相连，后端与真空泵相连。提供了一种能量损耗低、电池电解液流失量小、使用灵活的锂电池双路负压化成系统。

微正压回路：干燥氮气管路在化成流程结束后破坏真空，同时使化成过程中吸出的电解液回流到电池中。

④ 消防系统。库位内消防管路为水气共用，水和气分开时都配有单向阀，防止水和气串到一起。气体消防由烟感和温感的组合逻辑启动控制，水消防由手动控制，并且底部有配置接水盘。

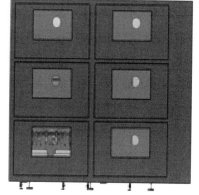

图 4-246　温控整体外形示意框图

（3）温控单元

根据化成工艺的加热需求，设备设计有高温箱加热保温功能，高温箱库位 3 层 2 列共 6 个，高温箱可整体控制温度，也可单独库位控制温度（单独库位控制由于库位需做隔热处理，设备整体尺寸会大一点），整体外形如图 4-246 所示。

① 温度控制范围：（室温+10℃）～最大 70℃；温度控制精度：±3℃。

② 超温保护：炉腔内设有一个主温控器用于温度控制，另需安装一个专门用于超温保护的温控器；加热管附近需要设立一个机械式温控器，用于防止风机出故障时引起的加热管干烧，在加热用固态继电器的主电源输入端需安装接触器，其线圈由温控器的报警点控制。

③ 安全防护：高温箱顶部开一个（最小）150mm×100mm 泄压口，底部开一个 400mm×400mm 泄压口，泄压口的结构为铜箔/岩棉/铜箔，破坏压力为 4kgf，以便在箱内有电池意外爆炸时起到泄压作用。高温箱底部外面前端增加防护挡板，以避免电池意外爆炸泄压时汽化的电解液等对人员的伤害。

（4）后台监控软件

后台监控软件参见 4.8.2.1 软包化成设备简介（5）后台监控软件的相关内容。

4.8.3.2　方壳分容设备

方壳分容设备是在常温常压的环境下对电池进行充放电，设备由充电电源单元、针床单元、电气控制单元和后台监控软件等组成，下面分别对设备各部分进行简要介绍。图 4-247 为方壳分容设备示意图。

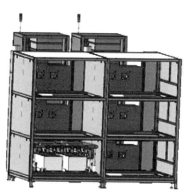

图 4-247　方壳分容设备示意图

（1）充电电源单元

充电电源单元由 AC-DC 模块、DC-DC 模块和监控用网关板组成。AC-DC 模块将交流电变换为 14V 直流电，并为多个 DC-DC 通道提供能量。DC-DC 通道采样开关电源技术将 14V

直流电变换为 5V 直流电,为电芯提供充电能量。为便于维护,DC-DC 部分采用模块化设计,每 8 个 DC-DC 通道组成一个 DC-DC 模块。每个 DC-DC 通道与网关板之间采用 CAN 总线进行通信,实现后台对各个通道的控制和数据管理。

图 4-248 是方壳分容设备电源系统 96 通道系统原理框图。一个 AC-DC 模块带一个 DC-DC 模块(内含 8 个通道),AC-DC 模块之间各自独立,当其中任一模块损坏时不影响其他通道工作,增加了系统的可靠性。

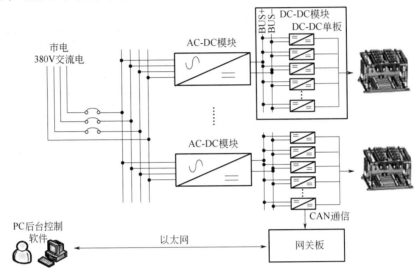

图 4-248 方壳分容设备电源系统 96 通道系统原理框图

(2)针床单元

根据总体技术规划需求,共设计 3 层 6 个压床模块,96 个通道。每个针床的托盘电芯由人工+小推车手动方式送入压床架,并实现电池的初定位和精定位,每托盘放置 8 支电芯。

① 方壳分容设备针床模块整体外形图如图 4-249 所示。

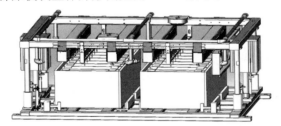

图 4-249 方壳分容设备针床模块整体外形图

② 针床包括上层组件、中层组件、下层组件、消防系统和控制单元。

③ 上层组件包括探针、烟雾、温度探头等。下层组件对托盘进行初定位,中层组件对托盘进行精定位,带动托盘上抬,探针与电芯极柱直接压接,温度探头在两个电极中间,测试电池壳体温度。

④ 消防系统。

库位内消防管路为水气共用,水和气分开时都配有单向阀,防止水气串到一起。当库位内出现情况时 1230 气体由系统控制启动灭火,灭火不完全才启动水喷淋灭火,并且每个库位配备接水盘。

（3）电气控制单元

电气控制单元参见 4.8.2.2 软包分容设备（3）电气控制单元的相关内容。

（4）后台监控软件

后台监控软件参见 4.8.2.1 软包化成设备简介（5）后台监控软件的相关内容。

4.8.4 设备选择与应用案例

在选择具体的化成设备时，需要对客户的产能、化成分容规格、产品规格、设备配置需求等进行明确，针对性制定化成分容方案。具体如下：

① 明确化成分容规格：

a. 确认化成分容的产能需求。

b. 电池的化成分容规格：电压、电流。

c. 了解客户的化成分容工艺：化成时间、分容时间、静置时间。

② 明确产品规格：

a. 确认产品规格：蓝本电芯尺寸、兼容范围。

b. 极耳情况：单侧极耳、双侧极耳、极柱与注液口间距离。

③ 明确技术要求：电压电流精度、充放电效率、温度精度、接触阻抗、温度精度、压力精度、关键元器件寿命、换型要求等。

④ 电气以及机械通用规范：参阅相关一般机械、电气规范。

4.8.5 设备使用与维护

由于高温加压化成柜支持单、双侧出极耳软包电芯，由于电芯极耳方式不同，层板极耳压头探针板配置不同，电芯的取放操作也不同。

4.8.5.1 单侧出极耳电芯放入操作

单侧出极耳电芯放入如图 4-250 所示。

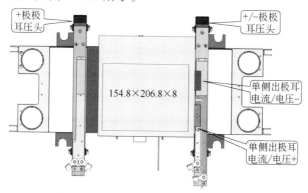

图 4-250 单侧出极耳电芯放入示意图

① 在夹具完全张开状态下松开夹具尾端极耳压头手轮锁紧装置，转动手轮分别将两个极耳压头组件调整至标尺对应尺寸位置，调节完毕锁紧手轮。整个操作过程必须在夹具完全张开状态下进行，禁止在夹具闭合或半闭合状态下操作。

② 按设计要求依次更换对应尺寸规格的硅胶垫、绝缘膜等辅料。

③ 手提气袋竖直向下放入电芯，放入时电芯尾端（非极耳侧）必须靠近正极极耳压头，完全保证电芯极耳不接触正/负极极耳压头。

④ 待电芯底部接触到绝缘膜时，手提气袋向正/负极极耳压头侧（人站立侧）平移电芯，待电芯极耳移入正/负极极耳压头范围且电芯该侧铝塑膜边沿距探针板边沿 3～5mm 即可停止继续平移（切记铝塑膜不可伸入极耳压头）。

⑤ 待单组夹具 32 个通道放满电芯后即可进行后续操作。严禁在不放电芯或单组夹具没有放满电芯状态下进行空压操作。

单侧出极耳电芯放入步骤如图 4-251 所示。

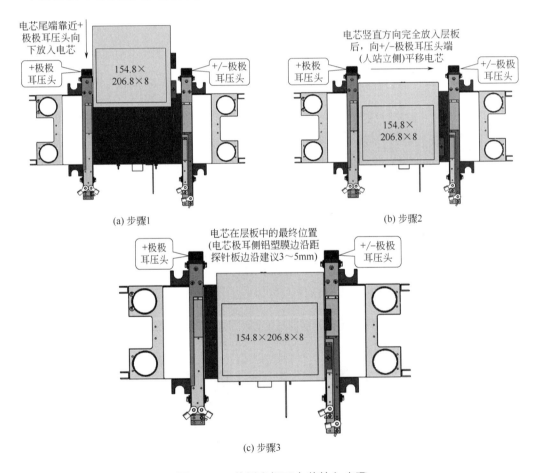

图 4-251　单侧出极耳电芯放入步骤

4.8.5.2　双侧出极耳电芯放入操作

双侧出极耳电芯放入如图 4-252 所示。

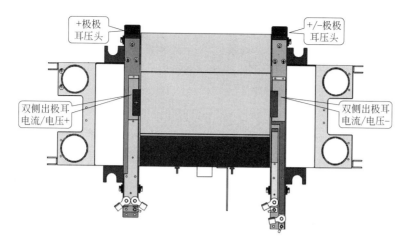

图 4-252　双侧出极耳电芯放入示意图

① 在夹具完全张开状态下松开夹具尾端极耳压头手轮锁紧装置，转动手轮分别将两个极耳压头组件调整至标尺对应尺寸位置，调节完毕锁紧手轮。整个操作过程必须在夹具完全张开状态下进行，严禁在夹具闭合或半闭合状态下操作。

② 依次更换对应尺寸规格的硅胶垫、绝缘膜等辅料。

③ 手提气袋竖直向下正确放入电芯，尽量保证电芯位于两极耳压头之间的中央位置处。

④ 待单组夹具 32 个通道放满电芯后即可进行后续操作。严禁在不放电芯或没有放满电芯状态下进行空压操作。

调节机构组件如图 4-253 所示。

图 4-253　调节机构组件

4.8.5.3　单侧出极耳电芯取出操作

由于单侧出极耳压头探针板的特殊设计，严格禁止出现不经其他操作而直接向上提取电芯的取出操作（水平方向上电芯极耳未完全脱离探针板而直接向上提取电芯的操作有严重的电芯短路风险，应严格杜绝），具体操作规范如下：

① 在夹具完全张开且层板完全停止移动的状态下，手握气袋向正极极耳压头侧水平移动

电芯至电芯极耳完全脱离探针板，切忌此过程中向上提取电芯，否则有严重的电芯短路风险（亦可通过摇动手轮将极耳压头分别向两侧调节至电芯极耳完全脱离探针板状态）。

② 待电芯极耳完全脱离探针板，竖直向上提取电芯。

单侧出极耳电芯取出步骤如图 4-254 所示。

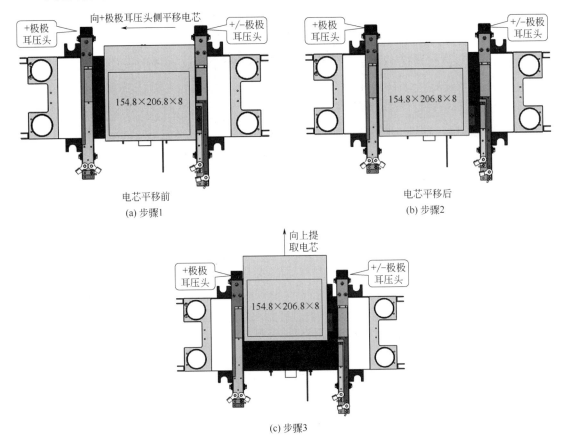

图 4-254　单侧出极耳电芯取出步骤

4.8.5.4　双侧出极耳电芯取出操作

在夹具完全张开且层板完全停止移动的状态下，手提电芯气袋直接向上抽出电芯即可。

4.8.5.5　使用前设备检查

在设备首次通电前，需要对设备线路做检查，保证人身安全，以防止运输过程中有线路短路、松动等现象。具体方式如下：

① 使用万用表测量设备是否有短路、线路有无松动。

② 检查电源指示灯是否亮起。

③ 合上电源输入空开。

④ 设备开机自检完成后，若急停按钮处于旋起状态，则接触器自动吸合。

⑤ 设备上电完成。

设备断电方式，确认设备不在工作状态，关断电源输入空开，在紧急状况下可以按下急停按钮，动力电源及电源模块电源会被切断，仅照明/PLC/触摸屏等控制电源会保留。

4.8.5.6 设备操作与维护

（1）手动操作

将"手动/自动"旋钮切换到手动位置，点击 HMI"手动操作"键，进入手动操作界面（图 4-255）。

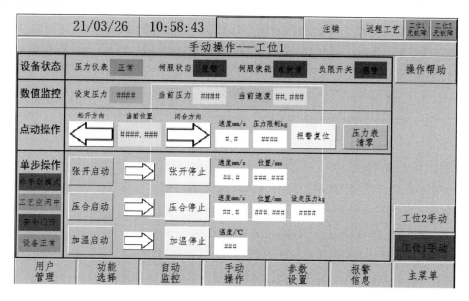

图 4-255 手动操作界面

1）点动操作（门开时允许操作）

① 点动张开：设置"点动速度"，按住"松开方向"按钮，夹具向张开方向运行，松开后夹具减速停止。

② 点动闭合：设置"点动速度"及"压力限制"保护参数，按住"闭合方向"按钮，夹具向夹紧方向运行，松开后夹具减速停止。

2）单步操作（门开时禁止操作）

① 张开启动：设置张开"速度"及"位置"参数，点击"张开启动"按钮，张开中箭头变"绿"，夹具按设置的"速度"自动张开到设置的"位置"。

② 张开停止：点击"张开停止"，张开中箭头变"灰"，夹具减速停止。

③ 压合启动：（注：所有通道均需放入电池，电池数量不足以假电池代替，不允许非满通道压合，否则会造成机构损坏）设置压合"速度""位置""压力"参数，点击"压合启动"按钮，压合中箭头变"绿"，夹具按设置的"速度"自动压合到设置的"位置"，再运行至设置的"压力"，进入保压状态。

④ 压合停止：点击"压合停止"，压合中箭头变"灰"，夹具卸压后停止。

⑤ 加温启动：设置"温度值"参数，点击"加温启动"按钮，加温中箭头变"绿"，加热板自动加热到设置的温度值。

⑥ 加温停止：点击"加温停止"，加温中箭头变"灰"，加温立即停止。

（2）自动操作

所有通道均需放入电池，电池数量不足以假电池代替，不允许非满通道压合，否则会造成机构损坏。

① 自动启动：将"手动/自动"旋钮切换到自动位置，按下"启动"按钮，指示灯亮绿灯，设备自动运行上位机编制的默认工艺。

② 自动停止：按下"停止"按钮，设备停止自动运行。

（3）门禁功能

除"手动点动操作"外，其他所有操作均需在门关闭的情况下进行，如需屏蔽安全门，需要"技术员"以上操作权限，在"功能选择"界面，点击"安全门已开启"进入"安全门已屏蔽"状态。

（4）操作帮助

各种操作允许状态，可在"操作帮助"界面（图4-256）查看禁用状态信息。

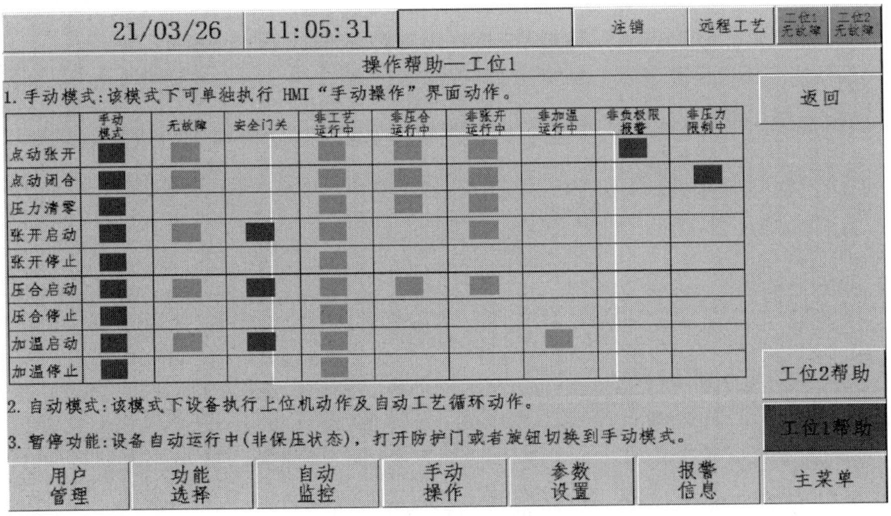

图 4-256　操作帮助界面

（5）设备故障及处理

设备运行中发生故障时，除三色灯会根据故障类型变换不同报警提示外，HMI中"报警信息"界面（图4-257）有详细故障信息；一部分故障可能会触发蜂鸣器接通，如短时间无法排除故障又不想蜂鸣器接通，可在"功能选择"界面选择"屏蔽蜂鸣器"。

当排除设备故障后，按"复位"按钮，清除故障后，方可重新操作设备。

图 4-257 报警信息界面

4.8.6 化成设备发展趋势

4.8.6.1 串联化成

因锂电池市场的发展，对动力锂电池的价格有大幅下降的需求。而锂电池化成设备，是锂电池后段生产工序中重要组成部分。于是，电池厂家就对设备厂家提出了降低化成设备成本的要求，以降低设备采购成本。另外对化成电源设备的充放电效率也提出了更高的要求，因为更高的效率意味着生产中单个电池的电能消耗更少，能有效降低厂家生产成本。

市面上现有结构的化成设备，一块电池必须对应化成电路的一个通道，每个通道均必须有独立的恒压、恒流源电路以及相应功率配线，才能对电池进行充放电，以完成电池化成工序。经过多年的降成本技术改进，成本上已经没有多大的下降空间。同时每个电池均需要较长的功率电缆连接化成设备和电池，这些电缆在电池进行化成工序充放电时，会产生大量无谓的功率损耗，降低了化成设备整体充放电效率，加大了电能消耗，抬高了生产成本。

目前，泰坦、恒翼能、吉阳等厂家已经开始采用串联化成，几家主流电池厂都开始小规模生产，验证串联化成技术与化成工艺，串联化成未来将迅速成为主流。相比于传统并联化成设备，串联化成设备主要有以下几点优势：

① 可大幅降低能耗损耗，提升充放电效率。

② 减少设备连接线缆，方便维护。

③ 串联化成可提高电池一致性。

④ 客户设备投入可大幅减少。

4.8.6.2　容量预测

电池容量（capacity）实时动态、准确、稳定、可靠地预测是预测电池剩余电量（SOC）的关键环节之一，若不能准确预测电池的实际容量，则在充电容量超过电池的实际容量时容易发生电动汽车起火爆炸，而放电时若超出电池的实际容量则易对电池造成不可逆的严重破坏。

目前，通常采用以下两种方式预测电池的实际容量：

① 直接利用电池厂商提供的额定容量或者成品电池安装电动车出厂时的实测电池容量，该方法没有考虑电池随着使用，容量会逐渐衰减的情况，特别是在电池使用后期，电池容量衰减较大，若利用该方法预测，则会严重影响后续 SOC 的预测精度。

② 定期对电池容量做修正、校准，该方法没有考虑电池运行过程中的实时温度、电池的充电和放电状态、电池的充电和放电电流以及电池的 SOC 等可逆因素对电池实际容量的影响。

总之，现有的预测都仅考虑个别因素对电池容量的单一影响，不能全面精确地预测电池的实际容量，从而造成对后续 SOC 预测的误差。因此在电池的实际使用过程中，如何精准地进行容量预测是至关重要的，精准预测也可以为电池管理系统提供可靠的数据，如图 4-258 所示。

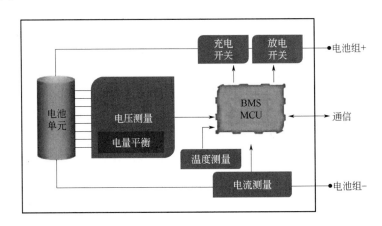

图 4-258　容量预测示意图

BMS—电池管理系统；MCU—微控制单元

4.8.6.3　大数据分析

近年来，全球电动汽车市场正在加速成长，但动力电池技术的性能以及一致性差的问题依旧制约着电动汽车的发展。因此持续提高电芯品质是未来电池制造过程中的重点工作，由于电池制造过程中工序繁多、设备种类多、性能影响因素多等，很难对电池存在的问题进行针对性的改进与优化，目前厂家也在制造过程中做系统互通互联，进行数据绑定与追根溯源，做整个制造过程中的数据闭环。

利用制造过程中收集的大数据，可以结合电池的运行情况，运用这个数据进行分析，分析电芯制造前工序问题对电池性能的影响，针对各个影响因素进行优化改善，提升电芯的制造品质；同时可以利用大数据来指导锂电池未来智能化与数据化生产。

第**5**章

先进储能电池制造数字化、智能化

储能电池的原理是内部离子迁移、外部电子转移的过程，涉及从纳米到米级全尺度的材料、结构的加工和操作，其原理、数据、模型都非常复杂，制造过程影响质量的因素众多，因而需要一套完整的从数据定义、数据获取、数据治理、数据平台搭建到工业平台搭建、App应用，以及基于数据平台的数字孪生、模型建立与优化、质量及效率提升的制程优化、制造运维服务等制造数字化及智能化的体系。

5.1 先进储能电池制造元数据与数据字典

5.1.1 元数据

元数据（metadata）是"描述数据的数据"或者"定义数据性质或属性的数据"。元数据是指从信息资源中抽取出来的用于说明其特征、内容的结构化数据，以用于组织、描述、检索、保存、管理信息和知识资源。例如在图书馆里面收藏了很多书，图书馆管理员如何管理这些书，读者如何查询所需要的书呢？此时就需要对图书进行记录、管理，如图5-1所示。

题名
史蒂夫·乔布斯传（美）沃尔特·艾萨克森著 = Steve
Jobs Walter Isaacson eng
著者
艾萨克森（Isaacson, Walter）著
出版者：
中信出版社
出版日期：
2011
附注
XV, 541页
ISBN:
9787508630069

图 **5-1** 图书的属性

图 5-1 中，元数据项有：题名、著者、出版者、出版日期、附注、ISBN。元数据对应的数据内容有："史蒂夫·乔布斯传（美）沃尔特·艾萨克森著 = Steve Jobs Walter Isaacson eng""艾萨克森（Isaacson，Walter）著"等。用户想要查某一本图书时首先可以查看其题名、出版者、著者等以便能够获取所需的信息。

先进储能电池制造过程中会产生各种不同维度的数据，明确这些元数据的项目和内容，从而对不同类型的数据进行合理有效的管理。同理，储能电池生产过程中会产生大量各种各样的结构化数据和非结构化数据，并且数据存储在各种不同的系统不同场景的物理硬件中，因此元数据的管理起着非常重要的作用。

（1）储能电池制造元数据类别

储能电池制造元数据分为业务元数据、技术元数据、操作元数据，三者之间关系紧密，业务元数据指导技术元数据，技术元数据指导业务元数据，操作元数据为两者的管理提供支撑。

① 业务元数据。业务元数据是定义和储能电池生产业务相关数据的信息，用于辅助定位、理解及访问业务信息。储能电池生产业务元数据的范围主要包括：业务指标、业务规则、数据质量规则、专业术语、数据标准、概念数据模型、实体/属性、逻辑数据模型等。

② 技术元数据。它可以分成结构性技术元数据和关联性技术元数据。结构性技术元数据提供了在信息技术的基础架构中对数据的说明，如数据的存放位置、数据的存储类型、数据的血缘关系等。关联性技术元数据描述了数据之间的关联和数据在信息技术环境之中的流转情况。技术元数据的范围主要包括：技术规则（计算/统计/转换/汇总）、数据质量规则技术描述、字段、衍生字段、事实/维度、统计指标、表/视图/文件/接口、报表/多维分析、数据库/视图组/文件组/接口组、源代码/程序、系统、软件、硬件等。技术元数据一般以已有的业务元数据作为参考设计的。

③ 操作元数据。操作元数据主要指与储能电池生产元数据管理相关的组织、岗位、职责、流程，以及储能电池生产各个系统日常运行的操作数据。储能电池生产操作元数据管理的内容主要包括：与元数据管理相关的组织、岗位、职责、流程、项目、版本，以及系统生产运行中的操作记录（如运行记录、应用程序、运行作业）。

（2）储能电池数据仓库与元数据的作用

储能电池数据仓库的主要工作是把所需的数据仓库工具集成在一起，完成数据的抽取、转换和加载、联机分析处理（on-line analytical processing，OLAP）等。如图 5-2 所示，它的典型结构由操作环境层、数据仓库层和业务层等组成。

① 第一层（操作环境层）是指储能电池生产企业内有关业务的联机事务处理（OLTP）系统和一些外部数据源。

② 第二层是通过把第一层的储能电池相关数据抽取到一个中心区而组成的数据仓库层。

③ 第三层是为了完成对生产的业务数据的分析而由各种工具组成的业务层。

图 5-2 中左边的部分是元数据管理，它起到了承上启下的作用，具体体现在以下几个方面：

① 储能电池制造数据仓库与元数据管理的关系。储能电池制造数据仓库最大的特点就是

它的集成性。这一特点不仅体现在它所包含的数据上，还体现在实施数据仓库项目的过程当中。一方面，从各个数据源中抽取的数据要按照一定的模式存入数据仓库中，这些数据源与数据仓库中数据的对应关系及转换规则都要存储在元数据知识库；另一方面，在数据仓库项目实施过程中，按照统一的数据模型，首先建设数据集市，然后在各个数据集市的基础上再建设数据仓库。储能电池生产过程产生的数据量大、类型多，从而数据集市数量多，很容易形成"蜘蛛网"现象，而元数据管理是解决"蜘蛛网"的关键。

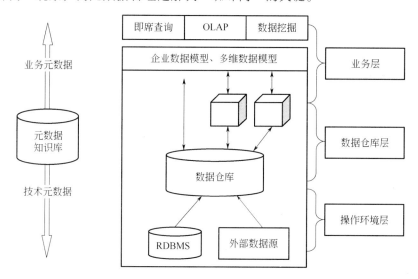

图 5-2　储能电池数据仓库与元数据架构

RDBMS—关系数据库管理系统

② 元数据定义的语义层可以帮助用户理解数据仓库中电池制造的数据。元数据可以实现业务模型与数据模型之间的映射，因而可以把数据以用户需要的方式"翻译"出来，从而帮助最终用户理解和使用数据。

③ 储能电池制造元数据是保证数据质量的关键。储能电池数据仓库或数据集市建立好以后，借助元数据管理系统，最终的使用者可以很方便地了解到各个数据的来龙去脉以及数据抽取和转换的规则，也可便捷地发现数据所存在的问题。

④ 元数据可以支持需求变化。随着信息技术的发展和企业职能的变化，企业的需求也在不断地改变。传统的信息系统往往是通过文档来适应需求变化，但是仅仅依靠文档还是远远不够的。元数据管理系统可以把整个业务的工作流、数据流和信息流有效地管理起来，使得系统不依赖特定的开发人员，从而提高系统的可扩展性。

（3）储能电池制造元数据管理功能

① 基于角色的访问控制分层：根据不同人员角色的访问权限控制储能电池元数据的增删改等权限。

② 元数据查找：提供统一的针对储能电池元数据进行查找的服务端口，支持按照各种分类方法对元数据进行查找。

③ 元数据变更：提供元数据变更审核，明确元数据版本，保存元数据的历史状态，在发

生任何问题时可以恢复到之前版本。

④ 元数据采集：自动实时解析和采集各种元数据。

⑤ 血缘/关系分析：分析数据的来源和流向，揭示数据的上下游关系，方便用户对关键信息进行跟踪。

⑥ 数据生命周期管理能力：保留数据从创建、存储、删除、备份等各种状态下的元数据，从而管理数据在整个生命周期中的流动。

⑦ 数据地图：以用户视角对企业信息进行归并、整理，展现企业的宏观信息，有效挖掘企业信息的潜在价值。

5.1.2 数据字典

数据字典（data dictionary）是一种用户可以访问的记录数据库和应用程序元数据的目录，数据字典是个指南，它为数据库提供了"路线图"，而不是"原始数据"，数据字典通常是指数据库中数据定义的一种记录，类似一个数据库的数据结构，但其内容要比数据库的数据结构丰富得多。

（1）储能电池制造数据属性类型（表5-1）

表 5-1 储能电池制造数据属性类型

序号	属性类型	内容
1	设备属性	设备标识符、设备名称、设备型号等设备信息
2	过程属性	设备过程信息、设定值、关键过程值、辅助过程值、输入物料、输出物料等
3	管理属性	工单信息、工艺信息、环境信息、操作工班信息、能源信息、主材消耗统计信息等

（2）储能电池制造数据属性列表通用结构（表5-2）

表 5-2 储能电池制造数据属性列表通用结构

属性类型	结构信息	
设备属性	设备识别码	
	设备名称	
	设备型号	
	设备长度	
	设备宽度	
	设备高度	
	设备质量	
	供电电压	
	输出功率	
	设备状态	
	使用部门	

属性类型	结构信息	
设备属性	设备生产商	
	生产国别	
	出厂编号	
	安装日期	
	始用日期	
	设备位置	
过程属性	设备过程信息	
	设定值	
	关键过程值	
	辅助过程值	
	物料信息	输入物料
		输出物料
管理属性	工单信息	
	工艺信息	
	环境信息	车间环境信息
		设备内部环境信息
	操作工班信息	
	主材消耗统计信息	
	能源信息	

（3）数据字典标识符编码规则

储能电池制造数据属性标识符采用"制造单元代码—设备编号—属性类别—属性标识符编号"规则，标识符长度为八位，具体规则如下：

① 第一、第二位，代表所属制造单元（见表 5-3）。

② 第三、第四位，代表设备编号。

③ 第五位，代表属性类别（见表 5-4）。

④ 第六、第七、第八位，代表属性标识符编号。

表 5-3 制造系统代码及含义

制造系统代码	含义
JP	极片制造单元
DX	电芯制造单元

表 5-4　属性类型代码及含义

属性类型代码	含义
D	设备属性
P	过程属性
A	管理属性

示例：涂布机设备识别码 JP02D001，其中 JP 表示极片制造单元，02 表示涂布机，D 表示设备属性，001 表示属性"设备识别码"的编号。

注意：① 标识符中所有项目的编码都是可扩展的。

② 已移除的设备、文件等，数据字典信息应予以保留，以便溯源，其状态应标注为"作废"。

5.2　储能电池智能制造工业互联网架构

5.2.1　工业互联网的三大核心和四大特点

储能电池制造工业互联网是链接工业全系统、全产业链、全价值链，支撑工业智能化发展的关键基础设施，是新一代信息技术与制造业深度融合所形成的能化制造、网络化协同、个性化定制、服务化延伸、数字化管理等新兴业态和新模式，促进产业的数字化、信息化、智能化转型。工业互联网具有三大核心和四大特点。

（1）三大核心

① 面向机器设备运行优化的闭环。其核心是基于对机器操作数据、生产环境数据、感应器数据的实时感知和边缘计算，实现机器设备的动态优化调整，构建智能机器和柔性产线。

② 面向生产运营优化的闭环。其核心是基于信息系统数据、制造执行系统数据、控制系统数据的集成处理和大数据建模分析，实现生产运营管理的动态优化调整，形成各种场景下的智慧生产模式。

③ 面向企业协同、用户交互与产品服务优化的闭环。其核心是基于供应链数据、用户需求数据、产品服务数据的综合集成与分析，实现企业资源组织和商业活动的创新，形成网络化协同、个性化定制、服务化延伸等新模式。

（2）四大特点

① 泛在连接：具备对设备、软件、人员等各类生产要素数据的全面采集能力。

② 云化服务：实现基于云计算架构的海量数据存储、管理和计算。

③ 知识积累：能够提供基于工业知识机理的数据分析能力，并实现知识的固化、积累和复用。

④ 应用创新：能够调用平台功能及资源，提供开放的工业 App 开发环境，实现工业 App

创新应用。

5.2.2 工业互联网平台架构

工业互联网平台是面向制造业数字化、网络化、智能化需求，构建基于海量数据采集、汇聚、分析的服务体系，支撑制造资源泛在连接、弹性供给、高效配置的工业云平台，包括边缘、平台（工业 PAAS）、应用三大核心层级，储能电池制造工业互联网平台架构如图 5-3 所示。

工业互联网平台分成了四个层级：

第一层是边缘层，主要是对生产车间和生产过程中的数据进行数据采集。

第二层为 IAAS 层，IAAS 在当前互联网环境下非常成熟，主要是指一些服务器的基础设施，包括存储、网络、虚拟化。

第三层为工业 PAAS 层，PAAS 层是核心，工业 PAAS 层分成了上半部分和下半部分，下半部分是工业 PAAS 层的通用部分，包含了数据存储、数据转发、数据服务、数据清洗，而上半部分是基于工艺经验形成的算法和模型。

第四层为 SAAS 层（应用层），是工业互联网平台发展的后面阶段，可以发现有很多 App 来解决智能制造中不同业务场景下的各种问题，来提升生产产品的质量和效率。

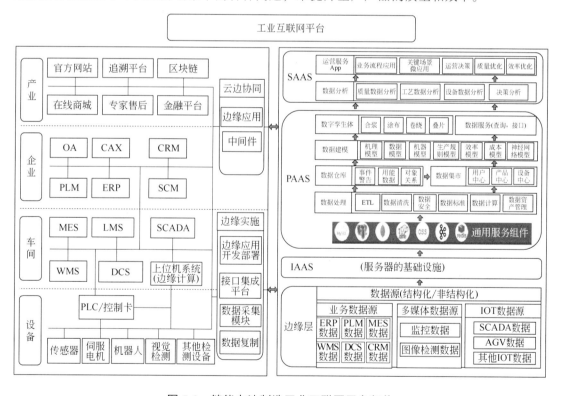

图 5-3　储能电池制造工业互联网平台架构

企业中各信息化系统通过边缘层将数据进行采集、过滤、计算后将数据集成到工业互联网平台中，数据源的类型一般为结构化数据或非结构化数据，工业互联网平台把设备、生产线、员工、工厂、仓库、供应商、产品和客户紧密地连接起来，共享工业生产全流程的各种要素资源，使其数字化、网络化、自动化、智能化，从而来提高生产效率和降低成本。

整个流程为数据采集→数据处理（ETL）→数据仓库、数据集市→数据建模→数字孪生体、数据服务→数据分析→运营服务 App，通过一系列对数据的传输、处理、分析、计算、应用，从而提升先进储能电池制造数字化管控的能力。

5.2.3　设备层与车间层集成

设备层与车间层的集成主要是由 PLC 或运动控制卡来控制设备从而进行正常生产，控制的对象包含传感器、伺服电机、机器人等，视觉检测一般由上位机中视觉检测系统来进行控制和检测，对于其他检测系统如短路测试仪、扫码枪等外部设备一般由上位机系统进行控制。

设备层与车间层数据一般采用两种方式进行集成，具体如下：

第一种方式为 PLC 直接与 MES 系统进行数据集成。

第二种方式为 PLC 将数据上传给上位机系统、DCS 系统等，再通过上位机系统和 MES 系统进行数据集成。

储能电池制造 MES 系统连接生产车间的设备数量多，MES 系统对生产过程的数据进行采集和信息交互，由于连接设备多，采集数据量大，信号交互频繁，一般对 MES 系统的性能要求非常高，如果 MES 系统出现报错或者信号交互延时的情况，会造成数据丢失和设备停机的问题，车间生产过程一般为流程制造，若生产过程中关键工序设备停机，会间接造成整线停机，影响到正常的生产。为避免此类情况的发生，建议采用上述的第二种方式，数据先保存到上位机系统，再由上位机系统和 MES 系统进行数据集成，让 MES 系统和设备之间进行解耦。

5.2.4　产业层与企业层、车间层集成

产业层与企业层、车间层的系统集成一般采用接口的方式进行数据集成，采用的技术为 Web API 或 Web Service 的方式，系统接口集成的工作流程如图5-4所示。

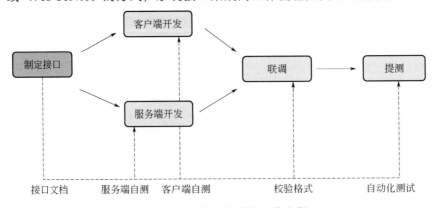

图 5-4　系统接口集成的工作流程

依据图5-4，首先编写统一交互的接口文档，在接口文档中定义清楚字段和接口相关信息，应用系统之间集成一方为客户端，另外一方为服务端，两者根据接口文档同时进行业务功能

的开发和联调，然后对交互数据格式进行校验，最后进行自动化测试整个过程，完成信息系统数据的集成工作。

5.2.5 储能电池制造边缘计算实施和边缘协同

随着更多设备的连接，更多数据的产生，算力资源不仅需要云平台或数据中心承担，也需要在边缘进行预处理，而这些新应用场景都会让整个边缘产生新的算力、业务实时性以及数据的安全与隐私等需求。由于应用越来越复杂化，整个行业正经历从传统架构 C/S 到 B/S 再到"云、管、端"协同的演变，与纯粹的云端解决方案相比，将云端的能力进行下放，边缘侧的混合方案可以减少延迟、提高可扩展性、增强对信息的访问量，并使业务开发变得更加敏捷。企业只有结合边缘侧的混合架构，才能给智能工厂提供快速且几乎不受阻碍的连接。

先进储能智能制造也应该采用结合边缘侧的混合架构进行工业互联网平台的设计，结合工厂的情况，进行边缘的实施，开发边缘侧的软件平台和中间件，进行数据集成、数据预处理、边缘存储、边缘计算等工作。

5.3 多元异构高通量制造数据获取与数据平台搭建

5.3.1 储能电池制造多源异构高通量数据

随着储能电池制造业向着自动化、信息化、智能化方向快速发展，储能电池制造过程中会产生大量的多源异构数据。多源主要指数据来源多样化，异构主要指数据结构上的差异性。

对多源异构数据的有效处理和深度挖掘可为储能电池生产企业提供更有效的生产调度、设备管理等策略，从而提高生产质量和效率。针对储能电池制造过程中多源异构数据的处理方法与技术等进行系统性的管理，首先明确了多源异构数据内容及分类；其次，阐述了多源异构数据处理中数据采集、数据集成及数据分析各个阶段应用的数据处理方法和技术，并分析各种方法与技术的优缺点以及应用；最后，对多源异构数据处理方法和技术进行总结，指出了现阶段多源异构数据处理方法及技术面临的挑战和发展趋势。

（1）储能电池制造过程中的多源异构数据

储能电池制造多源异构数据来自多个数据源，包括不同业务数据库系统和不同储能电池制造设备在工作中采集的数据集等。不同的数据源所在的操作系统、管理系统不同，数据的产生时间、使用场所、代码协议等也不同，这造成了数据"多源"的特征。

储能电池制造过程中多源异构数据如表 5-5 所示。

表 5-5　储能电池制造过程中多源异构数据

数据名称	数据内容	数据来源	数据类型
设备属性	生产日期、规格型号、编号、性能等	设备运行维护系统	结构化
能耗数据	用电量等能耗数据	能耗管理系统	结构化

数据名称	数据内容	数据来源	数据类型
生产计划	人员配置、排班表等	制造执行管理系统	非结构化
运行信息	设备温度、电流、电压等	生产监控系统	结构化
环境参数	光电、热敏、声敏、湿敏等工业传感器信息	生产监控系统	结构化
产品生产信息	产品尺寸、数量等	生产监控系统	结构化
产品质量信息	产品合格数、合格率等	产品质量检测系统	结构化
网络公开数据	电子商务网站产品报价、搜索引擎产品搜索次数等	公共服务网络	结构化
接口数据	接口类型数据（JSON格式、XML格式）	已建成的工业自动化或信息系统	半结构化
物料数据	生产原料相关图文数据信息等	生产供应系统	非结构化
知识数据	专利、专著、企业文献等	制造执行管理系统	非结构化
产品文档	工程图纸、仿真数据、测试数据等	制造执行管理系统	非结构化
生产监控图片	图像设备拍摄的图片	生产监控系统	非结构化
生产监控音频	语音及声音信息	生产监控系统	非结构化
生产监控视频	视频监控拍摄的视频	生产监控系统	非结构化

另外，储能电池制造多源异构数据包括多种类型的结构化数据、半结构化数据和非结构化数据。结构化数据指以关系数据库表形式管理的关系模型数据；半结构化数据指非关系模型的、有基本固定结构模式的数据，例如日志文件、XML文档、JSON文档、E-mail等；非结构化数据指没有固定模式的数据，如WORD、PDF、PPT、EXCEL及各种格式的图片、视频等。不同类型的数据在形成过程中没有统一的标准，因此造成了数据"异构"的特征。

（2）储能电池制造过程中多源异构数据处理

在制造业生产过程中，从前期的数据广泛采集，到最后数据的价值提取，多源异构数据处理的一般流程包括数据采集、数据集成及数据分析。多源异构数据处理的一般流程如图5-5所示。数据采集主要实现大量原始数据准确、实时的采集，为数据集成阶段提供原始数据源。数据集成主要实现数据的数据库存储，数据清洗、转换、降维等预处理以及构建海量关联数据库，为数据分析阶段提供预处理的数据源。数据分析主要利用关联分析、分类聚类及深度学习等技术实现数据的价值挖掘。

5.3.2 储能电池制造多源异构高通量数据平台搭建

针对储能电池制造过程中多源异构数据的采集与处理，通过构建大数据体系，整合企业内外部数据资源，实现统一的数据模型、数据共享、互联互通，以数据驱动业务创新发展。其数据平台架构如图5-6所示。

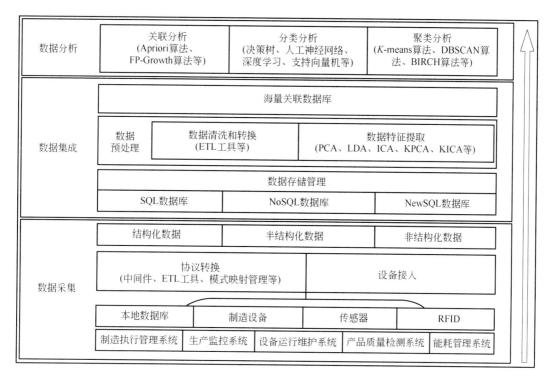

图 5-5　多源异构数据处理的一般流程

架构的业务流程为：数据采集→数据存储→数据处理→数据流转→数据应用等模块。下面进行展开说明。

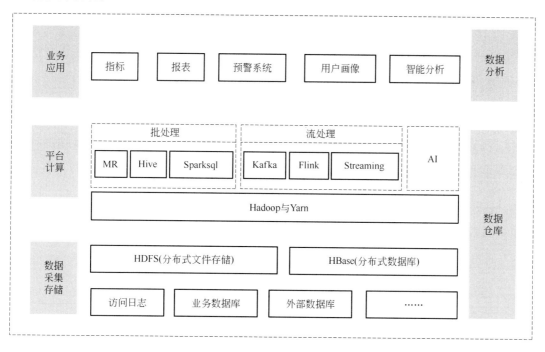

图 5-6　储能电池数据平台架构

（1）数据采集（图5-7）

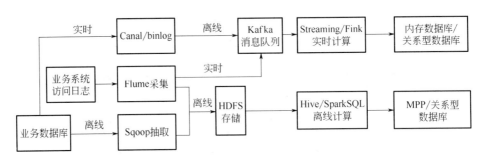

图 5-7　数据采集

先进储能电池制造过程中人和系统、设备和系统、系统和系统之间的数据集成，会产生大量用户行为日志和与生产业务相关的数据。

用户行为日志数据需要特定的日志采集系统来采集并输送这些行为日志。Flume 是 Cloudera 提供的一个高可用的、高可靠的、分布式的海量日志采集、聚合和传输系统，Flume 支持在日志系统中定制各类数据发送方，用于收集数据；同时，Flume 提供对数据进行简单处理，并写到各种数据接受方的能力。对于非实时使用的数据，可以通过 Flume 直接落文件到集群的 HDFS 上。而对于要实时使用的数据来说，则可以采用 Flume+Kafka，数据直接进入消息队列，经过 Kafka 将数据传递给实时计算引擎进行处理。

业务数据库的数据量相比访问日志来说小很多。对于非实时数据，一般定时导入 HDFS/Hive 中。Sqoop 是一个用来将 Hadoop 和关系型数据库中的数据相互转移的工具，可以将关系型数据库（例如 MySQL、Oracle、Postgres）中的数据导入 HDFS（hadoop distributed file system）中，也可以将 HDFS 的数据导入关系型数据库中。而对于实时的数据库同步，可以采用 Canal 作为中间件，处理数据库日志（如 binlog），将其计算后实时同步到大数据平台的数据存储中。

（2）数据存储

无论上层采用何种的大规模数据计算引擎，底层的数据存储系统基本还是以 HDFS 为主。HDFS 是分布式计算中数据存储管理的基础，具备高容错性、高可靠、高吞吐等特点。HDFS 分布存储架构如图 5-8 所示。

HDFS 存储的是一个个独立的文本，而我们在做分析统计时，其结构化非常必要。因此，在 HDFS 的基础上，会使用 Hive 来将数据文件映射为结构化的表结构，以便后续对数据进行类 SQL 的查询和管理。

（3）数据处理

数据处理就是我们常说的 ETL。在这部分，需要三样东西：计算引擎、调度系统、元数据管理。对于大规模的非实时数据计算采用 Hive 和 Spark 引擎。Hive 是基于 MapReduce 的架构，稳定可靠，但是计算速度较慢；Spark 则是基于内存型的计算，一般认为比 MapReduce

的速度快很多，但是其对内存性能的要求较高，且存在内存溢出的风险。Spark 同时兼容 Hive 数据源。从稳定的角度考虑，一般建议以 Hive 作为日常 ETL 的主要计算引擎，特别是对于一些实时要求不高的数据。调度系统上，建议采用轻量级的 Azkaban，Azkaban 是由 Linkedin 开源的一个批量工作流任务调度器。

一般需要自己开发一套元数据管理系统，用来规划数据仓库和 ETL 流程中的元数据。元数据系统功能如图 5-9 所示。

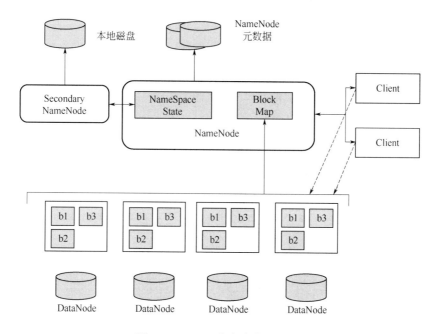

图 5-8　HDFS 分布式存储架构

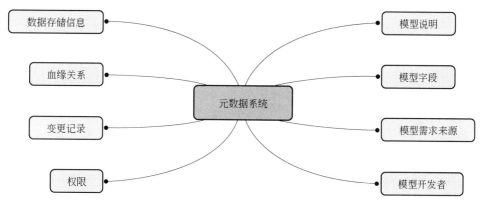

图 5-9　元数据系统功能

（4）数据流转

数据流转过程如图 5-10 所示。从数据源到分析报告或系统应用的过程中，主要包括数据采集/同步、数据仓库存储、ETL、统计分析、写入上层应用数据库进行指标展示。还有基于数据仓库进行的数据挖掘工作，基于机器学习和深度学习对已有模型数据进一步挖掘分析，形成更深层的数据应用产品。

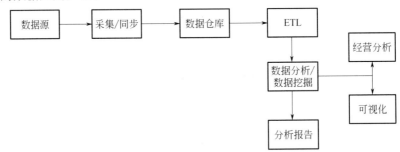

图 5-10　数据流转过程

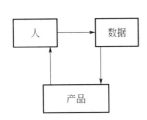

图 5-11　数据交互对象

（5）数据应用

数据交互对象如图 5-11 所示。

数据应用是大数据的价值体现。数据应用包括辅助经营分析的一些报表指标，基于客户画像的个性化推荐，各种数据分析报告等。

数据应用一定要借助可视化显现，比如借助帆软和 Superset 等可视化工具，可视化种类很多，支持数据源也不少，使用方便。可视化对于企业数据价值体现是非常重要的。

5.4　储能电池制造大数据分析

5.4.1　工业大数据分析作用及前景

面对日益严峻的产品竞争，工业大数据企业也应该寻求更高效的生产道路。同行业之间竞争激烈，企业管理人员应该根据企业发展的程度将企业生产结构和生产方式进行适度调整，从而使其更适合当今的竞争环境。从企业方面看，产品的适度调整既要提升自身的设备运行状况，加大设备维护的投入，更要注重国内外先进技术的引进和吸收，与时俱进是每个生产型企业都应该具备的良好习惯。如今，工业大数据技术已经被广泛运用在各行各业中，这正是其生产率高、领先传统技术很多的原因。不仅如此，资源利用率、资源节省量和人力资源的优化配合程度也使其拥有了更多的追随者。工业生产过程中，安全生产一直是生产监管的重要方面，大数据分析技术可以在工业安全生产中发挥重要的作用。

5.4.2　大数据分析步骤

企业开展大数据分析，首先应开展业务调研和数据调研工作，明确分析需求；其次应开展数据准备工作，即数据源选择、数据抽样选择、数据类型选择、缺失值处理、异常值检测和处理、数据标准化、数据簇分类、变量选择等；再次应进行数据处理工作，即进行数据采集、数据清洗、数据转换等；最后开展数据分析建模及展现工作。大数据分析建模包含 5 个步骤，即选择分析模型、训练分析模型、评估分析模型、应用分析模型、优化分析模型。

（1）选择分析模型

基于收集到的业务需求、数据需求等信息，研究决定选择具体的模型，如行为事件分析、漏斗分析、留存分析、分布分析、点击分析、用户行为分析、分群分析、属性分析等模型，以便更好地切合具体的应用场景和分析需求。

（2）训练分析模型

每个数据分析模型的模式基本是固定的，但其中存在一些不确定的参数变量或要素，只有其中的变量或要素适应变化多端的应用需求，这样模型才会有通用性。企业需要通过训练模型找到最合适的参数或变量要素，并基于真实的业务数据来确定最合适的模型参数。

（3）评估分析模型

需要将具体的数据分析模型放在其特定的业务应用场景下（如物资采购、产品销售、生产制造等）对数据分析模型进行评估，评估模型质量的常用指标包括平均误差率、判定系数，评估分类预测模型质量的常用指标包括正确率、查全率、查准率、接受者操作特征曲线（ROC）和 AUC 值（ROC 曲线与下坐标轴围成的面积）等。

（4）应用分析模型

对数据分析模型评估测量完成后，需要将此模型应用于业务基础的实践中去，从分布式数据仓库中加载主数据、主题数据等，通过数据展现等方式将各类结构化和非结构化数据中隐含的信息显示出来，用于解决工作中的业务问题，比如预测客户行为、科学划分客户群等。

（5）优化分析模型

企业在评估数据分析模型中，如果发现模型欠拟合或过拟合，说明这个模型有待优化；在真实应用场景中，定期进行优化，或者当发现模型在真实的业务场景中效果不好时，也要启动优化。具体优化的措施可考虑重新选择模型、调整模型参数、增加变量因子等。

5.5 数字化车间数据集成

5.5.1 数字化车间现场网络架构

储能电池数字化车间网络架构的设计、软/硬件系统的配置要求应根据动力电池数字化车间的特点和功能需求确定，动力电池数字化车间网络架构如图 5-12 所示。

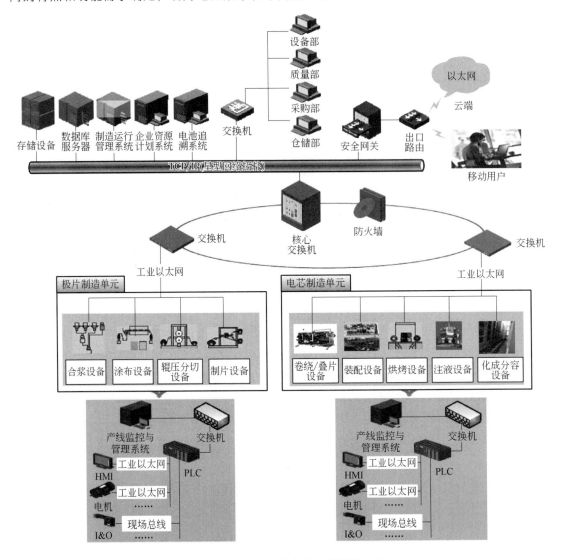

图 5-12　动力电池数字化车间网络架构

车间网络通信方式应满足以下要求：

① 对于响应时间为微秒或毫秒级的传感器之间、电机与控制器（如 PLC）之间的通信，应采用现场总线或工业以太网等网络连接。

② 对于响应时间为毫秒或秒级的控制器之间、控制器与信息系统之间的通信，应采用工业以太网等网络连接。

③ 对于响应时间为秒级的信息系统之间的通信，应采用以太网等网络连接。

5.5.2　数据集成架构

数据集成是把不同来源、格式、特点性质的数据在逻辑上或物理上有机地集中组合成可信的、有意义、有价值的信息，从而为用户提供全面的数据共享。它是技术和业务流程的组合。先进储能数据集成架构如图 5-13 所示。

先进储能电池智能制造需要建立起体系化的生产执行制造及应用服务平台，平台分为 L1 ~ L5 五层架构。

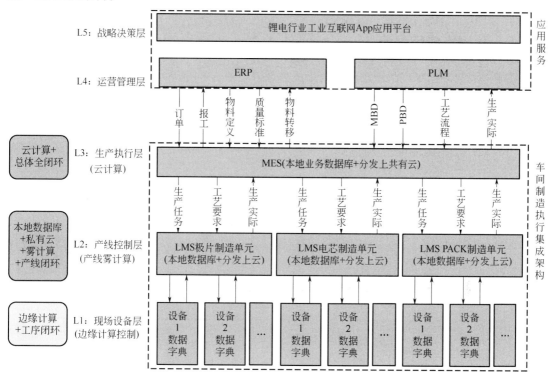

图 5-13 先进储能数据集成架构

（1）现场设备层（L1）

主要是包括储能电池生产设备，通过建立规范的数据字典对设备对象进行抽象描述，实现设备数据采集与集成，利用智能硬件和软件算法实现边缘计算及工序闭环。

（2）产线控制层（L2）

按储能电池制造过程分工段实现产线生产过程管控，同时实现本地数据处理及数据向上层系统分发，使用私有云及雾计算的方式实现产线闭环。

（3）生产执行层（L3）

实现车间级的生产过程管控，同时与企业运营管理、决策系统集成，利用云计算等技术手段实现数字化车间全闭环。

（4）运营管理层（L4）

包括 PLM、ERP 等工厂信息化系统，实现工厂级的资源调度，包括设计、生产、物流、库存、订单、财务等资源的优化整合。

（5）战略决策层（L5）

主要是构建科学的企业级经营决策体系，利用全面准确的数据分析，形成一系列应用服务系统，给企业运营、战略决策提供有力的支持。

5.5.3 数据集成信息流

储能电池数字化车间制造过程数据集成信息流如图 5-14 所示。

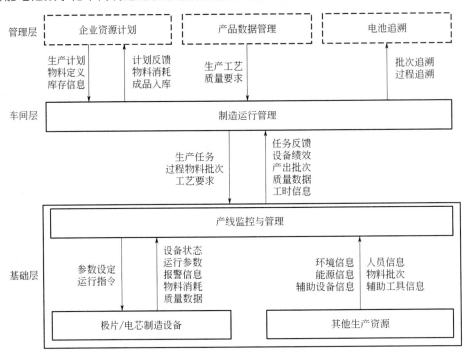

图 5-14 储能电池数字化车间制造过程数据集成信息流

制造过程数据集成主要信息流如下：

① 制造运行管理从企业资源计划接收物料定义，从产品数据管理接收生产工艺和质量要求实现工艺数据同步。

② 制造运行管理从企业资源计划接收生产计划和库存信息，把计划转成生产订单，再根据工艺路线分解成产线级或单元级的生产任务，排产后下发。

③ 产线监控与管理接收生产任务以及对应的工艺要求，把设定值下发给制造设备，并通知设备进行生产。

④ 制造设备从产线监控和管理接受指令按要求进行生产，在生产过程中反馈设备状态、运行参数、物料消耗、质量数据给产线监控与管理，当出现异常时发出报警。

⑤ 产线监控与管理从制造运行管理接收物料批次信息，同时在生产过程中获取相关的操作人员、原辅料、辅助工具等辅助的生产资源信息。

⑥ 设备生产完成后，产线监控和管理汇总出生产任务的完成情况，包括产出批次、物料消耗、质量数据、工时信息等，反馈给制造运行管理，实现任务闭环。同时统计出设备效率

等绩效指标反馈给制造运行管理。

⑦ 制造运行管理获取各工艺段生产任务的执行结果，汇总出计划的完成情况，包括物料产出和消耗等，反馈给企业资源计划，实现计划闭环。同时把成品入库信息反馈给制造运行管理，形成物资的闭环。

⑧ 制造运行管理汇总出从原料到成品的批次追溯关系，以及生产过程追溯信息，反馈给电池追溯系统。

5.5.4 数据采集方式及数据集成要求

动力电池数字化车间各组成单元之间数据采集层次如图 5-15 所示。

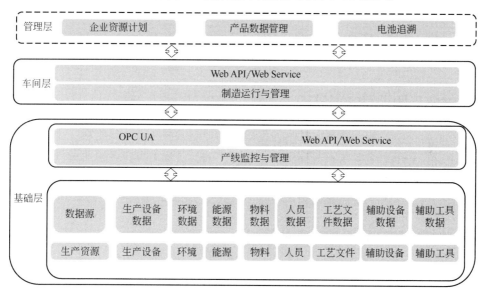

图 5-15 动力电池数字化车间各组成单元之间数据采集层次

车间数据采集主要包括基础层、车间层、管理层三个层次，不同的数据类型应采用的数据采集方式如下：

人员数据应通过人工录入系统或扫码、射频识别（RFID）等方式进行数据采集。

设备数据包括传感器数据、文档数据、数据库数据、接口数据等，采集方式如下：

① 传感器数据应通过输入输出或通信（如现场总线或工业以太网）等方式进行数据采集。

② 文档数据包括设备运行过程记录信息、CCD 检测图片、设备在线测试记录数据等，应通过直接从设备拷贝或通信等方式进行数据采集。

③ 数据库数据应通过数据库同步的方式进行数据采集。

④ 接口数据应通过设备开放的特定接口（如 Web API 或 Web Service）进行数据采集。

⑤ 物料数据应通过人工录入系统、扫码或直接从信息系统读取等方式进行数据采集。

⑥ 能源数据应通过人工记录或从水、电、气等计量仪器自动读取的方式进行数据采集。

⑦ 环境数据应通过人工记录或从温度、湿度、粉尘等计量仪器自动读取的方式进行数据采集。

⑧ 辅助工具包括各种质量检测仪器等，应通过人工记录或自动读取的方式进行数据采集。

信息系统数据分为实时数据与非实时数据，具体介绍如下：

① 实时数据：对于采集频率较高的生产过程监控数据等，应通过工业以太网（如 OPC UA）等方式进行数据采集。

② 非实时数据：对于工单信息、物料消耗、产量、合格率等数据，应通过系统开放的特定接口（如 Web API 或 Web Service）等方式进行数据采集。

5.6 先进储能制造过程追溯体系建设

5.6.1 什么是制造过程追溯

以企业的产品为主线，条形码技术为手段，从计划阶段对产品的物料、生产过程、半成品、成品实行自动识别、记录和监控。在整个生产的全过程中实行全透明的管理，在生产中预防、发现和及时改正错误，对产品的好坏进行全方位的追溯，清晰查询产品的真伪、去向、存储、工序记录、生产者、质检者和生产日期等信息。

5.6.2 储能电池产品追溯系统的意义

先进储能电池追溯系统可以为质量安全管理与风险管控提供有效的数据支持，能够帮助企业快速追踪到问题的根本原因，责任可追究，来保障储能电池的质量，同时也有防伪、信息可视化等能力，来提升产品的形象，产品追溯功能如图 5-16 所示。

图 5-16　产品追溯功能

① 防伪：通过储能溯源系统赋予每个原料、成品、半成品唯一的追溯编码，对产品进行一对一的绑定，企业通过编码就可以获取产品的详细信息，来判断该原料、半成品是否为正品，避免由于假冒产品给产品的质量带来影响。

② 源头可查：生产原料信息全部采集记录并可追踪，实现制造过程中产品供应环节、生产环节、流通环节的全生命周期管理。

③ 责任可究：一物一码，制造过程追溯产品流通过程，一旦产品质量出现问题，可快速、精准查找问题，明确具体责任人。

④ 信息可视化：企业可以通过条码查找产品生产过程相关信息，管理层通过数据做决策，保证产品的生产进度和质量。

⑤ 大数据管理：一物一码，储能追溯系统记录生产过程中原材料、半成品、成品之间不

同维度的对应关系，帮助产品进行数据建模、数据分析，能时刻了解产品的生产情况和生产各个环节的数据，使管理层能精准地决策，一旦产品发生问题，能够有效地根据溯源系统进行问题跟踪和控制，从源头上解决根本问题，保障产品的安全，提高产品的稳定性。

5.6.3 制造过程追溯系统关联对象

追溯的核心目的是责任界定，核心技术手段是对各追溯对象间的关系建立与保存。追溯对象主要包括责任人、主体物品、节点（环境）及行为，在产品生产、流通过程中将各追溯对象的唯一身份标识号（ID）进行关联记录，就形成了产品的全生命周期追溯，如图 5-17所示。

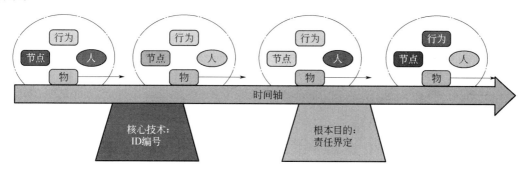

图 5-17　产品全生命周期追溯

储能制造过程追溯主要包括追溯对象的信息采集、支撑追溯的软硬件管理系统、标注追溯对象的信息载体及考评追溯体系是否合格有效的评价体系。其中追溯对象包含储能电池制造过程中物体本身（原材料、半成本、成品）、节点（工序、物流、仓库）、行为（上下料、工序加工、包装）、人（经手人、管理者、使用者及相关接触者），如图 5-18 所示。

标注对象的信息载体是指唯一对象的识别依据，常见的形式有二维条形码、一维条形码、RFID、字符串等光学或电子标签；评价体系是用于指导、评估储能产品追溯体系是否合格的检测和评估方法。

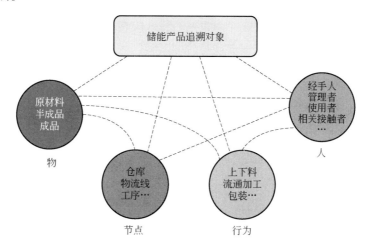

图 5-18　储能电池产品追溯对象

5.6.4 储能电池追溯应满足的要求

储能电池制造过程前段是连续过程，在中段渐变逐渐变成离散过程，其数据的追溯管理及制造模型的建立应该充分考虑这个特点，设置追溯标记和方法，应满足如下追溯要求：

① 精确追溯：每个产品都有一个单独的编码，即产品的身份信息。知道有缺陷的产品的编码，通过制造厂的追溯性系统，可以把有问题的产品找出来，把风险和缺陷消除掉。

② 批次追溯：若干个产品共享一个编码，如果知道缺陷产品批次编码，就可以找到整个批次成品，消除风险和缺陷。

③ 正向追溯：按照储能产品生产的方向，从前到后追至成品流向的过程。

④ 反向追溯：沿着储能产品生产的反方向，从后到前追至成品流向的过程。

5.7 制造过程智能管控

5.7.1 储能电池生产智能管控的分类

（1）规则控制

规则控制是将人的直觉推理用于过程控制而得到的一种控制方法，规则控制分为两步来设计，首先根据规则选择控制策略，即确定控制结构，如自适应控制、预测控制、比例积分微分（PID）控制、比例积分（PI）控制、比例微分（PD）控制、模糊（fuzzy）控制等，然后根据规则调整校正参数。

（2）模糊控制

模糊控制的研究方法有两种，一是将专家和操作工的经验知识总结为一组模糊控制规则，运用模糊逻辑进行启发式推理，以确定控制作用；二是建立系统的模糊关系模型，依据该模型来构造控制作用。利用模糊控制理论的特性，将人的判断、思维过程用比较简单的数学形式直接表达出来，对设备及系统逻辑进行半自动控制，从而对复杂系统做出合乎实际、符合人类思维的处理。模糊控制器的算法模型为：输入量、输出量的模糊量化和标定。

（3）基于人工智能技术的方法

将各种人工智能技术，如启发式搜索技术、与或图（归约图）技术、模式识别技术、专家系统技术等，应用于控制系统的建模、辨识、状态估计、自适应控制和优化控制等领域。充分利用人工智能技术的特性，让设备实现像人一样的理性决策和行动，来实现设备的选择性操作。

（4）与传统数学定量方法结合的智能控制

传统数学定量方法与智能控制方法不是相互替代而是互为补充的。精确知识和非精确知识又可分为深层知识和浅层知识。深层知识和浅层知识结合的方式不同，得到的智能控制方式也有所不同。传统数学定量分析可以实现精准的数据以及效率和效益统计；智能控制研究对象的主要特点是具有不确定性的数学模型、高度的非线性和复杂的任务要求，主要用于处理传统方法难以解决的复杂系统的控制问题。将传统数学定量分析的优点和现代智能控制的优点相结合到智能制造领域，有以下解决方案：

① 利用模糊数学、神经网络的方法对制造过程进行动态环境建模，利用传感器融合技术来进行信息的预处理和综合。

② 采用专家系统作为反馈机构，修改控制机构或者选择较好的控制模式和参数。

③ 利用模糊集合决策选取机构来选择控制动作。

④ 利用神经网络的学习功能和并行处理信息的能力，进行在线的模式识别，处理那些可能残缺不全的信息。

（5）人机智能结合系统

人机智能结合系统是将人的高层智能如创造性、预见性等，同计算机的低层智能结合的系统，这种结合表明人的创造性成果可以交付给计算机，使计算机按照人的创造性进行工作。

（6）离散事件动态系统

离散事件动态系统是以"可数"活动的出现和变化作为系统的基础特点，它的演化过程用离散事件来描述，人们所关心的是这些事件发生和发展的动态规律。离散事件动态系统理论实际是人工智能、控制理论和运筹学的有机结合。触发离散事件动态系统的要素由某些环境条件的出现或消失、系统操作的启动或完成等事件引起。通过设备运作的一些操作动作及事件的发生，对一系列不连贯性和随机性却带有持续特点的数据进行计算。

（7）认知心理学方法

认知心理学的目的就是要说明和解释人在完成认知活动时是如何进行信息加工的，如人知觉到物体的哪些特征，看到了事物间的什么关系，外界信息是怎样存储在头脑中的，采取了什么样的思想策略等，认知心理学又称为信息加工心理学，它的理论基础是物理符号系统的假设。现代认知心理学的主流是以信息加工观点研究认知的过程。它将人看作是一个信息加工的系统，将认知看作是信息的加工，其中包括感觉输入的变换、简约、加工、存储和使用的全过程。

（8）神经元网络方法

以符号处理为基础的人工智能方法是模拟人类智能的一条途径，它模拟了人的逻辑思维，而神经网络方法则是模拟人类智能的另一条途径，它模拟了人的形象思维，是一种非逻辑、非语言的方法。

用神经元网络模拟人的智能有如下几个特点：

① 以分布方式存储信息，即使网络的某一部分受到损坏，仍能恢复到原来的信息。

② 以并行方式处理信息，速度大大加快。

③ 以连接方式进行学习，学习方法简单，另外还可进行联想式学习。

基于神经网络的智能控制可归纳为四大类:

① 先用神经网络建立系统模型,然后再在模型基础上设计控制系统。

② 神经网络用于调节器的参数鉴定。

③ 直接设计神经网络控制系统,控制器是用神经元网络描述的。

④ 基于递阶神经网络模型的控制系统。神经网络已分别用于自适应控制、摆的控制、机器人控制、传感器-执行器的协调控制、控制系统中数字量到符号量的变换、通信网络中最优通信道路的确定等。

5.7.2 制造过程智能管控未来的几点展望

① 基于理论的研究,给出智能控制系统的稳定性、可控性、可观性、鲁棒性等。

② 解决过程动态系统的知识分类、知识获取、知识表达、知识利用以及规则的相容性和完备性。

③ 对现有各种智能控制方法,特别是人机智能结合系统、离散事件动态系统、认知心理学方法、神经网络方法等进行深入的研究。

④ 同众多的传统数学变换一样,寻找一种非传统方法,如用一种智能语言代替另一种智能语言,将智能控制问题的研究域进行变换。在新域中,智能控制的工程意义更明确,求解更方便。

⑤ 开展人工智能技术和自动控制理论的对照研究,寻找两者之间问题描述的相似性,探索两者结合的各种途径以及人工智能技术在控制理论中应用的新领域。

⑥ 设计非线性时变时滞多变量分布参数系统等复杂过程的智能控制系统。

⑦ 拓宽智能控制的应用范围,将人工智能方法用于过程系统建模、优化、控制、故障诊断、生产计划、生产调度等。

⑧ 研究人系统管理和控制一体化的智能方法。

⑨ 开展智能控制的实际应用研究。

5.8 储能电池制造管控微服务及 App

5.8.1 储能电池制造微服务描述

随着工业互联网时代的来临,工业微服务组件已成为工业互联网平台的核心资产,构建微服务核心生态已成为工业互联网竞争的新高地。之所以主流的工业互联网平台都将微服务架构作为开发工业 App 的主流方式,是因为微服务架构与传统的架构相比,具备两个显著特点。

① 工业微服务开发和维护具有高度灵活性。每个微服务可以由不同团队运用不同语言和工具进行开发和维护,任何修改、升级都不会对应用的其他部分功能产生影响;而传统的统一整体式框架下对软件的任何修改都有可能对整个应用产生意料之外的影响。

② 工业微服务运行去中心化分布式执行。不同微服务能够分布式并行执行,应用资源占用率相对较小,且微服务间的数据和资源相互物理隔离,单个服务的故障只会导致单个功能的受损而不会造成整个应用的崩溃,多个微服务构成了一个功能完整的大型应用系统。以产品生产为

例，就可将其拆解为供应链管理、设备运行状态可视化、生产排程、产线数据分析、操作记录等多个微服务功能模块。微服务成功的要素，形成一个标准的黄金三角（图 5-19）。中心就是以客户为中心，还有三个项目要素：微服务的架构设计、敏捷组织划分、好的流水线过程。

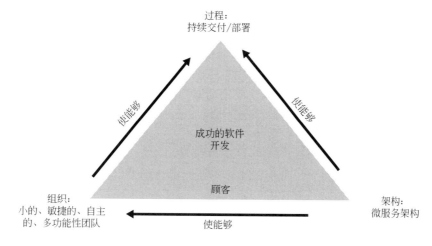

图 5-19　微服务的黄金三角

5.8.2　基于微服务构建的 App

工业互联网平台通过虚拟化技术实现存储、计算、网络等资源的灵活配置，结合数据化模型，对各种异构数据进行整合、处理、提炼，形成设备控制、过程管控、质量优化、协同设计、预测性维护、企业运营决策等一系列微服务模型，最终建立起智能工厂的微服务平台，如图 5-20 所示。

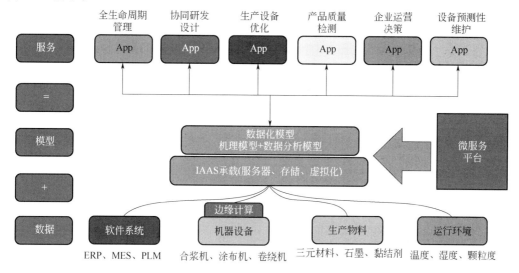

图 5-20　智能工厂的微服务平台

无论是两化融合、智能制造，还是工业互联网平台，都在考虑如何通过"数据+模型"优化资源配置效率，以提供更为优质的服务。

（1）完善业务层，提供丰富的工业微服务组件资源

微服务组件是工业互联网平台的核心资产，也是国内外各大主流工业互联网平台的重点建设方向之一。数据服务是提供从设备获取数据的服务。它支持多种工业数据标准，允许多种获取方式及数据预处理，并将数据存储在适当的设备中。其中，典型代表有支持时间序列数据存储的微服务、支持可水平扩展的二进制对象存储的微服务，以及提供关系型数据存储的微服务。

（2）夯实支撑层，提供便捷的微服务管理功能

大量微服务组件导致了管理及调用的复杂性，特别是在微服务组件数量极多的情况下更为明显，因此，为用户提供微服务管理功能至关重要。

（3）强化安全保障，提供多维度保障的工业级安全

微服务开发及运维的安全保障至关重要，既要建立安全的开发环境，又要保障微服务组件构建工业应用程序的运行安全。

（4）工业微服务创造全新平台开放价值生态

随着工业互联网平台中微服务组件池的构建和行业经验知识的持续积累，为制造业用户提供以工业微服务为基础的定制化、高可靠、可扩展工业 App 或解决方案，形成以价值挖掘提升为核心的平台应用生态，构建出以工业互联网平台为桥梁、以工业微服务为载体的相互促进、双向迭代的生态体系。在工业互联网平台中基于工业微服务模块进行工业 App 开发，既能够借助工业微服务并行开发、分布运行的特点，有效发挥平台海量开发者接入、资源弹性配置、云化部署运行等优势，又能够利用工业微服务独立隔离、灵活调用的特点，克服工业 App 所面临的快速运维、持续迭代、个性化定制等问题。

5.9 设备健康管理与预测性维护

5.9.1 设备健康管理

（1）设备健康概念

设备健康由三个方面的要素构成：

① 自身素质强健：具有良好的机件材料的耐用性、系统配合的平衡性、持久运用的稳定性、高强度高频率运用的可靠性。

② 防御自愈机能完善：全面持久的自养护、自修复、自补偿、自适应的仿生机能。

③ 运用和管理科学：实施健康管理和动态养护维修，使设备的动力性、经济性、可靠性、安全性、净化性在全生命周期中始终保持或优于设计质量。

（2）设备健康分类

"设备健康管理"把设备分为三类状态：健康、亚健康、故障。

设备使用寿命是一个由健康—亚健康—故障—报废，即设备形态与性能由量变到质变的动态过程。

（3）设备管理定位

设备现行管理和维修的理论、模式、制度是一种被动式滞后性管理。它以设备的故障管理与维修为核心，重点关注设备的故障阶段，以被动保养、排故诊断、解体换件维修为基本模式，缺乏对设备在"亚健康"阶段的形态与性能的动态劣化和系统平衡紊乱的控制对策。其结果势必造成能源、备件、人力、时间、生产、产品质量的损失和安全隐患及环境污染。

设备健康管理和维修的理论、模式、制度是人-机（主动与被动）结合的前瞻性管理。它以设备的健康管理为核心，重点锁定设备的"健康和亚健康"阶段，以保持健康状态的持久性和稳定性为评价标准。研究设备动态损伤规律，设计和实施预防保健、健康监测、平衡调整、动态养护维修对策和健康保健制度。其结果必然是设备全生命周期保持健康、高效、低成本的运行，创造显著的能源、备件、人力、时间的节约效益，安全和环保事半功倍，生产效率倍增。

（4）设备健康监测的特点

① 设备健康保障是监测目标。传统管理与维修的检测，追踪重点是故障指标，为制定修理方案提供依据；"健康管理"的检测，追踪重点是健康指标的变异，为制定保健康复方案提供依据。因此，健康管理监测对检测的内容、频次、参数分析诊断等进行了科学设计，选定动力性、经济性、净化性、安全性四大类健康指标，为维修保养方案提供准确选择和有效指导。

② 设备状态跟踪是监测重点。设备零部件失效、各系统配合平衡紊乱、工况劣化都是从量变到质变的动态过程。健康监测追踪动态参数的变化，特别是"亚健康状态"的变化，增加监测的频度和内容，在每次保养中都进行全面系统检测，有效监控设备工况的变异、防御自愈能力的衰减、损伤量变的程度，适时进行调整，恢复健康，防止故障生成。

③ 仪器设备是必备手段。设备健康管理要实现检测管理"制度化"，检测作业"现场化"，检测指标"标准化"，检测技术"智能化"。把设备状态信息的采集、分析、诊断和调整、保养、维修决策延伸到设备应用第一线，改变企业缺乏监测设备、依赖经验和"不病不看"的现状。提高设备健康监控水平和维修保养的效率及质量。

④ 信息网络化是发展方向。信息网络化是设备管理的发展趋势。在高新信息技术的支持下，主要的管理与维修技术已发展成为以可靠性为中心的失效分析技术、故障监测诊断技术、虚拟管理和维修技术、自动识别技术、远程支援管理与维修技术等。通过开展设备健康管理培训、全员生产维护（TPM）健康管理体系认证，全面促进设备管理的现代化。

5.9.2 设备预测性维护

设备健康管理有一个非常重要的技术手段就是设备故障预测。所谓故障预测，其预测基础是设备运行历史数据或运行时设备状态参数，其预测目的是预知设备未来的运行状态，以便于维保人员有准备性地进行设备维护，尽可能地保障生产的持续性，杜绝非计划性的停机、重大故障等事件的发生。

故障预测根据是否预测出具体的渐变故障可以分为渐变故障类型预测、健康状态预测。相比来说，健康状态预测更加偏重设备整体未来的健康状况，尽量不陷入具体某种故障的分析中。对于复杂装备来说，如果故障预测系统一开始就陷入繁杂的具体故障类型之中，势必会面临技术能力、系统复杂度等多个方面的挑战。因此，在综合考虑设备维护方案经济性、时效性、可行性、高精度、低复杂度等现实要求基础之上，定位在整体设备、子系统级别的健康状态预测是复杂装备开启预测性维护的最佳切入方式。

目前大部分企业的设备维护管理工作停留在设备的预防性维护工作上。对瞬息万变的市场，企业如何能制造出多品种、高质量产品，并能准时交货，而且保持最低成本等方面的要求，这就要求机器设备性能处于良好状态。因此，企业将安全生产排在第一位，实现不间断的安全运营。为了实现不间断安全运营，就要保证机器的正常安全高效运转，这就需要超前性的实时在线监测，可以在机器还没有发生故障之前就通过机器的各种运行参数预测故障可能出现的情况和出现的时间，通过预测设备的时间依存性故障来改变设备的维护方式。设备预测性维护注重动态管理和可持续性，是需要发动全员参与的，设备管理部门要起到组织作用，如监督检查设备点检情况，通过设备数据库数据资料采用新技术、新工艺改进设备现有设施状态，调整设备维护方式，并组织监督完成保养计划。

（1）设备预测性维护动态管理

① 通过设备失效模式与影响分析（FMEA）确定基本维修方式有三种：预防性维修（包括定期维修和状态维修）、改进维修和事后维修。对设备的每一种故障模式，考察其发生频率（occurrence，O）、严重性（seriousness，S）和可检测性（detectability，D），然后综合这三项指标得到危险优先数（risk priority number，RPN），根据故障的频率、严重性、可检测性和危险优先数来决定设备采用何种维修方式。

② 发生频率（O）：根据设备运行维护记录，确定每种故障发生的频率，用数字来表示频率的高低。对于新设备，可由有经验的人员来确定故障发生的频率。

③ 严重性（S）：严重性是用来考察每一种故障对设备的正常运行所造成的影响程度，用数字来表示影响程度的高低，分值越低，影响程度越低。

④ 可检测性（D）：是指故障在发生前被检测出的概率。可检测性既可以针对故障发生的原因，又可以针对故障模式，如果一个故障在发生前有较长的故障提前报警时间，则它被检出的概率就大，如果一个故障只要用简单的方法就可以检出，则它被检出的概率也大。为了增大故障被提前检测出的概率，可以在设备上安装传感器、报警器等装置，同样用数字来表示故障被检测出的概率高低。

⑤ 危险优先数（RPN）：危险优先数是由故障发生频率、严重性和可检测性三项评分相乘而得，即 RPN=O×S×D，RPN 用来表明故障的危险程度大小。RPN 的理想值为 1，此时故障的危险性最小，不需要采取纠正预防措施；随着 RPN 的增大，故障危险性也增大，此时就越需要采取相应的纠正措施。

关于确定 RPN 阈值的方法，建议用"95%置信度"法则：将最大可能 RPN 值乘以（1-0.95）即得 RPN 阈值。如果按 1~4 级评分标准，则 RPN 阈值为 4×4×4×(1-0.95)，大约等于 3，也就是说，如果某一项故障的 RPN 大于 3，则需要采取相应的纠正措施。

另一种常见的确定 RPN 阈值的方法是应用帕累托的 80/20 法则：大约 80%的风险是由最高的 20%RPN 造成的，则需要重点对造成最高的 20%RPN 的故障采取纠正措施。

（2）选择设备的维修方式

① 根据前面所述的故障频率、严重性、可检测性和危险优先数来决定采用何种维修方式。

② 制定对每一种故障所采取的纠正措施、措施执行频率及维修主要执行者。

③ 根据设备数据库数据资料、关键设备潜在故障模式及后续分析的结果来调整设备维护方式。

（3）可持续性

① 根据目标值衡量修改后的预防性维护的方法，包括设备重要性、维护内容、故障原因、影响度、改进前故障率、原来预防性维护计划、现在预测性维护措施、完成时间、采取措施、改进后故障率、修改预防性维护的方法以及考核计算关键设备备件的寿命周期与关键设备备件的有效库存量。

② 不能达到目标值时提出改进措施，包括设备 FMEA 模式及后果分析失效确定新的设备 FMEA 模式。

③ 能达到目标值时根据评审报告提出新的目标值，包括设备状况评估和改进报告，当预防性维护在日常维护中成为延长元件生命周期的常用方式时，预测性维护在此基础上还增加了监控重要元件状况的功能，从而能预测和避免不必要的停机。

④ 设备管理部门还需进行管理预防/状态性维护、准确的数据存储与计算工作，根据数据资料持续改进设备各项指标。重要的是从技术角度将这些数据互相有效集成到设备维护管理系统中去。

⑤ 在建立设备维护机制的基础上，把维护保养的内容和标准溶解到设备管理活动当中去，使维护和保养工作做到有质、有量、有形、有效的开展，做到设备维护保养工作经常化。

5.10 制造质量分析及数据闭环

5.10.1 储能电池制造质量分析架构

对储能电池制造数据部门来说，数据质量是部门的生命线。数据丢失、数据不准确是致命的。应提前发现问题，提前采取方案减少损失。因此数据质量校验必不可少，数据质量监控就是对数据的完整性、准确性、一致性、及时性进行监控。

① 完整性：主要包括实体缺失、属性缺失、记录缺失和字段值缺失四个方面。

② 准确性：一个数据值与设定为准确的值之间的一致程度，或与可接受程度之间的差异。

③ 一致性：系统之间的数据差异和相互矛盾的一致性，业务指标统一定义，数据逻辑加工结果一致性。

④ 及时性：数据仓库 ETL、应用展现的及时和快速性，Jobs 运行耗时、运行质量依赖运行及时性。

按照正常的对账逻辑，对账流程应该包含数据获取、数据比对和比对结果处理三部分。平台支持的对账规则是明确的，数据异常后会发出警告，会有人或者程序处理。跟踪整个异常处理流程，从发现到处理流程，再到方案总结和知识总结，需要知识库来帮助，知识库也应该是整个对账流程的一部分。平台需要对外输出各业务每天对账异常占比、原因分析、异常同比增加或减少量等，需要数据质量大盘分析模块。因此，整个质量数据平台包含规则中心、对账引擎、处置中心、知识库和大盘分析五部分。储能电池质量分析架构如图 5-21 所示。

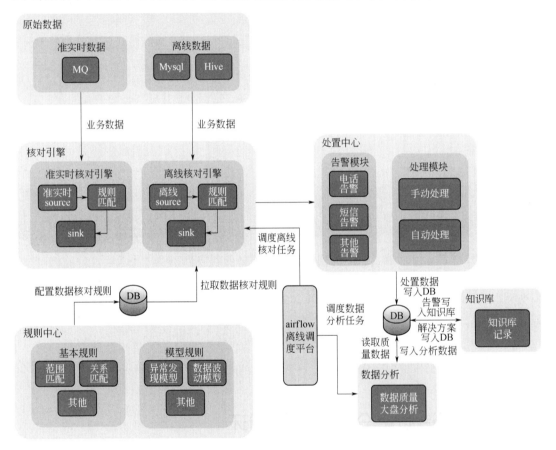

图 5-21　储能电池质量分析架构

储能电池数据质量常见概念：

① 对照物：通俗来讲是一个值，该值可以是一个常量，可以是一条 sql 的执行结果，也可以是一个算法模型计算出来的结果。

② 运算符：常用的计算符号，有+、−、×、÷、%五种。

③ 比较符：常用的比较符号，有>、≥、=、<、≤五种。

④ 范围符：常用的范围描述符号，与数学上的定义相同。左开区间（、右开区间）、左

闭区间[、右闭区间]四种。

（1）规则中心

规则中心有基本规则和模型规则两类。

① 基本规则的核心是范围匹配，关系匹配是范围匹配的一种特例。范围匹配指多个对照物经过计算与某个区间范围的比较关系是否成立。一个包含两个对照物的范围匹配公式是：对照物计算逻辑+运算符+对照物计算逻辑+比较符+范围符，比如说 $A+B / C = [1，1.01)$。关系匹配则是判断参照物之间的关系是否成立，比如说 $A>B$。从例子可以看出关系匹配可以通过变换转化为范围匹配。关系匹配 $A>B$ 可以变为范围匹配 $A-B>0$。这里分两种主要是方便用户配置，底层执行都是用的范围匹配执行逻辑。

② 模型规则有策略和机器学习两种。策略其实就是一些 bool 类型的规则，比如说数据波动策略，同比或者环比减少或增加 50%，认为是异常。机器学习模块与策略有点类似，返回的结果也是一个 bool 类型的结果，只不过是把规则换成了机器学习模型。

（2）核对引擎

核对引擎包含数据获取和数据核对两部分。

① 数据获取模块顾名思义就是从数据源拉取数据。这里的数据源一般就是我们常用的 Mysql、Hive、es 等，也可以是一个包含 schema 信息的 hdfs 路径。平台根据用户的配置（可以是 sql，也可以是自定义的配置）从各个数据引擎拉取数据。数据核对模块就是检验配置的规则是否满足。

② 核对引擎按照核对时间可以分为准实时核对模块和离线核对模块。准实时模块一般是用 spark 或者 flink 流处理平台从 MQ 中消费数据，然后比对验证。离线模块一般是一个可执行的脚本或者 jar 包，其中封装了拉取比对的逻辑。

（3）处置中心

① 告警和处理模块。告警模块包含常用的告警方式，比如说短信告警、电话告警等。处理模块按照告警的类型，可以选择代码自动处理。这里有一点需要注意的是，处理逻辑与用户有关，与平台无关。用户可以先在 Web 上配置自己的处理逻辑，当配置质量检测任务时，针对一条规则，可以选择多种处理逻辑。

② 知识库和分析模块。当产生一条质量比对异常的时候，自动在知识库中生成一条异常记录，记录异常的信息（包含数据源、规则、异常产生时间等）并通知相关用户。用户可以回复异常处理流程，总结问题原因及短期长期解决方案等。当该异常处理完毕后，用户可以标记一条异常处理完毕。其他用户可以通过关键词搜索查询某种异常的处理进度与方案。而分析模块主要是统计分析各业务的异常情况，对外输出各业务每天对账异常占比、原因分析、异常同比增加或减少量等。

5.10.2 闭环质量控制方法

储能电池制造质量优化，合格率的提升，不仅仅是提高制造的直通率，更重要的在于提升电池制造的安全性，大大减少制造过程中未发现的隐性缺陷。储能电池制造企业可以通过控制制造过程核心控制点的质量，来降低后续制造过程的不合格率，优化产品质量。储能电池制造从来料到极片制造到电芯制造到化成分容再到模组，通过互联互通来实现大约 3000 个点的数据监控，实现电芯的失效模式分析和电池包的失效模式分析。

（1）PDCA 的循环分析模型

PDCA 是指 plan，do，check and action（计划、执行、检查和处理），PDCA 循环通过计划、执行、检查、处理等四个循环反复的步骤进行改进，是质量管理的基本方法。

① 计划（plan）。计划阶段的内容主要有：一是界定质量数据系统、质量数据指标体系；二是确定质量标准。计划阶段是提升数据质量最重要的步骤之一。质量数据指标体系和数据标准的界定都是基于质量数据维度。

② 执行（do）。第二个阶段为执行阶段，这个阶段是实施计划阶段所规定的内容，如根据质量数据标准为所规定的内容进行产品设计、试制、试验、生产制造、检验、销售等，同时依照上述的质量数据标准和指标衡量业务信息系统的质量数据好坏状况并进行调整。

③ 检查（check）。检查包括检验、分析原因、统计质量数据指标以及制定改进方案。检查过程的内容主要有：一是根据质量数据标准建立质量数据分析平台的规则库；而是校验质量数据是否满足数据标准不同维度的要求；三是根据检验结果列出质量数据存在的问题清单。根据质量数据清单上所列出的问题，分析问题产生的原因，质量数据问题主要表现在以下方面：a. 缺少质量数据标准；b. 质量数据准确性、及时性、规范性、一致性不够；c. 由于质量数据系统没有按照数据标准有效控制数据，导致不断有增量质量问题数据产生。

统计质量数据指标是指将有问题的质量数据清单作为输入要素，统计不同质量数据维度下的质量数据指标。随后制定改进方案，根据质量数据问题清单和指标，以及质量数据问题的原因分析结果，制定质量数据改进方案。

④ 处理（action）。处理阶段主要是实施质量数据改进方案，通过改进措施解决质量数据的存量和增量问题。

（2）六西格玛质量闭环模型——DMAIC

六西格玛改进闭环模型采用五步法 DMAIC 质量闭环模型，即界定（define）、测量（measure）、分析（analyze）、改进（improve）和控制（control），其实施步骤如图 5-22 所示。

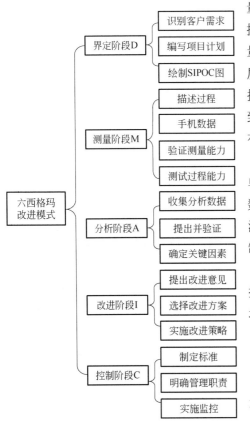

图 5-22 六西格玛改进模式实施步骤

六西格玛改进模式
- 界定阶段 D
  - 识别客户需求
  - 编写项目计划
  - 绘制SIPOC图
- 测量阶段 M
  - 描述过程
  - 手机数据
  - 验证测量能力
  - 测试过程能力
- 分析阶段 A
  - 收集分析数据
  - 提出并验证
  - 确定关键因素
- 改进阶段 I
  - 提出改进意见
  - 选择改进方案
  - 实施改进策略
- 控制阶段 C
  - 制定标准
  - 明确管理职责
  - 实施监控

1）D（define）界定

DMAIC 过程模型的第一个步骤是界定（define）阶段。在这个阶段，六西格玛团队必须明确的问题是：正在做什么？为什么要解决这个特定的问题？顾客是谁？顾客需求是什么？过去是怎样做这项工作的？实施改进将获得什么收益？等等。界定阶段的内容包括以下几个方面。

① 制定 DMAIC 任务书。明确团队任务主要内容有：为什么要选择实施这个六西格玛项目？本项目要解决的问题是什么？项目的目标是什么？解决这个问题涉及的范围和限制条件是什么？团队成员及其职责是什么？预期的 DMAIC 各阶段的内容安排是什么？

② 识别顾客并明确其需求。顾客只有在其需求得到充分理解并获得期望的质量后，才会成为满意和忠诚的角色。关注顾客需求的公司应该建立一个能持续测评顾客满意度指数（customer satisfaction index，CSI）的系统。六西格玛团队必须首先识别顾客是谁，包括内部顾客和外部顾客，然后详细地描述顾客的需求。六西格玛质量改进理念要求建立顾客反馈系统，使"顾客之声（voice of the customer，VOC）"能够精确地描述出来，才能更好地满足顾客。顾客之声是指顾客对产品和过程的性能、外观、操作等方面的要求或潜在要求。通常，影响顾客满意的因素很多，界定阶段必须确定影响顾客满意度的关键因素和关键业务流程，即关键质量特性（CTQ）和核心过程，将顾客的需求恰当地确定为过程的输出质量要求。一般采用关键质量要求的选择矩阵等方法得到。

③ 界定缺陷。缺陷指的是产品存在危及人身、财产安全的不合理的危险性。六西格玛质量的含义十分明确，即产品质量特性满足顾客的需求，在此基础上避免任何缺陷（或差错）。若在满足顾客需求的前提下，缺陷控制在 $3.4×10^{-6}$ 水平。因此在界定阶段应该确定产品或过程质量水平的度量指标。可以采用三种度量指标百万机会缺陷数（DPMO）、直通率（RTY）和性价比（CP）来衡量。

2）M（measure）测量

测量，即数据测量和收集。需要明确在项目过程中，要收集哪些数据？这些数据如何测量和收集？要用到哪些统计技术（如直方图、排列图）？并通过数据分析，以当前实际水平为基线，确定改善目标（SMART 原则），测量是六西格玛质量改进分析的基础工作。通过测量收集关键质收特性的基本数据，通过测量使量化管理成为可能，使统计技术与方法的应用成为可能。为了获取真实、准确、可靠的数据，需要对测量系统进行校准。测量阶段需要收集整理数据，为量化分析做好准备。数据收集运用到数据收集的一些方法，如抽样技术、检查表等。测量阶段的结果是得到初始的 σ 测量值作为改进的基准线。

3）A（analyze）分析

分析阶段，画出业务流程图，识别出影响目标达成的关键因素，避免或尽量减少过程中的浪费，并通过连问"5W1H"找出问题的真正原因。分析阶段运用多种统计技术方法找出存在问题的根本原因。可以运用排列图、因果图、相关图、直方图、控制图等，从人员、机器设备、物料、环境、测量、方法六个方面，寻找结果或问题的可能原因。确定过程的关键输入变量（KPIV）和关键输出变量（KPOV）。

4）I（improve）改善

改善实施阶段，可采用头脑风暴等方法列举出各种改善措施，利用优先矩阵、相关分析、回归分析、试验设计、方差分析等分析方法，从时间、成本、资源、难易性等多个维度来评估和选择出最佳方案，并进行事前风险分析，制订相应的应对计划和详细的项目执行计划。在推行改进方案时必须要谨慎进行，应先在小规模范围内试行该方案，以判断可能会出现何种错误并加以预防。试行阶段注意收集数据，以验证获得了期望的结果。根据方案的试行结果，修正改进方案，使之程序化、文件化，以便于实施。

5）C（control）控制

控制即控制和分享，必须将获得的成果进行标准化和固化，使其方法和经验得以持续、传承和推广，避免问题反复。控制阶段努力将主要变量的偏差控制在许可范围，对流程进行一定的改进之后，必须注意要坚持，避免回到旧习惯和旧流程是控制阶段的主要目的。在为项目的改进做出不懈努力并取得相应的效果以后，团队的每一位成员都希望能将改进的结果保持下来，使产品或过程的性能得到彻底的改善。但是许多改进工作往往因为没有很好地保持控制措施，而重新返回原来的状态，使六西格玛团队的改进工作付之东流。所以控制阶段是一个非常重要的阶段。当然，六西格玛团队不能一直围绕着一个改进项目而工作，在DMAIC流程结束后团队和成员即将开始其他的工作。因此，在改进团队将改进的成果移交给日常工作人员前，要在控制阶段制订好严格的控制计划以帮助他们保持成果。

随着大数据技术的兴起，DMAIC模型也进行了扩展改进，实现了基于大数据的DDMADV质量改进设计模型。DDMADV 模型将产品和过程设计中的数据、方法、工具和程序进行系统化的整合，在顾客的需求和期望的基础上重新设计产品或过程。DDMADV 模型，即数据（data）、界定（define）、测量（measure）、分析（analyze）、设计（design）、验证（verify），DDMADV 模型保留了 DMAIC 模型的部分内容。

基于大数据的 DDMADV 质量改进设计可以使组织能够在开始阶段便瞄准高目标的质量水平，开发出满足顾客需求的产品或服务；基于大数据的 DDMADV 质量改进设计有助于在提高产品质量和可靠性的同时降低成本和缩短研发周期，具有很高的实用价值。DDMADV模型各阶段的活动要点及工具如表 5-6 所列。

表 5-6　DDMADV 模型各阶段活动要点及工具

阶段	活动要求	常用工具和技术
D（data）数据阶段	项目启动收集数据	Hadoop（分布式处理的软件框架） HPCC（高性能计算与通信） Storm（分布式的、容错的实时计算系统） Apache Drill（大数据存储的交互式、特定查询功能、开源的分布式系统） Rapid Miner（数据挖掘解决方案） Pentaho BI（以流程为中心、面向解决方案框架）
D（define）界定阶段	界定项目范围 制订项目计划	头脑风暴法、亲和图、数图、流程图、SIPOC 图、因果图、质量成本分析、项目管理
M（measure）测量阶段	确定基准	排列图、因果图、散布图、过程流程图、过程能力指数、故障模式分析、PDCA 分析、直方图、趋势图、检查表、测量系统分析
A（analyze）分析阶段	确定主要原因	头脑风暴法、因果图、水平对比法、5S 法、质量成本分析、实验分析、抽样检验、回归分析、方差分析、假设检验

阶段	活动要求	常用工具和技术
D（design）设计阶段	设计方案 方案测试 实施准备	实验设计、质量功能展开、正交试验、测量系统分析、过程改进
V（verify）验证阶段	验证设计 修正设计 实施方案 维持成果	控制图、统计过程控制、防差错措施、过程能力指数分析、标准操作程序、过程文件控制

5.10.3 电池质量失效分析模型

（1）基于 Bow-tie 模型的储能电池产品质量失效分析

基于分析事项起因的故障树分析法和分析后果的事件树分析法的内涵和流程，引入将故障树和事件树组合在一起的 Bow-tie 风险分析模型。针对储能电池产品质量抽查的前期准备阶段、抽样阶段以及检验阶段 3 个重要阶段，分别建立 Bow-tie 模型，采用故障树分析法分析典型事故原因，采用事件树分析法分析事故应急预案，对电池产品质量抽查失效风险进行分析。结合 Bow-tie 分析的结果，提出各阶段产品质量抽查任务失效的预防措施及失效后的纠正控制措施。

Bow-tie 分析法通过识别和评估风险、分析风险因素、设置风险屏障、采取风险控制和恢复措施，有效预防事故的发生，为风险、始发事件、控制和后果之间的关系提供图形表示，易于理解。Bow-tie 分析法融合了故障树分析法（fault tree analysis）和事件树分析法（event tree analysis），图表的中心事件是导因事件或风险事件，将简化的故障树移向左边，对原因进行分析；将简化的事件树移向右边，对后果进行分析。将分析事项起因的故障树和分析后果的事件树组合在一起，并在各分枝上确定防控措施，就形成最终的 Bow-tie 模型。因为 Bow-tie 模型是由故障树和事件树组成的，所以针对电池产品质量抽查任务失效分别建立故障树和事件树，对相关抽查过程建立 Bow-tie 模型，进而提出规避风险的措施，得出相关结论。

（2）储能电池产品质量任务失效故障树分析法

故障树分析法是一种演绎的系统安全分析方法。它从需要分析的特定事故或故障（顶上事件）开始，层层分析，挖掘发生的原因，直至找出事故或故障的最根本原因（基本事件）为止。故障树由节点和节点间的连线组成，每个节点表示某一具体事件，连线表示事件间的关系。故障树分析法适合于对风险事件原因及发生可能性的分析，其将风险事件作为目标分析事件，通过逐级建树、逐层原因分析，对所有原因事件、中间传递事件及其相互关系进行逻辑推导，最终查找导致风险事件发生的基本原因。通常情况下，故障树分析流程如图 5-23 所示。

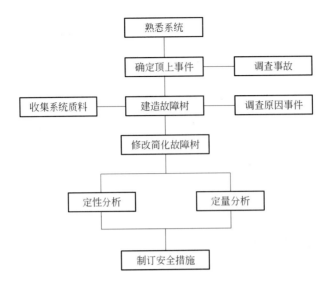

图 5-23　故障树分析流程

电池产品质量抽查任务主要涉及抽查计划、抽查检验实施细则、抽查样品、检验、检验报告和经费等方面，其中任何一个环节的失效都可能导致整个产品质量抽查任务不能顺利完成。产品质量抽查本意是根据电池建设和运输的需要，在国家、行业产品质量监督抽查计划的基础上，重点安排重要产品、实际运用中反映问题较多的产品以及新标准实施后的产品的抽查。基于此，建立储能电池产品质量抽查任务失效故障树（图 5-24）。

在图 5-24 中，方框为"顶上事件"，通过逻辑门作用的、由一个或多个原因导致的故障事件；圆圈为"基本事件"，不要求进一步展开的基本引发故障事件。

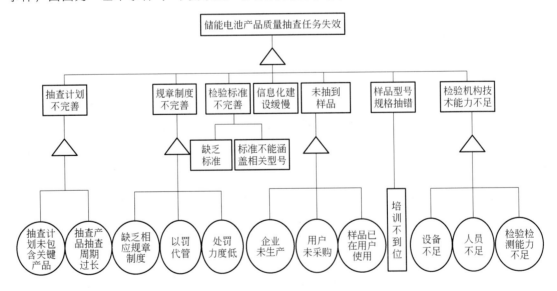

图 5-24　储能电池产品质量抽查任务失效故障树

（3）电池产品质量抽查任务失效事件树分析法

事件树分析法是一种逻辑的演绎。在给定一个初因事件下，从一个初因事件开始，按照一定的顺序，分析初因事件可能导致的各种序列的后果，从而定性或定量地评价系统的特性。该方法中事件的序列是以树图的形式表示，故称为事件树。事件树分析流程如图 5-25 所示。

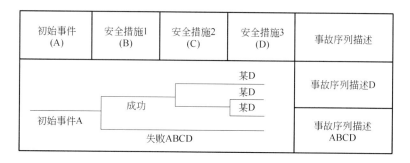

图 5-25　事件树分析流程

对于产品质量抽查任务失效的事件，其造成的主要后果是漏检和检验机构不能按时完成检验检测任务。前者容易造成不合格产品流入市场，影响运输安全和人身安全，扰乱社会竞争和公平性；后者则会造成不能按时发布质量通报。电池产品质量抽查任务失效事件树如图 5-26 所示。

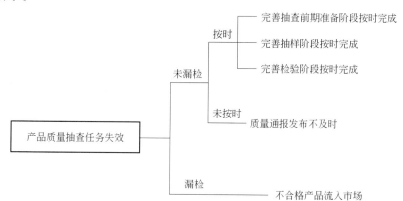

图 5-26　电池产品质量抽查任务失效事件树

（4）Bow-tie 分析法

Bow-tie 方法运用危机控制屏障原理，系统化地分析危险及其后果，通过风险分析过程建立基于层级防护机制的控制措施。其输出结果形式多样，可从多个角度分析和沟通风险控制措施，便于企业内部建立切实可行的风险评估、分析与控制措施的数据库，用于检测风险控制的效果和进展，形成层级的闭环式的风险管理流程。由于电池产品质量抽查任务的特殊性和复杂性，用单一风险分析方法很难对其进行全面分析，而采用多种分析方法结合的方式则会达到很好的效果。

Bow-tie 法能够提高分析结果的直观性和准确性，对故障的预防、控制、发生、后果及发生的根本原因等故障因素进行分析，用蝴蝶结图形直观、完整地描述故障发生的全过程，对危害事件发生的原因、后果以及采取的措施是否充足等提供一个可视化的评估。Bow-tie 法包括 5 个基本要素：故障、故障原因、后果、预防措施和缓解措施。建立 Bow-tie 模型的步骤为：

① 确定研究对象，即确定具体事故或故障。

② 辨识作业过程中存在的潜在危害，列出故障产生原因及造成后果。

③ 针对故障原因及后果分别提出预防故障发生或减轻故障后果的控制措施。

针对风险事件的原因和后果，风险控制措施的选择应遵循"成因消除、频率降低、后果控制、后果减轻"的先后顺序。Bow-tie 模型如图 5-27 所示。

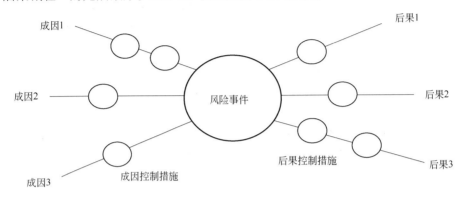

图 5-27　Bow-tie 模型

准备阶段 Bow-tie 模型：在电池产品质量抽查的前期准备阶段，既要考虑相关法律法规和规章制度，也要考虑储能电池制造企业产品质量抽查管理办法，查询相关的检验检测标准和产品质量抽查检验实施细则。此外，还需确定检验机构是否满足相关技术要求，检验方法是否已经完善，是否已经具备实施产品质量抽查的条件。基于上述所有考虑，抽查前期准备阶段 Bow-tie 模型如图 5-28 所示。

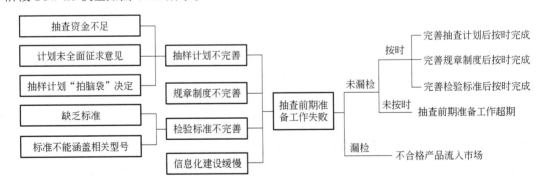

图 5-28　抽查前期准备阶段 Bow-tie 模型

抽样阶段 Bow-tie 模型：抽样阶段是产品质量抽查任务中极其重要的一环，样品与后面的检验检测活动直接相关。对于抽样活动，要关注抽样数量，既确保能够满足试验需求，也不能多抽，抽样数量应是满足需要的最小数量。此外，根据产品的特性还需要考虑备样的问题，以及抽样过程中可能存在抽不到样品、企业拒绝抽样等情况。综合考虑各种可能情况，抽样阶段 Bow-tie 模型如图 5-29 所示。

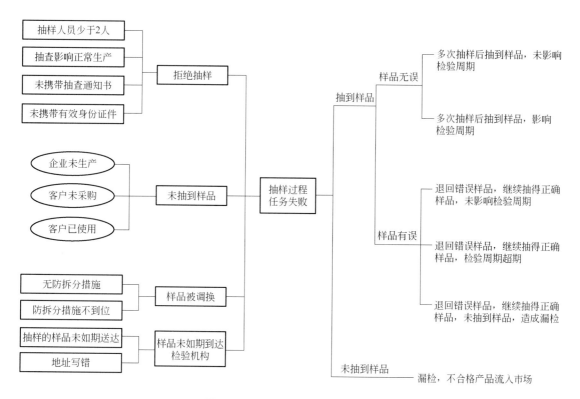

图 5-29　抽样阶段 Bow-tie 模型

检验阶段 Bow-tie 模型：检验阶段也是产品质量抽查流程中非常重要的一环，它将决定最终的检验报告结果，是质量通报的直接数据来源，与被抽查企业的产品质量抽查情况息息相关。产品质量抽查任务需委托给权威检验检测机构，质检中心作为独立的第三方技术机构，同时拥有国家资质认定（计量认证）、实验室认可的检测能力，是当前我国最权威、覆盖面最广的产品检验检测机构。自样品接收、入库、领用、检验、保存及处理，质检中心都有严格的程序规定，并严格按照程序文件执行。尽管如此，在检验过程中仍然有一些不可控的风险存在。经识别后，检验阶段 Bow-tie 模型如图 5-30 所示。

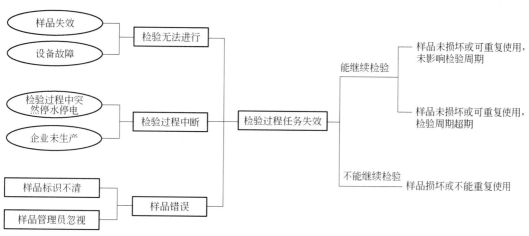

图 5-30　检验阶段 Bow-tie 模型

5.11 5G+TSN 与 OPC UA 的畅想

5.11.1 为什么需要 5G

5G 与 4G 相比，5G 具有超高速率、超大连接、超低时延三大特性。

在超高速率方面，5G 速率最高可以达到 4G 的 100 倍，实现 10Gb/s 的峰值速率。在超低时延方面，5G 的时延可以低到 1ms，仅相当于 4G 的十分之一，可以广泛地应用于自动控制领域。在超大连接方面，5G 每平方千米可以有 100 万的连接数，与 4G 相比连接容量可以大大增加，除了手机终端的连接之外，还可以广泛地应用于物联网。

在先进储能电池生产过程中，产生大量结构化数据和非结构化数据，随着设备的智能化制造和数字化管理能力的提升将会有大量的数据进行集成、存储和分析，对网络的稳定性、传输速率等方面要求会越来越高。目前储能电池生产过程中采用工业以太网进行数据集成，包含设备与设备的集成、设备与信息系统的集成、信息系统与信息系统的集成。由于储能电池生产过程及网络环境复杂，信号交互繁多，频率及速率要求高，采用传统以太网带宽环境下，经常出现信号交互延时、不稳定现象，造成设备停机、数据丢失的问题，严重影响生产效率，对于非结构化的数据，现有网络传输效率低的情况，在智能化装备、智能化生产的场景中已经很难满足要求，5G 技术的出现将极大改善储能电池制造生产的网络环境，从而保证先进储能数字化智能制造的稳定性和生产效率。

5.11.2 为什么需要 TSN

传统以太网的概念是 1973 年提出的，使用载波监听多路访问和冲突检测（CSMA/CD）技术，通常使用双绞线（UTP 线缆）进行组网。包含标准以太网（10Mb/s）、快速以太网（100Mb/s）、千兆网（1Gb/s）和 10G 以太网（10Gb/s）。它们符合 IEEE 802.3。

以太网采用串行方式传输数据，但是带宽由多个设备共享，这也是以太网的优势所在。但是所有的发送端没有基于时间的流量控制，采用尽力而为（best effort）的转发机制，即这些发送端永远只是尽最大可能发送数据帧。如果来自不同设备的数据流在时间上产生重叠，就会发生冲突。由于所有数据流重叠/冲突的部分会遵循服务质量（QoS）优先机制进行转发，这就会造成在网络负载提升以后部分数据包被延迟很久转发甚至被丢弃。以太网在发明之时并未考虑实时信息的传输问题。尽管我们可能熟知的广泛应用于视频会议系统、IP 电话产业的实时流媒体协议（RTP）能够在一定程度上保证实时数据的传输，但由于网络传输路径的不确定性和设备处理的并发机制导致不能按顺序传送数据包来提供可靠的传输机制。如若需要排序，就需要设置缓冲区来处理数据。但是一旦采用缓冲机制就会引入新的问题——延迟，即当数据包在以太网中传输的时候从不考虑延时、排序和可靠交付。其最大的缺点是不确定性或称之为非实时性。这种不确定性导致传统以太网并不能满足准确定时通信的实时性要求，一直被视为"非确定性"的网络。

先进储能电池智能制造采用现有"非确定性"网络，会存在信息化系统的可靠性低，出现不稳定的现象，严重情况下会造成核心数据丢失或者安全事故问题，对于"非确定性"网络，在复杂的储能电池生产过程中急需解决用来保障信息系统的可靠性。时间敏感网络（time sensitive networking，TSN）旨在为以太网协议建立"通用"的时间敏感机制，以确保网络数据传输的时间确定性，解决网络传输延时、信号丢失的问题，促进储能电池生产数字化智能制造转型。TSN 是由一系列的 IEEE 标准构成，图 5-31 来自 IEEE 官方关于 TSN 标准的构成，它包括了以下几个方面的标准。

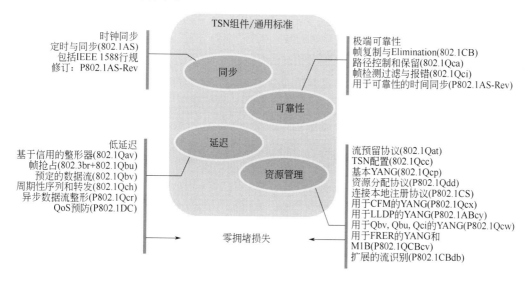

图 5-31　TSN 标准的构成

① 同步：基于 IEEE 802.1AS 和 IEEE P802.1AS-Rev，采用广义精确时钟同步技术，对网络的延迟进行测量和计算，并确保数据传输的高精度时间基准。

② 延迟：为不同的应用场景定义了不同的"shaper"（整形器），如为 IEEE 802.1Qav 采用了基于信用的整形器（credit-based shaper），为工业实时场景的 IEEE 802.1Qbv 采用 TAS（time awareness shaper），以及抢占式 MAC 的 IEEE 802.1Qbu+IEEE 802.3br 的组合，其他还包括为异步数据流所定义的 ATS（基于 IEEE 802.1Qcr）。

③ 可靠性：IEEE 802.1Q 工作组还定义了 IEEE 802.1CB 的帧复制与消除标准，以及 IEEE 802.1Qci 帧检测过滤与报错标准。

④ 资源管理：包括流预留协议（stream reservation protocol）的 IEEE 802.1Qat，用于配置用户和网络的增强的流预留协议 IEEE 802.1Qcc，以及基本 YANG 模式的 IEEE 802.1Qcp 和为 Qbv、Qub、Qci 所用的 YANG 标准 IEEE 802.1PQcw（尚在制定中的标准）。

5.11.3　为什么需要 OPC UA

OPC 是开放通信平台（open platform communications），UA 是统一架构（unified architecture），OPC UA 即 OPC 统一架构，它是新一代的 OPC 标准，可以运行在各种操作系统上，无论是 PC 端、手机端还是嵌入式设备，都可以部署 OPC UA，是基于面向服务的架构

（SOA），做到了跨平台通信，同时还有更高的扩展性和安全性，OPC UA 具有如下特点。

① 统一架构：采用一套优化的基于 TCP 的统一架构二进制协议进行数据交换；同时支持网络服务（Web Services）和 HTTP。在防火墙中只需打开一个端口即可。集成化的安全机制可确保在互联网上的安全通信。

② 平台开放：OPC UA 软件的开发不再依靠和局限于任何特定的操作平台。过去只局限于 Windows 平台的 OPC 技术，现在拓展到了 Linux、Unix、Mac 等各种其他平台。

③ 安全通信：OPC UA 支持会话加密、用户认证、信息签名等安全技术，每个 UA 的客户端和服务器都要通过 OpenSSL 证书标识，具有用户身份验证、审计跟踪等安全功能。

④ 可扩展性：OPC UA 的多层架构提供了一个"面向未来"的框架。诸如新的传输协议、安全算法、编码标准或应用服务等创新技术和方法可以并入 OPC UA，同时保持现有产品的兼容性。

随着时间的推进，工业 4.0、智能制造、边缘计算等新的业务发展使得对语义互操作规范的需求变得更为迫切。传统储能电池生产中数据集成困难，面对不同类型的 PLC 以及控制卡等不同类型的通信协议，需要开发定制化的集成软件进行数据集成。对于新业务的开展，储能电池智能制造需要更为全局的优化与相互协同，这就需要储能电池工厂多信息系统相互集成，因此对标准统一语义互操作需求更为迫切，由于 OPA UA 具有以上非常完善和优秀的特点，很多公司对该技术进行采用及推广，未来的工业互联网平台体系中，采用 OPC UA 的集成方式已经是必然趋势。

5.11.4 5G+TSN 与 OPC UA 的关系

5G、TSN、OPC UA 技术都有各自非常优秀的特点，又相互依赖，可加强网络通信及数据交换能力，未来先进储能电池智能制造中，采用该技术是非常有必要的，它们可以为工业互联网平台打下坚实基础，使得软件信号交互、数据采集更加稳定、高效、安全，同时也能提升平台的可扩展性，提高平台的建设效率，避免由于基础能力差，造成平台可靠性差、数据丢失的情况。

根据 OSI 七层参考模型（图 5-32）对技术的使用范围进行描述。

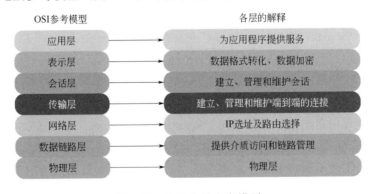

图 5-32　OSI 七层参考模型

TSN 其实指的是在 IEEE 802.1 标准框架下，基于特定应用需求制定的一组"子标准"，指为以太网协议建立"通用"的时间敏感机制，以确保网络数据传输的时间确定性。既然是隶属于 IEEE 802.1 下的协议标准，TSN 就是仅仅关于以太网通信协议模型中的第二层，也就是数据链路层（更确切地说是 MAC 层）的协议标准。

TSN 仅仅是为以太网提供了一套 MAC 层的协议标准，它解决的是网络通信中数据传输及获取的可靠性和确定性问题；而且如果真正实现网络间的互操作性，还需要有一套通用的数据解析机制，这就是 OPC UA。TSN 解决的是参考模型中 1~4 层的事情，OPC UA 解决的是 5~7 层的事情，也就是说 TSN 解决的是数据获得的问题，OPC UA 解决的是语义解析的问题。

（1）TSN 与 5G 的互通

在无线场景中，通过 TSN 和 5G 网络的互通，能实现端对端超低延时，可以满足对时间敏感的业务需求，5G 与 TSN 的融合与相互协同，可发挥各自优势，提升网络的基础能力，可以应用到设备与设备集成、设备与信息系统集成、信息系统与信息系统集成中，组成云、边、端三体协同的最佳解决方案，拥有低延时、高可靠、精准时间同步的基础设施。

（2）TSN 与 OPC UA 的结合

当前常见的总线、工业以太网协议数量高达40余种，更有直接采用私有协议的场景，数据集成异常困难，储能电池生产设备类型、品种繁多，针对不同类型的 PLC 或者控制卡，需要定制开发专有软件进行通信，由于协议多，需要定制的工作量大，并且稳定性和安全性无法得到保障，为了减少集成的复杂度，急需一套标准的架构来进行统一规范，使得集成的效率和可靠性更高。

OPC UA 定义了一套通用的数据描述和语法表达方法，为数据和信息传递提供一个与平台无关的互操作性标准，便于信息的获取和集成，在先进储能电池生产制造过程中，系统支持 OPC UA 技术，就可以为任何第三方系统提供服务，使得集成面更广，时间成本更低。

OPC UA over TSN 正是为 OT 和 IT 的融合、解决面向未来的工业网络互联而生。这一平台能够使用一整套接口、属性和方法的标准集，提供工业互联网工厂系统中各系统、各单元数据的无缝集成，并且能保证信息集成的确定性与系统集成的可靠性。

第6章

先进储能电池制造环境控制

先进储能电池的制造工艺复杂，工序繁多，生产环境的控制贯穿于整个储能电池制造过程，不同工序段对环境的要求各不相同，制造环境控制得好坏决定着制造质量、制造安全，且在很大程度上影响着电池的生产材料利用率与电池的使用性能。与此同时，储能电池制造过程中，不仅要控制外部环境对生产制造的影响，也要控制生产制造对外部环境的影响。因此加强对制造环境的控制是重要课题且不容忽视。

6.1 制造环境要求

储能电池制造环境要求依据国标中《洁净厂房设计规范》（GB 50073—2013）及《锂离子电池工厂设计标准》（GB 51377—2019）的要求，本节着重从两方面来阐述储能电池制造过程中对环境的控制：室外环境要求，室内环境要求。

6.1.1 室外环境

（1）厂址选择及总体规划

储能电池工厂的总体规划应根据工厂的规模、生产流程、交通运输、环境保护、消防、安全卫生等要求，结合场地自然条件、用地周边环境确定。总体规划应符合下列要求：

① 应满足城市规划的要求。

② 对分期建设项目应统一规划，且留有发展余地。

③ 应合理组织物流和人流，物流应便捷，人车应分流。

④ 应综合考虑土地资源利用、工程投资、环境保护等技术经济条件，布置紧凑，减少用地。

⑤ 应使建筑物群体的平面布置与空间景观相协调。

（2）工厂设计

合理利用资源，保护环境，防止在生产建设活动中产生的废气、废水、废渣、粉尘以及噪声、震动、电磁波辐射等对环境的污染和危害。故锂离子电池工厂设计应符合下列要求：

① 应根据生产工艺的特点，采用新技术、新设备、新材料。

② 应满足设备安装、调试检修、安全生产、维护管理的要求。

③ 应采取措施满足消防安全的要求。

④ 应采取节约能源措施。

⑤ 应满足锂离子电池生产所需要低湿环境的要求。

⑥ 锂电池生产厂房的防腐蚀做法应根据工艺要求，符合现行国家标准《工业建筑防腐蚀设计标准》（GB/T 50046—2018）的有关规定。

（3）厂房工艺设计

① 应确保产品质量和生产效率。

② 应预防和减少职业病危害因素对劳动者健康的损害和影响，降低工人劳动强度。

③ 应有利于消防、环保、节能技术措施的实施。

④ 应具有灵活性和适应性。

⑤ 应有利于降低工程造价和运行费用。

（4）工艺分区

① 工艺分区应根据工艺特点和环境要求进行组合。

② 电极制备工序应按正、负极制造分开设置。

③ 进入生产区的人流和物流入口应分别设置，并应设置相应人身和物料净化设施。

④ 生产区域应设置设备搬入口和搬入通道，厂房应设置工艺设备、动力设备的搬入口及运输安装通道，通道宽度应满足人员操作、物料运输、设备安装、检修的要求。

⑤ 各工艺设备应根据工艺流程并按工序集中的原则进行布置。

⑥ 辅助生产部门中与生产密切联系的部门应靠近生产区。

（5）设备配置

针对厂房整体环境，通过检测仪器实时检测，除湿机进行湿度控制，配置空调冷水机组系统进行温度管控，通过局部冷却系统对某些可能会造成高温的区域实时降温冷却，同时配置洁净风循环系统、过滤系统等针对厂房气体的输入输出做管控，确保厂房环境的一致性。

① 生产对环境湿度要求小于1%时，宜采用设备内的微环境保证环境要求。

② 大规模生产的锂离子电池或大型动力电池生产线宜采用自动物料搬送系统，采取多层布置的生产区之间应采用垂直运输设备。

③ 辊压工序宜配置专用的检修起重设备。

（6）交通组织

① 锂离子电池工厂厂区宜设置环形道路，道路宽度应满足生产运输要求。

② 厂区出入口不宜少于两个，物流应有专用的出入口，厂内配套生活区宜设置单独的对外出口。

③ 锂离子电池工厂的货物进出口与办公人流及车间工人入口宜分开布置。

④ 货物装卸场地宜靠近货流出口设置，货物装卸场地面积应能满足运输车辆的回车作业要求，货流出入口处宜设有货车等候区。

⑤ 小轿车停车位的布置应符合城市规划的要求。

⑥ 厂内道路路面承载能力应与相应货车载重能力相适应，宜采用水泥混凝土路面或沥青路面。

（7）绿化设计

① 绿化应做到无表土裸露，绿化布置应满足生产、运输、安全、卫生、防火等要求。

② 厂区绿化应充分利用建（构）筑物的周围、道路两侧、地下管线的地面和边角地等空地。

③ 绿化所选择植物应适合当地生长环境，同时不应对生产环境和产品质量有影响。

（8）建筑物

① 锂离子电池工厂的建筑平面和空间布局应满足产品生产工艺流程的要求，并适应产品生产发展的灵活性。

② 锂离子电池工厂应合理组织人流、物流及消防疏散路线，并根据需要设置参观通道。

③ 洁净生产区内不宜设置变形缝，对低湿生产区内不应设置变形缝。

④ 厂房围护结构材料的选择应满足生产对环境的气密、保温、隔热、防火、防潮、防尘、耐久、易清洗等要求。

⑤ 厂房围护结构传热系数限值应符合现行国家标准《电子工程节能设计规范》（GB 50710—2011）的有关规定，外墙、外窗、屋面的内表面温度不应低于室内空气露点温度。

⑥ 厂房室内装修应符合现行国家标准《建筑内部装修设计防火规范》（GB 50222—2017）和《电子工业洁净厂房设计规范》（GB 50472—2008）的有关规定。

（9）防火安全及疏散

① 锂离子电池工厂的耐火等级不应低于二级。

② 电解液储存间、配送间及注液区生产的火灾危险性分类依据电解液的火灾危险性特征来确定。

③ 当电解液的火灾危险性特征为甲、乙类，但电池注液区内生产设备密闭及电解液采用管道输送，且采用泄漏报警、自动切断、事故排风措施时，生产的火灾危险性为丙类。

④ 电池成品包装区生产的火灾危险性为丙类。

⑤ 化成分容生产的火灾危险性为丙类。

（10）厂房结构设计

① 锂电池生产厂房的结构形式宜选用门式轻钢结构厂房、多层钢结构或混凝土框架结构。

② 锂电池生产厂房屋盖系统根据其结构形式、开间跨度大小可采用下列结构形式：a. 有保温层的压型钢板轻型屋面；b. 钢梁、钢屋架加钢楼承板现浇钢筋混凝土屋面；c. 钢梁、钢屋架加钢筋桁架模板现浇钢筋混凝土屋面；d. 现浇钢筋混凝土屋面。

③ 锂电池生产厂房楼地面使用荷载标准值应根据设备的布置、质量、基座平台的做法、搬运动线等确定。

④ 结构一般规定。

a. 锂电池生产厂房抗震设防分类应符合现行国家标准《建筑工程抗震设防分类标准》（GB 50223—2008）的有关规定，抗震设防类别不应低于标准设防类；结构的抗震措施及抗震构造措施应符合现行国家标准《建筑抗震设计规范》（GB 50011—2010）的有关规定。

b. 锂电池生产厂房建筑结构安全等级应符合现行国家标准《工程结构可靠性设计统一标准》（GB 50153—2008）的有关规定，且安全等级不应低于二级，结构设计使用年限不应低于 50 年。

c. 锂电池生产厂房结构构件的耐久性应符合现行国家标准《混凝土结构设计规范》（GB 50010—2010）的有关规定。

d. 锂电池厂房结构的荷载作用效应及作用组合应根据现行国家标准《工程结构可靠性设计统一标准》（GB 50153—2008）、《建筑结构荷载规范》（GB 50009—2012）、《钢结构设计标准》（GB 50017—2017）、《混凝土结构设计规范》（GB 50010—2010）、《建筑抗震设计规范》（GB 50011—2010）等确定。

（11）建筑材料

① 混凝土、钢筋的力学性能指标等要求应符合现行国家标准《混凝土结构设计规范》（GB 50010—2010）的有关规定。

② 钢材的力学性能指标等要求应符合现行国家标准《钢结构设计标准》（GB 50017—2017）的有关规定。

③ 钢筋焊接网应符合现行国家标准《钢筋焊接网混凝土结构技术规程》（JGJ 114—2014）的有关规定。

6.1.2 室内环境

（1）室内装修

① 锂离子电池工厂的建筑围护结构和室内装修，应选用气密性良好、稳定的材料。

② 生产车间门窗、壁板、楼地面的设计应满足使用功能的要求，构造和施工缝隙应采取密闭措施。地面应配筋，并做防潮、防渗漏构造。

（2）工业气体

① 气体动力。

a．锂离子电池工厂应根据生产的需求使用干燥压缩空气、氮气、惰性气体、工艺真空等，其品质应满足生产工艺要求。

b．气体的供气方式和供气系统，应根据气体用量、气体品质和当地的供气状况等因素，通过经济技术比较后确定。

c．锂离子电池工厂气体的制备、储存和分配系统，除应符合本规范外，还应符合现行国家标准《建筑设计防火规范》(GB 50016—2014)、《压缩空气站设计规范》(GB 50029—2014)、《大宗气体纯化及输送系统工程技术规范》(GB 50724—2011)、《特种气体系统工程技术规范》(GB 50646—2020)、《电子工业洁净厂房设计规范》(GB 50472—2008)等有关规范的规定。

d．气体过滤器应根据产品生产工艺对气体纯度的要求进行选择和配置。终端气体过滤器应设置在靠近用气点处。

② 氮气系统。

a．氮气供应系统宜在锂离子电池工厂内或邻近处设置，制氮装置制取的氮气通过管道输送，或采用外购液氮汽化后管道输送。

b．氮气管道和阀门应根据产品生产工艺要求选择，宜符合下列规定：氮气纯度高于99.999%、压力露点低于-40℃时，宜采用内壁电解抛光处理 EP 级别的不锈钢管，阀门采用不锈隔膜阀；氮气纯度低于或等于 99.999%时，可采用内壁光亮退火处理 BA 的不锈钢管，阀门采用不锈钢球阀；气体管道阀门、附件的材质宜与相连接的管道材质一致；在制氮机或液氮汽化气出口宜设置缓冲罐，对于管道距离长的区域且服务于多个车间的系统，可在进入车间处再设置二级缓冲罐。

c．氮气管道连接，宜符合下列规定：管道连接宜采用氩弧焊连接；压力露点低于-40℃时，用于管道连接的密封材料宜采用金属垫或聚四氟乙烯垫；当采用软管连接时，宜采用金属软管。

③ 干燥压缩空气系统。

a．锂离子电池工厂内的干燥压缩空气系统应根据产品生产工艺要求、供气量和供气品质及露点等因素确定。

b．压缩空气系统宜设置热回收系统。

c．干燥压缩空气管道内输送压力露点低于-40℃时，宜采用不锈钢管、热镀锌无缝钢管或铝合金超管。阀门宜采用球阀。

d．管道连接宜符合下列规定：不锈钢管及热镀锌无缝钢管宜采用焊接，不锈钢管宜采用氩弧焊接；铝合金超管连接方式为管夹卡箍连接，带密封圈和卡压圈。

④ 工艺真空系统。

a．生产厂房工艺真空系统的设计除应符合现行国家标准《电子工业洁净厂房设计规范》

（GB 50472—2008）外，还应符合下列规定：当工艺生产设备排出有腐蚀性气体时，应选用耐腐蚀的真空泵；当工艺生产设备排出有爆炸性气体时，工艺真空系统也应满足相应防爆要求；抽取电解液的真空泵轴承宜设置温度监控。

b. 锂离子电池厂房宜根据生产性质和真空度的不同分系统设置。

⑤ 惰性气体系统。

a. 锂离子电池厂房惰性气体应采用外购钢瓶气体、液态气体供应，并在厂房内设储存、分配系统。锂离子电池厂房的惰性气体主要有氩气和氦气，宜采用瓶装压缩气体供气，通常形式有 47L 钢瓶或钢瓶组以及液态杜瓦罐形式供应；惰性气体车间管网分布，宜采用树状分布形式。

b. 锂离子电池厂房内惰性气体分配间的安全措施，应符合下列规定：惰性气体间应设置连续排风系统，并应设置事故通风；排风机、泄漏报警、自动切断阀均应设置应急电源。

（3）NMP 供应及回收系统

① N-甲基吡咯烷酮（NMP）供应及废液排污管道宜采用不锈钢无缝钢管，连接阀门宜采用不锈钢球阀。

② NMP 供应系统宜采用相应磁力泵或隔膜泵，泵房与罐区距离满足现行国家标准《建筑设计防火规范》（GB 50016—2014）的要求。

③ NMP 埋地罐区内储罐间距应符合现行国家标准《建筑设计防火规范》（GB 50016—2014）。

（4）采暖通风、空气净化

① 锂离子电池工厂通风、空调与空气净化系统的设计应满足生产工艺对生产环境的要求。

② 洁净室（区）及干燥房的气流组织应根据洁净度、露点温度以及生产工艺要求确定。

③ 空调系统分开设置的原则除应符合现行国家标准《工业建筑供暖通风与空气调节设计规范》（GB 50019—2015）和《电子工业洁净厂房设计规范》（GB 50472—2008）的有关规定外，还应符合下列规定：

a. 干燥房与一般空调房间应分开设置空调系统；

b. 露点温度差别大的干燥房应分开设置空调系统；

c. 有洁净度要求的干燥房与无洁净度要求的干燥房应分开设置空调系统；

d. 正极生产车间和负极生产车间应分开设置空调系统。

④ 干燥房应进行严格的湿负荷计算，且散湿量应包括如下内容：

a. 人体的散湿量；

b. 围护结构的散湿量；

c. 原材料及包装材料的散湿量；

d. 工艺过程的散湿量；

e. 各种潮湿表面的散湿量；

f. 渗透空气带入的湿量；

g．新风带入的湿量。

⑤ 干燥房与周围的空间应保持一定的静压差，静压差应符合下列规定：

a．不同露点的干燥房之间的静压差不应小于 5Pa。

b．干燥房与一般空调房间的静压差不应小于 5Pa。

c．干燥房与室外的静压差应大于 10Pa。

⑥ 干燥房的通风、排烟、空调系统的风管在穿越干燥房隔墙时应满足下列规定：

a．应采取可靠的密闭措施；

b．应设置电动密闭阀。

（5）供暖

① 干燥房内不得采用散热器进行供暖。

② 其他区域供暖系统的设置应符合现行国家标准《工业建筑供暖通风与空气调节设计规范》（GB 50019—2015）的有关规定。

（6）通风与废气处理

① 锂离子电池工厂通风系统的设计应符合国家现行标准《工业建筑供暖通风与空气调节设计规范》（GB 50019—2015）和《电子工业洁净厂房设计规范》（GB 50472—2008）的有关规定。废气处理系统的设计符合现行国家标准《电子工业废气处理工程设计规范》（GB 51401—2019）的有关规定。

a．原料及辅料仓库等应设置机械全室通风系统。

b．电解液暂存间应设置事故通风装置，事故通风量应符合国家现行标准《工业建筑供暖通风与空气调节设计规范》（GB 50019—2015）的有关规定。

② 低湿房间内，当含尘废气中不含有有毒有害和燃烧爆炸性物质时，除尘系统宜设置内循环系统，除尘设备宜设置在房间内。

③ 正极涂布工序中 NMP 溶液宜回收利用，其回收系统应满足以下要求：

a．应按防爆系统设计；

b．回收机组换热盘管宜为不锈钢管套铝翅片，不得使用铜盘管；

c．回收系统送回风管应严密，风管最低点应设置排液装置。

④ 当采用活性炭吸附方式处理废气时，处理设备连续工作时间不应少于 3 个月。

⑤ 废气系统的管道穿越防火墙或防火隔墙时，其防火阀的设置应符合现行国家标准《电子工业废气处理工程设计规范》（GB 51401—2019）的有关规定。

⑥ 排风系统风管材料应符合下列要求：

a．排出一般废气和挥发性有机物废气的风管应采用不燃材料制作；

b．排出酸性废气的风管应采用耐腐蚀的难燃材料制作。

（7）空气调节与净化

① 厂房内的空气洁净度等级、温度、湿度要求应满足生产工艺的要求。工艺如无特殊要求，温湿度应满足生产人员舒适性的要求。

② 干燥房净化空调系统的设计应符合下列要求：

a. 应进行散湿量计算和湿负荷的平衡计算；

b. 空调机组及除湿机组应贴近生产车间；

c. 系统的设备、风管及配件应采取可靠的密闭措施。

③ 低湿房间所需的送风量应按热、湿平衡计算结果确定，且不宜低于表 6-1 中的换气次数。

表 6-1 低湿房间所需的换气次数

干燥房内的露点温度/℃	-20	-25	-30	-40	-50	-60
换气次数（次/h）	15	20	25	30	40	50

注：房间高度 3.5m 宜采用微环境。

④ 干燥房的空气处理系统，其新风应先经过降温除湿预处理，预处理装置宜采用冷冻水。

⑤ 当干燥房要求的露点温度低于-60℃时，为其服务的除湿处理系统宜采用二级。

⑥ 当干燥房有回风夹层时，为其服务的送、回风管宜布置在该回风夹层内。

⑦ 当干燥房的净化空调系统采用下侧回风方式时，如相邻房间为非低湿环境，则不宜采用回风夹墙形式。

⑧ 终端除湿设备（转轮除湿机）应满足下列要求：

a. 应处于正压状态；

b. 在设备前应设置初效、中效两级过滤器；

c. 终级除湿段应采用全焊接结构形式；

d. 终级除湿段内处理区域、再生区域的漏风率应不大于0。

⑨ 干燥房的空调系统，其送、回风管宜采用不锈钢板满焊制作。

⑩ 干燥房空调系统的风机宜设置应急电源。

（8）防排烟

① 生产厂房中防烟楼梯间、前室或合用前室宜设置自然排烟设施，当不能满足自然排烟要求时，应设置机械排烟系统。机械排烟系统的设置应符合现行国家标准《建筑设计防火规范》（GB 50016—2014）和《建筑防烟排烟系统技术规范》（GB 51251—2017）的有关规定。

② 洁净室（区）和干燥房的排烟系统应有防止室外气流倒灌的措施，并应设置用于平时巡检的旁通管路。

③ 干燥房的排烟系统不宜与其空调或净化空调系统风管合用。

（9）一般给水

① 根据生产工艺、设备种类的要求，设置相应水质的给水系统。

② 在电解液储存和分配的部位，应设置紧急洗眼器。

③ 生产工艺用纯水设计应符合现行国家标准《电子工业洁净厂房设计规范》（GB 50472—2008）的有关规定。

④ 给水管道的材质及接口应满足生产工艺对水质、水压、水温等的要求。

（10）工艺循环及生产工艺用冷却水系统

① 工艺冷却水系统应有保证连续供水的措施。

② 工艺冷却水系统的水温、水压要求应根据生产工艺条件确定，对于水温、水压、运行等要求差别较大的设备，工艺循环冷却水系统宜分开设置。

③ 工艺冷却水系统补水水质应满足工艺设备的要求，供水水质宜为软化水。

④ 工艺冷却循环水系统的管材及配件应根据水质、水压要求确定。

（11）消防给水与灭火设备

① 锂离子电池工厂必须设置消防给水系统。消防给水系统的设置应符合现行国家标准《建筑设计防火规范》（GB 50016—2014）和《消防给水及消火栓系统技术规范》（GB 50974—2014）的有关规定。

② 锂离子电池工厂低湿工艺区域，宜在房间外安装消火栓。

③ 锂离子电池工厂的自动灭火系统的设置，应符合现行国家标准《建筑设计防火规范》（GB 50016—2014）的规定：

a. 锂离子电池工厂设置的自动喷水灭火系统，应符合现行国家标准《自动喷水灭火系统设计规范》（GB 50084—2017）的有关规定。并宜采用自动喷水灭火系统。

b. 对采用高架堆垛形式的分容、化成工艺区域（层高 12m），宜采用早期抑制快速响应喷头。

c. 干燥房宜采用预作用自动灭火系统。系统宜采用气体试压。

d. 锂离子电池行业使用的高架仓库，其固定灭火设施的设置应符合现行国家标准《建筑设计防火规范》（GB 50016—2014）与《自动喷水灭火系统设计规范》（GB 50084—2017）的有关规定。

（12）排水

① 锂离子电池生产所产生的废水应经处理，达到国家、地方排放标准后排放。

② 清洗房内宜设置排水地沟，宜靠外墙设置，墙体、地面便于清洁。根据产生废水的颗粒物浓度，应就近设置三级沉淀装置。

（13）电气

① 锂离子电池工厂厂房的电气设计应在满足生产工艺和生产环境的要求前提下，根据近期和远期需要以及当地的供电状况等条件，进行技术经济比较，选用运行费用低、初投资少、安全和可靠的合理方案。

② 电气设备应采用效率高、能耗低和性能先进的产品。

（14）供配电与照明

① 锂离子电池工厂的供电负荷级别和供电方式，应根据工艺要求、负荷的重要性和环境特征等因素，按国家标准《供配电系统设计规范》（GB 50052—2009）的有关规定确定。

② 锂离子电池工厂的低压配电系统接地宜采用 TN-S 或 TN-C-S 系统。

③ 主要生产工艺设备应由专用变压器或专用低压馈电线路供电。对于有特殊要求的工艺设备应设不间断电源（UPS）或备用发电装置。净化空调系统（含制冷机）用电负荷、照明负荷应由变电所低压馈电线路供电。

④ 主要工艺生产用房间一般照明的照度值宜为 300~500lx；辅助生产用房间一般照明的照度值宜为 100~300lx。

⑤ 对照度值有特殊要求的生产部位应设置局部照明，其照度值应根据生产操作的要求确定。

⑥ NMP 罐区等爆炸性危险环境的电力装置设计应符合现行国家标准《爆炸性危险环境电力装置设计规范》（GB 50058—2014）的有关规定。

（15）防雷与接地

① 锂离子电池工厂防雷接地设计应符合现行国家标准《建筑物防雷设计规范》（GB 50057—2010）的有关规定。

② 功能性接地、保护性接地、电磁兼容性接地和建筑防雷接地宜采用共用接地系统，接地电阻值应按其中最小值确定，且不应大于 10Ω。分开设置接地系统时，各种接地系统的接地体必须与防雷接地系统的接地体保持 20m 以上的间距，并采取防雷电反击措施。

③ 防静电接地设计应符合现行国家标准《电子工程防静电设计规范》（GB 50611—2010）的有关规定。

④ 防静电接地为单独接地时，接地电阻宜不大于 10Ω。

（16）通信与自控

① 锂离子电池工厂内应设置与厂内、外联系的通信装置。生产区与其他工段的联系宜设生产对讲电话。

② 生产厂房宜根据生产管理和生产工艺需要设置视频监视系统。

③ 锂离子电池工厂应设置具有消防联动功能的火灾自动报警系统和消防控制室，并应符合现行国家标准《火灾自动报警系统设计规范》（GB 50116—2013）的规定。

④ 火灾探测器的选择应符合现行国家标准《火灾自动报警系统设计规范》（GB 50116—2013）的有关规定。锂离子电池工厂应设置自动控制系统，对空调、供热、供冷、纯水和气体供应等系统进行自动监控，并应具有稳定、可靠、节能、开放和可扩展性。

⑤ 在满足生产工艺要求的前提下，宜对风机、水泵等动力设备采取自动调速等节能控制措施。其中，洁净室及洁净区空气中悬浮粒子空气洁净度等级应符合表 6-2 规定的洁净室及洁净区空气洁净度整数等级。

表 6-2 洁净室及洁净区空气洁净度整数等级

空气洁净度等级（N）	大于或等于要求粒径的最大浓度限值（pc/m³）					
	0.1μm	0.2μm	0.3μm	0.5μm	1μm	5μm
1	10	2	—	—	—	—
2	100	24	10	4	—	—
3	1000	237	102	35	8	—

空气洁净度等级（N）	大于或等于要求粒径的最大浓度限值（pc/m³）					
	0.1μm	0.2μm	0.3μm	0.5μm	1μm	5μm
4	10000	2370	1020	352	83	—
5	100000	23700	10200	3520	832	29
6	1000000	237000	102000	35200	8320	293
7	—	—	—	352000	83200	2930
8	—	—	—	3520000	832000	29300
9	—	—	—	35200000	8320000	293000

按不同的测量方法，各等级水平的浓度数据的有效数字不应超过 3 位，各种要求粒径 D 的最大浓度限值 C_n 应按下式计算：

$$C_n = 10^N \times \left(\frac{0.1}{D}\right)^{2.08}$$

式中　C_n——大于或等于要求粒径的最大浓度限值，pc/m³，C_n 是四舍五入至相近的整数，有效数字不超过 3 位；

　　　N——空气洁净度等级，数字不超过 9，洁净度等级整数之间的中间数可以按 0.1 为最小允许增量；

　　　D——要求的粒径，μm；

　　　0.1——常数，其单位为μm。

当工艺要求粒径不止一个时，相邻两粒径中的大者与小者之比不得小于 1.5:1。

根据储能电池生产的特性，大气环境中的水分、浮土、尘埃等都会妨碍锂电池的生产。在储能电池的制造过程中，储能电池原材料中一旦有空气中的水分进入，就会影响锂电池的安全，严重时会引起锂电池鼓包甚至爆炸；而大气环境中的浮土、尘埃则会引起锂电池的短路。除此之外，材料本身也会产生粉尘，比如因自身的弯曲、褶皱、脱碳等所产生的粉尘，以及生产设备因运动摩擦所产生的金属异物和屑末，也都会对电池性能产生至关重要的影响。所以在锂电池的生产过程中需要严格有效控制空气中的水分、浮尘、颗粒。故锂电池厂房建设最关键的环节就是有效地进行除湿净化锂电池生产环境。伴随着国家对锂电池行业的支持以及众多锂电池公司的投资新建和扩产，随着消费者对锂电池安全性的要求不断提高，国内各大锂电池公司对生产车间的环境控制要求也相应越来越高。

锂电池材料最害怕的是空气中的水分、浮尘、颗粒，其中影响和危害最大的是水分，因此锂电池生产设备和生产线必须要置于低湿度洁净室内。而目前国内通用的降低湿度的方法就是利用除湿机把生产车间里的空气湿度降低到生产所需的低湿度范围内。

锂电池生产厂间的洁净室与其他行业的洁净室最大的不同点就是对生产环境中湿度控制要求较高（温度要求低于露点）。

6.2　储能电池制造的环境污染

锂电池主要构成如下：正极粉末、负极粉末、导电剂粉末、黏结剂粉末、有机分散溶剂、电解液、隔膜、铜集流体、铝集流体。

正极粉末：目前常见的是 $LiCoO_2$、NCM、$LiFePO_4$，其中的钴属于有毒金属物质；接触时要注意不要吸入呼吸道，手或其他部位沾染后不要入口。

负极粉末：主要是石墨，该材料是无毒的，但是还是要注意粉尘防护。

导电剂：主要是碳材料，无毒，但颗粒比石墨更细，尤其注意不要吸入。

有机分散剂：主要是用于电极浆料制备，属于有毒有机溶剂，不要吸入或直接接触。

电解液：是锂电池中毒性、腐蚀性最强的组分，忌接触、吸入。

锂电池生产要用到钴酸锂、铜、铝、镍等，所以若是随便丢弃，可能对环境造成一定影响。另外锂电池里面用的电解液，主要成分是硫酸二甲酯（DMC）、碳酸二乙酯（DEC）、碳酸乙烯酯（EC），生产过程有一些有机废气挥发。总的来讲，锂电池对环境的影响不大，不论生产、使用和报废，都不含有、也不产生任何铅、汞、镉等有毒有害重金属元素和物质。锂电池的污染威胁，在于它报废之后的后端处理环节。如果回收处置不当，也极有可能重蹈当年铅酸电池覆辙，对环境造成严重污染。

6.3　污染的来源与控制

6.3.1　水分除湿

除湿能力的大小和稳定性是控制生产环境露点的决定性因素，除湿机组长时间地良好运行对整个车间的湿度控制起着决定性因素。除湿机组在长时间工作后，对除湿机组的维护和保养也十分重要：满足生产期和待产期，都要根据实际的情况和设备保养手册，维护和保养好生产设备，也避免长时间加热工作，对机组的各个功能段（初效过滤、中效过滤、除湿段、表冷段和进出风口）进行清洁，机组操作人员应该根据实际要求设定适当的湿度，减少机组启、停机等，合理发挥除湿机最大的功效。

除湿最关键的环节就是水分的控制，锂离子电池内部是一个较为复杂的化学体系，这些化学体系的反应过程及结果都与水分密切相关。而水分的失控或粗化控制会导致电池中的水分超标，不但导致电解液锂盐分解，而且对正负极材料的成膜和稳定性产生恶劣影响，导致锂离子电池的电化学特性如容量、内阻、产品特性都会产生明显的恶化。

材料中的水分含量是电芯中水分的主要来源之一，而且环境湿度越大，电池材料越容易吸收空气中的水分。电池中的正负极活性物质大都是微米或纳米级颗粒，更易吸收空气中水分潮解。正极材料 pH 值大都偏大，特别是含 Ni 量高的三元材料，其比表面积偏大，材料表面上极易吸收水分并反应。电解液溶剂容易与极性水分子作用，隔膜纸是一种多孔性塑料薄膜，其吸水性也很大。由于水分一般不会与隔膜发生化学反应，通过烘烤也可以基本消除，因此，隔膜一般用烘烤控制水分。

车间中的水分来源有以下几方面。

① 空气中的水分，一般用相对湿度来衡量。在不同温度和天气，有很大差别，在夏天的雨天可以达到90%，冬天的雪天则为30%。

② 人体产生的水分。

③ 物料所带的水分，如包装材料纸箱、纸巾和碎布之类清洁辅料含水量很高。

④ 设备设施产生的水分或渗水。

由于锂电池内部要严格控制水分含量，水分对锂电池的性能影响很大，包括电压、内阻、自放电等指标，水分含量过高会导致产品品质下降，甚至产品爆炸。因此在锂电池的多个生产工序中分别要对正负极片、电芯和电池进行多次真空烘烤，并控制环境露点，以尽可能去除其中的水分。生产车间环境控制的要求如下：

① 相对湿度≤30%车间，如搅拌、涂布机头、机尾等。

② 相对湿度≤20%车间，如辊压、制片、烘烤等。

③ 相对湿度≤10%车间，如叠片、卷绕、组装等。

④ 露点温度≤-45℃车间，如电芯烘烤、注液、封口等。

即使按照以上湿度梯度控制，也需要控制工序的停留时间。生产过程中通过烘烤极片或电池，除去其中的水分；锂电专用烘箱在常压下加热一段时间后将电池或极片中的水分转化为水蒸气，水分蒸发后抽真空可以将水蒸气抽出；然后再充入氮气，保持干燥环境。实际的烘烤过程中根据不同的工艺以上三个步骤先后各不相同，一般要经过多次循环。烘烤的温度要适宜，如果烘烤温度过高，时间过长，会引起极片变脆、与集流体分离、隔膜收缩与闭孔等问题；如果烘烤温度过低，时间太短，真空度不达标，会导致极片水分过高，引起电芯容量降低、电芯鼓胀、内阻增高、循环变差等。

6.3.2 洁净风管和围挡结构

考虑到密封性，一般除湿机组回风管采用镀锌铁皮，送风管采用不锈钢风管，同时风管的安装非常重要：连接处要密封完好防止漏风，围挡结构的良好密封（一般采用打中性胶）也是保证除湿效果的前提。

6.3.3 操作人员

因为水分蒸发将直接影响生产车间空气含水率，所以凡是进入生产车间的人员必须穿着密封性良好的洁净服，也必须控制出入车间操作人员的数量和次数。

6.3.4 外界自然环境

外界自然环境引起的空气湿度和温度变化将直接增加除湿空调机组转轮段和表冷段的运行负荷，因此在必要的时候可以对新风（新鲜空气）进行预处理到一定值后再进入除湿机组内，以减少外界自然环境变化所带来的温湿度变化。

6.3.5　生产车间管理

尽量减少室内和室外的空气交换，也减少其他水分影响室内环境干燥度，稳定保持房间露点。在环境控制方式的选择方面也要考虑到节能减排、减小设备的占地尺寸以及降低直接成本和运行成本，再结合现场的实际情况统筹考虑，以兼顾二者之间的平衡。

6.3.6　金属异物控制

在生产车间，有着各种各样的粉尘、颗粒。诸如极片搬运产生的粉料灰尘，机器和夹具磨损的金属颗粒，盖板和铝壳组装时刮擦的金属屑，激光焊喷溅的金属屑，工人工鞋带进来的土尘等。此外，在产品制造过程中也极易产生粉尘，因为正负极片本身就是由些细小颗粒，通过黏结剂黏合在一起而黏附在铜铝箔片上的，而加工过程中的震动、摩擦会使其脱落。还有在焊接过程中，难免会产生一些金属颗粒的飞溅。这些粉尘碎屑通常黏附在极片、隔膜或者盖板上，进而在生产过程中进入电池内部，造成电池自放电、容量衰减甚至起火爆炸。因此，对于不可避免的颗粒脱落，要及时处理干净，充分保证产品不受摩擦，避免产品暴露在粉尘中。

金属异物会导致析锂刺穿隔膜，并引发自放电与热失控风险，因此生产中需要对粉尘与金属异物进行严格控制。防止金属异物混入的方法有：

① 电极浆料用电磁除铁设备去除 Fe 等金属杂质。

② 极片分切或模切工序用毛刷等扫除切割毛刺，极耳或涂层边缘贴胶带保护，对容易产生金属屑的工序（焊接）用集尘器吸附异物。

③ 操作人员在进入干燥室或洁净室前，应该洗手，并在烘干器上吹干，换上洁净工作服，把头发裹起来，如有风淋室，一定要通过风淋室进入洁净室；不得在洁净区域外穿洁净工作服；非工作及休息时间工作人员不得在干净室、洁净室内逗留确保室内最少人数。

④ 生产现场的 6S 和清扫活动也是现场异物管理非常重要的手段。

⑤ 通过 K 值检验检查出内部有异物导致自放电的不合格品。

6.4　环境与污染的监控

环境的监控与控制在储能电池制造过程中是必要的，因为它不仅可以随时随地让你清楚了解当前制造过程中的环境状态，还可以更加精准地监测和控制每时每刻的环境指标，保证储能电池生产过程中的环境稳定，不同工艺段配备最适合制造的环境状态，从而保证电池制造的优良品质和性能。针对储能电池，不同工艺段有着不同的环境要求，如表 6-3 所列。

表 6-3　锂离子电池生产车间环境温湿度控制及配套设备

		匀浆区		打胶区
配料	温度	≤30℃	温度	(26±5)℃
	湿度	≤45% RH	湿度	≤40% RH
	粉尘度	≤25000 个/ft³	粉尘度	≤25000 个/ft³

		涂布头		涂布区	
涂布	温度	(24±6)℃	温度	≤35℃	
	湿度	≤2% RH	湿度	≤45%RH	
	露点	≤-28℃	粉尘度	<100万级	
制片	车间环境				
	温度	≤35℃	粉尘度	<100万级	
	湿度	≤45%RH			
组装车间	车间环境				
	温度	(25±5)℃	湿度	≤35% RH	
注液封口	手套箱		车间环境		
	温度	18~25℃	温度	(25±5)℃	
	湿度	≤1% RH	湿度	≤35%RH	
	露点	≤35℃			
化成、分容、检测	常温状态				
	温度	(20±2)℃	湿度	(45%~75%)RH	

注：1ft³(立方英尺)=0.0283m³。

除了以上环境要求之外，还需考虑储能电池制造过程中电力的供应、气体的供给，以及对应的安全控制管理措施。针对储能电池制造，环境监测仍有一些不足，比如针对环境监测质量控制工作普遍的不够重视，没有完善的设施和制度等，对此我们必须提高自身环境监测的水平，包括对环境控制的重视、积极性，使用先进的检测设备和仪器以及完善管理体系和法规制度。

针对以上问题，国内常见的是利用智能化环境监测控制平台，在线监测环境并及时控制环境稳定来给予处理和解决。环境在线自动监测系统是以在线分析仪表为主，运用仪器分析、自动控制、计算机、环境水分、粉尘、温度监测等多种专业知识，将对影响环境的源头进行样品采集及预处理、在线分析仪表分析、数据处理及传输等技术集成为一体的自动控制系统。如图6-1所示为智能环境监控系统结构图。

智能环境监控系统主要功能是实时监测特定环境中各个指标的变化趋势，并定量、定性地统计流经监测断面的检测对象，根据其变化规律为特定厂房的监督管理及流域环境的预防和治理提供科学依据。通过系统化的处理，设独立的环境设施管理系统，统筹兼顾、综合管理，以数字化的方式管理参数，使其数字化、模型化，达到过程数据全面参与制造过程数据闭环，确保环境一致性要求。

针对环境监控，国内已有很多案例，比如配电房综合环境监控系统，利用各种智能检测控制设备，通过对视频、门禁、火灾、环境质量等的监控来控制配电房的环境。配电厂房的环境检测包括监控系统建设目标，配电房总体部署方案，配电房监控内容，配电房监控软件平台，配电房终端触屏显示，配电房核心设备配置等。

配电房环境智能检测首先要建立系统的建设目标，全局考虑，做到全方位智能管理，通过上层监控软件进行远程巡视，常见的是App，通过对火灾情况的监控，以及现场画面的实时呈现，门禁管理及多方位的提示与报警系统，反馈至手机App上。建设目标涵盖视频监控、环境质量监控、状态监测、门禁管理及报警功能以及智能设备控制等的规划和设计，如图6-2智能环境监控系统建设目标所示。

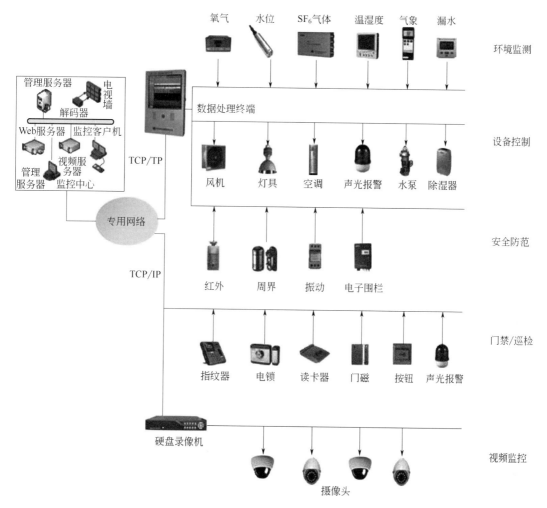

图 6-1　智能环境监控系统结构图

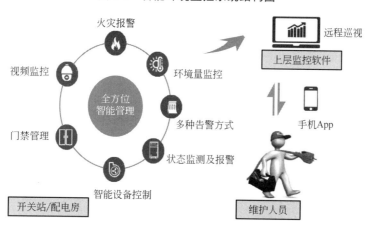

图 6-2　智能环境监控系统建设目标

配电房总体部署方案是在监控系统建设目标的基础上，通过把目标拆解，软件与硬件结合的手段，细化每个子目标，通过互联网智能控制检测目标把控质量。如图 6-3 智能配电房总体部署方案所示。

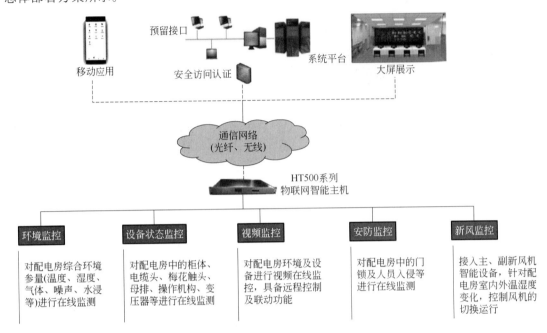

图 6-3　智能配电房总体部署方案

监控内容的把控是决定环境检测及控制的关键，配电房监控内容具体包括了温度、电压、电流、功率、谐波、电能量等的馈线监测，变压器检测，新风系统空调、电路温度检测，空气湿度检测，可燃有毒气体检测，烟雾水情检测等。如表 6-4 智能配电房监控内容所示。

表 6-4　智能配电房监控内容

项目	内容	项目	内容
馈线监测	馈线回路的温度、电压、电流、功率、功率因数、有功、无功、谐波、电能量采集等	气体监测	SF_6/O_2、O_3、NO、TVOC 等有毒有害气体监测、报警以及和通风机联动功能，最大支持 15 路 SF_6/O_2 接入
变压器	接入 4 个变压器三相绕组温度检测和风机运行状态检测	灯光控制	室内灯光远程控制和联动控制功能
无线测温	开关柜以及电缆无源无线测温功能，最大支持 240 路温度监测	智能防凝露	开关柜智能防凝露接入
空调控制	室内空调远程控制以及与温度联动功能，最大支持 15 路空调控制和 32 路温度采集	安防监控	红外双鉴、红外对射、震动、门禁等安防相关设备接入
新风系统	实现对主、副新风机的智能控制	环境监测	环境温湿度、漏水、水情等信息的接入
除湿机控制	室内除湿机远程控制以及与湿度联动功能	消防监控	烟雾、温感、明火等火灾消防信息的接入

根据《配电房管理制度》《配电房操作流程》《电力安全生产条例》《视频及安防监控系统技术要求》等规范标准及要求，结合实际应用案例，监控软件系统采用分布式和模块化架构，把该配电房环境智能监控系统分为站端系统和软件平台及移动客户端三部分（图6-4）。

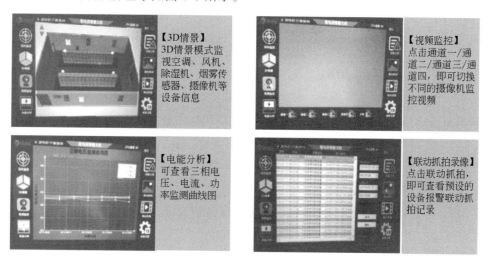

❶ 站端系统

包含了部署在变配电站、开闭所等低压侧的环境、设备信息采集设备，通过接入各种类型的物联网环境与设备监测传感器、视频监控装置等，利用数据采集设备通过光纤或4G/5G无线网络将数据上送到软件平台

❷ 软件平台

软件平台设计基于PC Web提供变配电站所内设备的状态监测、环境的实时监控、安防监控、火灾消防等信息的检测和控制在内的一整套应用和数据管理平台

❸ 移动客户端

移动客户端应用保护提供了基于移动Web、移动App在内的终端应用界面

图 6-4　智能配电房监控软件平台

智能配电房终端触屏显示如图 6-5 所示。

【3D情景】
3D情景模式监视空调、风机、除湿机、烟雾传感器、摄像机等设备信息

【视频监控】
点击通道一/通道二/通道三/通道四，即可切换不同的摄像机监控视频

【电能分析】
可查看三相电压、电流、功率监测曲线图

【联动抓拍录像】
点击联动抓拍，即可查看预设的设备报警联动抓拍记录

图 6-5　智能配电房终端触屏显示

为了有效预防、及时控制和妥善处理储能电池制造环境中发生的各类突发事件，提高快速反应和应急处理能力，切实保障操作人员的生命与财产安全，保证储能电池的正常制造生产与使用，在环境与污染监控中，应遵循以下原则。

① 预防为本，及时控制。坚持预防与应急处置相结合，立足于防范，常抓不懈，防患于未然。建立健全安全隐患、矛盾纠纷排查、整改和调处机制，强化信息的广泛收集和深层次研判，争取早发现，早报告，早控制，早解决。要把突发事件控制在一定范围内，避免造成失控和混乱。

② 分级负责，逐级管理。发生突发事件后，按所属部门管理原则，在公司应急领导小组的统一领导下，启动应急预案，并及时上报相关部门。

③ 系统联动，群防群控。发生事件后，公司领导要立即深入第一线，掌握情况，开展工作，控制局面。形成各级各部门系统联动、群防群控的处置工作格局。

④ 加强保障，重大建设。从法规上、制度上、组织上、物质上全面加强保障措施。在经费保障、力量部署等方面加强硬件与软件建设，增强工作实力，提高工作效率。

储能电池制造过程中，针对水分的监控，首先要在控制厂房环境稳定的基础上，杜绝一切可以带来改变的因素，比如工人带来的，设备本身物理性质带来的，环境与材料本身发生化学反应带来的，以及气候温度变化带来的等因素。其次，通过检测仪器，对较容易发生水分变化的区域以及材料进行实时湿度检测，配合除湿装置自动调节环境变化，确保环境中水分的一致性。

针对粉尘的控制，要尽可能地避免金属与非金属粉尘的产生，内部厂房要做到严格杜绝，外部人员要做到除尘处理且需达到相关标准，同时在生产设备设计时要充分考虑粉尘外溢问题，尽可能地避免运动干摩擦，避免金属或非金属粉尘的产生，包括使用的材料，对制造环境产生影响的坚决不用，比如含铜含锌的材料等。另外，不同粉尘发生源要做到实时监控且相互隔绝，防止相互交叉，同时提升工艺技术水平避免粉尘的产生。

针对气体的控制，要确保进入设备内的气体经过过滤且达到相应标准，且排出设备环境外时也要经过过滤且达到外排标准，同时针对会产生有害气体的区域要进行实时处理和检测，确保不被操作人员误吸，另外更要注意易燃易爆气体的处理和排放，确保制造环境的稳定和安全。

针对温度的控制，需在厂房内部针对长期运行的设备做降温处理，针对某些工艺环节，比如高低温等要做到实时监测，通过实时监测温度来反馈区域温度环境，防止某工位温度过高发生自燃或者爆炸等事件。

污染的监控不仅仅要对外来因素进行监控，更要对内部环境进行实时监控，系统化实时检测反馈，以数字化模型化呈现，形成闭环系统，确保制造环境的一致性。

第7章

先进储能电池制造测量与缺陷检查

在储能电池的制造工艺流程中，从前段工艺的极片制作，到中段工艺的电芯组装，到后段工艺的电芯激活检测和电池封装，尺度和缺陷的测量及检查伴随全程。

储能电池制造工艺流程的检查技术和测量方法众多。从离线取样检测，到半自动人工抽检，到连续在线实时检测，到数字化车间的全网络搭建，每一次测量与检查无不是电池工艺和测量学的博弈过程。

为了维持良好的生产能力和提高储能电池的综合性能，电池制造商已经借助优化工艺参数和减少制造缺陷来源等方法使得整个电池工艺更加稳定。例如，设备自动化、无人车间、避免污染等措施。但是，仅有这些是不够的，规范合理的测量与缺陷检查手段是必须的。这是因为，测量和检查的目的不单单是为了发现不良品，也是为了在良品中找到进一步优化的方向。简言之，进行先进储能电池制造测量与缺陷检查，一方面是便于制造商进行品质管控，另一方面，也可以为工程师和技术人员确定工艺流程提供关键信息，为电池工艺优化和品质优化提供数据支持。

7.1 制造过程测量的内容分类及评估方法

制造过程测量，是在电池制造过程中为了确定电池的相关特性而进行的技术过程。测量伴随储能电池制造工艺全过程。

7.1.1 内容分类

依据不同的维度，制造过程测量的内容有三种划分方法：依据工艺阶段划分；依据测量手段划分；依据在线与否划分。

（1）依据工艺阶段划分

在前段工艺（极片制作）中，测量的内容有：浆料的黏度、涂布尺寸、涂布重量、涂布密度、黏结力、表面缺陷、张力、激光分切尺寸、熔珠、分切毛刺、热影响区宽度、表面缺陷、露箔宽度、集流体品质等。

在中段工艺（电芯组装）中，测量的内容有：电芯尺寸及精度、焊接质量、极片切割毛刺、对齐度、overhang 值、张力、过程表面质量、复合温度、复合黏结力、短路电阻、断路电阻、冷压参数、热压参数、电芯重量、焊接质量、注液量等。

在后段工艺（电芯激活检测和电池封装）中，测量的内容有：电压、电流、倍率、循环次数、循环深度等。

（2）依据测量手段划分

视觉类，如涂布表面质量检测、overhang、X 射线检测、毛刺等。
超声波类，如焊接质量等。
电子仪器类，如短路电阻、断路电阻、热压温度、电芯重量等。
化学分析类，如黏度、颗粒度、固含量、电解液密度等。

（3）依据在线与否划分

取样离线测量，如固含量、涂布密度、黏结力等。
抽样在线测量，如 overhang、热影响区宽度、表面质量等。
完全在线测量，如张力、冷压压力、热压压力等。

7.1.2 评估方法

下面就制造过程中的被测物理量的定义及评估方法做出说明。

（1）合浆黏度

浆料在流动时，其分子间产生内摩擦的性质，称为浆料黏性。黏性的大小用黏度表示。黏度是用于反映流体对流体的阻力的物理量。在储能电池制造过程中，黏度主要指合浆黏度，包含正极浆料、负极浆料、胶黏剂等流体的黏度。一般情况下，黏度的大小取决于浆料的性质与温度，温度升高，黏度会减小。

合浆黏度会影响涂布速率和厚度控制水平，黏度偏高时会造成涂布困难、铝箔边缘锯齿严重等不良，黏度过低时不能形成稳定的涂布层。

在锂电池制浆过程中有两种测量方式，即离线测量和在线测量。离线测量指在浆料缓存罐中定时取样，采用黏度计进行离线测试。离线测量易受测量人员操作水平、测量仪器精度的影响，测量时间滞后，无法快速进行过程控制。

目前，在线黏度测试已在锂电行业中应用。但是因为黏度测试易受温度、压力、流动速度等因素的影响，所以在实际生产中，离线测试和在线测试均有应用互为印证。

（2）固含量

固含量是浆料在规定条件下烘干后剩余部分占总量的质量百分数。一般指活性物质、导电剂、黏结剂等固体物质在浆料整体质量中的占比。

固含量的测试方法一般为离线抽样化学分析法。

（3）涂布尺寸

涂布尺寸指涂布工艺完成后，极片两侧涂覆层的宽度和厚度尺寸。

涂布尺寸的检测方法有两种：离线人工抽检和 CCD 在线监测。

离线测试方法，在正面和反面极片干燥以后进行干膜的尺寸检测，然后把检测结果反馈给操作人员或控制系统，通过人工调整或系统进行闭环调节。

在线测试方法通常借助 X 射线等设备完成，测试结果常被用于涂布尺寸的在线闭环控制。

（4）涂布重量

指极片重量与基材（箔材）重量之差。

工程上使用两种测量法：离线测量和在线测量。

离线测量法，取涂布极片宽度方向的中心处裁切极片样本，称重获得总重。减去基材重量，所得重量为涂布重量。

在线测量法，由射线面密度仪测量计算获得，通常情况下，使用面密度仪采集带材的厚度，结合涂布的基材相关参数计算而得，为间接获得量。

（5）涂布密度

涂布密度指涂布面密度，即单位面积内涂覆物质的重量。为涂布重量与涂布面积之比。

工程上使用两种测量法：离线测量和在线测量。

离线测量法，取涂布极片宽度方向的中心处裁切极片样本，称重，由涂布重量、基材面密度和面积计算得到。

在线测量法，由射线面密度仪测量计算获得，通常情况下，使用面密度仪采集带材的厚度，结合涂布的基材相关参数计算而得，为间接获得量。

（6）表面电阻率

表面电阻，指在试样表面上的两电极间所加电压与在规定的电化时间里流过电极间的电流之比。

表面电阻率，又称表面比电阻，指涂布完成后极片单位面积的表面电阻，表征极片电性能的重要参数。表面电阻率的大小除取决于电介质的结构和组成外，还与电压、温度、材料的表面状况、处理条件和环境湿度有关。其中，环境湿度对表面电阻率的影响极大。在相同条件下，表面电阻率越大，绝缘性能越好。

（7）压延率

压延率又称延伸率，指材料在拉伸断裂后，总伸长量与原始标距长度的百分比。

通常采用离线测量法，即在规定条件下做拉伸试验后计算所得。

（8）表面缺陷

极片表面缺陷主要有裂纹、划痕、污物、露箔等（图7-1），这些缺陷会严重影响电池的安全性和使用寿命，因此需要对电池极片表面缺陷进行检测。在锂电池生产过程中，涂料、辊压等环节都有可能导致极片破损和表面缺陷。

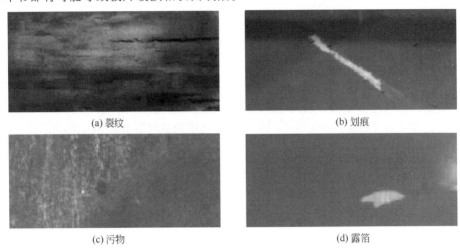

(a) 裂纹　　　　　　　　　　　　　　(b) 划痕

(c) 污物　　　　　　　　　　　　　　(d) 露箔

图 7-1　极片表面缺陷示意图

锂电池极片分为极耳和涂布区2个部分。由于生产工艺的限制，生产出的极耳区和极片表面会出现多种缺陷。根据缺陷存在的位置及缺陷的形态定义了不同的缺陷类型，并针对每种缺陷类型对于成品电池性能的影响设定了不同的检测尺寸，用于保证产品质量。

极片表面缺陷的检测方法有两种：传统的人工检测方法和基于机器视觉的非接触检测。传统的人工检测方法检测效率低，工人劳动强度大，检测质量无法严格保证，不能满足锂电池大批量生产的需要。应用机器视觉可以准确、高效地对锂电池极片进行检测，从而提高生产效率、降低成本。目前，对于动力锂离子电池极片表面缺陷，主要是基于机器视觉的非接触检测，利用图像处理，可以发现缺陷、提取缺陷并描述缺陷。

极片重量均匀性、厚度均匀性、面密度均匀性和表面缺陷控制是锂电涂布质量的重要指标，直接影响储能电池的一致性。

（9）张力

张力是物体受到拉力作用时，存在于其内部且垂直于两相邻部分接触面上的相互牵引力。带材张力是带材受到的沿走带方向的力与垂直于走带方向的截面面积之比。

在锂电制造工艺中，有三种类型的张力：涂布带材张力、卷绕/叠片工艺中的极片张力、卷绕/叠片工艺中的隔膜张力。

张力的衡量单位为兆帕（MPa）。在特定的锂电制造应用中，也选用千克力（kgf）和牛顿（N）作为张力的度量单位。

涂布带材张力过大会导致材料的变形甚至断裂，过小的张力又会因为松弛导致跑偏；张力控制不稳会使极片活性物质涂覆不均匀，造成生产品质问题，在涂布生产中为降低张力带来的极片抖动，通常采用恒张力恒速控制。

卷绕/叠片工艺中的张力若出现较大波动，会导致带材出现起皱和松动的现象，进而影响电芯品质。在目前的卷绕/叠片工艺中，仍无法做到恒速控制，因此，因张力控制不稳容易导致带材起皱、断裂和电芯表面凹凸不平等现象频发。

张力的检测方法是借助张力计进行在线实时测量。

（10）短路电阻

短路电阻是判断电芯、电池、叠片工艺中的热复合片等是否发生短路的临界电阻值。由电阻测试仪离线或者在线测量所得。

在目前的电池工艺中，多用电阻测试仪在线测量。

（11）断路电阻

断路电阻是判断叠片工艺中的电芯、电池是否发生断路的临界电阻值。通常用于判断极耳是否发生虚焊、过焊等。由电阻测试仪离线或者在线测量所得。

在目前的电池工艺中，多用电阻测试仪在线测量。

（12）熔珠

熔珠是激光切割制片产物的一种，因"形状如珠"而得名，为极细小的显微金属颗粒。熔珠的形态示意图如图 7-2 所示。

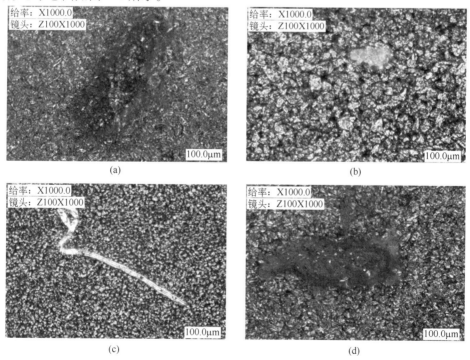

图 7-2 熔珠形态示意图

激光切割制片的基本原理是利用高功率密度激光束照射被切割的极片，使其很快被加热至熔点并迅速熔化、气化、烧蚀或达到燃点后形成孔洞，然后光束沿着预定的轨迹移动，连续孔洞形成切割边缘。在激光制片过程中，切割边缘材料气化飞溅，落至极片上冷凝形成熔珠。

熔珠的测量方法一般为离线测量。在切割完成的极片边缘取样，借助显微放大技术度量熔珠的尺寸，常以特征尺寸的最大值和均值、给定面积内熔珠特征的数量等物理量来度量。

（13）毛刺

毛刺是圆盘分切和模具冲切制片不良产物的一种，因"形状如刺"而得名。

毛刺形态示意图如图 7-3 所示。

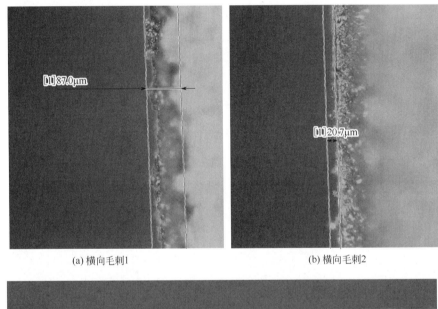

(a) 横向毛刺1　　　　　　　　　　　　(b) 横向毛刺2

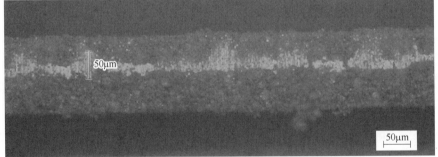

(c) 纵向毛刺

图 7-3　毛刺形态示意图

有横向毛刺和纵向毛刺两种。横向毛刺见图 7-3（a）和图 7-3（b），纵向毛刺见图 7-3（c）。

毛刺的成因复杂，多与极片材料及特性参数有关，也与分切工艺参数和冲切参数有关。

衡量物理量为在约定方向（横向或纵向）上毛刺前端与约定基准面的距离。

工程上，毛刺的测量方法多为离线测量。在切割完成的极片边缘取样，借助显微放大技术度量毛刺的尺寸。近些年，毛刺的在线测量被提出，也引起了锂电行业相关人员的注意和重视，但是因工况的特殊性，并未应用于工程。

（14）热影响区

激光切割极片成型的过程中，输入的激光能量使材料局部受热，导致激光辐射区域附近的温度上升、材料性质发生改变的现象。热影响区降低了表层材料的活性，且会增大切缝边缘表层材料脱落的风险。热影响示意图如图 7-4 所示。

工程上，热影响区的测量方法多为离线测量。在切割完成的极片边缘取样，借助显微放大技术度量热影响区的尺寸。

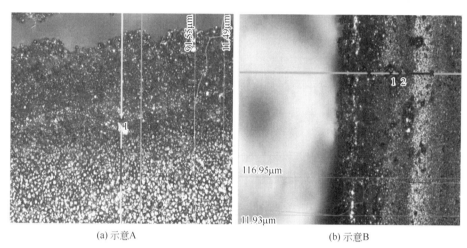

(a) 示意A   (b) 示意B

图 7-4 热影响区示意图

（15）拉丝

拉丝是模具冲切制片不良产物的一种，因"形状如丝"而得名。拉丝形态示意图见图 7-5。

图 7-5 拉丝形态示意图

拉丝的成因复杂，多与极片材料及其特性参数有关，也与冲切工艺参数有关。

衡量物理量为在约定方向上拉丝/露箔前端与约定基准线的距离。

工程上，拉丝的测量方法多为离线测量。在切割完成的极片边缘取样，借助显微放大技术度量拉丝的尺寸。

（16）极片尺寸精度

包含两种类型的尺寸精度：极片宽度尺寸精度（在激光切割工艺中指分切宽度尺寸，在卷绕和叠片工艺中指宽度尺寸和长度尺寸）和极耳尺寸精度（包含宽度、高度、位置等）。

工程上的测量方法以在线测量为主。

（17）电芯尺寸精度

包含三种类型的尺寸精度：电芯整体的长度、宽度和高度；极耳（外接集流体）的位置、尺寸和精度；电芯收尾胶带的位置、尺寸和精度。

工程上，常用的检测方法有两种：离线每日/班次首件抽检和在线 CCD 测量。

（18）overhang

overhang 为锂电工程中的习惯用语，本意指"悬垂部分"，在锂电行业指给定边缘（通常为两个不同边缘）的距离。包含三种类型：隔膜-正极的 overhang、隔膜-负极的 overhang 和正极-负极的 overhang。在某些工艺要求中，也要求隔膜-正极陶瓷涂层的 overhang。

工程上常用的测量方法有两种：离线每日/班次首件抽检和在线 CCD 测量、X 射线测量。

（19）对齐度

对齐度和 overhang 在 X 射线测量设备下获得的图形示意见图 7-6。

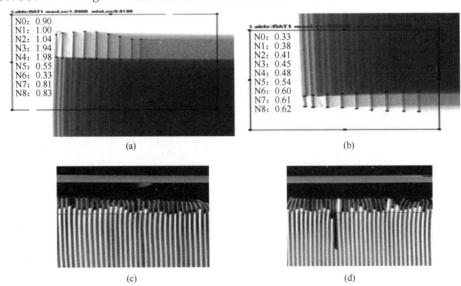

图 7-6　X 射线设备获得的对齐度和 overhang 的计算图

包含四种类型的对齐度：隔膜对齐度、正极对齐度、负极对齐度和极耳对齐度。衡量标准为在给定维度上每层材料边缘的相对变化范围。

工程上，常用的检测方法是在线 CCD 测量、X 射线测量。

（20）复合黏结力

又称复合强度、黏结强度，在锂电池制造过程中，特指热复合工艺中极片和隔膜复合后的剥离强度。定义是：从接触面进行单位宽度剥离时所需要的最大力。剥离角度取 90°或 180°。衡量单位为 N/cm、N/m 等。

工程上常用的方法为离线测量，即在热复合工艺后，对热复合片取样，依据特定的标准，常用胶黏带剥离标准，进行剥离强度试验，测量黏结力。

（21）冷压参数/热压参数

制造过程中对电芯进行冷压/热压工艺时的温度、压力、时间、速率等工艺参数。
工程上经常采用在线直接测量法。

（22）结构件定位精度/连接强度

电池结构件通常指连接片、盖板等除极片、隔膜、电解液等材料以外的辅助零件。
电池结构件定位精度通常借助 CCD 在线测量控制。
电池结构件连接强度（如焊接强度、焊接拉力）通常采用离线抽样测量。

（23）电芯重量

特指在注液前和注液后的电芯称重工艺获得的电芯重量，为便于注液和电芯品质管控而设置的工艺环节。

工程上常采用在线测量法，即借助称重传感器和放大器等组成的称重机构完成测量。

（24）老化时间

老化工艺能够使正负极活性物质中的某些活跃成分通过一定反应失活，使得整体性能保持稳定，经常安排在高温静置工艺后。有常温老化和高温老化两种。老化时间即老化工艺的时间。

工程上常采用在线测量获得老化时间。

（25）化成分容相关测量的物理量

化成分容相关测量量包含倍率、时率、荷电状态、循环次数、放电深度、开路电压等物理量。

倍率，通常指充放电倍率。即电池在规定的时间内放出其额定容量时所需要的电流值，它在数据值上等于电池额定容量的倍数，故称之为"倍率"，通常用字母 C 表示。

时率，又称小时率，指电池以一定的电流放完其额定容量所需要的时间。

荷电状态（state of charge，SOC），也叫剩余电量，代表的是电池放电后剩余容量与其完全充电状态容量的比值。目前 SOC 估算主要有开路电压法、安时计量法等。

循环次数，指在规定条件下，电池 100%完成放电/充电的过程的数量。

放电深度，即 DOD（depth of discharge），指电池放出的容量占额定容量的百分数。

开路电压（OCV），在数值上等于在断路时电池的正极电极电势和负极电极电势之差。

在工程上，一般借助专业设备来完成测试和计算得到化成分容相关的物理量，如开路电压（OCV）检测设备、直流内阻（DCIR）检测设备等。

7.2 制造过程测量及设备

下面介绍制造过程测量及关键设备。这些设备的综述如下：

① 射线面密度测量仪。

② 激光测厚仪。

③ 张力计。

④ 黏度计。

⑤ 电阻测试仪。

⑥ 纠偏仪。

⑦ 称重系统。

7.2.1 射线面密度测量仪

面密度测量仪有两种：β射线面密度测量仪和 X 射线面密度测量仪。下面分别对这两种仪器做介绍。

（1）设备用途

用于对锂电涂布面密度（单位面积的重量）进行非接触式在线检测。也可以用于极片厚度的检测等。

（2）β射线面密度测量仪工作原理

如果β射线有足够长的半衰期，则射线的发射强度恒定。当β射线穿透极片时，部分能量被吸收（吸收量与被测目标的厚度和材质等因素有关），射线强度衰减。衰减强度与被穿透极片的面密度呈负指数关系。可用式（7-1）和式（7-2）计算。

$$I = I_0 e^{-\mu \rho h} \tag{7-1}$$

$$m = \rho h \tag{7-2}$$

式中 I——透射后射线的强度；

     I_0——透射前射线的强度；

     μ——被测目标的吸收系数；

     ρ——被测目标的密度；

     h——被测目标的厚度；

m——被测目标的面密度；

e——数学常数。

通过检测射线穿透极片前后的射线强度，可以推算出极片的厚度和面密度。

（3）X射线面密度测量仪工作原理

在理想条件下，"窄束"单能X射线透射物质材料时，穿透后射线的强度随穿透物体面密度的增加而呈指数规律衰减，故X射线面密度的基础理论计算公式与式（7-1）和式（7-2）相同。

在工程应用中，由于X射线与物质相互作用过程中产生散射射线，所以衰减规律的计算过程如式（7-3）和式（7-4）所示，该公式即为面密度测量仪的工程应用公式，系数k、b由标定实验而得到。

$$I = BI_0 e^{-\mu \rho h} \tag{7-3}$$

$$\rho h = \frac{1}{\mu}\left(\ln \frac{I_0}{I} + \ln B\right) = k\left(\ln \frac{I_0}{I}\right) + b \tag{7-4}$$

式中　B——X射线通过物质时的积累因子；

　　　k——比例系数；

　　　b——平移系数。

通过检测射线穿透极片前后的射线强度，可以推算出极片的厚度和面密度。

7.2.2　激光测厚仪

（1）设备用途

用于对锂电涂布、激光切割、卷绕和叠片等工艺中的极片厚度在线检测。

（2）工作原理

激光测厚仪工作原理图如图7-7所示。

激光测厚仪一般是由两个激光位移传感器上下对射的方式组成的，上下两个传感器分别测量被

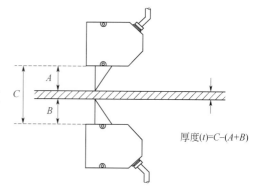

厚度$(t)=C-(A+B)$

图7-7　激光测厚仪工作原理图

测体上表面的位置和下表面的位置，通过计算得到被测体的厚度。激光测厚仪的优点在于它采用的是非接触测量，相对接触式测厚仪更精准，不会因为磨损而损失精度，相对超声波测厚仪精度更高，相对X射线测厚仪没有辐射污染。

7.2.3　张力计

（1）设备用途

用于对锂电涂布、激光切割、卷绕和叠片等工艺中的带材张力的在线检测。

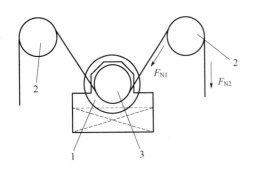

图 7-8 张力计结构示意图

1—张力传感器；2—张力辊；3—测张辊

（2）工作原理

在电池制造中，常用的张力计一般为应变片型。应变片型张力计是通过压缩应变片间接测量张力值，所以，要获得被测材料上的张力值，通常通过张力辊和测张辊形成一定的包角，通过测张辊加压力，使张力传感器敏感元件产生位移或者形变，张力计根据应变片电阻值的变化再通过内置处理器可计算得到所要测量的拉力值。带材和辊之间的摩擦力会直接影响张力计的测量精度。其结构示意图如图 7-8 所示。

有人提出借助合理的布局，消除摩擦力影响的张力传感器技术。其结构示意图如图 7-9 所示。具体原理不再赘述。

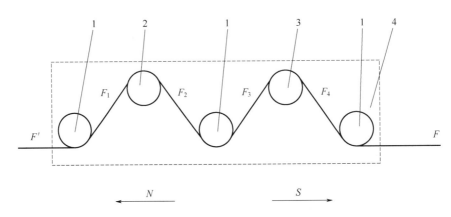

图 7-9 可消除摩擦力影响的张力计结构示意图

1—张力辊；2—张力传感器 A；3—张力传感器 B；4—底座

7.2.4 黏度计

（1）设备用途

用于对合浆（包括正极浆料、胶黏剂、负极浆料等）黏度的离线或在线测量。

（2）工作原理

黏度计的工作原理有很多，主要有毛细管式、旋转式、振动式和柱塞式等。以有实际应用案例的振动式黏度计为例，举例说明在线黏度计的工作原理。

黏度计的传感器探头浸入液体后，液体和探头表面接触。传感器探头始终保持相同的微振幅共振剪切。在液体黏度的作用下，探头会产生振幅的相位变化。黏度不同，要维持微振幅共振剪切的电流不同。黏度越大，电流越大。通过测量电流变化获得液体的黏度值。

7.2.5　电阻测试仪

（1）设备用途

用于对热复合片、电芯、储能电池的电阻实现离线或在线测量。也用于极片表面电阻率的离线或在线测量。

（2）工作原理

电阻测试仪的种类多，包括接地电阻测试仪、绝缘电阻测试仪、直流电阻测试仪、表面电阻测试仪以及回路电阻测试仪等。用途不同，测量原理不同。这里以表面电阻测试仪举例说明，其他电阻测试仪可查阅相关手册，不再赘述。

表面电阻测试仪测量表面电阻率的方法有直接法或比较法两种。

直接法是测量加在试样上的直流电压和流过它的电流而求得的未知电阻。

比较法，又名电桥法，是确定电桥线路中试样未知电阻与电阻器已知电阻之间的比值，或是在固定电压下比较通过这两种电阻的电流。

在极片表面电阻率测试的应用中，试样以平板居多。测量示意图如图7-10所示。

表面电阻测试仪测量表面电阻时采用三电极装置。三电极装置示意如图7-11所示。

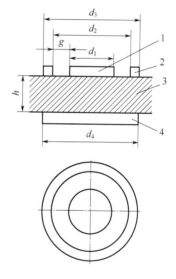

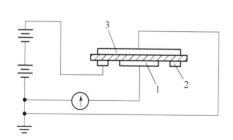

图 7-10　表面电阻率测量示意图

1—被保护电极；2—不保护电极；3—保护电极

图 7-11　三电极装置示意图

1—被保护电极；2—保护电极；3—试样；4—不保护电极；

d_1—被保护电极直径；d_2—被保护电极内径；

d_3—被保护电极外径；d_4—被保护电极内径；

g—电极间隙；h—试样厚度

表面电阻率的计算公式见式（7-5）。

$$\rho = R\frac{P}{g} \tag{7-5}$$

式中　　ρ——表面电阻率；

　　　　R——表面电阻，指电极 1 和电极 2 之间的电阻；

　　　　P——电极装置中被保护电极的有效周长；

　　　　g——两电极之间的距离。

7.2.6　纠偏仪

纠偏仪又称纠偏装置、纠偏机构等。指在涂布工艺、激光切割工艺、卷绕工艺、叠片工艺等工艺中广泛使用的，用以控制带材跑偏量、保证运行平稳的设备或机构。

（1）设备用途

控制带材跑偏量，保证运行平稳。

（2）工作原理

纠偏仪的工作原理很多。这里介绍两种在锂电工艺中有应用的纠偏仪原理：自动对中纠偏和蛇形纠偏。其余的纠偏原理请查阅相关资料，此处不再赘述。

1）自动对中纠偏原理

自动对中纠偏原理借助辊的形状实现纠偏。常用辊的形状有四种，见图 7-12。

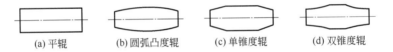

(a) 平辊　　　　(b) 圆弧凸度辊　　　(c) 单锥度辊　　　(d) 双锥度辊

图 7-12　常用辊的形状示意图

这里以单锥度的辊为例介绍。带材在辊子上的运动示意图见图 7-13。

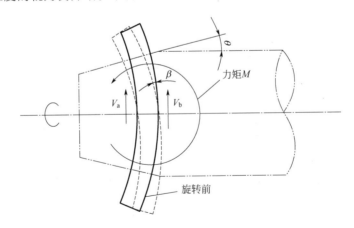

图 7-13　带材在辊子上的运动示意图

V_a 和 V_b 是带材两侧的线速度，$V_a < V_b$，在该速度差下，带材受到力矩 M 的作用，产生旋转，角度为 β。结合纠偏过程分析，见图 7-14。

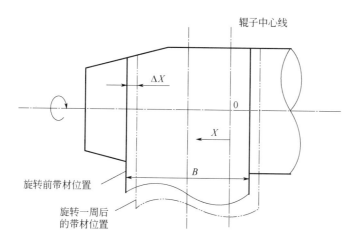

图7-14 带材纠偏过程示意图

带材的移动量ΔX的计算公式如式（7-6）：

$$\Delta X = \alpha \times 2\pi R \times \frac{1}{B}\int_{X_0}^{X_1}\theta\mathrm{d}x \tag{7-6}$$

式中　α——系数；

　　　R——辊子半径；

　　　B——带材幅宽；

　　　θ——辊子锥度。

锥度辊子基于中心线对称，因此两侧受力工况相等，故有使带材居中的功能。

2）蛇形纠偏原理

蛇形纠偏的运动模型见图7-15，其中A、D为堕辊，B、C为可绕着旋转中心偏摆的辊。因在纠偏过程中，B、C辊的运动轨迹如蛇的爬行运动而得名蛇形纠偏。

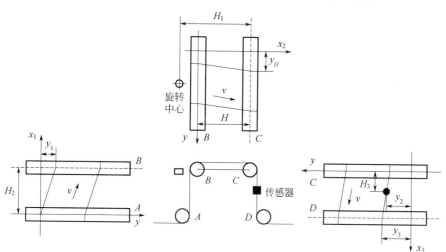

图7-15 蛇形纠偏运动模型

蛇形纠偏仪的动力学模型见式（7-7）～式（7-10）。

$$\frac{Y_1(s)}{Z(s)} = \frac{\left(1 - \dfrac{H}{H_1}\right)t_2 s}{t_2 s + 1} \tag{7-7}$$

$$\frac{Y_H(s)}{Z(s)} = \frac{t_2^2\left(\dfrac{H}{H_2}\right)s^2 + \left(1 + \dfrac{H}{H_2}\right)t_2 s + \dfrac{H}{H_1}}{t_2^2\left(\dfrac{H}{H_2}\right)s^2 + \left(1 + \dfrac{H}{H_2}\right)t_2 s + 1} \tag{7-8}$$

$$\frac{Y_2(s)}{Y_H(s)} = \frac{\left(1 - \dfrac{H_3}{H_2}\right)t_2 s + 1}{t_2 s + 1} \tag{7-9}$$

$$\frac{Y_3(s)}{Y_H(s)} = \frac{1}{t_2 s + 1} \tag{7-10}$$

式中　Y_1，Y_H，Y_2，Y_3——带材在相应辊的偏移量 y_1，y_H，y_2，y_3 的拉氏变换；

　　　　Z——辊 C 中心在 y 方向上的位移量；

　　　　H_1，H，H_2，H_3——相应跨距。

建模过程中，认为带材在辊 A 上没有位移，在实际操作中，由于放料卷边部不齐整，或者是其他未知原因，带材在辊 A 上发生位移，并不等于设定值。

因此，实际工程应用中布置纠偏仪时，往往在辊 A 和 B 之间布置传感器，以增加反馈信号，控制辊 B 和 C 的运动规律，以满足纠偏的工艺需求。

7.2.7　称重系统

锂电池注液系统工艺过程见图 7-16。

图 7-16　锂电池注液系统工艺过程

为了对注液量和电池品质一致性进行管控，在注液前后会多次借助称重系统完成相应测量。

称重工艺是借助称重传感器来完成。工业上应用的称重传感器有电阻式、电容式、振动式、液压式、光电式、电磁式、陀螺仪式等。不同类型的称重传感器在测量精度和适用范围上存在一定的差异，但都是通过一定的压力转换为其他中间形式的介质参数的变化，再转换为标准电信号被感知的过程。在储能电池制造过程中，称重传感器使用最多的就是电阻式传感器，相较其他类型的传感器，该类型的传感器使用最广，价格也相对便宜。

（1）设备用途

对注液量和电池品质一致性进行管控。

（2）工作原理

电阻式传感器的结构原理图见图 7-17。

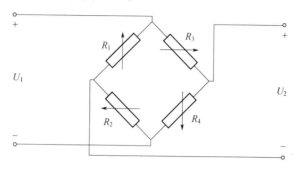

图 7-17　电阻式传感器的结构原理图

电阻式传感器是通过 4 个电阻应变片粘贴于弹性敏感元件上，再利用适当的形式组成惠斯通电桥。传感器无负载时，弹性元件不产生应变，应变片的电阻不变化，此时电桥平衡，输出电压为零。传感器负载时，弹性元件的形变会引起应变片电阻的变化。理想情况下，负载力与电阻应变片的应变量成正比。工程应用中，受到加工和安装以及材料的非线性影响，负载力与应变量呈现一定的非线性关系，因此，经常性地通过一定的技术手段提升传感器及称重系统的输入和输出之间的线性关系程度，以保证工作过程的准确性和可靠性，提高测量精度。

7.3　制造缺陷检测及设备

下面介绍制造缺陷检测及设备，检测设备有以下几种：
① 显微放大系统；
② CCD 测试系统；
③ 空气耦合超声波检测设备。
下面仅就显微放大系统和 CCD 测试系统进行详细介绍。

7.3.1　显微放大系统

在储能电池制造过程中，为了分析研究，如观察熔珠形态、观察切割毛刺、overhang 的离线测量等，常配备一套或多套显微放大系统。

显微放大系统的原理基于分析的目标不同而有差异。这里介绍基于干涉显微原理的表面形貌检测系统。其他显微放大系统可查阅相关资料，在此不再赘述。

与其他表面形貌测试技术相比，基于干涉显微原理的表面形貌测量系统具有快速、非接触的优点，可以完成多种结构的表面形貌测量，因而获得了广泛应用。

（1）设备用途

观察熔珠形态、观察切割毛刺、overhang 的离线测量等多用途分析研究。

（2）工作原理

基于干涉显微原理的表面形貌测量系统组成见图 7-18。其核心是光学干涉显微系统，包括干涉显微镜、PZT 平台（含扫描器和相移器）及控制器。

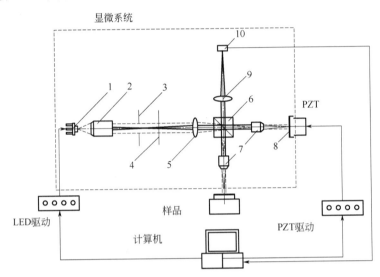

图 7-18　基于干涉显微原理的表面形貌测量系统组成

1—LED；2—准直物镜；3—光圈；4—过滤片；5—聚焦透镜；6—分束器；
7—物镜；8—参考镜；9—成像镜头；10—CCD

基于干涉显微原理的表面形貌检测系统通过在干涉仪上增加显微放大视觉系统，提高了干涉图的横向分辨率，使之能够完成微纳结构的三维表面形貌测量，因此是光学干涉法与显微系统相结合的产物。

该系统根据测量模式要求采集样品表面干涉图以后，就可以应用相应算法对干涉图进行处理，提取相关参数。

基于干涉显微原理的表面形貌测量系统实物例图见图 7-19。

图 7-19　基于干涉显微原理的表面
形貌测量系统实物例图

7.3.2　CCD 测试系统

在锂电池应用中，经常依据 CCD 的结构将系统分为线阵 CCD 测试系统和面阵 CCD 测试系统。本节介绍涂布工艺中用于表面缺陷检测的线阵 CCD 测试系统。可查阅相关资料了解面阵 CCD 测试系统，在此不再赘述。

与其他表面形貌测试技术相比，该测试系统具有快速、非接触、可在线测量等的优点，因而获得了广泛应用。

（1）设备用途

为了控制产品质量和分析研究，如涂布表面缺陷的在线测量、卷绕工艺的 overhang 和对齐度的在线测量、叠片工艺的 overhang 和对齐度的在线测量、铝壳表面缺陷的在线测量等。

（2）工作原理

CCD 测试系统框图见图 7-20。

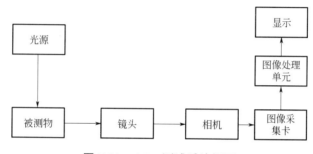

图 7-20　CCD 测试系统框图

数据采集部分采用 CCD 摄像机配合镜头，在适当的距离下被置于被测物正上方进行图像采集。

因为涂布后极片表面会对直射光源有较强的反光，所以光源应放在摄像机的侧面。采用两个光源从两侧照射，是为了使光源在倾斜的角度照射极片表面的情况下依旧可以得到均匀的光照，有利于采集到清晰的图像。采集到的图像上传处理单元，借助图像处理相关技术，可以得到表面缺陷的相关参数。

CCD 测试系统硬件设计图见图 7-21。

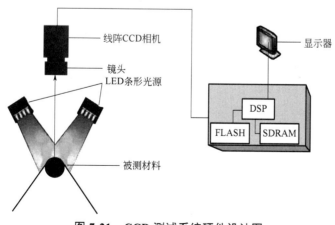

图 7-21　CCD 测试系统硬件设计图

CCD 测试系统检测到的表面缺陷例图见图 7-22。

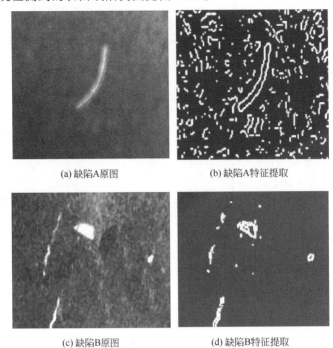

(a) 缺陷A原图   (b) 缺陷A特征提取

(c) 缺陷B原图   (d) 缺陷B特征提取

图 7-22　CCD 测试系统检测到的表面缺陷例图

7.4　电芯内部检测与设备

下面介绍电芯内部检测与控制设备及系统，主要包含以下几部分：

① X-CT 技术及测试系统；

② 超声检测系统；

③ 红外热成像检测系统；

④ 植入式感知系统。

7.4.1　X-CT 技术及测试系统

X 射线断层成像技术（X-ray compute tomography，简称 X-CT 技术），是基于 X 光源和射线聚焦技术的显微技术、断层扫描技术和图像处理技术的集成技术。

该技术借助穿透性强的 X 射线，可以获得较高的空间分辨率，可以对电芯和电池电极层、内部缺陷、焊接质量等进行无损伤三维成像，进而实现原位检测。

在电池制造工艺中，X-CT 技术既作为离线分析技术用，也作为在线质量管控手段用。X-CT 在线测试系统见图 7-23。

（1）设备用途

对电芯和电池电极层、内部缺陷、焊接质量等进行无损伤三维成像，进而实现原位检测。

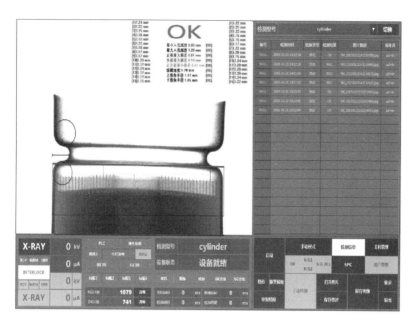

图 7-23 X-CT 在线测试系统

（2）工作原理

X-CT 装置及扫描结果见图 7-24。

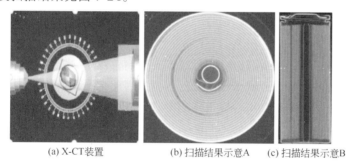

(a) X-CT装置　　　　　　(b) 扫描结果示意A　　　(c) 扫描结果示意B

图 7-24 X-CT 装置及扫描结果示意图

设有 n 个厚度为 l 的小立方体体素，如图 7-25 所示，每个小立方体近似地认为是均匀的介质，X 射线透过时，衰减系数分别为 μ_1，μ_2，$\cdots$，μ_n，入射 X 射线的强度为 I_0。

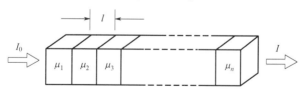

图 7-25 X 射线在 n 个体素中的衰减示意图

则 X 射线穿过第 n 个体素后的强度以式（7-11）计算：

$$I_n = I_0 e^{-\sum_{i=1}^{i=n} \mu_i l} \tag{7-11}$$

经过适当变换，可得式（7-12），该式为 X-CT 建立断层图像的主要依据。

$$\sum_{i=1}^{i=n} \mu_i = \frac{1}{l} \ln \frac{I_0}{I_n} \tag{7-12}$$

$$CT = 1000 \frac{\mu_i - \mu_w}{\mu_w} \tag{7-13}$$

式中　μ_w——参考衰减系数，通常取水在 X 射线光子能量为 73keV 时的线性衰减系数。

只要求出体素矩阵中每个体素的衰减系数，由衰减系数计算 CT 值的公式见式（7-13），根据 CT 值大小建立断层图像，图像中每个像素灰度的强弱是根据 CT 值的大小确定的。

基于 X-CT 技术获得的图像，借助图像分析技术，可以获取电芯和电池电极层、内部缺陷、焊接质量的相关参数。

7.4.2 超声检测系统

在锂电行业中使用的超声检测系统多数采用空气耦合超声波。该技术具有非接触、无污染和无损等优点。

（1）设备用途

对锂电池内部缺陷进行检测，如电解液分布是否均匀、焊接质量、是否存在空气层、是否内部打折、是否有异物等。

（2）工作原理

超声波在被检测材料中传播时，会与材料发生作用，例如会发生反射、折射和透射等现象，从声波的这些特性中可以分辨出被测工件的相关内部特征。

空气耦合超声波技术，就是把空气当作耦合剂的技术，借助高功率超声波发射接收器、高灵敏度空气耦合声波探头以及高信噪比的信号增幅器，完成电芯电池内部特征的检测。

空气耦合超声检测锂电池的系统框图见图 7-26。

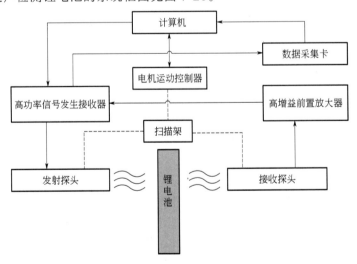

图 7-26　空气耦合超声检测锂电池的系统框图

首先通过高功率信号发生器激励发射探头发出超声波，超声波经过锂电池后被接收探头获取，再经放大器对信号进行滤波放大，被信号接收器接收，经数据采集卡输入到计算机。计算机通过控制电机运动控制器和扫描架来实现特定参数的扫描任务，最后形成相关的扫描图像，实现对锂电池的检测。

7.4.3 红外热成像检测系统

红外热成像检测系统是基于红外热像仪测量锂电池的涂布、电芯和成品电池的温度情况。把被测表面的温升以图像形式展现出来，测得的不是单一点的温度变化，而是测表面各个点的温度，有异常温度变化的部位在热像图中很容易看出，综合电性能测试，可以对被测对象做直观的检测和判断。

（1）设备用途

测量锂电池的涂布、电芯和成品电池的温度情况。

（2）工作原理

利用红外探测器和光学成像物镜接受被测目标的红外辐射能量，并以分布图形的形式反映到红外探测器的光敏元件上，从而获得红外热像图，这种热像图与物体表面的热分布场相对应。通俗地讲，红外热像仪就是将物体发出的不可见红外能量转变为可见的热像图。热像图的不同颜色代表被测物体的不同温度。

热像仪的工作原理图如 7-27 所示。

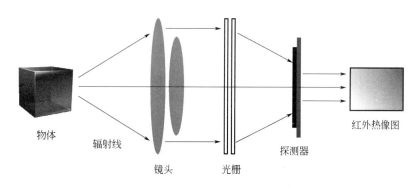

图 7-27　热像仪工作原理图

在工程应用中，可以利用红外成像技术同时检测电极的涂布量（面密度）和电极的孔隙率。

其原理示意图如图 7-28 所示。

其原理是，将电极经过短暂加热，然后利用红外相机对电极的温度进行检测。分析认为，电极温度的升高受到电极孔隙率和涂布量（厚度）的双重影响，通过对电极温度升高的参数进行逆推导，配合实时的电极厚度测量，进而获得电极孔隙率等参数。实物图如图 7-29 所示。

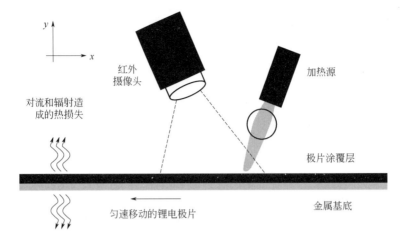

图 7-28　红外热成像技术测量涂布质量原理示意图

图 7-29　红外热成像技术测量涂布质量实物图

7.4.4　植入式感知系统

植入式感知系统，又称储能锂离子电池智能传感技术，主要是通过在电池内部嵌入传感装置，利用引线封口或无线传输等手段，实现对锂离子电池内部信息，如温度、压力等的实时检测。电池在发生热失控或大电流充放电等工况下，进行植入式感知，有利于更有效地评价电池内部状况。目前，主要以温度传感器为主。植入式温度传感器主要有三种：热电偶、热电阻和光纤传感器。

（1）系统用途

基于单体电池内部和外部的在线数据实时监测，建立从单体锂离子电池到储能系统的智能管理系统。

（2）系统介绍

植入式热电偶传感器在锂电池中的应用是，将热电偶植入电池内部，研究电池在不同工况下的温度情况。

薄膜式热电偶植入感知技术示意图如图 7-30 所示。

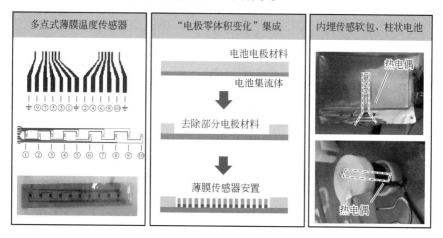

图 7-30　薄膜式热电偶植入感知技术示意图

该内置感知系统，基于内部电化学环境及磁控溅射手段完成了多点式柔性薄膜传感器的制造，并实现植入式传感器与电池的一体化集成，通过循环性能和交流阻抗的测试，实现了对单体电芯内部温度的检测，可用于建立从单体锂离子电池到储能系统的智能管理系统。

7.5　小结

本章首先论述了先进储能电池制造过程中测量与缺陷检查的意义，接下来介绍了测量内容分类及评估方法，紧接着介绍了制造过程测量及设备、制造缺陷检测及设备和电芯内部检测与设备。

制造过程测量与缺陷检查伴随储能电池制造全过程，从离线取样检测，到半自动人工抽检，到连续在线实时检测需求和数字化车间的全网络搭建，每一次测量与检查无不是电池工艺和测量学的博弈过程。

测量手段和测量工具要么独立使用要么集成在工艺设备中，往往需要结合其他技术（如图像处理技术）来完成测量和缺陷检测任务。同一个物理量（如极片表面质量）的测量可能会使用不同的设备在不同的工序段进行。同一种设备或仪器（如张力计、纠偏仪）可能会被布置在不同的工序段进行。从一定程度上讲，测量和缺陷检查技术的进步可以促进储能电池制造技术的进步。测量和缺陷检查有利于电池制造商进行电池品质优化和工艺优化。

第 8 章

先进储能电池制造安全

8.1 概述

8.1.1 电池安全

　　锂离子电池一直是绿色环保电池的首选,随着锂电池生产技术不断提升,成本不断降低,锂电池在各行业中都得到了广泛的应用。锂离子电池因为具备高能量密度、高功率密度和长使用寿命的特点,在化学储能器件中脱颖而出。如今由于国家政策的支持,其在汽车和大规模储能领域的需求量也呈爆发式的增长。

　　在安全性能方面,锂离子电池由于充放电电流大、散热性能差等特性容易导致电池内部温度升高至不可控状态。锂离子电池目前采用的电解液多为有机溶剂,大多属于易燃或可燃液体,其增加了发生火灾的隐患。此外,锂离子电池在重度滥用情况下,很可能达到使其电解质气化的温度,在这种情况下锂离子电池很容易发生安全事故,直接危害到人们的生命财产安全。生活中,时有电池安全性事故的报道呈现在公众面前(如近几年的波音公司 737 和 B787 飞机电池的着火,特斯拉 MODEL S 起火等事故,如图 8-1 所示),从 2019 年 79 起电动汽车自燃起火大数据分析中了解到,58% 的车辆起火源于电池问题。因此,对于电池的安全性能不得不提出更高的标准与要求。

图 8-1　飞机与汽车着火事故

8.1.2 电池热失控

影响电池安全性的因素有很多，其中热失控是本质原因。热失控是指电池到达一定的温度后而发生失控现象，产生温度直线上升，直至电池燃烧爆炸。引发热失控的关键因素有过热、过充、内短路、机械触发等。

（1）过热

电池过热主要有两方面的原因，一是电池选型和热设计的不合理，二是电池短路等情况导致的内部温度升高。可以从电池设计与电池管理两个方面来进行处理。从电池材料设计角度，可开发特殊性能的材质，来阻断电池内部的热失控反应；从电池管理角度，可以设定不同的温度范围，来定义不同的安全等级，从而进行分级报警。锂离子电池过热爆炸喷出的熔化液体如图 8-2 所示。

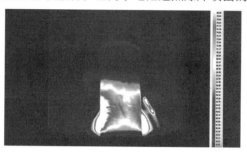

图 8-2　锂离子电池过热爆炸喷出的熔化液体

（2）过充

电池过充电触发热失控，主要是因为电池本身的过充电路安全功能缺失，导致电池管理系统（BMS）已经失控却还在充电。随着时间推移，电池老化，各个电池之间的一致性会越来越差，电池过充就更容易发生，热失控的概率也会增大。为防止锂离子电池过充，通常采用专用的充电电路来控制电池的充放电过程，或者在单个电池上安装安全阀以提供更大程度的过充保护；也可采用正温度系数电阻器（PTC），其作用机理为当电池因过充而升温时，增大电池的内阻，从而限制过充电流；亦可采用专用的隔膜，当电池发生异常引起隔膜温度过高时，隔膜孔隙收缩闭塞，阻止锂离子的迁移，从而防止电池的过充。

（3）内短路

内短路是指电池单体由于隔膜失效而导致正负极直接接触的现象，其中电池制造杂质、金属颗粒、充放电膨胀与收缩、析锂等都有可能造成内短路。内短路是缓慢发生的，时间非常长，而且不知道它什么时候会出现热失控。其诱因主要可分为三种：一是挤压穿刺等机械滥用、过充电过放电等电气滥用、高温等热滥用；二是电池材料含有相应杂质，如金属杂质、环境中的粉尘、模切时产生的毛刺等；三是电池负极表面产生析锂现象。后两种产生的内短路程度一般比较轻微，且产生的热量很少，不会立即触发热失控。

热失控诱因的共性环节——内短路示意图如图 8-3 所示。

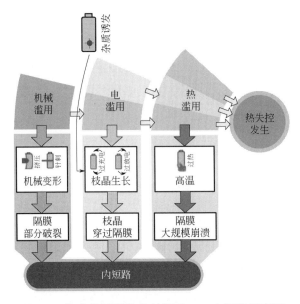

图 8-3　热失控诱因的共性环节——内短路示意图

（4）机械触发

机械触发是指电池遭受外部挤压、碰撞等原因从而引发电池热失控，碰撞是典型的机械触发热失控的一种方式，汽车屡次发生起火事故，多数情况都是由碰撞引起的。处理碰撞触发热失控的方法就是做好电池的安全保护设计，强化电池组内部结构的力学性能，阻断和抑制热失控的扩展。

热失控是制约锂离子电池性能表现的短板之一，也是电池发生安全性问题的本质原因。又因为储能电池的安全性能决定了其在储能领域的市场和未来，所以在投入市场前，可靠的样品检测必不可少。电池典型的热失控过程如图 8-4 所示。

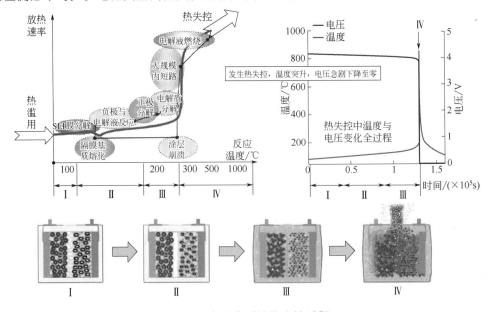

图 8-4　电池典型的热失控过程

8.2 电池安全性影响因素

影响电池安全性的因素贯穿了一个电池从电芯选材到使用终结的整个生命周期,主要可分为三类:电池设计的安全性影响因素、生产制造过程的安全性影响因素、使用与滥用过程中的安全性影响因素。

8.2.1 电池设计的安全性影响因素

电池设计的安全性主要可分为两大类,结构的安全性与材料的安全性。可通过优化结构设计来实现对电芯的保护,如电芯采用强化的外壳封装;通过优化极耳结构对外电路发生短路时进行电芯保护;在电芯顶部设有安全阀,当电池内部压力发生变化时,先变形断电,若继续增加则会被打开,避免电池爆炸;提升组件的配合公差,从而提升电芯的安全性能。

从材料安全性方面,锂离子电池的内部组成主要为正极、电解质、隔膜、负极,而这部分材料的选择对电芯的安全性有着重要的影响。下面针对材料对锂离子电池安全性影响因素做单独分析。

(1)正极材料

正极材料一直是限制锂离子电池发展的关键,与负极材料相比,正极材料能量密度和功率密度低,并且也是引发锂离子电池安全隐患的主要原因。使用容易脱嵌的活性材料,充放电循环时,活性材料的结构变化小且可逆,有利于延长电池的寿命。常见的正极材料有锰酸锂($LiMn_2O_4$)、磷酸铁锂($LiFePO_4$)和三元材料。$LiMn_2O_4$在受热过程中氧的释放量最小,被认为是最安全的正极活性物质,但在 50℃以上高温循环时容量衰减过快,导致 $LiMn_2O_4$电池的高温稳定性和使用寿命较短。$LiFePO_4$晶体结构中 PO_4^{3-} 可以形成坚固的三维网络结构,热稳定性和结构稳定性极佳,安全性和循环寿命最好。三元材料的安全性和高温循环性能与$LiFePO_4$还存在一定的差距。

动力型锰酸锂 SEM 图如图 8-5 所示。

图 8-5 动力型锰酸锂 SEM 图

（2）负极材料

锂离子电池的负极活性材料主要为碳材料，其成功之处在于以碳负极替代了锂负极，从而充放电过程中锂在负极表面的沉积和溶解变为锂在碳颗粒中的嵌入和脱出，减少了锂枝晶形成的可能，大大地提高了电池的安全性。使用碳负极影响锂离子电池的安全性因素主要表现在以下方面。a.不同类型的材料对电池安全性的影响：改性天然石墨和石墨化中间相炭微球的嵌锂电位较低，有可能析锂，石墨化中间相炭微球的安全性能优于人造石墨和天然石墨，硬炭和钛酸锂的嵌锂电位较高，能够有效防止析锂的产生，从而具有良好的安全性能。钛酸锂具有良好的热稳定性，安全性能最高。b.负极材料的粒径对电池安全性能的影响：电极中颗粒之间大多为点接触，故小颗粒碳负极电阻比大颗粒碳负极的大，但后者由于半径大，其在充放电过程中膨胀收缩变化较明显，如将大小颗粒按一定配比制成负极即可达到扩大颗粒之间接触面积，降低电极阻抗，增加电极容量，减小活性金属锂析出可能性的目的。

随着锂离子电池的应用范围不断扩大和人们对锂离子电池性能需求越来越严格，对制备锂离子电池的负极材料的要求会越来越高，一方面需要对现有碳负极材料进行性能改进，另一方面需要寻求安全性能和循环性能更加优异的替代物。

典型负极材料的理化性能与电化学性能见表 8-1。

表 8-1　典型负极材料的理化性能与电化学性能

负极材料种类		天然石墨	人造石墨	中间相炭微球	软碳	硬碳	钛酸锂	硅碳复合材料
理化性能	真密度/(g/cm^3)	2.25	2.24 ~ 2.25	—	1.9 ~ 2.3	—	3.546	—
	振实密度/(g/cm^3)	0.95 ~ 1.08	0.8 ~ 1.0	1.1 ~ 1.4	0.8 ~ 1.0	0.65 ~ 0.85	0.65 ~ 0.7	0.8 ~ 1.0
	压实密度/(g/cm^3)	1.5 ~ 1.9	1.5 ~ 1.8	—	—	—	—	1.4 ~ 1.8
	比表面积/(m^2/g)	1.5 ~ 2.7	0.9 ~ 1.9	0.5 ~ 2.6	2 ~ 3	—	6 ~ 16	1.0 ~ 4.0
	粒度 $d_{50}/\mu m$	15 ~ 19	14.5 ~ 20.9	10 ~ 20	7.5 ~ 14	8 ~ 12	0.7 ~ 12	13 ~ 19
电化学性能	实际比容量/$(mA \cdot h/g)$	350 ~ 363.4	345 ~ 358	300 ~ 354	230 ~ 410	235 ~ 410	150 ~ 155	400 ~ 650
	首次库仑效率/%	92.4 ~ 95	91.2 ~ 95.5	>92	81 ~ 89	83 ~ 86	88 ~ 91	89 ~ 94

（3）隔膜与电解液

影响锂离子电池安全性能的因素还包括隔膜、正负极活性物质的颗粒尺寸、表面 SEI 膜等。隔膜本身是电子的非良导体，但需容许电解质离子的通过，隔膜材料必须具备良好的化学性能、电化学稳定性和力学性能，以及在反复充放电过程中需对电解液保持高度的浸润性。

良好的 SEI 膜可以降低锂离子电池的不可逆容量，改善循环性能、热稳定性，在一定程度上有利于减少锂离子电池的安全隐患。

电解液在锂离子电池的正、负极之间起着运输 Li⁺的作用，电解液与电极的相容性直接影响电池的性能，电解液的研究开发对锂离子二次电池的性能和发展非常重要。从电池的安全性方面考虑，要求电解液具备良好的热稳定性，在电池发热产生的高温条件下保持稳定，整个电池保持不发生热失控。

8.2.2　电池生产制造过程中的安全性影响因素

电池的安全性很大程度上是由制造过程的缺陷引起的，其中影响安全的因素有极片的制造精度、极片及极耳毛刺的产生与控制、电芯的松紧程度、灰尘的引入与极片吸水、极片工艺不良引起的膨胀等。因此，减少或避免制造过程中产生的缺陷是锂离子电池生产环节控制的重点。

电池生产制造过程中安全性影响因素见图 8-6。

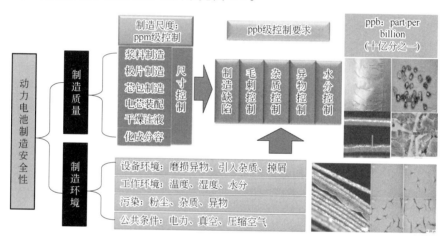

图 8-6　电池生产制造过程中安全性影响因素

（1）制造质量对安全性的影响

制造质量对安全性的影响因素主要体现在浆料制造、极片制造、芯包制造、电芯装配、干燥注液、化成分容六个方面。

1）浆料制造

首先，正负极活性物质的配比关系到电池使用寿命和安全性能，尤其是过充电性能。正极容量过大将会影响金属锂在负极表面沉积，负极容量过大会导致电池的用量损失。为了确保电池的安全性，一般原则是考虑正负极循环特性和过充时负极接受锂的能力，而给出一定设计余量。

其次，浆料的均匀度决定了活性物质在电极上分布的均匀性，从而影响电池的安全性。制浆时间过短，浆料不均匀，电池充放电时会出现负极材料膨胀收缩比较大的变化，可能出现金属锂的析出。而制浆时间过长，浆料过细，会导致电池内阻过大，增加发热量。

再次，温度和时间是影响涂布质量的重要因素，加热温度过低或者烘干时间不足会使溶剂残留，黏结剂部分溶解，造成一部分活性物质容易剥离。温度过高可能导致黏结剂结晶化，活性物质脱落导致内短路。

制浆工艺不良造成的表面团聚体颗粒如图 8-7 所示。

图 8-7　制浆工艺不良造成的表面团聚体颗粒

2）极片制造

涂布厚度的不均匀影响锂离子在活性物质中的嵌入和脱出，容易导致极片各处的极化状态不同，金属锂可能在负极表面沉积产生枝晶，导致内短路。另外涂布厚度太薄或者太厚会对后续的极片轧制工艺产生影响，不能保证电池极片的性能一致性。

涂布尺寸过小或者过大可能导致电池内部正极不能完全被负极包住，在充电过程中，锂离子从正极嵌出来，移动到没有被负极完全包住的电解液中，正极实际容量不能高效发挥，严重的时候，在电池内部会形成锂枝晶，容易刺穿隔膜导致电池内部短路。

辊压工艺不良，将造成极片表面颗粒分布不均，影响导电剂的分布状态，可能造成后续的工艺中极片颗粒脱落，从而影响电池的电化学性能及安全性能。极片辊压边缘褶皱及极片未干透区域辊压裂纹如图 8-8 所示。

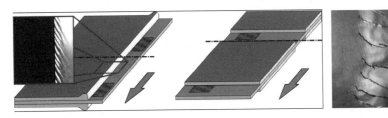

图 8-8　极片辊压边缘褶皱及极片未干透区域辊压裂纹

3）芯包制造

极片在加工极耳、分切时产生的金属杂质以及毛刺，在卷绕或叠片过程中可能会刺穿隔膜，导致电池内部短路，引起电化学反应产生大量的热，导致起火以及爆炸的安全风险，图 8-9 为极片分切时产生的毛刺及波浪边。

在卷绕工艺时，将正、负极片和隔膜卷绕在一起，形成卷绕体，组成电池的内芯，是锂离子电池生产的核心工序，决定了电池的安全和质量。生产过程中极片切断后的毛刺、极耳的对齐度、卷绕体绝缘性能、正负极片和隔膜的相对位置以及它们的长度与宽度，对锂离子电池的安全性能有决定性作用。

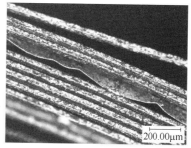

图 8-9 极片分切时产生的毛刺及波浪边

电池叠片方式是将正负极极片、隔膜裁成规定尺寸的大小，随后将正极极片、隔膜、负极极片叠合成小电芯单体，然后将小电芯单体叠放并联起来组成一个大电芯。叠片工艺相对卷绕工艺而言较为复杂，其极片分切合格率相对较低。对于卷绕式电芯来说，极片只需要开头和结尾两刀，而叠片式电芯中每个极片都要切两刀，其极片的质量（如断面、毛刺、极耳对齐度、正负极片和隔膜的相对位置等）很难保持高度的一致性，影响着锂离子电池的安全性能。

在正常情况下，隔膜纵向要比正、负电极长，负极纵向要比正极长，这样隔膜就可包住电极，防止纵向正、负极直接接触；负极中的石墨需要吸纳来自正极的 Li^+，如果负极比正极短，那么来自正极的部分 Li^+ 无法被负极吸纳，将堆积成锂枝晶析出，最终将刺穿隔膜，造成内部短路。正、负极之间的隔膜如若破损或受热收缩，正、负极就有可能直接接触，造成内部短路。若正、负极的金属箔直接接触，由于金属箔本身的阻抗很小，将导致内部短路时的电流很大，电池将产生发热、膨胀，甚至爆裂。一般情况，负极和隔膜、负极和正极的尺寸差为 2~3mm，而且随着比能量要求提高，这个尺寸差还不断减小。因此，对极片尺寸精度要求越来越高，否则电池会出现严重的品质问题而影响安全性能。

电极材料充放电过程中的膨胀以及电芯结构厚度不均衡、隔膜收缩、电芯内部转角处极片层与层之间的间隙过小等因素，都会导致电芯的变形。在电芯卷绕过程中要控制卷绕张力波动范围，保持电芯内部极片层与层之间距离，使得电极各部分膨胀有足够的空间，从而减弱电芯变形。

4）电芯装配

在电芯的装配阶段中，能否完美地结合电池厂家的工艺要求，以及能否实现高效稳定的电芯装配，是电芯生产实现量产化的极为重要的一环。其主要包括电芯入壳（电芯装入钢壳的过程）、电芯点底焊（电芯底部极耳与钢壳焊接的过程）、电芯钢壳辊槽（外壳实现凹陷，让电芯稳固于外壳内部）、电芯焊盖帽（将极耳与盖帽焊接在一起的过程）、电芯封口（对外壳采用封口处理）、电芯清洗及套膜（清洗外壳杂质，通过绝缘包装，减少电池的正极与负极外露接触面，提高安全性）。整个过程中需按照工艺指导书进行作业，并进行严格的质量管控，避免焊接过程中产生虚焊（正/负极片与极耳间、正极极片与盖帽间、负极极片与壳间等）、掉粉、隔膜损伤、毛刺未清理干净等现象，避免因此而产生安全隐患。

连接片焊后 3D 视觉的高精度检测示意图见图 8-10。

5）干燥注液

注液工序是往电池中灌注电解液，再将注液孔密封的过程。电池在注液前需要进行高温真空干燥，彻底排除内部的水分，并对真空干燥的温度、时间等进行管理。应注意对注液量及预化成条件加以控制及注液孔焊接后的密封（焊接）状态的检查。其注液量不足，将引起电池容量偏低、内阻偏大及膨胀等问题。注液量过多，电解液在预化成时易溢出注液孔，造成注液孔密封（焊接）时容易产生焊接小孔、裂缝等问题，从而影响电池的安全性能。电池中电解液的分布状态如图 8-11 所示。

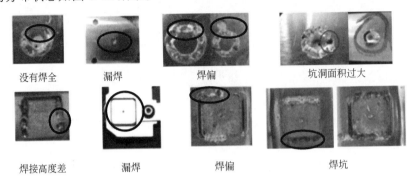

没有焊全　　　漏焊　　　　焊偏　　　　　坑洞面积过大

焊接高度差　　漏焊　　　　焊偏　　　　　焊坑

图 8-10　连接片焊后 3D 视觉的高精度检测示意图

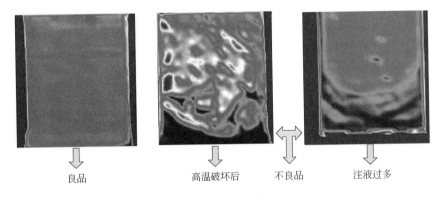

良品　　　　　　高温破坏后　　不良品　　注液过多

图 8-11　电池中电解液的分布状态

6）化成分容

化成是对注液后的电芯进行激活的过程，通过充放电使电芯内部发生化学反应形成 SEI 膜（SEI 膜：是锂电池首次循环时由于电解液和负极材料在固液相间层面上发生反应，所以会形成一层钝化膜）。化成步骤中 SEI 膜的生成质量直接决定了电池的循环性能和安全性能，影响其嵌锂稳定性和热稳定性。影响 SEI 成膜的因素包括负极碳材料、电解质和溶剂的类别，化成时的电流密度、温度及压力等参数的控制，通过对材料的适当选择、化成工艺的参数调整，可以提高生成的 SEI 膜质量，从而提高电芯的安全性能。

SEI 膜的破裂导致锂枝晶的形成示意图如图 8-12 所示。

图 8-12　SEI 膜的破裂导致锂枝晶的形成示意图

（2）制造过程中的环境控制对安全性的影响

环境控制主要体现在设备运行环境、生产时的工作环境、生产过程中的污染状况、生产提供的公共条件等。设备运行环境包括是否有磨损与掉屑产生的异物或者杂质卷入电芯中；生产时的工作环境包括温度、湿度、压力等；生产过程中的污染状况包括粉尘、杂质、异物等；生产提供的公共条件包括设备运行的电力供应是否稳定、压缩空气源供应是否稳定，从而影响设备的运行，导致电芯制造不良，从而产生安全隐患。图 8-13 为金属异物导致电池内部短路的原理示意图。

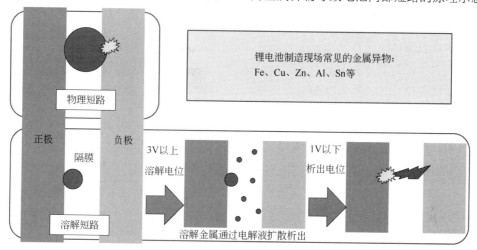

图 8-13　金属异物导致电池内部短路的原理示意图

8.2.3　使用与滥用过程中的安全性影响因素

电池在用户实际使用的工况中，存在着许多滥用的情况，如充放电不良（过充过放）、环境温度过热、其他滥用（针刺、挤压、内短路）等。过充会造成正极活性材料晶体塌陷，锂离子脱嵌通道受阻，从而使内阻急剧升高，产生大量热量，同时也会使负极活性材料嵌锂能力降低而产生锂枝晶造成短路的后果。环境温度过热会造成锂离子电池内部一系列链式化学反应，包括隔膜的熔解，正、负极活性材料与电解质的反应，正极、SEI 膜、溶剂分解，嵌锂负极与黏结剂的反应等。针刺、挤压都是在电池局部造成内短路，在短路区聚集大量热而造成热失控的影响。滥用过程造成的热失控触发如图 8-14 所示。

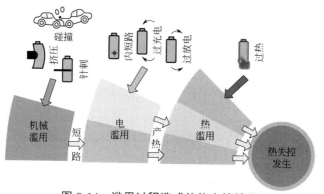

图 8-14　滥用过程造成的热失控触发

8.3 电池制造安全控制与管控体系

随着储能电池应用的不断加深，单体电池向着大型化、易成组的方向发展，在这一过程中，单体电池的制造技术尤为重要，提高产品一致性，从而使电池成组后的安全性更高、寿命更长、制造成本更低，将是未来锂离子电池制造工艺的发展方向。对此，需进一步开发生产高效的自动化设备，研发高速连续稳定的合浆、涂布、辊切制片、卷绕/叠片技术；开展精密智能的自动测量及闭环控制技术研发，提高电池生产过程中的测量技术水平，实现全过程实时动态质量检测与全工序内以及全线质量闭环控制，保证产品的一致性与可靠性；开发自动化物流技术，实现工序间物料自动转运，减少人工的干预；打造电池制造过程中的智能化追溯体系，对整个工艺过程可实施有效追溯。接下来将对制造过程中的安全影响因素控制及核心控制要点进行叙述。

8.3.1 电池制造安全因素控制

制造过程安全控制，包括对水分、毛刺、灰尘等外界环境因素的控制，以及对极片各方面的保护控制，其贯穿电池制造全过程。如制浆过程中，浆料加料的精度、加料过程当中混入杂质、加料输送过程的沉降等因素；极片制造过程中，极片的厚度、尺寸、辊轧分条尺寸等因素；芯包制造过程中，模切、叠片、卷绕、毛刺、对齐等因素；装配过程中，虚焊、超声波焊接过程掉粉等因素。这些因素均将影响电池的安全性能。

实验表明，在电芯生产过程当中，电芯经过两次以上超声波焊接后，拆解电芯的时候发现内部有很严重的掉粉问题，而现在很多电池在连接过程中都用到了多次超声波焊接。若产生的粉尘未有效地管控，流入电池内部后，存在很大的安全隐患。另外，在化成分容时，电流的精度、时间、化成制度的不同，都会导致电池安全隐患。

如今随着制造技术及工艺水平的进一步发展，未来的电池制造需要达到极限制造标准，其中最为重要的就是把电芯的随机缺陷从 ppm（百万分之一）级提升到 ppb 级（十亿分之一），提升三个数量级。这需要在电芯制作过程中，采取更加优良的制造工艺及运行稳定的制造设备，还需采取精密的质量管控与检验措施。

8.3.2 电池制造安全控制核心要点

制造安全性的定义为电池制造过程引入的电池不安全性或不安全因素。电池设计安全是一个理想的条件，本质上所有电池本身在没有诱发条件下电池材料、设计、结构等都是安全的，电池不安全因素是由制造精度、制造缺陷、滥用导致的。其中 60% 以上的不安全因素是由使用的缺陷和制造导致，而导致电池不安全的本质是电池原理和制造缺陷所致。故制造过程对电池的安全性能影响重大，以下将从六个方面阐述电池安全控制的核心要点。电池制造安全控制核心要点如图 8-15 所示。

尺寸控制：涂布厚度，卷绕、叠片对齐等
设备控制：涂布卷绕张力、速度，焊接缺陷等
水分控制：制浆、组装、注液、化成
毛刺控制：分切毛刺、卷绕划伤
粉尘控制：分切、卷绕、组装粉尘
极片保护：分切、卷绕、叠片、组装

图 8-15 电池制造安全控制核心要点

（1）尺寸控制

电芯尺寸控制主要体现在涂布厚度、卷绕工艺、叠片对齐度等。涂布工艺中涂辊转动带动浆料，通过调整刮刀间隙来调节浆料转移量，并利用背辊或涂辊的转动将浆料转移到基材上，按工艺要求，需控制涂布层的厚度以及均匀性，可采用涂布型激光测厚仪对涂布厚度进行测量。在卷绕与叠片工艺中，增加设备对极片纠偏的精度，通过 CCD 系统精密检测极片的位置度并实现闭环调节，从而提升电芯的对齐度。

（2）设备控制

设备运行的稳定性与可靠性对于电芯的制作至关重要，在电芯的制作过程中，需要精确控制极片与隔膜的张力，避免极片与隔膜的断带。张力过大，会导致充放电极组内部应力过大，极组扭曲，影响电池的充放电性能与电池厚度；而张力太小，又影响极组的对齐度。因此，设备需设有精密的张力控制机构，提升张力控制能力。设备中与电芯极片接触的材料或间接接触的材料（如卷针、过辊、拉手等），需要防止其材料的脱落，造成锌、铜、镍等元素对电芯的污染。

在追求更高的电芯制作效率时，需提升设备的运行速度，速度过高，将会导致断带的发生，从而影响电芯的制作。高效的运行速率需要设备综合性能的提升，如通过优化设备的结构与布局，提升来料的质量与精度，优化装配工艺等方面来提升设备的综合性能。另外，对电芯进行焊接时，应确保焊接质量，避免虚焊、漏焊等焊接不良状况的发生。

（3）水分控制

极片制造过程中吸入的水分会与锂盐反应生成腐蚀性很强的氢酸，将正极活性物质或杂质溶解，溶解出的金属离子在低电位的负极析出，逐渐生长成枝晶，形成内短路。因此在锂离子电池生产过程中，需要保证原料的纯度，严格控制电池制造过程中的环境湿度，防止水分混入。其中水分控制的关键过程为制浆、组装、注液、化成。

（4）毛刺控制

极片毛刺是指极片冲切所产生的断面基材拉伸和弯曲。行业内对极片毛刺的普遍标准是 $V_h \leq 15\mu m$（以集流体表面为基准），$V_k \leq 15\mu m$（以极片边缘为基准）。在极片和极耳的分切过程中要严格控制切刀的状态，以减小毛刺的产生。或者采用新型的分切技术，如利用极片激光切割机或激光极耳成型机的制片效果远比刀模极片冲切机、极耳焊接机等要好，其毛刺小且速度快。

目前行业里针对制片过程的毛刺的标准，毛刺是可以超出涂覆层的，这个标准不能满足高安全的品质需求，针对毛刺的标准，提升至不超出极片涂覆层。

（5）粉尘控制

锂离子电池生产过程中，配有专门的刷粉、吸尘装置对粉尘进行清除，可有效地解决粉尘的不良影响。如采用进口真空吸盘式自动机械手从料盒中取放极片，避免了极片制作过程中人手与极片的直接接触，减少了极片的掉粉。

（6）极片保护

极片作为电芯的重要组件，在制作过程中应避免受到损伤，具体体现在分切、卷绕与叠片工艺时极片不被划伤、褶皱、污染、掉粉等。制造方法与工艺手段对极片造成毛刺或划伤应控制在锂离子电池制造工艺规定的范围内，同时设备应具备防止电芯变形的功能，且在组装过程中避免碰伤与压折。

8.3.3　电池制造安全管控体系

（1）电池制造数据体系化管控

工业大数据是指在工业领域中，围绕典型智能制造模式，整个产品全生命周期各个环节所产生的各类数据及相关技术和应用的总称。工业大数据技术是使工业大数据中所蕴含的价值得以挖掘和展现的一系列技术与方法，包括数据采集、预处理、存储、分析挖掘、可视化和智能控制等。工业大数据技术的快速发展得益于高速发展的互联网信息技术和传感器技术，成本不断下降的存储技术，以及不断创新和优化的软件算法。

采用设备大数据进行设备监控的架构是通过传感技术先实时采集设备上的共有特性（如使用电流、电压、变形量等），再通过软件对连续数据的分析和处理，得到相应结果。对于数据显著和关键的差异再通过进一步分析与测试，从而确诊故障点和实施故障解决。将采样周期设定得足够短（达到秒级采样周期），就可以得到更加精准的实时数据。大数据设备监控模型的框架是由基础采样单元，对产线设备、辅助设备、过程数据、环境数据、物料数据进行采样，并对数据进行建模与分析，输出相应的数据报告，通过数据报告指导制造过程中的工艺优化与诊断决策。安全数据管理体系如图 8-16 所示。

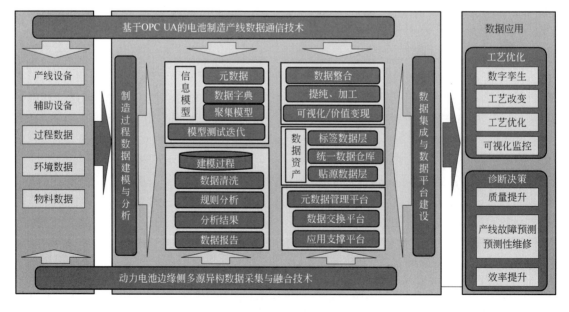

图 8-16　安全数据管理体系

（2）电池安全管控的追溯体方法

生产制造过程中，通过数字化监控管理系统，将生产、质检等分散在不同模块中的数据按生产工艺路线有效组织起来，实现从原料投料到成品入库的全生产过程物料跟踪，实现产品信息的有效追溯。

实际生产制造中，每一个电芯单体都具有一个单独的二维码，记录着制造日期、制造环境、性能参数等。配合强大的追溯系统可以将任何信息记录在案，如后续出现异常，可以随时调取生产信息。同时，这些大数据可以针对性地对后续改良设计做出数据支持及品质原由追溯与判断。数字化制造过程追溯原理如图 8-17 所示。

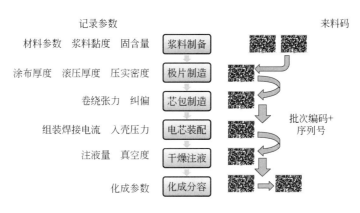

图 8-17　数字化制造过程追溯原理

① 浆料制备。浆料制备工序中，将浆料的相应参数进行记录，如材料参数、浆料的黏度、固含量等，并将记录信息生成相应的批次信息。当浆料存入半成品库时，系统把浆料的批次号传送到半成品库（可进行扫码入库）。半成品库中控制系统则将浆料的批次号与货位相关联。当浆料出库时即可知道出的是哪个批次的浆料，并且清楚浆料的数据信息，可有效地同下一道工序（极片制备）的物料追溯联系起来。

② 极片制备。极片制备时，系统可以有效追溯浆料的来源信息，当某一批次的极片出现问题的时候，可以按生产批次检索直接追溯到浆料批次。同时极片制备过程中，在系统中录入极片涂布的厚度、辊压的厚度、压实密度等信息。当工序制品存入半成品库时，系统将对应的极卷批次号传送给半成品库管理系统，使之与存储货位相关联。出库时可清晰地知道浆料的批号，后续工序时可查看相应极片数据。

③ 芯包制备。对于芯包制备来说，投入的辅料批次号、正极极卷批次号、负极极卷批次号都可直接从系统模块中获取。当某一批次的电芯出现问题的时候，可以按照产出品电芯的生产批次检索查询，往前追溯到正、负极极卷和辅料的批次号，进而可以追溯到原料的生产信息。同时在芯包制备过程中，录入并上传生产过程中的卷绕张力、纠偏信息、极片与极耳对齐度、极片长度等信息，方便后续追溯。

④ 电芯装配。电芯装配过程中，从系统中可读出壳体辅料、电芯的批次号，当某个单体电池出现问题时，可通过批次号往前追溯问题的根源，并在系统中录入电芯组装焊接电流、入壳压力等信息，方便后续追溯。

⑤ 干燥注液。干燥注液工艺时，可通过系统进行来料数据信息分析，并在系统中录入注液量、真空度等信息，方便下一工序对来料进行追溯与数据分析。

⑥ 化成分容。受电池生产工艺的制约，单体电芯在生产出来后，其电压、电流、内阻、容量等参数一致性并不高。因此，就需要化成分容工艺来确保电池组电芯的均一性。同样在化成分容工艺中，在系统中录入并上传化成的相应参数，这样整个单体电芯的身份信息可通过系统方便地查看与导出。对每个生产流程节点进行质量控制与监控，从而实现从生产到计划，从物料到成品的双向正反追溯。

（3）体系化安全管控的原则

电池企业的安全管控，应先订立整体的流程架构，再设立具体的管控措施，实现一个 PDCA 的闭环流程（安全生产管理体系结构如图 8-18 所示）。安全体系在理念体系形成后，需要完善的安全管理制度体系支持才能将理念变为系统的行为要求。通过安全责任制的建立，及精细管理、技术支持、监督检查、绩效考核等环节的配合，在制度层面实现安全工作闭环管理，将安全理念变成一系列可执行的办事规程和行为准则。整体的安全管理原则可分为以下几点。

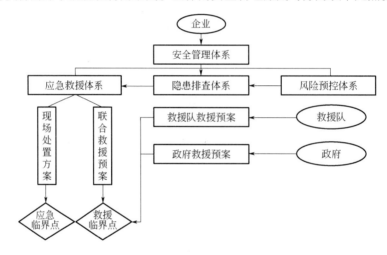

图 8-18 安全生产管理体系结构

① 风险预防与控制。安全管理的对象是风险，对风险的管理应考虑事前、事中和事后等阶段。管理体系的框架、每个要素的设计都是基于风险而设计，基于风险的原则指明了安全管理的方向，即从企业现场实际出发，找出存在的各种危险源，辨识危险源可能引发的风险，并针对这种预知风险采取一定的预防管控措施，安全管理的方向就是管理风险。

② 精细的过程管理与严格的安全标准。要使安全工作得到提升，就要对安全工作的各个环节加强控制，运用精细管理的思想深入细化每个工作步骤，通过事前制定标准，事中过程控制，事后评价考核，实行对企业安全生产的全过程、全要素、全方位的管理与控制。总结安全工作的经验教训，按照不同人员、不同部门、不同岗位对安全的防范措施，明确规定其具体的职责范围。要坚持运用精细化管理方法，将安全工作一步步向科学管理推进，推动整个企业安全管理工作的不断发展。并建立及时的反馈与处理渠道，具备应急处理措施。另外，

需建立严格、清晰的安全标准，避免模糊不清及错误操作。

③ 系统性。各环节之间通过输入、输出存在着复杂的联系，并且相互作用，构成一个整体。对于安全管控，需要从整体上与多角度考虑问题，应实现各部门系统化，避免各部门独立做事。

④ 全员参与。体系的实施不仅是安全部门的事，它强调的是专业管理和全员参与，公司应通过适宜的资源配置以提升本质安全化程度，对于无意识的不安全行为，为确保人员的技能与安全意识，需提供相应培训。

⑤ 安全法规。现代安全管理的底线是国家法律法规、行业标准规范、企业规章制度。企业安全管理一定要有敬畏心理，牢守法律、法规这条底线，并坚决不触碰。

⑥ 持续改进。动态管理、持续改进的原则，永远是安全管理的主流，管理在动态过程中不断提升，并设立相应的安全管理绩效，制造一个重视安全的良好文化氛围。通过行业技术水平和工艺水平的不断创新与提升，做好行业科普与正面宣传引导，推动产业高质量、可持续发展。

第 **9** 章
先进储能电池制造能耗管控

9.1 能耗管理的作用及意义

9.1.1 能耗管理概述

储能电池制造本身对能源的消耗非常大，不仅不利于节能环保，而且对电池的制造成本产生不少影响，因此合理有效规划、管理和控制储能电池制造的能源消耗，既是节能环保的要求，也是降低储能电池制造成本与提升市场竞争力的重要手段。

能耗管理是对能源的生产、分配、转换和消耗的全过程进行科学的计划、组织、检查、控制和监督工作的总称。内容包括：制定正确的能源开发政策和节能政策，不断完善能源规划、能源法规、能源控制系统，安排好工业能源、生活能源的生产与经营；加强能源设备管理，及时对制冷设备、环境设备、各类电器等进行技术改造和更新，提高能源利用率，实行能源定额管理，计算出能源的有效消耗及工艺性损耗的指标，层层核定各项能源消耗定额，并通过经济责任制度和奖惩制度把能源消耗定额落实到车间、班组和个人，督促企业达到能耗先进水平，定期检查能耗大的重点项目和重点设备，不断对能源有效利用程度进行技术分析，建立健全能源管理制度，形成专业管理与企业全员参与相结合的能源管理网，教育职工树立节能意识，并不断加强对能源消耗的计量监督、标准监督和统计监督。

9.1.2 国内外制造业能耗监控发展现状

2020 年 9 月，习近平总书记在联合国提出我国力争 2030 年"碳达峰"、2060 年"碳中和"的目标（概念图见图 9-1），为我们贯彻新的发展理念，促进能源消耗监控与管理提供了根本遵循原则。在"双碳"目标导向下，展望"十四五"新能源发展态势，加快构建以储能电池为主体的新能源动力系统，是汽车工业促进自身碳减排、支撑全社会碳减排的必由之路，是储能电池高质量发展的必然选择，而储能电池制造作为新能源动力系统的最前端产业，其制造能耗的监控与管理，对储能电池的绿色制造、成本降低、推广运用具有十分重要的作用。

国外，经历了工业时代的人们有着更好的节能减排意识。能耗监控信息系统已经得到了广泛的应用，最早开始于 20 世纪 70 年代，发展到现在已经具有较高的技术水平。现在能耗监控信息系统已经广泛应用于各种大型钢材、电力等高能耗流程企业。美国福特公司很早就在其各大分厂建立了能耗信息体系，改善能耗监管水平，通过加强管理与能源审计，提高能源的利用率，以此来增强公司的综合竞争实力，提升公司产品的市场竞争力。美国 RTI 钢

图 9-1 "双碳"目标概念图

材公司最早于 1999 年采用了新的电力信息系统，通过系统的部署应用，企业电力能源得到了合理的优化，大大降低了能耗成本。法国最大制药公司赛诺菲·安万特的生产车间、德国斯派克（SPECTRO）、西班牙铝轮辋厂（AKRONT）、印度汽油裂解厂等大型企业都通过采用先进的能源管理系统（EMS）来加强能耗的信息化管理，降低企业能耗值，增加单位能耗的产值，提高企业的综合竞争实力。

国内，能耗信息化管理研究起步较晚，最早开始能源系统应用的是宝钢，该企业在其一期工程的建设中，就从日本引进了当时很先进的第一代集中式能源管理系统，通过不断改进与完善，在三期工程的建设中，采用了更为先进的信息系统。通过学习借鉴宝钢的能源管理经验，国内多家大型钢材企业也开始加强本企业能源管理系统的研发，以此来提高企业的综合竞争实力，如鞍钢、梅钢等。随着计算机技术的普及和企业对信息化能源管理的重视，各大行业都开始了能源管理系统的研究与应用，包括汽车制造、电力、纺织等行业，能耗管理与节能减排意识得到不断加强。

9.1.3 储能电池制造能耗管理的价值

能耗是储能电池制造成本的主要部分之一，对能耗进行有效管控有助于储能电池制造企业能源的节约和合理利用，降低储能电池的生产成本，有利于储能电池企业经济效益的增长，在能源资源价格不断上涨时保持竞争力。储能电池制造过程中完善能耗管理系统，能够有效对储能电池制造过程中的能耗信息进行采集、存储、管理和利用，便于获得第一手储能电池制造过程中各工序能耗的实时数据，实时了解企业的能源需求和消耗状况，实时掌握系统运行情况，及时采取调度措施，使系统尽可能运行在最佳状态，使能源的合理利用达到一个新的水平，将储能电池制造能耗降到最低。

储能电池制造过程中减少能源管理环节，优化能源管理流程，建立客观能源消耗评价体系，可实现在信息分析基础上的能源监控和能源管理的流程优化再造，实现能源设备管理、运行管理，有效实施客观的以数据为依据的能源消耗评价体系、绩效考核，减少能源管理的成本，提高能源管理的效率，及时了解真实的能耗情况和提出节能降耗的技术与管理措施，减少能源消耗，提高供能质量，通过降低储能电池制造过程中的能耗实现储能电池制造成本

的降低。

储能电池制造能耗的管理，有利于推进国家能源方面法律法规、政策、标准和其他要求的实施，为国家节能减排做出贡献，为储能电池企业树立良好的社会形象。储能电池企业建立能源管理体系标准能够有效地将企业现有的能源管理制度与能源有关的法律法规、能源节约和鼓励政策、能源标准，如能效标准、能耗限额标准、计量和监测标准等，以及其他的能源管理要求有机结合，形成规范合理的一体化推进体系，使组织能够科学地强化能源管理，降低能源消耗和提高能源利用效率，促进节能减排目标的实现。

9.2　储能电池制造能耗

电动汽车（BEV）是指以车载电源为动力，用电机驱动车轮行驶，符合道路交通、安全法规各项要求的车辆。由于对环境影响相对传统汽车较小，其前景被广泛看好，但当前技术尚不成熟。在中国政府的大力推动下，国内电动汽车迅速发展，相比于传统的燃油汽车，电动汽车具有诸多优势，例如加速性能好、行驶安静、"零排放"等，因此不仅仅在中国，在全世界范围内，电动汽车的市场份额都在快速增加。据相关机构预测，全球电动汽车的销量在2030年将达到2.3亿辆，随着电动汽车的大规模普及，在2030年，可以使温室气体排放量相比于2005年减少20%～69%。

虽然电动汽车不会直接排放有害气体和污染物等，但是实际上在电动汽车的生产和使用过程中仍然会间接产生一定污染，例如电动汽车所用的储能电池在生产过程中需要消耗大量的能源，在电动汽车使用过程中还需要对储能电池进行充放电，这些都会消耗能量，从而间接产生污染物的排放。

在储能电池的生产过程中，主要能耗发生在正、负极材料生产，电极涂布后的烘干过程和电池生产过程中干燥间干燥机组运行等过程。目前电动汽车主要分为三大类：混合动力汽车、插电式混合动力汽车和纯电动汽车。这些汽车内都包含众多的储能单体锂电池，例如日产 leaf 电动汽车的 24kWh 电池模块，就包含 192 只单体电池，重达 640 磅（1 磅 = 453.59g），ChevroletVolt 的 16kWh 电池模块，包含 288 只电池，重达 435 磅，锰酸铁储能锂电池各成分的占比（质量分数）如图 9-2 所示，如此众多的储能锂电池在生产过程中必然要消耗大量

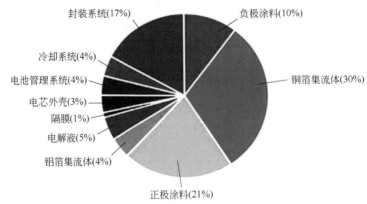

图 9-2　锰酸铁储能锂电池各成分的占比（质量分数）

的能源，但是以往估算动力储能电池组的生产能耗中，由于缺乏直接的工厂数据，生产过程中的能耗往往是通过估算进行的，因此得出的数据也有很大的差异。

美国凯斯西储大学的 Chris Yuan 直接从 Johnson Control Inc.公司采集了生产数据，基于工业生产过程对 24kWh 储能锂电池组的生产能耗进行了分析。24kWh 储能锂电池模块的生产能耗主要分为三大部分：电池材料的生产消耗 29.9GJ 能量，储能锂电池的生产消耗 58.7GJ 能量，电池组的组装消耗 0.3GJ 能量。

9.2.1 生产过程中的能耗

动力电池生产制造工序图如图 9-3 所示，主要包含合浆、涂布和烘干、分切、电芯卷绕、电池装配以及注液和化成等过程，其中能耗比较高的部分主要是极片的烘干过程和电池生产过程中电芯干燥间的干燥机组运行成本，例如一个可以每天生产 400 只电池的干燥间，干燥机组和储能电池生产设备的运行功率达到 64.8kW。

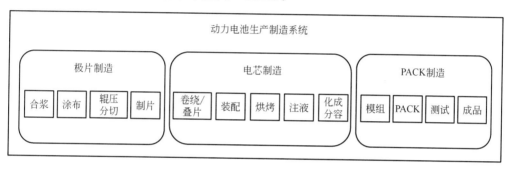

图 9-3 动力电池生产制造工序图
装配包括极柱连接、芯包入壳、封口、封焊/热封等工序

美国阿贡国家实验室研究了 32Ah 锰酸锂（LMO）/石墨电池，其各制造工序能耗如表 9-1 所示，由于长时间的加热和废气冷却，最高能量消耗工序是干燥和溶剂回收（约占总能量的 47%），另一个主要耗能是车间除湿（环境控制），消耗了总能量的约 29%，这主要是因为储能电池组装过程中的低水分要求必须控制环境湿度、温度。这些高能耗工序会导致大量温室气体排放，并使储能电池的环境友好程度降低。因此，储能电池制造中应考虑减少溶剂用量甚至避免使用溶剂，同时，提高干燥车间的生产效率以降低保持低水分含量的能耗占比。

表 9-1 储能电池各制造工序能耗表

工序	每个电芯的能耗/kWh	占总能耗的百分数/%
合浆	0.11	0.83
涂布	0.18	1.36
干燥	6.22	46.84
辊压	0.38	2.86
分切	0.71	5.35

工序	每个电芯的能耗/kWh	占总能耗的百分数/%
叠片	0.77	5.80
焊接	0.25	1.86
封口	0.69	5.20
化成	0.07	0.53
环境控制	3.9	29.37

从表 9-1 中可以看出，结合储能电池制造工序分析，在储能电池制造过程中能耗最大的两个工序是涂布（包含极片干燥）、电芯烘烤（环境控制）。涂布和电芯烘烤主要是对极片、电芯的干燥，将水分含量降低到电芯工艺标准要求以内。

（1）涂布能耗

涂布是通过使用涂布设备将流体浆料均匀地涂覆在集流体的表面并烘干成膜，制成电池膜片的过程。涂布机作为储能电池制造过程中必要的大功率设备，主要由放卷单元、涂布单元、烘箱单元、牵引单元、收卷单元、电气控制单元等部分组成，其主要能耗集中在极片干燥过程中，一般利用多节烘箱对涂覆活性材料进行干燥。干燥过程是否合理，直接关系到成品的质量、干燥过程的能耗、干燥时间的长短和生产的安全性。水分是储能电池质量和安全性能的天敌，因此在涂布过程中对极片的干燥是至关重要的，涂覆后的极片水含量高，烘烤时间长，烘烤温度控制精度要求高，同时还要考虑 N-甲基吡咯烷酮（NMP）溶剂的回收，所以在涂布过程中能耗是比较大的。

（2）电芯烘烤能耗

电芯烘烤就是通过控制烘烤设备的升温速率、温度、真空度、时间对装配入壳后的电芯去除水分的过程，从而保证电芯中的水含量达到设计要求。电芯需经过烘箱充分烘烤，将水分控制在一定范围内，才能加注电解液，电芯烘烤是电芯水分控制最关键的工序，严格控制电芯总的含水量对储能电池的安全和性能产生至关重要的影响，其实质就是要控制好电芯的烘烤。在储能电池电芯烘烤的过程中除了对湿度、温度的精准控制外，还需要保证在合理的真空度下进行，烘烤时间较长。由于烘烤的环境控制能耗极高，所以电芯烘烤过程是储能电池制造过程当中能耗最大的工序之一。

9.2.2 生产环境控制能耗

储能电池生产过程中对环境要求是非常严格的，由于储能电池内部是一个较为复杂的化学体系，所在生产环境中的水分、粉尘以及制造过程中所产生的金属异物都会对电池质量和寿命产生重要的影响，如果控制不好甚至会产生安全事故，同时环境温湿度对储能电池材料的化学性能也会产生重要的影响，如果储能电池生产环境的湿度大了，储能电池的湿度就会大，充电后水分会分解，电池内压就大，同时在注电解液的过程中，电解液中含有 $LiPF_6$，遇到水分时会产生氟化氢（HF）气体，造成鼓壳、影响厚度、SEI 膜形成不完整等问题。

另外，储能电池制造过程中化成本身是采用小电流充电方式对电池进行预充，主要是有助于形成稳定的 SEI 膜，从这个角度来说能耗是较小的，但是化成对环境要求非常高，温度会对 SEI 膜的形成产生重要影响，当电芯处于适宜温度环境时，形成的 SEI 膜较致密，而高温化成时，SEI 膜的生长速度较快，形成的 SEI 膜较疏松，不稳定；此外，环境湿度对储能电池化成也具有重要的影响，必须在合理的湿度下进行储能电池化成。正因为储能电池化成对环境要求较高，所以导致储能电池化成工序的环境控制能耗也会较大。

因此，在储能电池生产过程当中必须对环境实现精准控制，严格的环境控制要求，使环境控制设备不仅数量多，而且功率大，最终导致储能电池生产环境控制能耗的巨大。

9.3 储能电池制造能耗标准及评价方法

9.3.1 制造能耗标准

近些年，国家先后出台了《国务院关于印发<中国制造 2025>的通知》（国发〔2015〕28号）、《生态文明体制改革总体方案》（中发〔2015〕25 号）、《国务院关于印发"十三五"国家科技创新规划的通知》（国发〔2016〕43 号）等一系列重要政策文件，能源相关法律法规及其效力见图 9-4，为深入实施创新驱动发展战略、推进工业领域绿色发展、加强节能环保技术的推广与应用指明了方向。面对国家绿色发展和节能环保的新形势、新趋势、新要求，随着储能电池的广泛运用，尤其是新能源汽车在全国范围的普及，动力电池的使用量不断增加，储能电池制造能耗持续走高，如何在保障制造产品的质量和安全的同时，科学管理储能电池制造能耗，是我们应该予以考量的。储能电池制造能耗也已开始引起国际社会的广泛关注。

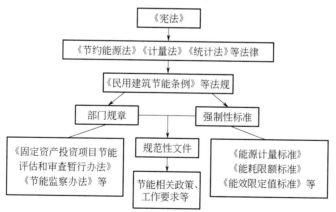

图 9-4　能源相关法律法规及其效力

我国是能源消耗大国，尤其是随着经济的快速增长，对能源的需求日益增加。因此必须坚持节约发展、绿色发展。2016 年，我国修订发布《中华人民共和国节约能源法》，旨在推动全社会节约能源，提高能源利用效率，保护和改善环境，促进经济社会全面协调可持续发展。新能源汽车是未来实现"电动中国"的主力军，而动力电池又是新能源汽车的心脏，新能源相对于传统能源来说，肯定是更环保、更绿色，而动力电池的制造是否符合节能环保呢?在储能电池的制造过程中是需要消耗大量能源的，特别是电量的消耗，由于储能电池制造工艺较为复杂，制造节序较多，储能电池制造过程中对能源的监控与管理是特别重要的，同时如何在保证储能电池生产效率和产品质量的同时，节约能源，不仅对储能电池制造企业来说具有重要意义，同时也对电池行业降低成本，促进储能电池行业的发展也具有重要意义。

"锂电智造，标准先行"，标准化是实现储能电池制造能耗降低的重要手段和途径。2015年，国务院办公厅发布《关于加强节能标准化工作的意见》，明确节能标准在提升经济质量效益、推动绿色低碳循环发展、建设生态文明中的重要地位，并提出了"到 2020 年，建成指标先进、符合国情的节能标准体系"的发展目标。2017 年 5 月，工业和信息化部发布《工业节能与绿色标准化行动计划（2017—2019 年)》，进一步推动工业节能与绿色标准的规范和引领作用。通过标准化的手段来实现储能电池制造的节能环保，与国家节能标准化战略是一致的，完全具备可行性。

目前，我国在能耗管理方面已发布多项国家标准，节能标准体系框架如图 9-5 所示，能耗管理相关的国家标准如表 9-2 所示，既包括《能源管理体系 实施指南》(GB/T 29456—2012)、《能源管理体系 要求及使用指南》(GB/T 23331—2020)、《合同能源管理技术通则》(GB/T 24915—2020)、《环境管理体系 要求及使用指南》(GB/T 24001—2016) 等能源及环保方面的共性基础标准，同时也包括《工业企业能源管理导则》(GB/T 15587—2008)、《综合能耗计算通则》(GB/T 2589—2020)、《用能设备能量测试导则》(GB/T 6422—2009)、《用能单位能源计量器具配备和管理通则》(GB 17167—2006)、《单位产品能源消耗限额编制通则》(GB/T 12723—2013)、《节能监测技术通则》(GB/T 15316—2009)、《用能单位节能量计算方法》(GB/T 13234—2018)、《企业能量平衡表编制方法》(GB/T 28751—2012) 等节能方法标准，从宏观层面构成了我国能耗管理的标准体系，为能耗管理的顶层设计奠定了良好的基础，对我国能耗管理具有重要的指导作用。

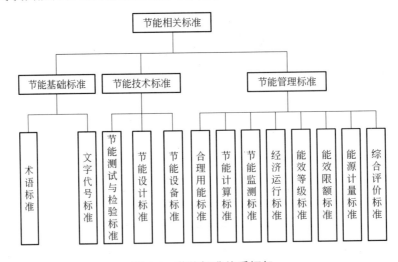

图 9-5　节能标准体系框架

表 9-2　能耗管理相关的国家标准

序号	标准号	标准名称
1	GB/T 29456—2012	能源管理体系 实施指南
2	GB/T 23331—2020	能源管理体系 要求及使用指南
3	GB/T 24915—2020	合同能源管理技术通则
4	GB/T 15587—2008	工业企业能源管理导则
5	GB/T 2589—2020	综合能耗计算通则
6	GB/T 17166—2019	能源审计技术通则
7	GB/T 6422—2009	用能设备能量测试导则
8	GB 17167—2006	用能单位能源计量器具配备和管理通则
9	GB/T 12723—2013	单位产品能源消耗限额编制通则
10	GB/T 15316—2009	节能监测技术通则
11	GB/T 13234—2018	用能单位节能量计算方法
12	GB/T 3484—2009	企业能量平衡通则
13	GB/T 28751—2012	企业能量平衡表编制方法
14	GB/T 2587—2009	用能设备能量平衡通则
15	GB/T 24001—2016	环境管理体系 要求及使用指南

通过在全国标准信息公共服务平台查询，目前还没有专门针对储能电池制造能耗方面的标准，相关领域的标准还属于空白阶段，储能电池制造能耗管控工作只能是在国家宏观层面的能耗管理相关的标准指导下开展，但储能电池制造具备其特殊性，应针对其特点对制造能耗进行专门性规范，宏观层面的能耗标准体系不能完全满足储能电池制造能耗管理的需要，储能电池制造能耗标准应在满足国家宏观标准层面的同时，重点针对储能电池制造过程中的重点耗能工段进行重点监控和规范，根据储能电池制造的特点对相关设备、环境等耗能较多的地方通过信息化、智能化能耗管理平台进行标准化监控和管理。

从上述分析当中可以看出，储能电池制造能耗方面的标准是十分匮乏的，但能耗管控的标准对储能电池制造又是必要的，对储能电池制造能耗的降低是十分重要的。因此应加快推动储能电池制造能耗标准的制定工作，尽早发布，引导储能电池设备能效管理科学发展，指导储能电池生产企业进行低能耗规范性生产，指导储能电池装备企业进行节能设计、绿色设计。储能电池制造能耗标准应从制造设备、制造工艺、生产环境、智能化监控等几个方面进行设计和规范。

9.3.2　制造设备的能耗控制标准

储能电池制造设备包括合浆、涂布、辊压分切、制片、卷绕/叠片、装配、烘烤、注液、化成分容、模组、PACK、测试等工序方面的设备，其中涂布、烘烤、化成相关设备能耗最大。

储能电池制造设备标准的能耗控制应结合储能电池制造工艺的要求，从设备的开发设计阶段进行研究，在电机的选择、电气配件的选型、电缆的布局等方面，在满足设备工艺生产要求的前提下，尽量从节能的角度去考虑。另外，设备有气密性要求的地方，应从机械结构上来提高气密性，尽量减少通过消耗能量的方式来实现。制造设备的能耗控制方面因素较多，总体的原则就是要从节省能耗的角度去实现储能电池制造设备的标准化设计、标准化制造、标准化生产、标准化管理，从而实现储能电池制造设备的能耗降低，储能电池制造设备的能耗控制标准规范如表 9-3 所示。

表 9-3　储能电池制造设备的能耗控制标准规范

序号	标准规范名称
1	储能电池设备能耗等级
2	储能电池设备能耗测试和计算方法
3	涂布机能耗控制规范
4	储能电池合浆系统能耗控制规范
5	辊压分切设备能耗控制规范
6	卷绕机能耗控制规范
7	叠片机能耗控制规范
8	电芯烘烤设备能耗控制规范
9	注液机能耗控制规范
10	化成分容机能耗控制规范
11	激光焊接机能耗控制规范
12	封口机能耗控制规范
13	模组组装设备能耗控制规范

9.3.3　制造工艺的能耗控制标准

在储能电池制造工艺中，涂布、烘烤、化成是能耗最大的三个工序。在涂布工艺过程中，应根据基材面密度、涂布极片面密度、涂覆尺寸、涂布速度、NMP 含量等提炼出最佳工艺参数，特别是涂布后极片烘烤的温度、风量等，在最佳工艺参数下使设备的利用率得到最大化，从整体上使设备的能耗得到降低；烘烤是储能电池制造过程中的能耗之首，由于储能电池中的水分含量对电池的质量和安全性有至关重要的影响，因此烘烤的标准化意义也十分重要，在烘烤工艺过程中，应根据电芯型号、烘烤前后的水分值等提炼出最佳的烘烤温度、真空度、烘烤时间，提高烘烤效率，使烘烤设备的能耗得到降低；化成是储能电池制造过程中非常重要的一个工序，化成的好坏会直接影响到电池的循环寿命、稳定性、自放电性和安全性等，在储能电池化成过程中，提炼出最佳控制温度、充电电压、充电电流、环境温度等工艺参数，实现储能电池化成工艺的标准作业，对能耗的降低具有重要作用。储能电池制造工艺的能耗控制标准规范如表 9-4 所示。

表 9-4 储能电池制造工艺的能耗控制标准规范

序号	标准规范名称
1	储能电池制造工艺能耗限额及计算方法
2	储能电池生产工艺能耗控制规范
3	涂布工艺能耗要求
4	储能电池合浆工艺能耗要求
5	辊压分切工艺能耗要求
6	卷绕工艺能耗要求
7	叠片工艺能耗要求
8	电芯烘烤工艺能耗要求
9	注液工艺能耗要求
10	化成分容工艺能耗要求
11	模组组装工艺能耗要求

9.3.4 制造环境的能耗控制标准

储能电池制造对生产环境要求非常高,特别是生产车间的温度、湿度、粉尘度,这些因素对电池的生产制造具有关键性影响,会影响最终电池的质量和安全性,甚至对电池的使用性能都会产生重要影响,因此在储能电池制造过中,必须对环境进行严格的标准化控制。对生产环境的高要求,能量的消耗也是巨大的,必须通过标准化的手段,制定储能电池各生产工序中的最佳环境指标,使储能电池的制造完全在标准化的车间环境下进行,实现对电池质量和性能的提高,储能电池制造环境的能耗控制标准规范如表 9-5 所示。

表 9-5 储能电池制造环境的能耗控制标准规范

序号	标准规范名称
1	储能电池生产车间节能技术要求
2	储能电池生产车间能耗评价规范
3	储能电池制造环境控制要求
4	储能电池制造环境能耗限额与能效等级
5	储能电池制造环境能耗计算细则
6	储能电池制造环境能耗测量方法
7	储能电池制造环境能耗数据收集与报告技术要求
8	储能电池制造环境能耗监控要求

9.3.5 能耗监控的智能化

储能电池制造能耗监控的智能化是产业发展的必经之路,作为储能电池制造领域数字化、智能化的重要组成部分, 能耗数据在能源管理、精益能效和节能减排中发挥着重要作用,对储能电池能耗监控的智能化以及云工厂等智能制造领域具有重要意义,因此储能电池制造能耗数据标准在储能电池制造能耗监控系统中处于基础地位,决定着能耗管理智能化的成败。制定储能电池制造能耗智能监控相关标准既要考虑满足储能电池智能制造未来的发展要求,也要考虑满足储能电池制造现状的需求;既要保证未来的能耗设备、能耗管理系统和能耗智能化服务能按照标准提供统一和规范的技术、产品和服务,又要保证解决目前广泛存在于储能电池制造企业的多样性和差异性带来的能耗数据采集、存储、传输、处理、分析和应用的瓶颈问题。遵循上述原则,在满足储能电池制造能耗智能化需求的前提下,将储能电池制造能耗智能化标准涉及的专业分为基础标准、技术标准、安全标准和工作标准 4 种类型,其体系结构见图 9-6。

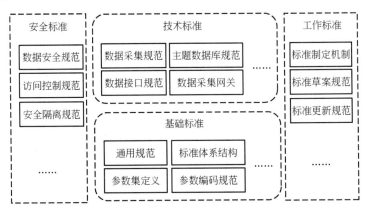

图 9-6 储能电池制造能耗智能监控标准体系

(1) 储能电池制造能耗的基础标准

储能电池制造能耗的基础标准的目的是定义储能电池制造能耗智能化标准体系结构和通用规范,指导后续技术标准、安全标准和工作标准的制定。在此基础上,提供储能电池制造过程中的能耗参数集定义、能耗参数编码规范、能耗参数表示规范和能耗参数分类定义等标准,解决能耗数据统一、规范的问题,为储能电池制造能耗管理系统集成、最终形成能耗数字资产奠定基础。

(2) 储能电池制造能耗的技术标准

储能电池制造能耗的技术标准的目的是定义储能电池制造能耗管理过程中必须遵循的一系列规范,支持储能电池制造能耗数据集成,为能耗数字资产的形成创造条件。诸如数据采集规范、能耗数据接口规范、能耗数据采集网关以及能耗主题数据库规范等。技术标准的建立,为解决储能电池制造企业大规模、异构和快速增长的能耗数据的采集、存储、传输、处理、分析和应用提供技术框架,指导储能电池制造企业开展能耗管理活动;为能耗设备生产厂商生产标准的能耗数据机制提供规范；支持能耗智能化厂商提供标准的能耗数据接口、能耗数据网关以及能耗主题数据库，确保能耗数据的共享，从而形成企业能耗数字资产，为智慧工厂、智能制造和云工厂的建设提供支撑。

（3）储能电池制造能耗的安全标准

储能电池制造能耗的安全标准针对储能电池制造能耗管理过程中所涉及的机密性、完整性、真实性和不可抵赖性等安全问题提出规范标准，保证安全措施与技术、设备和数据实现系统集成，为能耗管理提供安全保障。诸如数据安全规范、访问控制规范和安全隔离规范等。需要特殊说明的是，安全标准制定必须伴随基础标准和技术标准同时进行，才能真正在储能电池制造能耗管控过程中落地，服务储能电池制造产业。

（4）储能电池制造能耗的工作标准

储能电池制造能耗的工作标准针对储能电池制造能耗智能化工作过程的规范性、合规性和有效性制定规范，从程序上保证能耗数据采集、存储、处理、分析和应用工作的质量，同时，也保证储能电池制造能耗智能化标准的可扩展性、适应性和完整性。诸如标准制定机制、标准草案规范和标准更新规范等。

9.4 储能电池制造能耗评价方法

9.4.1 能耗评价方法类型

储能电池制造企业应根据行业特点确定本企业的能耗与节能指标体系，并应定期对储能电池制造车间能耗状况及其费用进行分析。各用能部门应对本部门管辖的主要耗能设备、工序的能源利用现状进行分析。挖掘节能潜力，采取节能措施，用于局部改进的列入储能电池制造企业的中短期计划，用于重大节能技术措施的列入长期计划。并把节能规划和发展生产、降低成本、防止公害结合起来。储能电池制造企业根据实际情况，选择以下分析方法。

① 统计分析方法。可根据本企业特点，运用数理统计方法对能耗有关数据进行处理，设计和绘制各种图表，用以对储能电池制造能耗状况进行经常性分析。

② 能源审计方法。以储能电池制造企业为体系，按《能源审计技术通则》（GB/T 17166—2019）及有关规定，采用投入产出分析的方法，宏观分析企业在储能电池制造过程中的能源利用状况。

③ 能量平衡方法。根据需要进行以储能电池制造企业为整体的能量平衡，能量平衡方法按《企业能量平衡通则》（GB/T 3484—2009）及有关标准规定进行。对内部用能部门和主要耗能设备、工序，当耗能异常原因不明时或产品、储能电池生产工艺和设备发生变化时，应进行能量平衡测试。

储能电池制造能耗分析完成后应提供报告，一般应包括以下内容：

① 所采用的能耗分析方法。

② 能源管理目标和能耗定额完成情况。

③ 能耗及其费用上升或下降的原因及其影响因素分析。

④ 企业或部门用能水平评价。

⑤ 改进措施和节能潜力分析。

储能电池制造企业应制定和执行管理文件，规范和协调节能技术及措施在实施过程中的各项工作，内容应包括可行性研究、方案和实施、寿命周期效益评价。储能电池制造企业应组织有关部门和人员对节能技术措施的建议进行研究，做出决策。对在储能电池制造过程中的重大节能技术措施应进行可行性研究，主要从以下几个方面进行评估。

① 节能效果和经济效益。

② 投资额及回收期。

③ 实施过程中对储能电池生产的影响。

④ 对储能电池生产车间环境影响以及对储能电池工厂周围环境的影响。

储能电池制造能耗节能技术措施的实施，应明确主要负责部门和责任人、配合部门和责任人。重大节能技术改造项目及对储能电池生产影响大的节能技术措施，应单独制定实施计划。节能技术措施实施后应测试能耗状况，并与该措施实施前进行比较，评价节能效果和经济效益，当生产运转正常后，应修订有关技术文件和能耗定额，保持节能效果。储能电池制造企业应关注储能电池制造行业及相关行业的节能技术应用，积极采用新技术、新工艺、新材料、新设备、新能源以及可再生能源。储能电池制造企业应积极开发节能技术，鼓励技术创新，推广储能电池制造节能示范工程。储能电池制造过程中用能设备的效率和能量消耗应达到国家及行业标准规定。

9.4.2　制造工序能耗计算评价方法

储能电池制造工序的设备能耗：以工序产出单位当量储能电池能量的能耗作为设备能耗系数 N_i。

$$N_i = J_i / C_i \qquad (9-1)$$

式中　N_i——第 i 工序设备能耗系数；

　　　J_i——连续生产时间所消耗的能量，kWh；

　　　C_i——连续生产时间内产出的电池当量能量，kWh。

当量电池能量的计算：对于芯包制造开始的工序就是生产电芯的容量乘以电池的平台电压；对于芯包制造前的工序就是正极（或负极）活性物质的质量乘以做成电池以后的克容量再乘以平台电压。

储能电池生产综合能耗指标：储能电池制造所有工序的设备能耗之和。也可以用储能电池连续均衡平稳生产后，单位时间消耗的总能量除以该时间内产出的电池的能量。当设备使用不同于电能的其他能源时（如煤、油、蒸汽、水等），应转换为电能进行统一计数。

9.4.3　制造系统能耗计算评价方法

制造系统能耗：以制造产线系统产出单位当量储能电池能量的总能耗作为制造系统能耗

系数 N。

$$N = \frac{J_{总} + H_{总}}{C} = \frac{\sum_{i=1}^{n} J_i + \sum_{i=1}^{n} H_i}{C} \tag{9-2}$$

式中　　N——制造系统能耗系数；

　　$J_{总} + H_{总}$——制造系统总能耗，包括各工段环境控制能耗 H_i 以及各工序的设备能耗 J_i，kWh；

　　　　C——连续生产时间内制造系统产出的电池当量能量，kWh。

制造系统总能耗：等于制造系统环境控制的总能耗加各工序的设备总能耗之和。也可以用储能电池连续均衡平稳生产后，制造系统单位时间消耗的总能量除以该时间内产出的电池的能量。当制造系统使用不同于电能的其他能源时（如煤、油、蒸汽、水等），应转换为电能进行统一计数。

9.5　储能电池制造关键能耗设计规范

9.5.1　能耗设计规范的意义

近年来，随着新能源汽车的广泛应用，我国储能电池制造产业迎来了较大的发展机遇，而储能电池制造产业本身属于新能源行业，但在储能电池生产过程中会消耗大量的能源。对此，本节结合节能设计理念，详细分析了在节能设计理念下储能电池制造企业如何对关键能耗进行设计，旨在为广大储能电池制造企业提供节能思路，促进我国储能电池制造产业的可持续发展。

从目前来看，由于多数储能电池制造企业过于重视扩能扩产，能耗设计理念缺失，在日常储能电池制造过程中均存在一定的能源浪费问题。在此背景下，就节能设计理念进行充分解析，不仅符合储能电池制造的降低能耗的需求，而且也能够满足储能电池制造企业降低成本、创新发展的趋势，值得我们重视。储能电池制造应用节能设计理念具有重要意义。

（1）有利于节约储能电池制造成本

伴随着计算机技术的飞速发展，对储能电池制造过程实行精准化成本管理已成为现实，在此基础上，借助节能设计理念与现代设计软件的有机结合，不仅能够有效规避储能电池自动化生产中潜在的资源损耗风险，而且还有助于提高储能电池制造效率，达到成本管理、质量管理等多重管理效果。另外，储能电池生产很多都是规模化生产，而且储能电池的生产工序多、产线长，哪怕是对储能电池制造局部节能的改造，对长远和整体来看，都会给企业带来巨大的利益。

（2）有助于切实减少储能电池制造污染

在传统电池制造过程中，电池制造作业造成的环境污染问题是大多数电池制造企业头疼的难题，特别是废气、废液、废渣、重金属等，而能耗巨大间接也会对环境造成影响，而基于节能设计理念，整个储能电池制造过程更加考虑节能设计和环保设计，借此不仅能够有效协调储能电池制造与环境保护的关系，还能够在储能电池制造企业污染源头就储能电池制造过程进行节能规范，并最终促进储能电池企业的可持续发展。

（3）有助于推行绿色储能电池生产理念

制造设备、制造材料、制造环境是储能电池制造三个重要的基础，也是储能电池制造过程中能耗最大的关键因素，绿色储能电池生产必须从这三大源头因素来进行规范和控制，才能实现储能电池的绿色制造。制造设备从设计开始，就要融入绿色设计和节能设计的理念；伴随着储能电池材料技术的发展，借助节能设计理念，储能电池制造企业能够对低损耗、可回收再利用材料更加重视，由此贵重金属、稀有金属等不可再生材料能够得到一定保护，不仅有助于减轻我国日益严重的资源问题，同时还将促进可持续绿色生产理念的推广和发展；制造环境的节能是实现储能电池绿色制造必不可少的步骤，从制造环境的设计和规划就融入节能理念、绿色理念，是降低储能电池制造能耗的重要手段。

另外，储能电池制造过程中不同的能量来源效果不同，体现在能耗成本不同，设计时要综合考虑不同的能量来源，选择不同的能源供应体系综合计算，如锅炉燃煤蒸汽、电厂附件热蒸汽、不同能耗供给的制冷系统、太阳能发电等，降低能源消耗。

9.5.2　制造设备能耗设计规范

储能电池制造设备是储能电池制造过程中能源消耗的主要因素之一，设备的设计对能耗有重要的影响，因此设备能耗的设计规范对实现储能电池制造能耗的降低具有重要的意义。以下从不同的方面对储能电池制造装备的设计进行规范。

（1）选择节能制造电动机

对于储能电池制造设备来说，电动机往往是必备设备，对此，可首先着手于电动机本身，尽可能选用更加符合节能设计理念的电动机进行日常生产。其中，电动机选择原则可遵循以下两点：一方面，要尽量选择低能耗电动机，充分发挥节能设计理念在减轻资源问题层面的应用价值，借助低耗、高效的电动机设备有效在储能电池制造工作根源上进行节能创新；另一方面，在满足储能电池制造工艺要求的基础上，要尽可能选用振动较少、发热量较少电动机，储能电池制造环境要求较高，振动容易产生粉尘等异物，对电池制造有重要的影响，功率低的电动机有助于节能。

（2）电气配件的选择

储能电池制造设备的电气节能设计以满足储能电池制造功能要求及安全性为前提条件，控制能源消耗提高设计工作效率，客观上要求技术人员正确计算相关负荷参数，结合国家现行规范标准尽量选择节能型电气设备，制定符合实际情况的技术方案，减少电气线路过程耗损，提高供配电系统功率以达到抑制谐波电流的目标。此外，综合考虑储能电池制造车间供配电系统、电气设备选型及储能电池制造车间电气照明等因素，确保科学与经济共存。

（3）选择节能环保材料

① 在设计储能电池制造设备系统的过程中，相关设计人员尽可能地选择可回收、可再生材料。而设备制造与自动化材料选择同样应当严格遵守这一原则，而选择此类材料，极大解决了生产加工中有毒物质的排放问题，降低了有害物质的排放量，在很大程度上减少了对环境的危害。此外，在储能电池设备结构设计过程中，尽可能地选择可拆卸、可回收、无毒的材料，以此来提高材料的再生率，这对于材料的节约具有重要的现实性意义。

② 在设计储能电池制造设备系统时，相关设计人员要严格执行低能耗、长寿命的原则。通常情况下，要想降低储能电池设备关键零部件的报废率，就需要强化对产品设计，延长产品的使用寿命。由于降低了储能电池制造设备的能耗，这也意味着污染问题得到了减低，极大保障了环保效率。基于降低材料能耗的角度分析，适当减轻储能电池设备产品的重量，根据环境负荷对储能电池设备要求进行设计，使其满足环境通用标准提出的要求，以此来实现储能电池设备零部件的通用性。

③ 选择综合性价比较高的材料。储能电池设备材料选择是否得当，在很大程度上影响着环境问题。因此，相关设计人员必须给予储能电池设备材料选择足够的重视，在储能电池设备制造与自动化设计过程中，部分储能电池装备企业并没有意识到储能电池设备材料报废后污染处理的重要性，往往忽视了当前这一环节的工作，致使污染问题没有得到切实有效的解决。基于此，要想实现节能环保，降低材料的综合成本，则尽可能地选择综合成本低、污染小的储能电池设备材料。避免使用氟利昂、石棉及树脂等类型的机械材料。

（4）做好储能电池制造系统防渗漏设计

在以往储能电池制造过程中，通过调查我们发现，系统漏洞是造成储能电池制造损耗较大的主要原因，对此，需就现有储能电池制造设备及自动化系统进行逐步完善，借助更加科学的防渗漏设计来有效减少企业资源损耗。一方面，针对储能电池制造自动化系统中的液压传动系统，要做好油量控制和防灰尘设计，在保障储能电池制造自动化制造系统持续运转的同时，避免外界因素给内部系统环境造成影响；另一方面，要严格控制储能电池制造自动化系统的运转负荷，及时调整储能电池制造设备的运转状态，确保运行风险于第一时间发现并解决，同时，要定期更换储能电池制造设备组件，及时规避因组件老化所致的设备运行风险，最终确保储能电池制造工作的高效进行。

9.5.3 制造环境能耗设计规范

环境对储能电池的制造过程有着极为重要的影响，储能电池制造车间的温度、湿度、粉尘度等都对电池的制造质量产生至关重要的影响，因此储能电池制造对环境控制极为严格，所以储能电池制造过程中环境控制的能耗是比较大的。储能电池的环境能耗设计规范应严格依据国家标准《洁净室及相关受控环境 节能指南》（GB/T 36527—2018）的要求进行，结合储能电池制造工艺的要求，通过对车间空调系统、湿度控制系统、洁净度控制系统的三个设备状态（开机进行中状态、生产正常运行中状态、关机进行中状态）进行全面分析，并分别给出了合理的优化方案，对于储能电池制造的能源节约起到显著的效果。

9.5.4　规范储能电池制造生产工序

通常来说，不合理的生产工序不仅会造成不同储能电池制造人员及技术人员间的冲突，同时还会影响生产进度，造成储能电池制造企业的经济损失。对此，需进一步规范储能电池制造生产工序，严格要求储能电池制造人员在工作中尽职尽责，从根源上避免因生产停滞所致的资源无故损耗。同时，针对储能电池制造过程，要提前制定合理的加工计划，并尽可能选用节能加工工艺，最终实现储能电池制造全过程的节能环保理念推广。

9.5.5　将节能设计与现代智能控制和分析相结合

在节能设计的初期，就可以通过计算机模拟和计算，对储能电池制造过程中整体资源消耗进行分析，对应的节能效果再与成本之间进行权衡。目前互联网的发展伴随人工智能和大数据的结合，能够对多种方案和设备布局进行高效的模拟和分析，设计人员需要通过借助这一利器，对设计方案多次优化和调整。比如可以对送风系统进行模拟，这样能够更加精准设置暖通管道的角度、长度、传输距离和风机功率匹配度。同样对于暖气管道以及照明系统的铺设，可以运用相对应的模拟软件进行高效计算。需要注意的是，软件的模拟和现实中的使用仍会存在一定的误差，不能完全依赖软件的设计，更要根据实际的情况进行储能电池制造能耗综合性分析。

9.5.6　能效管理系统设计

能效管理系统是对储能电池制造企业的用电、用水、用气等能源的实时能耗数据采集、监视，进行数据分类、实时及历史数据分析、指标跟踪，提供报警信息并可自动生成报表，通过对能源消耗过程信息化、可视化管理，优化储能电池生产工艺用能过程，科学、合理地制定储能电池制造企业能耗考核标准和考核体系，有效提升储能电池制造企业能源效率管理水平。

能效管理系统由三层架构组成，分别为现场设备层、网络通信层和能源管理控制层。设备层由各种监控模块和检测仪表组成，用于在现场对水、电、气、蒸汽、油等信息采集；通信层由通信服务器、网络交换机等组成，用于数据处理传输、储存、调配以及协议转换等；管理控制层由监控主机、打印机等组成，用于数据分析、显示、记录、报警，生成各种曲线、图表和柱状图，下达各种控制指令等。能效管理系统架构见图9-7。

在储能电池生产线中，采用了5000系列能效管理系统，为储能电池制造企业提供了以下能耗数据和节能信息。

① 掌握企业耗能状况：概要显示当月、当年用能情况，并与往年同期用能进行对比，掌握用能趋势。

② 了解企业用能水平：通过用能趋势图、柱状图和各种分析图表，了解能源使用情况、设备效率、能源利用率、综合能耗。

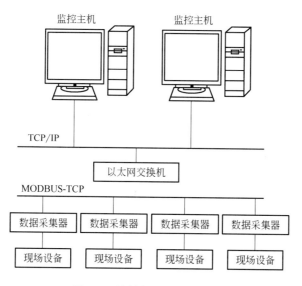

图 9-7　能效管理系统架构图

③ 找出企业能耗问题：管理、设备、工艺操作中的能源浪费问题。

④ 查清企业节能潜力：余能回收的数量、品种、参数、性质。

⑤ 核算企业节能效果：技术改进、设备更新、工艺改革等的经济效益、节能量。

⑥ 明确企业节能方向：工艺节能改造、产品节能改造、制定技改方案与措施等。

综上，本节针对节能设计理念，详细分析了节能设计理念在当代储能电池制造中的应用内容。其中，面对节能设计理念的发展趋势，储能电池制造企业只要进一步强化节能意识，并充分将多种节能设计技术有效应用至实际制造过程之中，就能有效降低储能电池制造过程的资源损耗，促进储能电池行业的健康、绿色发展。

9.6 储能电池制造能耗管理与监控

9.6.1 能耗管理

为实施能源管理，储能电池制造企业应设立专门的能源管理机构，建立责任分工明确、完善的能源管理制度，落实管理职责。应根据本企业总的经营方针和目标，执行国家能源政策和有关法律法规，充分考虑经济、社会和环境效益，确定明确的能源管理方针和定量指标体系。应根据企业能源管理方针，明确定量指标体系中的能耗和节能目标。能源管理能耗目标要能体现能源消耗量，能源管理节能目标要能体现能源消耗节约量，并可分别制定年度目标和长远目标。能源管理方针和目标应以书面文件颁发，使企业所有相关人员明确，并贯彻执行。应根据企业自身特点，完成以下能源管理的主要环节：

① 能源规划及设计。

② 能源输入。

③ 能源转换。

④ 能源分配和传输。

⑤ 能源使用（消耗）。

⑥ 能耗分析与评价。

⑦ 储能电池制造节能技术进步。

为实现能源管理目标，储能电池制造企业应建立、保持和完善具有明确的职责范围、权限和奖惩制度的能源管理系统。能源主管部门应系统地分析本企业能源管理各主要环节及其各项活动过程，分层次把各项具体工作任务落实到有关部门、人员和岗位，确保完成各项具体能源管理工作。在分配落实能源管理职责的同时，要授予履行该职责所必要的权限。建立全体员工参与的能源管理和节能体制，对节能有成绩或对节能技术有创新的员工，根据节能效果大小，给予精神鼓励或物质奖励，并建立相应的奖惩制度。培训储能电池制造能源管理的管理人才、技术人才，培育企业基层的能源管理技术骨干。

储能电池制造企业应按照《用能单位能源计量器具配备和管理通则》（GB 17167—2006）

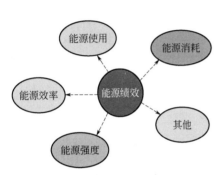

图 9-8　能源绩效管理的内容

配备能源计量器具，建立相应的管理制度，能源绩效管理的内容如图 9-8 所示。为了规范和协调各项能源管理活动，应系统地制定各种能源管理所需文件，包括管理文件、技术文件和记录档案等。管理文件是对能源管理活动的原则、职责权限、工作程序、协调联系方法、原始记录要求等所做的规定，如管理制度、管理标准及各种规定等，制定管理文件应做到程序明确，相互协调，简明易懂，便于执行。技术文件是对能源管理活动中有关技术方面的规定，包括技术要求、操作规程、测试方法等，制定能源技术文件，应参照国家、行业和地方能

源政策及标准，规定其内容应准确、先进、合理。记录档案是对能源管理中的计量数据、检测结果、分析报告等的记录，应按规定保存作为分析、检查和评价的依据，应对所有文件的制定、批准、发放、修订以及废止做出明确规定，确保文件执行准确有效。

储能电池制造企业应定期组织对能源管理系统进行检查、评价，发现问题应及时改进。应组织有关部门，按规定的期限定期对能源管理系统进行全面检查，发现能源消耗状况异常时，应对有关环节进行分析诊断，检查应依据管理文件和技术文件，跟踪检查每一项能源管理工作执行情况，确认各项能源管理工作是否按文件规定开展，达到预期效果。

① 文件规定的职责是否落实，责任人是否明确自己的职责和工作任务、具备相应技能、熟悉工作程序、掌握工作方法；

② 有关人员执行的文件是否正确有效，文件规定的记录是否齐全、准确，并按规定保存和传递；

③ 对储能电池制造能源消耗异常情况是否及时做出反应，予以纠正；

④ 储能电池制造能源消耗指标和节能目标能否完成。

检查完成后应提出检查报告，报告应包括发现的问题及分析，提出储能电池制造能耗改进措施，必要时调整能源管理体系。当储能电池生产工艺、产品结构和品种、组织机构发生大的变化后，储能电池企业有关部门应对能源管理系统进行评价，就以下问题做出判断和决策：

① 能源管理系统能否实现能源管理目标。

② 能源管理系统能否适应企业所发生的变化。

③ 调整能源管理系统。

政府相关职能部门、储能电池企业主管部门应对企业的能源管理现状按照国家相关法律法规及标准的要求进行审核，同时通过组织培训、产学研合作等多种方式，促进企业提高能源管理水平。

（1）储能电池制造能源规划及设计管理

储能电池制造企业应在建设前期科学地规划能源并在使用中有效地管理能源，在储能电池生产过程中应及时地根据国家的能源方针和政策适时地调整能源结构，能源策划过程如图 9-9 所示。新建企业在建设前期，应配合设计单位科学地规划企业的各种能源种类和总量，扩建和改建项目，储能电池企业应在延续能源规划的前提下，依据现行国家的能源方针和政策，确定合适的能源。需要分期建设的工厂，应协调好总体储能电池工艺、能源和环保等规划，协调好分期建设的产品方案、物料平衡和能量平衡，实现综合利用，避免高品位余热的排放及中间产品或最终产品的放空或焚烧。储能电池制造企业应建立能源规划管理档案，档案包括储能电池制造企业使用能源和节能的中长期规划及计划，适时调整使用能源的可行性报告等。一切耗能设备从设计开始直到生产和使用，都要符合节能规范及标准的要求。设计的各个环节，均应重视合理利用能源和节约量。在可行性研究和基础设计文件中，必须有合理利用能源的专门篇（章）论述。确定新建储能电池工厂方案时，除考虑市场需求和发展趋势外，还应考虑与储能电池制造能耗直接相关的装置或系列储能电池设备的生产能力，使其达到经济规模，进行企业生产使用的能源调整，局部调整可在本企业设计、能源管理等相关部门的参与下进行；重大储能电池制造能耗调整应由专业单位（人员）在充分调查、研究以及论证的前提下进行。

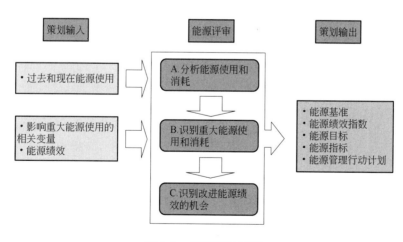

图 9-9　能源策划过程

（2）储能电池制造能源输入管理

储能电池制造企业应参照《质量管理体系　基础和术语》（GB/T 19000—2016）、《质量管

理体系 要求》（GB/T 19001—2016）两项国家标准中规定的要求，对储能电池制造能源输入进行严格管理，准确掌握输入能源的数量和质量，为合理使用能源和核算总的消耗量提供依据，同时应制定和实施相关文件并开展以下活动：

① 选择能源供方。

② 签订采购合同。

③ 能源计量及质量检测。

④ 储存。

选择能源供方除应考虑价格、运输等因素外，还应符合国家相关能源政策并对所供能源的质量进行评价，并确认其供应能力与能源供方签订的采购合同中，应明确规定以下内容：

① 能源供应期限。

② 能源数量及计量方法。

③ 能源质量要求及检查方法。

④ 能源数量及质量发生异议时的处理规则。

储能电池制造企业根据检测要求和费用，合理确定输入能源质量抽检的项目和频次，采用国家或行业标准规定的通用方法检验输入能源的质量。规定有关人员的职责、抽样规则、判定基准及记录与报告是否合格的判定程序，制定和执行能源储存管理文件，规定储存损耗限额，在确保安全的同时，减少储存损耗。

（3）储能电池制造能源加工转换管理

根据储能电池生产要求、设备状况和运行状况，制定转换设备调度规程，确定最佳运行方案，各方面应相互配合，使转换储能电池制造设备保持最佳工况，运行操作人员应经培训后持证上岗，制定运行操作规程时，对转换储能电池设备的操作方法、事故处理、日常维护、原始记录等做出明确规定，并严格执行，应定期测定重点耗能的储能电池设备的运行效率，以其运行效率是否处于经济运行范围作为安排检修的依据之一，另外为保证检修质量，掌握储能电池设备状况，应制定并执行检修规程和检修验收的技术条件。

（4）储能电池制造能源分配和传输管理

能源分配和传输的管理，遵照储能电池制造企业使用能源的设计规划进行。储能电池制造企业应制定可执行的相关文件，在条件允许的情况下应有量化指标和参数。应明确界定内部能源分配传输系统的范围，规定有关单位和人员的管理职责和权限，以及有关的管理工作制度原则和方法；在合理布局设置内部能源分配传输系统的前提下，合理调度，优化分配，并适时调整，减少传输损耗；对输配电线路，供水、供气、供汽、供热、供冷、供油管道等要定期巡查，测定其损耗；根据储能电池生产运行状况，制定计划，合理安排检修，要建立能源分配和传输的使用制度，制定用能计划，对各部门的单位用能准确地进行计量，并建立记录档案台账，定期进行归纳和统计。

（5）储能电池制造能源使用管理

储能电池生产工艺的设计和调整，应把能源消耗作为重要考虑因素之一，利用能源系统优化的原则，合理安排储能电池生产工艺过程，充分利用、回收原本放散的可燃气体、余热、余压等；对各工序，特别是主要耗能工序，优选电池生产工艺参数，加强监测调控，改进产品加工方法，降低能源消耗；选择耗能低的储能电池生产设备，以有利于节能、环保和提高综合经济效益为原则，选用高效节能设备，淘汰高耗能电池制造设备。要严格贯彻执行操作规程，不断改进操作方法，加强日常维护和定期检修，使耗能设备正常高效运行。同时，应根据储能电池设备特性和储能电池制造需要，合理安排生产计划和生产调度，确保耗能设备在最佳状况下经济运行。储能电池制造企业还应制定能源消耗定额，作为判断能耗状况的重要依据，并考核完成情况，能源使用管理文件，其内容主要包括：

① 储能电池制造能源消耗定额的制定。

② 定额的下达和责任落实。

③ 实际用能量的计量和核定。

④ 考核。

储能电池制造企业能源主管部门应按照《单位产品能源消耗限额编制通则》（GB/T 12723—2013）、《综合能耗计算通则》（GB/T 2589—2020）和行业的有关规定，分别制定各用能部门、主要耗能设备和储能电池工序的能耗定额。能源消耗定额应按规定的程序逐级下达，并明确规定完成各项定额的责任部门、单位和责任人，落实有关人员的职责，按规定的方法，对各用能部门、主要耗能设备和工序的实际用能量进行计量、统计和核算，在规定时间内报告。储能电池制造企业应根据自身特点和具体情况选定适当的方法对定额完成情况进行考核和奖惩，当实际储能电池制造能量超出定额时，应查明原因并采取纠正措施，根据储能电池生产条件变化和完成情况，及时修订能耗定额。

（6）储能电池制造能源计量检测

储能电池制造企业需要建立能源计量管理制度，明确管理者的职责和能源计量队伍，才能保证储能电池制造能耗的准确数据。储能电池制造企业应执行《用能单位能源计量器具配备和管理通则》（GB 17167—2006）的规定，配备满足管理需要的能源计量器具，制定和实施有关文件，对计量器具的购置、安装、维护和定期检定实行管理，保证其准确可靠，明确规定相应人员的职责和权限、计量和计算方法、记录内容和发现问题时报告裁定的程序，能源计量和统计一般流程如图9-10所示。

图9-10 能源计量和统计一般流程

在储能电池制造自动控制方案设计中，除满足一般储能电池生产要求外，还应根据节能的要求，合理配置各种监控、调节、检测及计量等仪表装置及控制系统。储能电池制造企业应建立能源计量数据采集管理系统，以利于数据的分析利用，将储能电池制造过程中采集到的水、电、气、油等能源的供应（生产）消耗情况随时统计、储存、分析、处理后，供生产调度、节能监督管理等公司各部门应用，要大力推广应用计算机网络控制技术，逐步实现对储能电池制造能源输入到消耗全过程的连续监测、集中控制、统一调度。

9.6.2 能耗监控

储能电池制造企业对重点用能部门应定期进行综合节能监控，对用能部门的重点用能设备应进行单项能耗监控，节能监控的内容及要求具体如下。

（1）用能设备的技术性能和运行状况

储能电池制造用能设备应采用节能型产品或效率高、能耗低的产品，已明令禁止生产、使用的和能耗高、效率低的设备应限期淘汰更新，用能设备或系统的实际运行效率或主要运行参数应符合该设备经济运行的要求。

（2）能源转换、输配与利用系统的配置与运行效率

供电、供气、供水等供能系统，设备管网和电网设置要合理，能源效率或能量损失应符合相应技术标准的规定；能源转换、输配系统的运行应符合《评价企业合理用电技术导则》（GB/T 3485—1998）、《评价企业合理用热技术导则》（GB/T 3486—1993）标准中合理用电、合理用热等能源合理使用标准的要求，符合《工业余能资源评价方法》（GB/T 1028—2018）标准中余能资源应加以回收利用的要求。

（3）用能工艺和操作技术

对储能电池制造工艺用能的先进性、合理性和实际状况包括储能电池工艺能耗或工序能耗进行评价，用能工艺技术装备应符合国家产业政策导向目录的要求，单位产品能耗指标应符合能耗限额标准的要求，主要用能储能电池装备应有能源性能测试记录，偏离设计指标的应进行原因分析，安排技术改进措施，对主要用能的储能电池设备的运行管理人员应进行操作技术培训、考核、持证上岗，并对是否称职做出评价。

（4）企业能源管理技术状况

储能电池制造企业应有完善的能源管理机构，需收集和及时更新国家和地方能源法律、法规以及相关的国家与行业地方标准，并对有关人员进行宣讲、培训，建立完善的储能电池制造能源管理规章制度（如岗位责任、部门职责分工、人员培训、耗能定额管理、奖罚等制度）。用能单位的能源计量器具的配备和管理应符合《用能单位能源计量器具配备和管理通则》（GB 17167—2006）的相关规定，储能电池制造能源记录台账、统计报表应真实、完整、规范。

（5）能源利用的效果

储能电池制造企业应按照《单位产品能源消耗限额编制通则》（GB/T 12723—2013）制定单位产品能源消耗限额并贯彻实施，储能电池单位产量综合能耗及实物单耗，应符合强制性能源消耗限额国家标准、行业标准或地方标准的规定。

（6）供能质量与用能品种

供能应符合国家政策规定并与提供给用户的报告单一致，储能电池制造企业使用的能源品种应符合国家政策规定和分类合理使用的原则。

储能电池制造节能监控的技术条件：监控应在储能电池生产正常、设备运行工况稳定条件下进行，测试工作要与生产过程相适应，监控应按照与监控相关的国家标准进行，尚未制定出国家标准的监控项目，可按行业标准或地方标准进行监控，监控过程所用的时间，应根据监控项目的技术要求确定，定期监控周期为 1~3 年，不定期监控时间间隔根据被监控对象的用能特点确定，监控用的仪表、量具，其准确度应保证所测结果具有可靠性，测试误差应在被监控项目的相关标准所规定的允许范围以内。

储能电池制造节能监控的检查和测试项目：节能监控测试前应进行节能监控检查项目的检查，符合要求后方可进行节能监控测试，对节能监控测试复杂、测试周期较长、标准或规范规定测试时间间隔长的项目，可以不列为节能监控的直接测试控制指标而列为节能监控的检查项目，保证被监控储能电池设备或电池制造系统能正常生产运行的项目（包括符合安全要求的项目）应列为节能监控的检查项目，国家节能法律、法规、政策有明确要求的项目应列为节能监控的检查项目，节能监控测试项目应具有代表性，能反映储能电池制造系统的实际运行状况和能源利用状况，同时又便于现场直接测试。

储能电池制造节能监控的方式：由监控机构进行节能监控，由储能电池制造企业在监控机构的监督、指导下进行自检，经监控机构检验符合监控要求者，监控机构予以确认，并在此基础上进行评价和得出结论。

储能电池制造节能监控项目评价指标的确定：监控评价指标应按相关的国家标准确定，监控项目评价指标没有国家标准者，应按行业或地方规定确定。

监控机构的技术要求：节能监控机构的实验室的工作环境应能满足节能监控的要求，节能监控用的仪器、仪表、量具和设备应与所从事的监控项目相适应，监控人员应具备节能监控所必要的专业知识和实践经验，需经技术、业务培训并考核合格，监控机构应具有确保监控数据公正、可靠的管理制度。

储能电池制造节能监控评价结论与报告的编写：监控工作完成后，监控机构应在 15 个工作日内做出监控结果评价结论，写出监控报告交有关节能主管部门和被监控单位。节能监控结论和评价，包括节能监控合格与不合格的结论、相应的评价文字说明。节能监控检查项目合格指标和节能监控测试项目合格指标是节能监控合格的最低标准，节能监控检查项目和测试项目均合格方可认为节能监控结果合格，节能监控检查项目和测试项目其中一项或多项不合格则视为节能监控结果不合格，对监控不合格者，节能监控机构应做出能源浪费程度的评价报告并提出改进建议。监控报告分为两类，单项节能监控报告和综合节能监控报告。单项节能监控报告应包括：监控依据（进行监控的文件编号）、被监控单位名称、被监控系统（设备）名称、被监控项目及内容（包括测试数据、分析判断依据等）、评价结论和处理意见的建议；综合节能监控报告应包括：监控依据（进行监控的文件编号）、被监控单位名称、综合节能监控项目及内容、评价结论和处理意见的建议。储能电池制造节能监控结果的分析与评价应考虑供能质量变化的影响。

9.7 储能电池制造能耗计算实例

9.7.1 能耗计算实例1

美国阿贡国家实验室测量了 32Ah 锰酸锂（LMO）/石墨电池生产的能耗，如表 9-6 所列，每个电芯的电压是 3.6V，电芯当量能量换算成瓦时（Wh）就是 3.6V×32Ah=115.2Wh。

表 9-6   储能电池各制造工序能耗表

工序	每个电芯的工序能耗/kWh
合浆	0.11
涂布	0.18
极片干燥	6.22
辊压	0.38
分切	0.71
叠片	0.77
焊接	0.25
封口	0.69
化成	0.07
环境控制	3.9
合计	13.28

按照本章第 9.4.3 小节关于制造系统能耗计算评价方法，以制造产线系统产出单位当量储能电池能量的总能耗作为制造系统能耗系数 N。

$$N = \frac{J_总 + H_总}{C} = \frac{13.28\text{kWh}}{0.1152\text{kWh}} = 115.3$$

因此，该电池生产系统的制造系统能耗系数为 115.3，即每生产当量能量为 1kWh 的储能电池，需要消耗 115.3kWh 的电量，生产储能电池需要的能耗成本为 0.063 元/Wh（按照电费 0.55 元/kWh 计算）。

9.7.2 能耗计算实例2

表 9-7 是宁德时代新能源科技股份有限公司 2015～2017 年储能电池的产量以及制造耗

能耗数据，制造能耗包括储能电池各制造工序的能耗以及环境控制的能耗。

表 9-7　宁德时代储能电池的产量以及制造能耗

项目	2015 年	2016 年	2017 年
储能电池产量/GWh	2.52	7.02	12.91
制造耗电量/ (×10⁴kWh)	12584.53	26418.24	32081.46

注：数据来源于宁德时代新能源科技股份有限公司《首次公开发行股票并在创业板上市招股说明书》。

参考本章第 9.4.3 小节关于制造系统能耗计算评价方法，以宁德时代全年产出单位当量储能电池能量的总能耗作为整个工厂储能电池制造能耗系数 N，2015 ~ 2017 年宁德时代制造能耗系数如下：

2015 年制造能耗系数：$N = \dfrac{J_\text{总} + H_\text{总}}{c} = \dfrac{12584.53 \times 10^4\,\text{kWh}}{2.52 \times 10^6\,\text{kWh}} = 49.9$

2016 年制造能耗系数：$N = \dfrac{J_\text{总} + H_\text{总}}{c} = \dfrac{26418.24 \times 10^4\,\text{kWh}}{7.02 \times 10^6\,\text{kWh}} = 37.7$

2017 年制造能耗系数：$N = \dfrac{J_\text{总} + H_\text{总}}{c} = \dfrac{32081.46 \times 10^4\,\text{kWh}}{12.91 \times 10^6\,\text{kWh}} = 24.9$

因此，2015 ~ 2017 年宁德时代储能电池制造能耗系数为分别为 49.9、37.7、24.9，即每生产当量能量为 1kWh 的储能电池分别需要消耗 49.9kWh、37.7kWh、24.9kWh 的电量，生产储能电池需要的能耗成本分别为 0.027 元/Wh、0.021 元/Wh、0.014 元/Wh（按照电费 0.55 元/kWh 计算）。由此可见，随着输出产能的增加、制造技术的进步，宁德时代电池制造能耗下降趋势明显。

第*10*章

先进储能电池智能
制造工厂建设

先进储能电池智能制造工厂是实现智能电池产品目标的基础设施，建成的工厂应该满足生产质量、效率、环境保护等法律法规的要求，满足高质量、高效率、低成本生产的要求。智能工厂建设，首先考虑工厂建设规范、环保条件、建设目标及规模、生产产品的定义、生产大纲、工厂建成后的技术经济指标等；其次进行电池设计、工艺流程设计、设备选择与开发、设备安装施工、设备调试验证、优化提产，最终竣工验收，满足设计目标的要求即认为工厂建设完成。在工厂建设中，制造产品的选择及技术经济指标、工厂设计、综合指标分解、设备选择及开发是智能工厂建设的核心环节。

10.1 储能电池工厂建设的原则与内容

10.1.1 工厂建设的基本原则

储能电池制造工厂建设主要考虑在满足电池性能条件下，电池制造的安全、合格率、效率、系统的柔性及建成的速度，以快速适应市场的需求，带来最大的经济效益。

10.1.2 储能电池大规模生产的条件

为了满足储能电池快速增长的市场需求，如何保证储能电池的大规模生产是目前需要重点考虑的问题。高质量、高安全性、低成本——这是行业一直以来的对储能电池生产的追求，也是保证大规模生产的关键。综合考虑目前的电池技术、材料和装备的保障能力，动力电池大规模智能制造应满足如下基本条件：

① 生产型号单一化：单产线生产的尺寸规格型号 1 ~ 2 个。
② 整线制造能力：4GWh 以上，单台设备的产能不小于 0.2 ~ 1.0GWh。
③ 制造合格率：不低于 96%。
④ 材料利用率：不低于 95%。
⑤ 制造成本：不高于 0.15 元/Wh。
⑥ 安全控制、环境与环保指标、能耗指标控制优化措施。
⑦ 来料数字化、过程数字化、设备网络互连、大数据优化。

10.1.3　制造合格率分解

儲能电池电芯工厂主要分为六大模块，储能电池设计的首要任务是在选择合理的电池结构后，针对合格率指标，根据制程控制的难易程度和可能达到的目标，将总体合格率目标按照核心影响因素分解到各大模块，确定模块的关键产品特性（key product characteristics，KPC）的工序能力（CPK），再进一步将 CPK 分解到模块内的核心工序，这是从上到下的分解。再根据各个工序工艺方法的关键控制特性（key control characteristics，KCC）可能达到的 CPK 值和设备投入进行综合分析，总体核算整线设备投入、各个工序控制点的保证能力、可靠性、稳定性，达到设备投入与制造质量的最优化。储能电池制造合格率目标分解如图 10-1 所示。在设备规划时一般根据工序质量控制的难易程度及产线投入成本进行 CPK 综合分解平衡，反复迭代优化到最佳设计。即同样的投入，达到最佳的质量；或者保证质量要求前提下达到最少的设备成本投入，同时还要考虑设备和产线的综合输出产能。

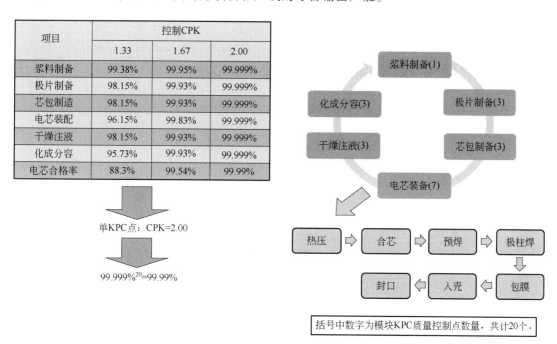

图 10-1　储能电池制造合格率目标分解

由于这些设备是由各个不同的厂商提供的，采用的也是多种不同的协议和标准，更面向各种不同的应用要求。因此智能工厂集成不仅需要将不同厂家提供的不同产品结合在一起，还要有科学的方法让它们能够互连、互操作，不产生冲突。更为重要的是，整个系统要达到系统性能最优、成本最低、产品质量最好，同时将来容易扩充和维护。

10.1.4　储能电池生产设备选择原则

（1）设备选择原则

储能电池生产设备的选择应遵循以下几个原则。

① 技术先进性：设备采用先进技术，可满足高效高质量的生产要求。

② 设备的技术指标：制造合格率，效率，稳定性，设备综合效率（OEE）。

③ 生产适应性：设备的整体技术与实际生产情况是相适应的。

④ 经济合理性：设备的采购成本相对来说是合理、可接受的，同时设备的整体布局合理，占地面积尽可能小，方便厂房布局。

⑤ 相互兼容性：设备采用的接口与控制协议与其他设备是相互兼容的，网络连接方便，系统集成方便。

⑥ 人机友好性：系统操作界面合理易懂，操作简单；同时设备换型方便，维护方便。

（2）设备综合选择

装备是提升制造合格率和制造效率的基础，设备投入影响设备的质量，从而影响电芯制造的合格率。如图 10-2 所示，纵轴代表成本（设备投入成本，合格率变化带来成本改变），横轴代表合格率，图中曲线①为设备投入曲线，设备投入增加，合格率也提升；曲线②由于合格率提升带来成本损失减少；③为曲线①与②的合成，可以看出曲线③表示设备投入增加，合格率提升，综合成本逐步下降，但随着设备投入增加，合格率提升有限，降低废品损失的程度也逐步减弱，因而综合成本会逐步上升。总之，设备的投入与成本有一个最优点，这个

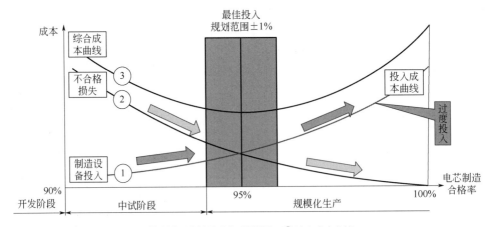

①设备投入曲线；②制造不合格导致的质量损失；③综合成本曲线

图 10-2　合格率与设备投入、制造损失的关系

点就是设备投入的最佳选择。如 1GWh 的规划产能，设备总体投入 3 亿元，设备增加 10%，为 3000 万元，按照 6 年折旧，1Wh 成本的增加为 0.005 元，总体策划成本增加 500 万元/年；如果 1GWh 产能，合格率每提高 1%，每年将增加 500 万元的利润。这就是说，设备投入增加 10%，制造合格率如果提升 1%，综合起来是合算的，最关键的是制造质量的提升，制造隐形缺陷的减少，电池制造安全性的提升，这是不小的收获。当然，设备投入的最佳点也可以建立成本模型，构筑优化算法，获得最佳点。

10.1.5　智能工厂设计流程

　　智能工厂的规划建设是一个十分复杂的系统工程，如何设计锂电池智能工厂也是一个难题，需要进行详细的分析与规划，经过详细的项目方案评审，再到方案的落地以及设计。智能工厂的设计流程如图 10-3 所示。

　　储能电池智能工厂的规划设计一般分 6 个步骤进行。

　　① 智能工厂的总输入是企业的发展战略。大家知道企业发展战略是对企业长远发展的全局性谋划。它是由企业的愿景、使命、政策环境、长期和短期目标及实现目标的策略等组成的总体概念，它是企业一切工作的出发点和归宿。

　　② 首先要做详细的市场调研、分析，确定项目产品的应用领域，是乘用车、商用车、物流车还是专用车等，根据市场情况，确定项目的规模，预估产品的价格定位，同时对企业可持续发展的竞争能力需求进行调研分析。

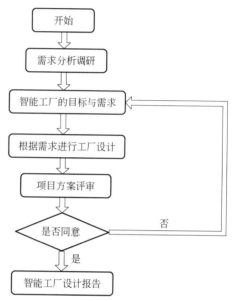

图 10-3　智能工厂的设计流程

　　③ 根据识别出的需求，站在智能工厂的高度，对企业的组织、管理模式、业务流程、技术手段、数据开发利用等进行诊断和评估，找出打造可持续发展的核心竞争力的需求，从而确定智能工厂的方针、目标、需求，为智能工厂每个分项目的设计提供依据。

　　④ 根据产品定位以及工厂目标，进行电芯的产品设计，设计电芯的基本参数，如电芯产品性能（容量、充放电倍率、循环性能和安全性能等）、材料体系、尺寸结构以及 PACK 规格等。通过试验验证确定工艺制程（流程）；通过对各工序的参数进行验证，初步确认制程工艺参数、项目规模；通过目标分解、工艺设备选型、目标验证，进一步确定各工序设备对土建公用的需求，包括能源需求（水、电、气）、环境需求（湿度、洁净度）以及土建需求（基础荷载、地面要求、吊顶高度和厂房高度等）等。

　　⑤ 项目方案评审，包括对项目投资预算和方案可行性进行评审。按照每一个项目的设备与设施购置费、软件开发费、咨询服务费、人工成本、运行维护费、不可预见费等进行项目的投资预算、汇总和分析评审。同时对项目的主要内容和配置，如市场需求、资源供应、建

设规模、工艺路线、设备选型、环境影响、资金筹措、盈利能力等，从技术、资金、工程多个方面进行调查研究和分析比较，并对项目建成以后可能取得的财务、经济效益以及社会环境影响进行预判，从而提出该项目的投资意见和如何进行建设的意见。

⑥ 确认项目的项目方案和实施计划，落实总项目和分项目的负责人和团队，编制项目实施计划，明确项目实施的先后顺序、内容、时间进度以及关键节点。然后结合智能工厂的核心业务以及工厂要达到的各个目标，针对设备、环境、能源管理、信息采集以及工业互联进行系统设计。

智能工厂总体设计思路如图 10-4 所示。

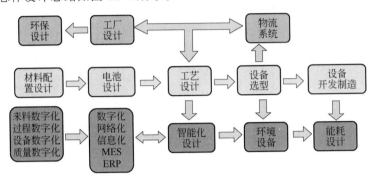

图 10-4　智能工厂总体设计思路

10.2　储能电池智能工厂集成

10.2.1　总体框架

储能电池智能制造是基于生产设备的高度自动化，应用现代化的企业信息管理体系执行精益生产模式，通过生产链条的互联互通以及企业信息物理系统的构建，使电池的生产方式具有深度自学习、自纠错、自决策、自优化功能，从而实现智能水平，实现电池制造的优质、高效、低成本的目标。

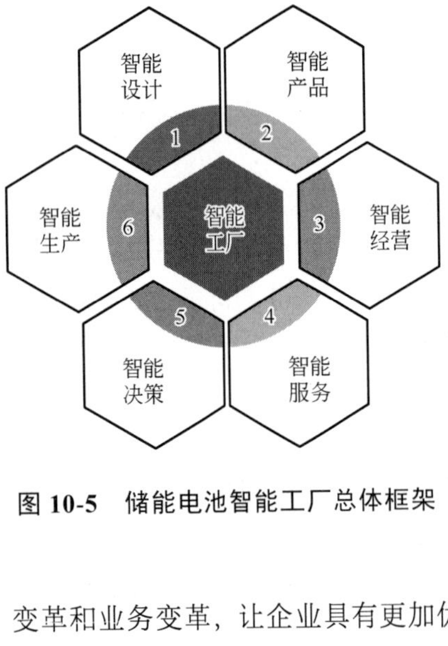

储能电池智能工厂是以制造高度自动化、生产工艺精益化和信息化的管理体系作为基础，是在数字化工厂的基础上，利用物联网技术和监控技术加强信息管理和服务，提高生产过程可控性，减少生产线人工干预，从而实现合理计划排程。同时集智能手段和智能系统等新兴技术于一体，构建高效、节能、绿色、环保、舒适的人性化工厂，其本质是人机有效交互。储能电池智能工厂总体框架如图 10-5 所示。

智能工厂是以卓越运营为目标，具备高度自动化、信息化、数字化、网联化和智能化的炼化工厂。通过技术变革和业务变革，让企业具有更加优异的感知、预测、协同和分析优化能力。智能工厂模型框

图 10-5　储能电池智能工厂总体框架

架如图 10-6 所示。

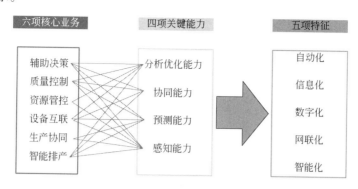

图 10-6　智能工厂模型框架

10.2.2　核心业务

　　储能电池智能工厂建设需要从仓储管理、物流配送、产品加工、物料转运、信息采集、数据识别、生产计划排产、质量管理等全过程实现高度自动化作业，尽量减少人为干预，在自动化、信息化、数字化的基础上融入工业机器人技术及大数据智能分析技术，形成人机物深度融合的新一代工厂，在这样的智能工厂，核心业务如图 10-7 所示。

图 10-7　核心业务示意图

10.2.3　主要技术特征

（1）自动化

　　储能电池制造精髓在于高度自动化的生产过程，其生产过程对于环境有比较严苛的要求，需要保证恒温、恒湿和优质的空气洁净度。动力电池企业应在规划生产线建设的时候严格限制人工数量，以保证外界对生产环节不产生影响，尤其是在制造前端的匀浆和涂布环节。综合来看，电池各生产环节已基本实现自动化，人工参与环节在大幅减少，下一步的发展重点是要实现机器对人的全面替代，提高单机工作效率和制造精度，通过工业机器人的布局和应用，衔接动力电池生产上下游各环节，打造无人工厂，为智能制造打下基础。

（2）信息化

信息化是企业实现现代化发展转型的管理基础，是实现科技与创新精益生产的必备手段。企业实施应用 ERP、MES、PLM 等企业管理和生产管理以及产品管理等信息系统来实现企业业务的横向集成、纵向集成、端到端集成以及研发数据、生产数据和销售数据的融合贯通，并进一步实现动力电池产品的全生命周期追溯功能。这种信息化的管理执行通过对人、机、料的协同规划，实现生产过程的逻辑化、透明化和规范化，促进精益生产的开展和实施，提升生产效率、减少浪费，增强企业软实力，为智能制造的数据开发及应用奠定基础。

（3）数字化

企业的数字化建设包含以下两层含义：用数字来定义制造过程的对象，电池制造过程中的原料、装备、工艺、辅具以及人工等均实现数字定义，并在制造过程中产生生产大数据，企业管理系统通过对生产大数据的调用和分析来及时掌握生产状态以及预判生产质量的发展走势；企业信息物理系统的构建，使现实生产与虚拟生产互相映射，现实中的生产活动在虚拟世界均能一一对应，现实生产活动的发展变化能够在虚拟环境中被捕获和反映，并可以通过对虚拟生产活动的调节和控制，从而影响现实当中的生产活动，做到快速反馈、快速调节和快速生效。借助于覆盖工业现场的感知网络快速感知与工厂相关的各类信息，实现物理制造空间与信息空间的无缝对接，极大地拓展了人们对工厂现状的了解和监测能力，为精细化和智能化管控提供前提。

（4）网联化

网联化是设备与设备之间、生产链条与链条之间达到互联互通，实现不同来源的异构数据格式的统一以及数据语义的统一，把研发设计信息、物料信息、生产信息、管理信息和业务流程与组织再造等环节进行打通，使数据在各环节能够被读取和准确识别，促进物理系统和数字系统的融合，实现通信、控制和计算的融合，营造信息物理系统的执行环境。网联化是智能制造的重要基础，是实现智能识别和智能控制的必备手段。

（5）智能化

智能化是智能制造的追求目标，只有真正意义上实现了智能控制才能称为智能制造。而自动化、信息化、数字化和网联化均是智能制造实现的基础，具备基础条件后，企业可以形成自主的动力电池制造专家系统，通过大数据以及云计算等技术在动力电池在制造过程中实现自诊断、自分析、自纠错和自决策等高级控制，对生产过程中的质量错误进行及时诊断和纠错并高效实施，减少工序中断环节，提高生产效率和产品品质。智能制造对工业知识的生成和传承主要依赖机器，突破了人在认知方面的限制，机器会学习制造过程中产生的海量数据，通过一定的算法进行数据训练，形成数字模型，模型可以对再制造过程中的错误进行纠错和调整，使制造一直处于正常高效的工作模式。

10.2.4 软硬件集成

智能工厂要想具备上述核心业务能力以及关键能力，必须配备相应的硬件、软件以及系统，将软硬件采集的信息进行整合，利用平台优势发挥作用，下面对智能工厂主要集成内容进行介绍。

（1）智能厂房

智能工厂的厂房设计，引入建筑信息模型（BIM），通过三维设计软件进行工厂建模，尤其是水、电、气、网络和通信等管线的建模；使用数字化制造仿真软件对设备布局、产线布置和车间物流进行仿真。

同时，智能厂房要规划智能视频监控系统、智能采光与照明系统、通风与空调系统、智能安防报警系统、智能门禁一卡通系统及智能火灾报警系统等。采用智能视频监控系统，通过人脸识别技术以及其他图像处理技术，可以过滤掉视频画面中无用的或干扰信息，自动识别不同物体和人员，分析抽取视频源中关键有用信息，判断监控画面中的异常情况，并以最快和最佳的方式发出警报或触发其他动作。

（2）先进的工艺设备

工艺设备是工厂智能化的基础单元，制造企业在规划智能工厂时，必须高度关注智能装备的最新发展。锂电生产的工艺设备更新换代、升级尤其得快速，如涂布分切一体机、辊压分切一体机、激光模切分切一体机、全自动卷绕机、高速复合叠片机、垛式化成分容机等逐步被应用到生产中，提高了生产效率，减少了输送量。

产线装备自身的自动化程度提高。通过传感器、数控系统或射频识别技术（RFID）、5G与自动化物流系统进行信息交互，通过数字化仪表接受能源管理系统能耗监控数据，通过控制系统、网络通信协议、接口与 MES 系统进行信息交互，进行生产、质量、能耗和设备绩效等数据采集，并通过电子看板显示实时的生产状态；产线具有一定冗余，如果生产线上有设备出现故障，能够调整到其他设备上进行生产；针对人工操作的工位，能够给予智能的提示，并充分利用人机协作。

设计智能产线需要考虑如何节约空间，如何减少人员的移动，如何进行自动检测，从而提高生产质量和生产效率；分析哪些工位可以应用自动化设备及机器人，实现工厂的少人化甚至无人化需求。

（3）自动化物流系统

智能工厂建设中，生产的智能化物流十分重要，工厂规划时要尽量减少无效的物流输送，充分利用空间，提升输送效率，避免人员的烦琐操作和误操作，实现自动化输送系统与工业互联 系统、企业 ERP 系统的信息交互，实现工厂物流的透明化管理。

锂电池工厂中自动化物流系统的应用非常广泛，主要有自动化立库及输送系统、智能提升装置、堆垛机、AGV 和机器人等，主要硬件如图 10-8 所示。

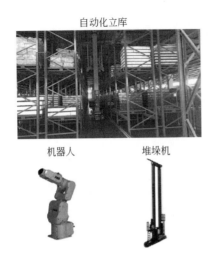

自动化立库   AGV

机器人   堆垛机

图 10-8 物流主要硬件图

储能电池工厂的自动化物流系统规划时，还要充分考虑储能电池生产的消防安全问题，如电芯带电后的自动化立体仓库，要配置烟感报警器、温度传感器及消防报警、喷淋灭火系统。

（4）生产管理系统

工业互联是智能工厂规划落地的着力点，工业互联是面向车间执行层的生产信息化管理系统，上接 ERP 系统，下接现场的 PLC 程序控制器、数据采集器、条形码和检测仪器等设备。构建适合储能电池制造工艺的 MES 系统，是为了最终完善电池生产制造信息系统，实现智能工厂乃至工业 4.0，推进工业互联网建设。

实现工业互联应用，最重要的基础就是要实现设备互联 M2M，即设备与设备之间的互联，建立工厂网络。设备与设备之间的互联，需要制定通信方式（有线、无线）、通信协议和接口方式等，并建立统一的标准。

10.2.5 储能电池无人化工厂

无人化工厂的意义：人是最大的湿度来源，人工操作的不确定性和随意性难以保证 CPK1.0 以上的质量要求，电池制造需要无人化。

目前储能电池工厂基本上处于单机自动运行，AGV 自动上下料，但是辅料和废料都是人工处理，属于 L0 级的无人化工厂级别，智能工厂的目标是建立 L4 级的黑灯工厂，完全实现工厂的无人化。表 10-1 为无人化工厂的分级定义。

表 10-1 无人化工厂的分级定义

无人化工厂级别	L0	L1	L2	L3	L4
	规划级 单机自动化	规范级 工序一体化	集成级 信息贯通化	优化级 制造智能化	引领级 黑灯工厂
信息传递 （PDM、CAPP）	手动输入 固定程序	物料传递信息 程序模块化	一键下达 控制语言化	一键下达 程序自适应	一键下达 透明工厂

无人化工厂级别	L0	L1	L2	L3	L4
	规划级 单机自动化	规范级 工序一体化	集成级 信息贯通化	优化级 制造智能化	引领级 黑灯工厂
机器操作	人操作监控机器	人启动机器	单元集控 监管运行	单元集控 自治运行	待机一键启动
质量监控	人监控质量	自动检测质量	自动判断质量	质量全闭环	质量免检
设备运维	事后维修	预测性维护	健康管理	机器学习运维	健康运维
制造安全管控	人监控管理	安全自诊断	安全监控	安全预警闭环	安全全闭环
物料传送	人工上下物料 辅料人工 废料人工	物料自动 辅料人工 废料单机收集	物料带信息流 辅料人工回收 废料集中处理	辅料人工回收 废料自动处理	物料黑箱进出

10.3 储能电池制造质量优化

10.3.1 储能电池制造质量目标

由于储能电池的制造工序多，每一个工序的制造问题都会影响成品电芯的品质，基于这种情况，目前产品的质量一致性还不高，产品需要经过严格的筛选才能使用。各个企业还在不断地提升产品品质，期望可以早日把产品品质做到A++级。储能电池制造质量目标如表10-2所示。

表 10-2　储能电池制造质量目标

质量 等级	CPK 范围	工序合格率	一般制造业的制造 处置办法	储能电池制造管控要求
A++级	CPK≥2.0	99.9999%	考虑降低成本	特优，不用筛选直接使用
A+级	2.0＞CPK≥1.67	99.9997%	无缺点，考虑降低成本	优，应当优化，提升到A++ 级，定向筛选使用
A级	1.67＞CPK≥1.33	99.97%	状态良好，维持现状	良好，状态稳定，应提升为 A+级，100%筛选使用
B级	1.33＞CPK≥1.0	99.38%	应改进制程，提升为A级	一般，制程有变异和安全隐 患，应严格筛选标准，提升为 A级，100%筛选使用
C级	1.0＞CPK≥0.67	93.32%	制程能力不够，应提升CPK	不可接受，制程能力太差， 应重新整改设计制程
D级	0.67＞CPK	69.15%	制程能力太差，应重新设计制程	不可接受

由于储能电池制造工艺复杂，工序繁多，包括合浆、涂布、辊压分切、制片、卷绕或叠片、组装、注液、化成分容等工序，制造过程的各个工序因素以及环境中的水分和杂质都会影响电池的质量，各工序的误差累积更是会放大这个影响，难以保证锂电池的质量一致性。将电芯制造过程中的质量控制点进行分解，如本章第 10.1.3 小节图 10-1 储能电池制造合格率目标分解所示。

同时，基于现阶段的电池制造技术，电池的质量参差不齐，且由于单体电池还不能满足电动汽车和智能电网的性能需求，因此，一般将电池进行串并联成组使用。由于电池原材料、生产工艺等差别，电池容量、电压、内阻等性能存在差异，使得电池组性能达不到单体电池水平，使用寿命远短于单体电池，影响电动汽车的使用。因此，储能电池质量性能问题的研究，对延长电池组的使用寿命、提升储能电池竞争力具有重要意义。

10.3.2　储能电池制造过程优化

储能高的电池制造过程复杂，每个工序存在的问题都会影响最终电池的品质，因此过程控制十分重要，对制造过程各工序进行优化可提高电芯品质。下面简要介绍几个方面。

（1）浆料制备工序

储能电池浆料是否分散均匀直接影响电池品质。目前电池厂商广泛采用行星搅拌机或螺旋式混合搅拌机，这种合浆分散方式仍然存在混合不彻底、工作效率低等问题。为了提高电池浆料的分散效果，研究电池浆料特性和超剪切分散机理，结果发现采用高精密超剪切分散设备进行合浆，可以有效提高浆料的分散品质。

（2）涂布工序

涂布尺寸精度、均匀性以及极片的孔隙率是影响电池质量的主要因素和关键质量控制点，这些控制包括涂布参数的设置：涂布机速度、涂布面密度、涂布料区尺寸和各烘箱温度等参数。涂布面密度的检验：抽样取片称重检验面密度是否在工艺范围内。涂布单双面对齐度的检验：定时检验极片单双面料区对齐度误差是否在工艺范围内。涂布极片外观质量的控制：通过定时观察涂布出极片是否有缺陷情况并及时调整涂布机头参数等。

（3）卷绕/叠片工序

卷绕是影响电池整体制造效率和制造质量的主要工序，卷绕过程优化主要控制来料的质量，制造过程参数、缺陷检测的反馈控制，根据工序要求和整体电池性能的要求调整速度、张力参数，实现最佳质量。

叠片工序是电芯制成的关键工序之一，传统的 Z 型叠片设备，采用压针两边压住隔膜的方式，隔膜来回往复运动，张力变化大，隔膜明显变形，导致隔膜褶皱问题难以解决，同时，设备有明显的效率瓶颈，难以提升。目前，深圳吉阳通过不断钻研与几代设备的迭代优化，推出了 480PPM 高速复合叠片机，极片与隔膜复合后形成复合料带，再经过高速落叠形成新型叠片电芯，不仅解决了隔膜褶皱以及制造过程中电芯错位变形等问题，还大幅提高了单机效率，同时为未来的叠片设备的发展带来了一个新方向，叠片工艺原理图如

图 10-9 所示。

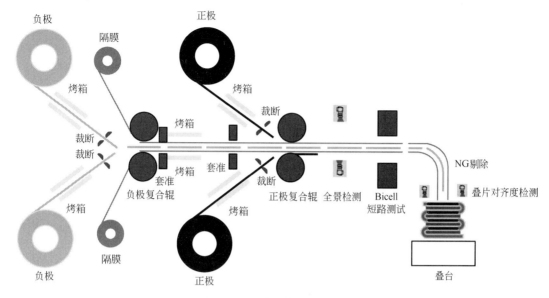

图 10-9　叠片设备工艺原理图

（4）电芯装配工序

超声波焊接是重要的电池组装步骤，例如极耳预焊、盖板焊和封口等。但由于材料属性、材料厚度和能量的影响，焊接过程容易出现虚焊、过焊等问题，影响生产效率和产品品质。业内专业人员研究了铝/铜极片超声波焊接面积、压力、时间等参数对焊接过程产品摩擦生热和变形的影响，经过大量的试验证明，选择最佳参数，可获得最高焊接质量。实际生产中，需要不断优化焊接工艺参数，提高焊接质量，从而提高产品品质。

（5）注液工序

注液是锂离子电池制作过程中的重要工序，注液量直接关系到电池容量和安全性能。注液太多，电池易渗漏，注液太少，会降低容量，甚至有可能引起电池局部爆炸。采用真空注液，优化机械结构和软件系统，实现自动注液工艺，不仅减少了人工浪费，改善环境污染，还保证了注液精度，减少电解液浪费，提高了电池质量。

另外，采用自动化程度高及精度高的生产线，不仅可以提高劳动效率、改善工人工作环境，还可以节约材料、降低能耗并且大大降低生产过程中由于人为接触造成的污染和人为操作的随机性导致的电池质量问题，从而提升产品品质。

（6）化成工序

化成工序用一定规律的化成参数对封装完成的二次电池进行充电，激活材料活性，同时在阳极表面生成一种致密、均匀的 SEI 保护膜，以保护整个化学界面。化成对电池一致性、循环寿命、安全性都有很大影响，应该采取精密的控制手段，优化设备控制参数和环境参数，实现最佳的电池质量。

10.3.3　电芯整体质量优化

不论是原材料改进还是制造过程优化，都可能会增加成本且实现时间较长。基于现有条件，可以优化电池分选技术，减小电池组中单体电池的不一致性，提高电池组的容量使用率和循环寿命。

从来料到极片制造到电芯制造到化成分容再到模组，通过互联互通来实现大约 2000 个点的数据监控进而实现电芯的失效模式分析和电池包的失效模式分析。

储能电池制造过程复杂，工艺流程长，主要分为极片制造单元、电芯制造单元和电池包（PACK）制造单元，全流程影响电池质量的关键控制点超过 3000 个，包括来料尺寸、黏度、固含量、张力、对齐度、温度、湿度等。为了有效控制电池生产质量，需要建立电池从原材料、电芯到电池包全流程完整的追溯体系，构造大数据质量闭环优化系统。首先需要按生产工段分别建立极片制造、电芯制造及电池包制造的质量数据闭环系统，实现产线数据闭环，在此基础上完成全流程数据集成，实现完整的电池制造大数据分析与闭环系统，通过闭环反馈，持续优化，不断提高电池制造从材料投入到电池包整体质量的横向优化。

同时，优化电池管理系统（BMS），通过对电池组状态进行控制，以抑制电池性能差异的放大。BMS 可以准确估测 SOC，进行动态监测，实时采集电池的端电压、温度、充放电电流，防止电池发生过充或过放现象，并对电池组进行均衡管理，使单体电池的状态趋于一致，从而能在电池使用过程中改善电池组的一致性问题，提高其整体性能，并延长其使用寿命。

10.4　储能电池制造辅助系统集成

储能电池智能工厂是以制造高度自动化、生产工艺信息化为基础，目的是构建高效、节能、绿色、环保、舒适的数字化与人性化的工厂。在电池制造过程中，不仅需要先进的物料管理技术、工厂信息的互联互通技术，还需要对工厂内部的水、电、压缩空气、湿度、温度、氩气、热源等进行有效管理。

10.4.1　智慧能源系统

如果说工业互联系统是对电池生产的每一步工艺进行必要的生产过程控制、过程参数采集、品质信息记录、物料消耗追踪和工序物料移动等，那么智慧能源管控系统则是以计算机控制技术和计算机网络通信技术为基础，对建筑内的各类公用机电设备进行集散式的监视，对能耗数据进行分类、分项及分区域统计分析，可以对能源进行统一调度，优化能源介质平衡，达到优化使用能源的目的，全面实现对建筑的综合管理和能源利用，实现工厂水电气资源的合理配备，以及对环境温湿度的稳定控制，如图 10-10 所示。

智能化能源管控系统采用三层系统架构：管理层、控制层和现场仪表设备层。

（1）管理层

利用能源计量数据的采集、诊断和分析，对工厂实施有效管理。科学准确地计量数据能够指导工厂能源的利用，建立科学合理的节能流程，由此达到节能降耗的目的。

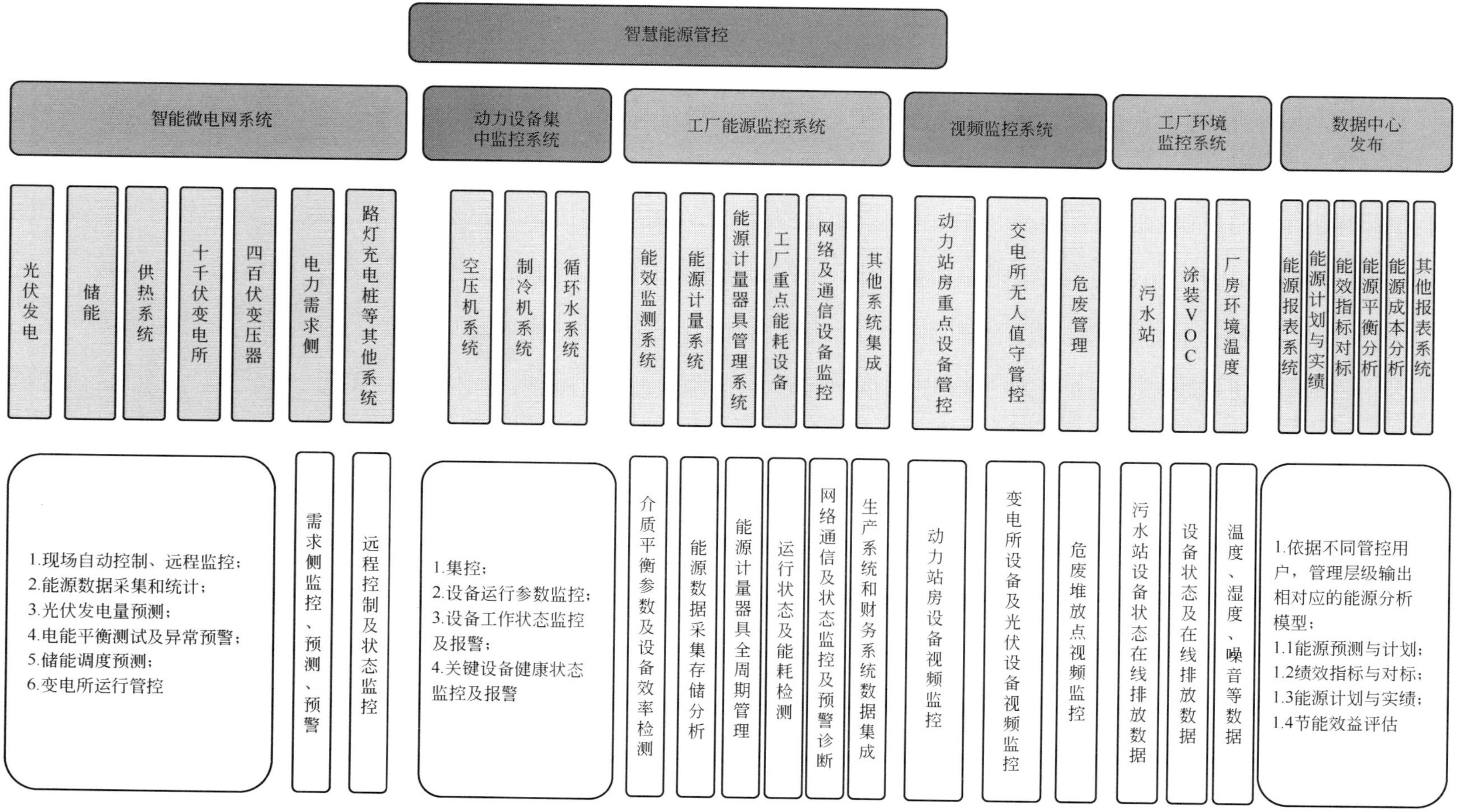

图 10-10 智慧能源管控系统

智慧能源管控

数据中心发布
- 其他报表系统
- 能源成本分析
- 能源平衡分析
- 能效指标对标
- 能源计划与实绩
- 能源报表系统

1.依据不同管控用户、管理层级相对应的能源分析模型：1.1能源预测与计划；1.2绩效指标与对标；1.3能源计划与实绩；1.4节能效益评估；

工厂环境监控系统
- 厂房环境温度
- 涂装VOC
- 污水站

温度、湿度、噪音等数据；设备状态及在线排放数据；污水站设备状态在线排放数据

视频监控系统
- 危废管理
- 变电所无人值守管控
- 动力站房重点设备管控

危废堆放点视频监控；变电所设备及光伏设备视频监控；动力站房设备视频监控

工厂能源监控系统
- 其他系统集成
- 网络及通信设备监控
- 工厂重点能耗设备
- 能源计量器具管理系统
- 能源计量系统
- 能效监测系统

生产系统和财务系统数据集成；网络通信及状态监控及预警诊断；运行状态及能耗检测；能源计量器具全周期管理；能源数据采集存储分析；介质平衡参数及设备效率检测

动力设备集中监控系统
- 循环水系统
- 制冷机系统
- 空压机系统

1.集控；2.设备运行参数监控；3.设备工作状态监控及报警；4.关键建设备健康状态监控及报警

智能微电网系统
- 路灯充电桩等其他系统
- 电力需求侧
- 四百伏变压器
- 十千伏变电所
- 供热系统
- 储能
- 光伏发电

远程控制及状态监控；需求侧监控及预测预警

1.现场自动控制、远程监控；2.能源数据采集和统计；3.光伏发电量预测；4.电能平衡测试及异常预警；5.储能调度预测；6.变电所运行管控

（2）控制层

总控中心显示需要监控设备的运行状态，监测参数值，调节设定值，并实时记录数据。

（3）现场仪表设备层

快速的故障反应及处理，完备的报表及历史资料，帮助工厂精简了人力和物力，实现对公用设备的综合管理和能源利用。

10.4.2　智能物流系统

智能工厂建设中，生产的智能化物流十分重要，工厂规划时要尽量减少无效的物流输送，充分利用空间，提升输送效率，避免人员的烦琐操作和误操作，实现自动化输送系统与工业互联系统、企业 ERP 系统的信息交互，实现工厂物流的透明化管理。锂电池工厂中智能物流系统的应用也非常广泛，主要有自动化立库及输送系统、智能提升装置、堆垛机、AGV 和机器人等。利用当前的智能化技术，将人、机、物料、文件、环境、测量等要素全面集成，实现透明化管理；围绕 QCDS 等核心指标，时刻掌握最新信息及进展，发现偏差及时进行干预。

智能物流系统框架图如图 10-11 所示。

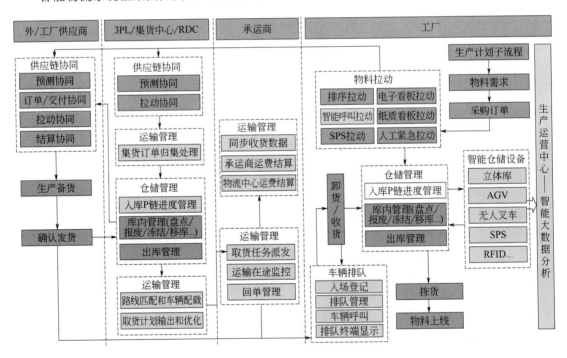

图 10-11　智能物流系统框架图

10.4.3　智能视频监控

电池智能工厂作为一个庞大的生产制造基地，保证电池生产的安全、连续、可靠是至关重要的。智能厂房除了设备布局、水、电、气、网络、通信等管线的设计外，还要规划智能视频监控系统、智能采光与照明系统、通风与空调系统、智能安防报警系统、智能门禁一卡通系统、智能火灾报警系统等。

采用智能视频监控系统，可以统一监控工厂的总体状态，包括设备运行状态、人员行为状态、工厂照明状态、工厂制冷通风状态、工厂安防状态、门禁状态、消防状态、环境状况等情况，智能地判断监控画面中的异常情况，并以最快和最佳的方式发出警报并触发相应动作，提醒相关人员以最快方式进行有效处理，恢复工厂正常运行。智能监控应用场景 1 如图 10-12 所示。

此外，还可以及时了解工厂的环境情况，及时进行环境污染处理，同时可将相关信息推送给厂区员工，方便员工了解情况。智能监控应用场景 2 如图 10-13 所示。

仓库内视频监控　　　　　　　　　人员进出：人脸识别联动卷帘门升起

图 10-12　智能监控应用场景 1

　通过传感器实时监测工厂内风速、水位、温度、湿度、水质、土壤、负氧离子、噪声、粉尘、空气等环境指标

　可将空气质量、温湿度、天气等数据通过信息屏、手机向工厂企业公布，公众可以及时了解环境优良程度

　将气温差异变化、水量变化、空气质量骤降等监测数据通过短信温馨提醒推送给工厂内部人员

　实时监控工厂生态环境，开展环境保护，确保管理人员提前发现、及时处理环境污染

图 10-13　智能监控应用场景 2

参考文献

[1] 赵晓雷. 中国工业化思想及发展战略研究. 上海：上海财经大学出版社，2010.

[2] 冯梅. 产业装备与装备产业：中国工业化道路新视角. 上海：上海世纪出版股份有限公司，2008.

[3] Goldman Sachs China net zero: Thesis in charts. 2020.

[4] 墨柯，于清教. 2015 年锂电池市场发展现状及 2016 年趋势预测. 中国电池网，2015-10.

[5] 观研天下. 2019 年我国锂电材料行业发展趋势分析. 化工报告网，2019-05.

[6] 索鎏敏，李泓. 锂离子电池过往与未来. 物理，2020，49（1）：7.

[7] Ziegler M S, Trancik J E. Re-examining rates of lithium-ion battery technology improvement and cost decline. Energy & Environmental Science，2021（4）：1635-1651.

[8] 国际能源机构（IEA）. 全球资源展望，2017.

[9] 中金证券公司证券研究报告 "大国重器" 系列 04：锂电设备. 超长景气，2021.

[10] 锂离子电池产业发展白皮书（2020 版）. 赛迪智库，2020-05-30.

[11] 安筱鹏. 通用目的技术（GPT）与两化深度融合. 两化融合咨询服务平台，2018-05-09.

[12] 陈立泉. 新一代固态电池引领电动中国. 第七届中国电动汽车百人会邀请报告，2021-01-21.

[13] 阳如坤. 迈向动力电池制造时代. 中国绿色电池联盟网络视频论坛，2020-03-22.

[14] 阳如坤. 动力电池制造的未来. 2021 年中国动力电池创新联盟年度会议邀请报告，2021-04-30.

[15] 阳如坤. 基于制造的锂离子动力电池设计. 北京新材料产业论坛邀请报告，2012-09.

[16] 阳如坤. 动力电池大规模制造的痛点与难点. 2020 年清华先进电池材料产业集群论坛，2020-08-26.

[17] 阳如坤. 节能与新能源汽车技术路线图规划 2.0——动力电池制造与关键装备部分. 2020.

[18] 阳如坤. 动力电池标准与制造未来. 第十五届动力锂电池技术及产业发展国际论坛，2020.

[19] 阳如坤. 动力电池智能制造基础架构. 2019 年锂电智能制造研讨会张家港论坛邀请报告，2019-11-26.

[20] 阳如坤. 电动中国的电芯智能制造路线图. 首届电动中国发展战略研讨会邀请报告，2021-04-09.

[21] 庞国锋，徐静，郑天舒. 大规模个性化定制模式. 北京：电子工业出版社，2019.

[22] 巫湘坤，詹秋设，张兰，等. 锂电池极片微结构优化及可控制备技术进展. 应用化学，2018，39（5）：1076-1092.

[23] 来秋茹，熊小丽. 锂电池项目的工艺分析与技术要点. 当代化工研究，2018（9）：2.

[24] 晓青. 柔性制造技术决定汽车工业的未来. 世界制造技术与装备市场，2009（3）：60-66.

[25] 邹月. 为中国 2025 打造柔性自动化生产线——CCMT2016 展品评. 世界制造技术与装备市场，世界制造技术与装备市场，2016（5）：9.

[26] 许晓雄，李泓. 为全固态锂电池 "正名". 储能科学与技术，2018，7（1）：7.

[27] 黄珮. 动力电池呼唤 "车规级" 标准. http://www.cbcu.com.cn/wenshuo/sc/2019121131559.html.

[28] 王凤，邱平，徐艳燕，等. 软包装锂离子电池的发展及前景. 金川科技，2018（3）：4.

[29] 刘焱，胡清平，陶芝勇，等. 锂离子动力电池技术现状及发展趋势. 中国高新科技，2018（7）：7.

[30] 夏求应，孙硕，徐璟，等. 薄膜型全固态锂电池. 储能科学与技术，2018，7（4）：10.

[31] 蒋方明，曾建邦，吴伟. 锂离子电池电极的设计和优化：介观孔尺度数值模型. 新材料产业，2011（12）：1-6.

[32] 曾建邦，蒋方明. 锂离子电池介观尺度光滑粒子水力学模型. 物理化学学报 2013，29（11）：2371-2384.

[33] 孙现众. 软包装锂离子动力电池关键工艺及电化学性能研究. 杭州：浙江大学，2018.

[34] 黄鹊. 锂离子电池典型可燃组件热安全性研究. 合肥: 中国科学技术大学, 2018.

[35] 陈良江. 长安汽车发动机缸体机械加工自动线总体设计与研究. 重庆: 重庆大学, 2001.

[36] 高杉. 赛维公司发展战略研究. 长春: 吉林大学, 2008.

[37] 侯向辉. Zn_2SnO_4 和 $ZnFe_2O_4$ 的制备及其嵌锂电化学性. 郑州: 河南大学, 2010.

[38] 袁春刚. 液态软包装锂离子电池工艺与隔膜的研究. 哈尔滨: 哈尔滨工业大学, 2006.

[39] 曾程. 锂离子电池浆料高效超细分散装备技术研究. 无锡: 江南大学, 2009.

[40] 唐开枚. 锂离子电池正极材料 $LiFePO_4$ 的制备及改性研究. 长沙: 湖南大学, 2010.

[41] 特斯拉看重的 Maxwell 的干电极技术解析. https://newenergy.in-en.com/html/newenergy-2339877.shtml, 2019-05-31.

[42] 刘成勇, 郭永胜, 蔡挺威, 等. 一种刚性膜片及固态锂金属电池: CN109659474A, 2019-04-19.

[43] Kwade A, Haselrieder W, Leithoff R, et al. Current status and challenges for automotive battery production technologies. Nature Energy, 2018, 3: 290-300.

[44] Kraytsberg A, Ein-Eli Y. Conveying advanced Li^+ on battery materials into practice the impact of electrode slurry preparation skills. Advanced Energy Materials, 2016, 6 (21): 1600655.

[45] TadrosT F. Dispersion of powders in liquids and stabilization of suspensions. New York: Wiley-VCH Verlag & Co., 2012.

[46] Wang M, Dang D, Meyer A, et al. Effects of the mixing sequence on making lithium ion battery electrodes. Journal of The Electrochemical Society, 2020, 167 (10): 100518.

[47] Kohlgrüber K. Co-rotating twin-screw extruders: Fundamentals, technology, and applications. Munich: Carl Hanser Verlag, 2008.

[48] 陈勇, 李天石. 带材的纠偏控制. 机床与液压, 2003, 6: 190-192.

[49] 王昭. 电池极片轧辊的辊压机理及其仿真研究. 天津: 河北工业大学, 2018.

[50] 肖述文. 热辊压机轧辊加热过程热应力分析和试验研究. 武汉: 武汉科技大学, 2015.

[51] 康少云. 锂电池极片轧辊流固耦合传热数值模拟及分析. 秦皇岛: 燕山大学, 2019.

[52] 刘斌斌. 动力锂离子电池极片精密制造理论与实验研究. 太原: 太原科技大学, 2017.

[53] 张军良, 崔顺, 刘辉, 等. 板带轧机的发展历史与现状. 有色金属加工, 2011, 40 (6): 1-6.

[54] 刘庆祖. 牌坊轧机与短应力线轧机的比较. 装备制造技术, 2015 (4): 239-240.

[55] 赵汉城. 锂电池极片轧机嵌入式控制系统研究. 天津: 河北工业大学, 2018.

[56] 朝阳机械电池极片连轧生产线使用说明书, 2018.

[57] 电池极片辊压设备: DB13/T 1513—2012.

[58] 张晶, 王立松, 阳如坤. 方形锂离子电池卷绕设备张力控制的改进. 组合机床与自动化加工技术, 2009, 2: 67-69.

[59] 张志军, 张世伟, 唐学军, 等. 连续真空干燥. 北京: 科学出版社, 2015.

[60] 关玉明, 姜钊, 赵芳华, 等. 锂离子电池电芯真空烘烤过程导热与水分蒸发的机理研究. 真空科学与技术学报, 2017, 37 (9): 862-865.

[61] 关玉明, 姜钊, 赵芳华, 等. 一种锂离子电池电芯真空烘烤工艺的研究. 电源技术, 2018, 42: 1622-1624, 1659.

[62] 王翔, 韩明凯, 姚汪兵, 等. 一种锂离子电池的极组水分阶段式烘烤工艺: CN109888366A, 2019-06-14.

[63] 易祖良，李炳江，吴丽军，等．一种锂离子电池电芯烘烤方法：CN109755655A，2019-05-14.

[64] 杨志明．隧道式烘烤锂离子电池或电池极片的方法：CN104913601A，2015-09-16.

[65] 许飞，赵红娟，赵永锋，等．一种锂离子电池电芯的烘烤方法：CN109489346A，2019-03-19.

[66] 冯臣相，赵纪朝．一种锂离子电池干燥方法：CN110375521A，2019-10-25.

[67] 关玉明，葛浩，王俊勇，等．一种锂离子电池电芯的烘烤干燥工艺：CN106931726B，2019-03-05.

[68] 谢键．锂电池电芯干燥工艺：CN110749161A，2020-02-04.

[69] 王行龙．一种用于锂电池正极片的低能耗高效率真空烘烤工艺：CN111780500A，2020-10-16.

[70] 牛俊婷，孙琳，康书文，等．电极水分对磷酸铁锂电池性能的影响．电化学，2015，21（5）：465-470.

[71] 中国汽车技术研究中心，大连松下汽车能源有限公司．中国新能源汽车动力电池产业发展报告（2020）．北京：社会科学文献出版社，2019.

[72] 白耀宗，王令，苏相樵，等．锂离子电池隔膜材料标准解读．储能科学与技术，2018，7（4）：750-757.

[73] GB 50472—2008.

[74] 袁维林．污染源自动监控系统在环境保护工作中的应用．低碳世界，2016（16）：7-8.

[75] 张丽娜，张剑，刘亮．污染源自动监测系统的研究设计．信息系统工程，2013（9）：30-31.

[76] 谢正勇．六安配网配电室环境智能监控系统建设探索与实践．中国电业，2014（11）：83-84.

[77] 丁晓炯．在线粘度计在锂电池生产中的应用．电源技术，2017，41（5）：705-707.

[78] 马卫，孙伟兵，张天赐，等．一种在线测量锂电池浆料粘度的方法：CN110146411A，2019-08-20.

[79] 梁旭飞，雷振宇．极片涂布尺寸的检测控制系统和方法：CN111495702A，2020-08-07.

[80] 赵晓云，郑治华，韩洪伟，等．锂电池极片表面缺陷特征提取方法研究．河南科技，2017（5）：137-139.

[81] 齐继宝，黄烨，杨伟民．新型宽幅动力锂电池挤压式涂布机的研制．机械设计与制造，2019（12）：117-120.

[82] Xiao Y，Yu A，Qi H，et al．Research on the tension control method of lithium battery electrode mill based on GA optimized Fuzzy PID．Journal of Intelligent and Fuzzy Systems，2021（6）：1-24.

[83] 杨韵勋，苏振杨．涂布机张力控制系统设计．电气开关，2020，58（3）：60-63.

[84] 邵云．一种锂电池极片毛刺检测装置及其检测方法：CN112747709A，2021-05-04.

[85] GB/T 2792—2014.

[86] 王云辉，孙青山，李松鞠．β射线在锂离子电池生产中的应用．电池，2018，48（5）：347-349.

[87] 白云飞，葛学海，李铮．超软X射线隔膜面密度在线测量仪的研究应用．电池工业，2021，25（2）：64-67，105.

[88] 朱旭升，赵杰．可消除摩擦力影响的张力传感器技术[J]．轻工机械，2014，32（04）：80-82.

[89] 固体绝缘材料体积电阻率和表面电阻率试验方法：GB/T 1410—2006.

[90] 张艳娜，潘云飞．自纠偏辊形纠偏原理及设计浅析．现代冶金，2017，45（1）：44-46.

[91] 张前．柔性薄膜卷绕输送系统纠偏机理分析与应用．武汉：华中科技大学，2014.

[92] 王海珊，史铁林，廖广兰，等．基于干涉显微原理的表面形貌测量系统．光电工程，2008（7）：84-89.

[93] 郑岩．基于DSP的锂电池电极表面缺陷检测系统．秦皇岛：燕山大学，2014.

[94] 葛春平，李育林，曹琪．X射线检测在叠片式锂离子电池生产中的应用．电池，2014，44（4）：232-234.

[95] 马天翼，苏素，张宗，等．计算机断层扫描技术在锂离子电池检测中的应用研究．重庆理工大学学报，2020，34（2）：133-139.

[96] 郝国防．浅析X射线计算机断层成像的基本原理．山东工业技术，2016（15）：106.

[97] 张曼．基于空耦超声的锂电池检测技术研究．太原：中北大学，2020.

[98] 冯小龙，杨乐，张明亮，等. 锂离子电池内部力学与温度参量在位表征方法. 储能科学与技术，2019，8（6）：1062-1075.

[99] 卢兰光，欧阳敏高. 动力电池热失控与散热机理研究与关键技术. 2017 国际电动汽车动力电池产业发展与技术创新峰会，2017-08-25.

[100] 杨绍斌，梁正. 锂离子电池制造工艺原理与应用. 北京：化学工业出版社，2020.

[101] 阳如坤. 再议动力锂离子电池制造安全性. 深圳锂电行业协会来年度论坛邀请报告，2020-11-02.

[102] 常俊杰，杨凯，李光亚，等. 空耦超声波技术用于锂离子电池缺陷检测. 电池，2017，47（5）：3.

[103] 冯旭宁. 车用锂离子动力电池热失控诱发与扩展机理、建模与防控. 北京：清华大学.

[104] 阳如坤. 动力锂离子电池制造安全性. 深圳锂电行业协会来年度论坛邀请报告，2018-12-10.

[105] 易国刚. 企业能源管理实务. 北京：中国电力出版社，2016.

[106] 孙卫佳，张典. 工业能耗信息化标准体系的研究. 可再生能源，2020，38（10）：6.

[107] 郑佳，何骏，余新华. 浅谈医用电气设备能耗管理和绿色发展. 中国医疗器械杂志，2020（4）：328-330.

[108] 陈静. 智能制造中企业能耗管理系统的研究. 计算机科学与技术，2019（37）：118-122.

[109] 李凌云. 我国锂离子电池产业现状及国内外应用情况. 电源技术，2013，37（5）：883-885.

[110] 黄持伟. 锂电池智能制造装备标准体系研究. 中国标准化，2021（30）：57-62.

[111] Liu Y, Zhang R, Wang J, et al. Current and future lithium-ion battery manufacturing. Science, 2021, 24 (4): 102332.

[112] GB/T 15316—2009.

[113] GB/T 29456—2012.

[114] GB/T 38331—2019.

[115] GB/T 23331—2020.

[116] 国务院办公厅. 关于加强节能标准化工作的意见（国办发〔2015〕16 号）.

[117] 工业和信息化部. 关于印发《工业节能与绿色标准化行动计划（2017—2019 年)》的通知（工信部节〔2017〕110 号）.

[118] 何盛明. 财经大辞典. 北京：中国财政经济出版社，1990.

[119] 曾亮. 工业企业能耗实时监测与智能管控技术研究. 北京：北京邮电大学，2014.

[120] 宁德时代新能源科技股份有限公司. 首次公开发行股票并在创业板上市招股说明书，2018-05-29.

[121] 阳如坤. 动力电池制造与安全性. 深圳锂电行业协会年会邀请报告，2018.

[122] 阳如坤. 锂离子电池制造发展之路. 第五届北京动力锂离子电池技术及产业发展国际论坛邀请报告，2010.

[123] 倪涛来，宫璐，向兴江，等. 锂离子电池一致性问题研究，2017，5：37-40.

[124] 谢潇怡，王莉，何向明，等. 锂离子动力电池安全性问题影响因素. 储能科学与技术，2017，6（1）：9.

[125] 张亚琼，李东明，王玉辉，等. 智能化动力电池工厂规划设计概述. 电气时代，2019（9）：4.

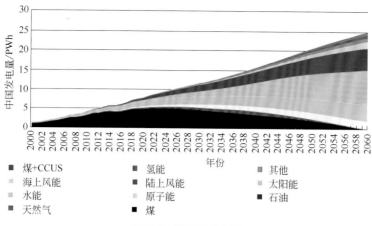

图 1-1 能源需求预测

（1PWh=10^{15}Wh）

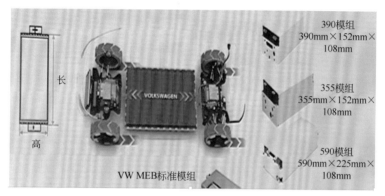

图 2-3 大众推出的电动汽车平台 MEB 三个模组规格图

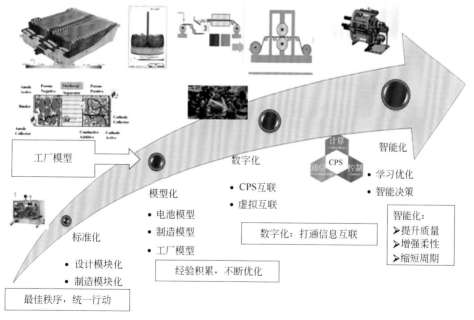

图 2-6 储能电池智能制造实现路径

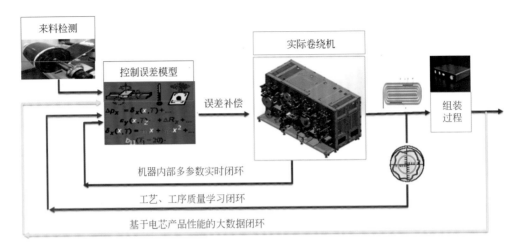

图 2-15 装备闭环控制优化层级架构

图 3-7 卷绕状态示意图 | 图 3-8 热压机示意图

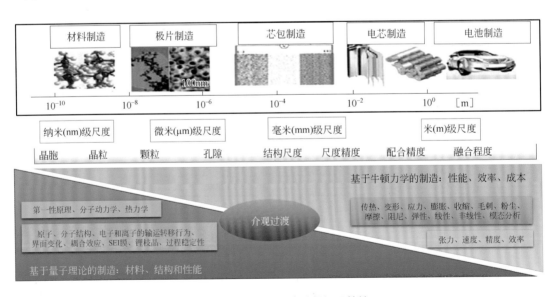

图 3-19 储能电池制造过程机理管控

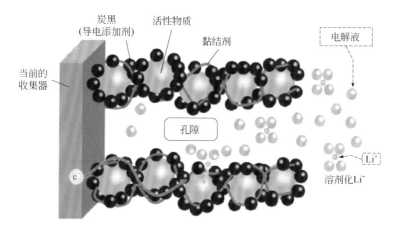

图 4-1 锂离子电池电极中各材料的理想分布状态

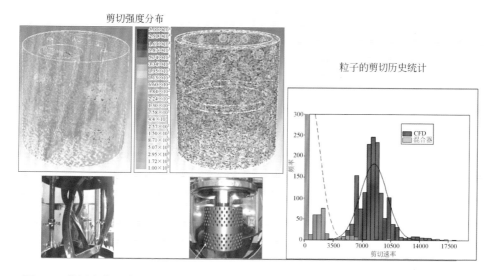

图 4-11 浆料在薄膜式高速分散机和双行星搅拌机中所受到剪切作用的强度和频率的对比

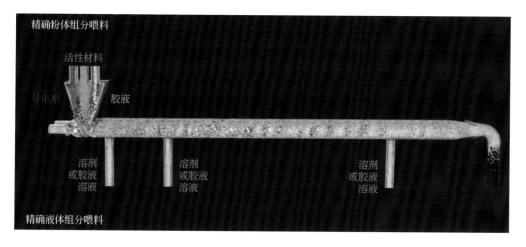

图 4-12 双螺杆制浆机的制浆过程示意图

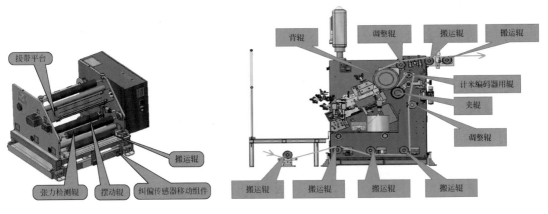

图 4-22 手动接带放卷单元

图 4-23 涂布单元

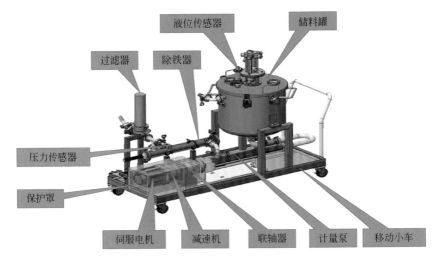

图 4-24 供料系统

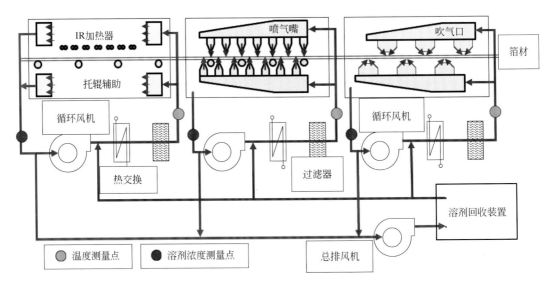

图 4-26 干燥原理示意图

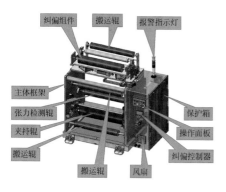

图 4-27　出料单元

图 4-28　手动接带收卷单元

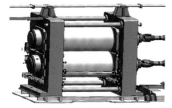

(a) 无弯辊结构

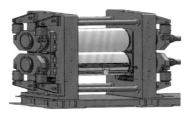

(b) 有弯辊结构

图 4-60　按轧辊形式划分辊压机结构

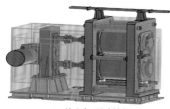

(a) 单电机驱动结构

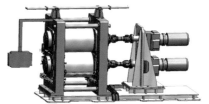

(b) 双电机驱动结构

图 4-61　按驱动方式划分辊压机结构

(a) 方形制片卷绕一体机

(b) 圆柱自动卷绕机

(c) 方形自动卷绕机

图 4-79　不同种类的电池卷绕设备

图 4-80　卷绕电芯圆角区示意图

图 4-81　卷绕电芯变形

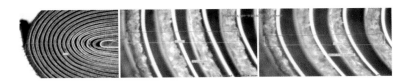

图 4-82 卷绕电芯圆角区间隙变形

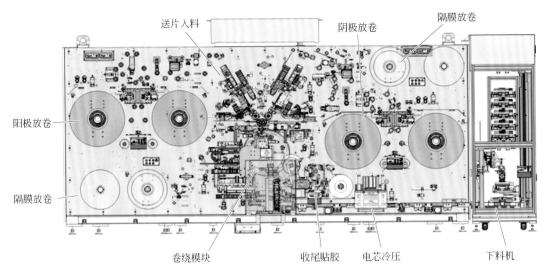

图 4-85 卷绕机布局示意图

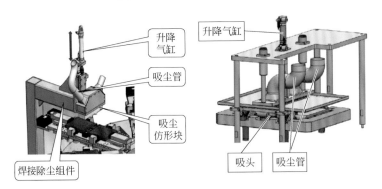

图 4-152 激光焊接后除尘机构

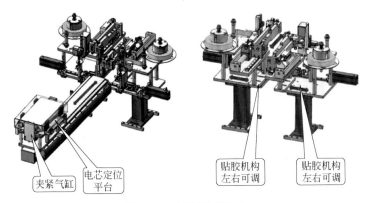

图 4-159 底面贴胶机构

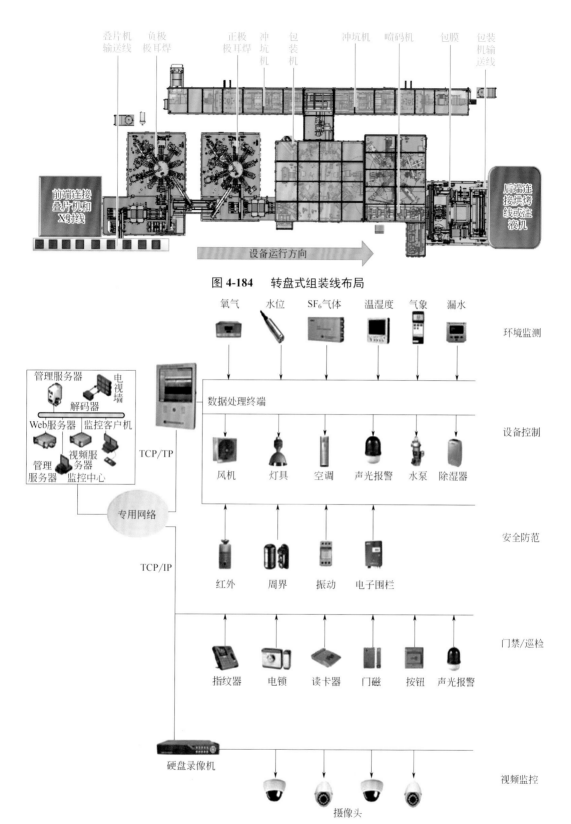

图 4-184　转盘式组装线布局

图 6-1　智能环境监控系统结构图

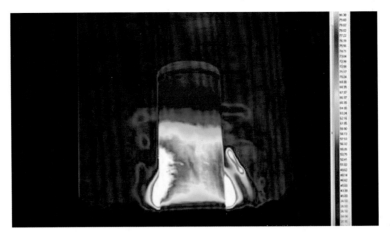

图 8-2 锂离子电池过热爆炸喷出的熔化液体

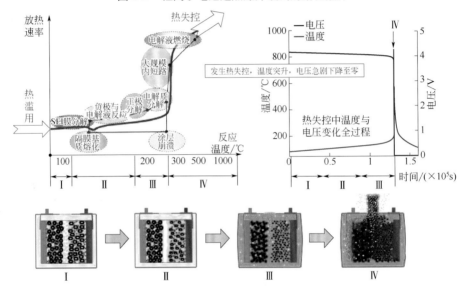

图 8-4 电池典型的热失控过程

图 8-9 极片分切时产生的毛刺及波浪边

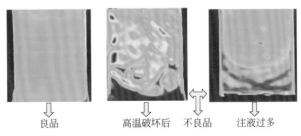

图 8-11 电池中电解液的分布状态